이 책을 펴고 있는 그대를 환영합니다.

밑줄을 긋고
형광펜을 칠하고
메모를 하고
틀리고 맞고를 반복할 그대

쿵. 쿵. 쿵

알아가는 즐거움으로
심장이 벅차게 뛰기를

이 책을 펴고 있는 그대를 응원합니다.

BETTER CONTENT BETTER LIFE

미적분 I 487제

WRITERS

김동은 대신고 교사
김한결 상문고 교사
서미경 영동일고 교사
원슬기 신일고 교사
정재훈 영동일고 교사
최승호 서울고 교사

COPYRIGHT

인쇄일 2025년 5월 12일(1판1쇄)
발행일 2025년 5월 12일

펴낸이 신광수
펴낸곳 ㈜미래엔
등록번호 제16-67호

중고등개발본부장 하남규
개발책임 주석호
개발 문희주, 박혜령, 김지연

디자인실장 손현지
디자인책임 김기욱
디자인 페이퍼눈

CS본부장 장명진

ISBN 979-11-7347-598-6

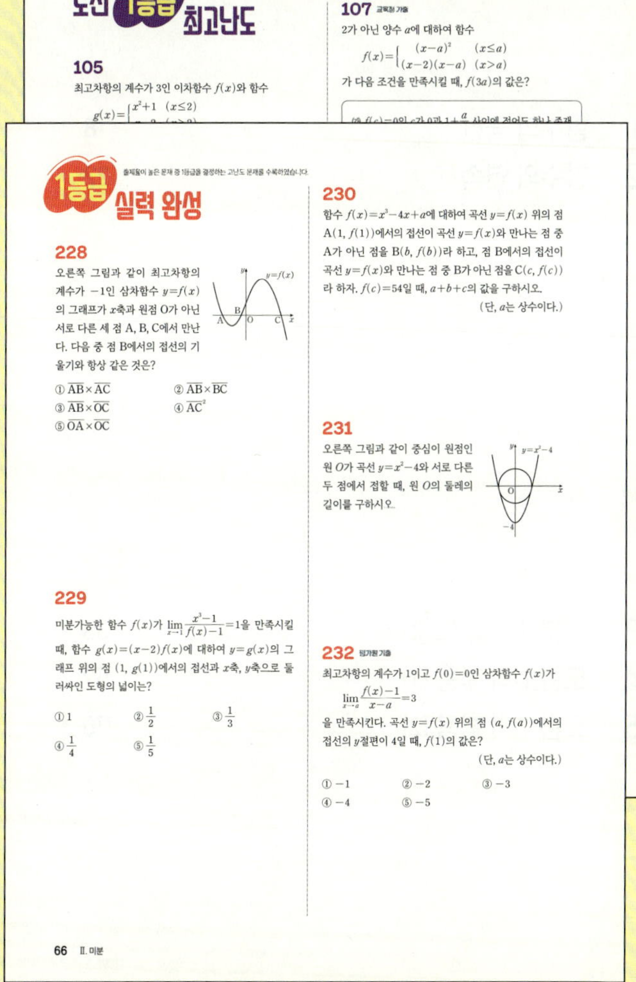

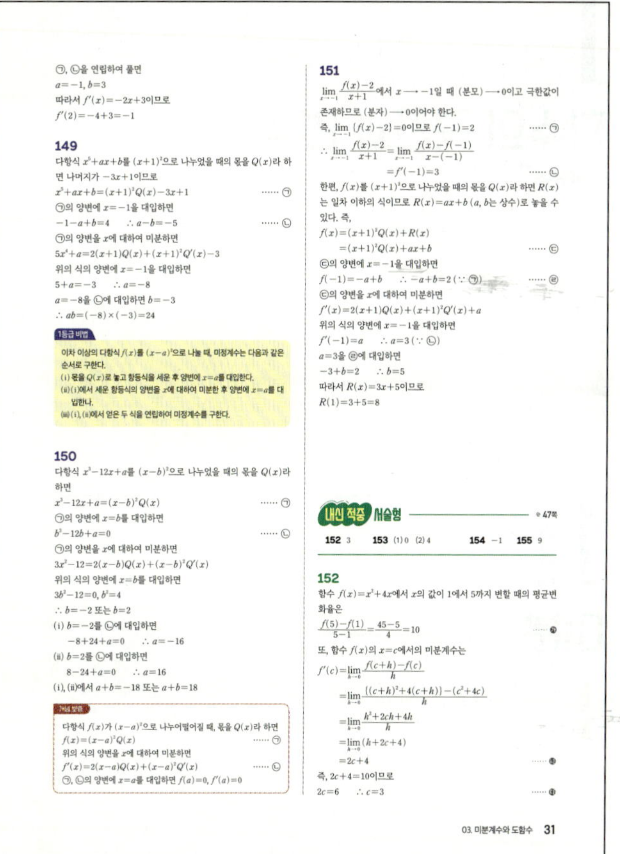

STEP 2 1등급 문제로 실력 향상시키기

 실력 완성

등급의 차이를 결정하는 어려운 문제도 자신 있게 풀 수 있도록 중요 기출 문제 중에서 개념 통합형 문제와 높은 사고력을 요구하는 고난도 문제를 수록하였습니다.

STEP 3 최고난도 문제로 1등급 도전하기

 최고난도

1등급을 결정하는 최고난도의 문제로 시험에서 1등급을 정복할 수 있습니다.

자세한 해설로 문제별 핵심 다시 파악하기

이해하기 쉽도록 자세하고 친절한 풀이를 제시하였습니다.
1등급 실력 완성 문제와 도전 1등급 최고난도 문제에는 해결 전략을 단계적으로 제시하여 문제 해결 능력을 강화할 수 있습니다.

 1등급을 달성할 수 있는 노하우를 수록하였습니다.

개념 보충 놓치기 쉬운 개념을 다시 한번 정리하였습니다.

1등급 만들기로 1등급 완성하자!

- **하나** 문제를 풀기 전에는 절대로 풀이를 보지 말고, 문제가 풀릴 때까지 **스스로의 힘으로 풀자!**

- **둘** 잘 모르거나 틀린 문제는 해설을 보면서 어느 부분에서 **왜 틀렸는지 반드시 파악하자!**

- **셋** 계산 실수 때문에 틀리는 경우가 없도록 한 문제 한 문제를 **꼼꼼히 풀자!**

- **넷** **등급을 가르는 문제**들은 따로 체크해 두고, 틈틈이 풀면서 **익숙해 지도록 하자!**

1등급 만들기를 활용한 수학 공부법

1 기본기를 탄탄히 하려면?

교과서로 기본 개념을 익힌 후, 시험에 꼭 나오는 핵심 개념만을 모은 **1등급 만들기의 핵심 개념**을 반복해서 읽자. 중요 공식은 반드시 암기하고, **1등급 비법**을 숙지하자.

2 시험에 대비하려면?

시험에 자주 출제되는 문제로 공부하되, 쉬운 문제부터 어려운 문제까지 차근차근 공부하자. **1등급 만들기의 유형 분석 기출 문제**와 **내신 적중 서술형 문제**를 풀면서 기출 문제에 대한 감을 익힌 후, **1등급 실력 완성 문제**로 실력을 높이자. 각 단계를 공부한 후에는 채점하여 틀린 문제에 표시하고, 오답노트를 만들어 다시 한번 풀어 보자.

3 1등급을 정복하려면?

1등급이 되려면 실생활 문제, 여러 단원의 개념을 묻는 통합 문제 등을 해결할 수 있어야 한다. 수학적 사고력을 필요로 하는 **1등급 만들기의 도전 1등급 최고난도 문제**를 풀면서 문제 해결 능력을 키우자.

반복

석공은 큰 돌을 깨기 위해 똑같은 자리를 백 번 정도 두드립니다. 그러나 돌은 갈라질 기미가 보이지 않습니다. 그런데 석공이 백한 번째 망치로 내리치는 순간, 돌은 갑자기 두 조각으로 갈라집니다. 마지막 한 번 더 두드렸던 반복의 힘이 결과를 만든 것입니다. 백 번보다 백한 번 반복해 봅시다.

I

함수의 극한과 연속

01 함수의 극한

01-1 함수의 극한 [유형 1, 2]

1 함수의 수렴: 함수 $f(x)$에서 x의 값이 a가 아니면서 a에 한없이 가까워질 때 $f(x)$의 값이 일정한 수 L에 한없이 가까워지면, 함수 $f(x)$는 L에 **수렴**한다고 한다. 이때 L을 함수 $f(x)$의 $x=a$에서의 **극한값** 또는 **극한**이라 하며, 이것을 기호로

$$\lim_{x \to a} f(x) = L \quad \text{또는} \quad x \longrightarrow a일 \text{ 때 } f(x) \longrightarrow L$$

과 같이 나타낸다.

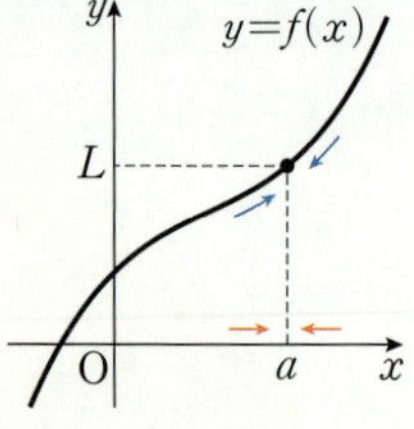

❶ 함수 $f(x)$가 $x=a$에서 정의되지 않을 때도 극한값 $\lim_{x \to a} f(x)$는 존재할 수 있다.

2 함수의 발산: 함수 $f(x)$가 수렴하지 않으면 함수 $f(x)$는 **발산**한다고 한다.

(1) 함수 $f(x)$에서 x의 값이 a가 아니면서 a에 한없이 가까워질 때 $f(x)$의 값이 한없이 커지면 '함수 $f(x)$가 양의 **무한대**로 발산한다'고 하며, 이것을 기호로

$$\lim_{x \to a} f(x) = \infty \quad \text{또는} \quad x \longrightarrow a일 \text{ 때 } f(x) \longrightarrow \infty$$

와 같이 나타낸다.

(2) 함수 $f(x)$에서 x의 값이 a가 아니면서 a에 한없이 가까워질 때 $f(x)$의 값이 음수이면서 그 절댓값이 한없이 커지면 '함수 $f(x)$가 음의 무한대로 발산한다'고 하며, 이것을 기호로

$$\lim_{x \to a} f(x) = -\infty \quad \text{또는} \quad x \longrightarrow a일 \text{ 때 } f(x) \longrightarrow -\infty$$

와 같이 나타낸다.

01-2 우극한과 좌극한 [유형 1, 2]

1 우극한과 좌극한

(1) 함수 $f(x)$에서 x의 값이 a보다 크면서 a에 한없이 가까워질 때 $f(x)$의 값이 일정한 수 L에 한없이 가까워지면 L을 $f(x)$의 $x=a$에서의 **우극한**이라 하며, 이것을 기호로 다음과 같이 나타낸다.

$$\lim_{x \to a+} f(x) = L \quad \text{또는} \quad x \longrightarrow a+일 \text{ 때 } f(x) \longrightarrow L$$

(2) 함수 $f(x)$에서 x의 값이 a보다 작으면서 a에 한없이 가까워질 때 $f(x)$의 값이 일정한 수 M에 한없이 가까워지면 M을 $f(x)$의 $x=a$에서의 **좌극한**이라 하며, 이것을 기호로 다음과 같이 나타낸다.

$$\lim_{x \to a-} f(x) = M \quad \text{또는} \quad x \longrightarrow a-일 \text{ 때 } f(x) \longrightarrow M$$

2 극한값의 존재: 함수 $f(x)$의 $x=a$에서의 극한값이 L이면 $x=a$에서의 우극한과 좌극한이 모두 존재하고 그 값이 L로 같다. 또, 그 역도 성립한다.

$$\lim_{x \to a} f(x) = L \iff \lim_{x \to a+} f(x) = \lim_{x \to a-} f(x) = L$$

❷ 함수 $f(x)$의 $x=a$에서의 우극한 또는 좌극한이 존재하지 않거나 모두 존재하더라도 그 값이 서로 같지 않으면 $\lim_{x \to a} f(x)$는 존재하지 않는다.

01 -3 함수의 극한에 대한 성질 [유형 3]

두 함수 $f(x)$, $g(x)$에 대하여 극한값 $\lim\limits_{x \to a} f(x)$와 $\lim\limits_{x \to a} g(x)$가 존재할 때,

(1) $\lim\limits_{x \to a} kf(x) = k \lim\limits_{x \to a} f(x)$ (단, k는 실수)

(2) $\lim\limits_{x \to a} \{f(x) + g(x)\} = \lim\limits_{x \to a} f(x) + \lim\limits_{x \to a} g(x)$

(3) $\lim\limits_{x \to a} \{f(x) - g(x)\} = \lim\limits_{x \to a} f(x) - \lim\limits_{x \to a} g(x)$

(4) $\lim\limits_{x \to a} f(x)g(x) = \lim\limits_{x \to a} f(x) \times \lim\limits_{x \to a} g(x)$

(5) $\lim\limits_{x \to a} \dfrac{f(x)}{g(x)} = \dfrac{\lim\limits_{x \to a} f(x)}{\lim\limits_{x \to a} g(x)}$ (단, $\lim\limits_{x \to a} g(x) \neq 0$)

❸ 함수의 극한값이 존재할 때만 함수의 극한에 대한 성질이 성립한다.

01 -4 함수의 극한값의 계산 [유형 4~7, 11]

1 $\dfrac{0}{0}$ 꼴의 극한 → 여기서의 0은 숫자 0이 아니라 0에 한없이 가까워지는 상태를 나타낸다.

(1) 분모, 분자가 모두 다항식인 경우: 분모, 분자를 각각 인수분해한 후 약분한다.

(2) 분모 또는 분자에 근호($\sqrt{\ }$)가 있는 경우: 근호가 있는 쪽을 유리화한 후 약분한다.

2 $\dfrac{\infty}{\infty}$ 꼴의 극한: 분모의 최고차항으로 분모, 분자를 각각 나눈다.

3 $\infty - \infty$ 꼴의 극한

(1) 다항식인 경우: 최고차항으로 묶는다.

(2) 근호($\sqrt{\ }$)가 있는 경우: 근호가 있는 쪽을 유리화한다.

4 $\infty \times 0$ 꼴의 극한: $\infty \times c$, $\dfrac{c}{\infty}$, $\dfrac{0}{0}$, $\dfrac{\infty}{\infty}$ (c는 상수) 꼴로 변형한다.

❹ ① (분자의 차수) = (분모의 차수)
⇨ 극한값은 최고차항의 계수의 비이다.
② (분자의 차수) < (분모의 차수)
⇨ 극한값은 0이다.
③ (분자의 차수) > (분모의 차수)
⇨ 극한값은 없다.

01 -5 함수의 극한과 미정계수 [유형 8, 9]

두 함수 $f(x)$, $g(x)$에서

(1) $\lim\limits_{x \to a} \dfrac{f(x)}{g(x)} = \alpha$ (α는 실수)일 때, $\lim\limits_{x \to a} g(x) = 0$이면 $\lim\limits_{x \to a} f(x) = 0$이다.

(2) $\lim\limits_{x \to a} \dfrac{f(x)}{g(x)} = \alpha$ (α는 0이 아닌 실수)일 때, $\lim\limits_{x \to a} f(x) = 0$이면 $\lim\limits_{x \to a} g(x) = 0$이다.

❺ 미정계수의 결정
(1) $x \longrightarrow a$일 때
① (분모) $\longrightarrow 0$이고 극한값이 존재 ⇨ (분자) $\longrightarrow 0$
② (분자) $\longrightarrow 0$이고 0이 아닌 극한값이 존재 ⇨ (분모) $\longrightarrow 0$
(2) 두 다항함수 $f(x)$, $g(x)$에 대하여
$\lim\limits_{x \to \infty} \dfrac{f(x)}{g(x)} = \alpha$ (α는 0이 아닌 실수)
이면 $f(x)$와 $g(x)$의 차수가 같고, α는 $f(x)$와 $g(x)$의 최고차항의 계수의 비이다.

01 -6 함수의 극한의 대소 관계 [유형 10]

두 함수 $f(x)$, $g(x)$에 대하여 $\lim\limits_{x \to a} f(x) = \alpha$이고 $\lim\limits_{x \to a} g(x) = \beta$ (α, β는 실수)일 때, a가 아니면서 a에 가까운 모든 실수 x에서

(1) $f(x) \leq g(x)$이면 $\alpha \leq \beta$

(2) 함수 $h(x)$에 대하여 $f(x) \leq h(x) \leq g(x)$이고 $\alpha = \beta$이면 $\lim\limits_{x \to a} h(x) = \alpha$

주의 $f(x) < g(x)$라고 해서 반드시 $\lim\limits_{x \to a} f(x) < \lim\limits_{x \to a} g(x)$인 것은 아니다.
예를 들어 $f(x) = -x^2$, $g(x) = 2x^2$이면 0에 가까운 모든 실수 x에 대하여 $f(x) < g(x)$이지만 $\lim\limits_{x \to 0} f(x) = \lim\limits_{x \to 0} g(x) = 0$이다.

❻ (1)에서 $\lim\limits_{x \to a} g(x) = 0$이면 함수의 극한에 대한 성질에 의하여
$\lim\limits_{x \to a} f(x)$
$= \lim\limits_{x \to a} \left\{ \dfrac{f(x)}{g(x)} \times g(x) \right\}$
$= \lim\limits_{x \to a} \dfrac{f(x)}{g(x)} \times \lim\limits_{x \to a} g(x)$
$= \alpha \times 0 = 0$

유형 1 함수의 극한　　　[개념 01-1, 2]

001 평가원 기출

함수 $y=f(x)$의 그래프가 그림과 같다.

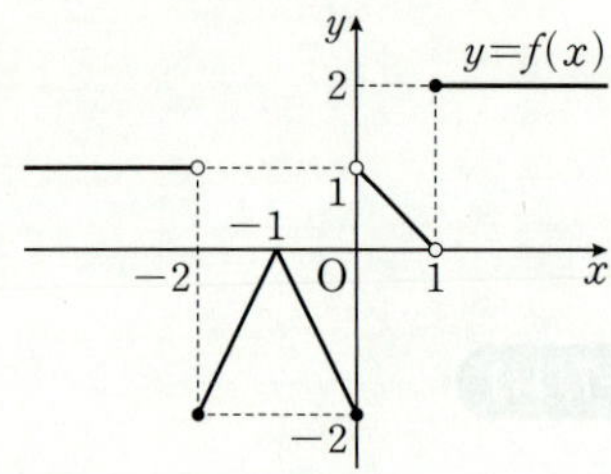

$\displaystyle\lim_{x\to-2+}f(x)+\lim_{x\to1-}f(x)$의 값은?

① -2　　　　② -1　　　　③ 0

④ 1　　　　⑤ 2

002 ★중요

함수 $y=f(x)$의 그래프가 다음 그림과 같다.

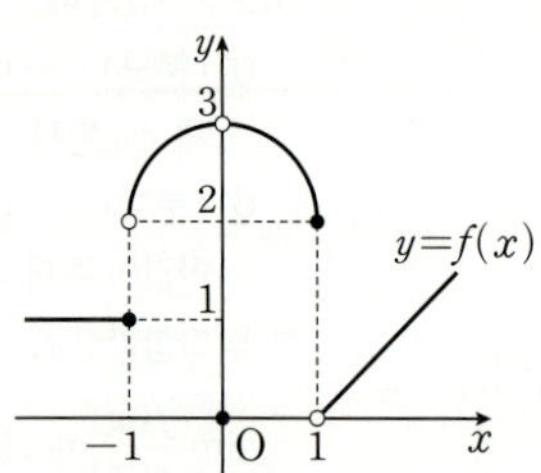

$\displaystyle\lim_{x\to1+}f(x)+\lim_{x\to0}f(x)+\lim_{x\to-1-}f(x)$의 값은?

① 1　　　　② 2　　　　③ 3

④ 4　　　　⑤ 5

003

극한값이 존재하는 것만을 **| 보기 |**에서 있는 대로 고르시오.

| 보기 |

ㄱ. $\displaystyle\lim_{x\to-1}(x+1)^2$　　　ㄴ. $\displaystyle\lim_{x\to2}\sqrt{4x+1}$

ㄷ. $\displaystyle\lim_{x\to0}\left(1-\dfrac{1}{|x|}\right)$

004

함수 $f(x)=\dfrac{3x^2+2x-1}{|x+1|}$에 대하여

$$\lim_{x\to-1+}f(x)=\alpha,\quad\lim_{x\to-1-}f(x)=\beta$$

라 할 때, $\alpha-\beta$의 값은?

① -8　　　　② -4　　　　③ 0

④ 4　　　　⑤ 8

005

함수 $f(x)=\begin{cases}ax-2 & (x<3)\\ x^2-x+a & (x\geq3)\end{cases}$에 대하여 $\displaystyle\lim_{x\to3}f(x)$의 값이 존재하도록 하는 상수 a의 값은?

① 1　　　　② 2　　　　③ 3

④ 4　　　　⑤ 5

유형 2 합성함수의 극한 [개념 01-1, 2]

006

정의역이 $\{x \mid 0 \le x \le 4\}$인 함수 $y=f(x)$의 그래프가 다음 그림과 같다.

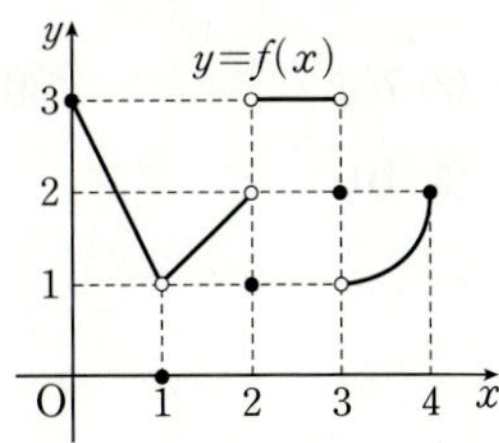

$\lim\limits_{x \to 0+} f(f(x)) + \lim\limits_{x \to 2+} f(f(x))$의 값은?

① 1   ② 2   ③ 3

④ 4   ⑤ 5

007

함수 $f(x)=\begin{cases} x+3 & (x<0) \\ 2 & (x=0) \\ -x+4 & (x>0) \end{cases}$ 에 대하여

$\lim\limits_{x \to -1-} f(f(x)) + \lim\limits_{x \to 3+} f(f(x))$의 값을 구하시오.

유형 3 함수의 극한에 대한 성질 [개념 01-3]

008

두 함수 $f(x)$, $g(x)$에 대하여
$$\lim_{x \to 2} f(x)=5, \quad \lim_{x \to 2} g(x)=a$$
일 때, $\lim\limits_{x \to 2} \dfrac{2f(x)-g(x)}{f(x)g(x)+6}=\dfrac{1}{3}$을 만족시키는 실수 a의 값을 구하시오.

009

두 함수 $f(x)$, $g(x)$에 대하여 $\lim\limits_{x \to 2} f(x)=\alpha$,

$\lim\limits_{x \to 2} g(x)=\beta$이고
$$\lim_{x \to 2} \{2f(x)-g(x)\}=1, \quad \lim_{x \to 2} \{f(x)+g(x)\}=5$$
일 때, $\lim\limits_{x \to 2} f(x)g(x)$의 값은?

① 2   ② 4   ③ 6

④ 8   ⑤ 10

010 교육청 기출

두 함수 $f(x)$, $g(x)$가
$$\lim_{x \to 1} \frac{f(x)}{x-1}=8, \quad \lim_{x \to 1} \frac{g(x)}{x^2-1}=\frac{1}{2}$$
을 만족시킬 때, $\lim\limits_{x \to 1} \dfrac{(x+1)f(x)}{g(x)}$의 값을 구하시오.

011

함수 $f(x)$에 대하여 $\lim\limits_{x \to 1} \dfrac{f(x-1)}{x-1}=4$일 때,

$\lim\limits_{x \to 0} \dfrac{x+2f(x)}{4x^2+3f(x)}$의 값을 구하시오.

012 ⭐중요

두 함수 $f(x)$, $g(x)$에 대하여

$$\lim_{x \to \infty} f(x) = \infty, \quad \lim_{x \to \infty} \{f(x) - 2g(x)\} = 2$$

일 때, $\displaystyle\lim_{x \to \infty} \frac{f(x) + 4g(x)}{-2f(x) + 6g(x)}$ 의 값을 구하시오.

013 📢실력 UP

함수의 극한에 대한 설명으로 옳은 것만을 **| 보기 |**에서 있는 대로 고른 것은?

> **| 보기 |**
>
> ㄱ. $\displaystyle\lim_{x \to a} f(x)$와 $\displaystyle\lim_{x \to a} f(x)g(x)$의 값이 각각 존재하면 $\displaystyle\lim_{x \to a} g(x)$의 값도 존재한다.
>
> ㄴ. $\displaystyle\lim_{x \to a} \{f(x) + g(x)\}$와 $\displaystyle\lim_{x \to a} \{f(x) - g(x)\}$의 값이 각각 존재하면 $\displaystyle\lim_{x \to a} f(x)$의 값도 존재한다.
>
> ㄷ. $\displaystyle\lim_{x \to a} f(x)$와 $\displaystyle\lim_{x \to a} g(x)$의 값이 모두 존재하지 않으면 $\displaystyle\lim_{x \to a} \{f(x) + g(x)\}$의 값도 존재하지 않는다.

① ㄱ　　　　② ㄴ　　　　③ ㄱ, ㄴ

④ ㄴ, ㄷ　　　⑤ ㄱ, ㄴ, ㄷ

유형 **4** $\dfrac{0}{0}$ 꼴의 극한　　　　[개념 01-4]

014　평가원 기출

$\displaystyle\lim_{x \to -1} \frac{x^2 + 9x + 8}{x + 1}$ 의 값은?

① 6　　　　② 7　　　　③ 8

④ 9　　　　⑤ 10

015

함수 $f(x)$에 대하여 $\displaystyle\lim_{x \to 9} f(x) = 4$일 때,

$\displaystyle\lim_{x \to 9} \frac{(x - 9)f(x)}{\sqrt{x} - 3}$ 의 값을 구하시오.

016 ⭐중요

$\displaystyle\lim_{x \to 0+} \frac{x + |x|}{2x} - \lim_{x \to 1-} \frac{\sqrt{x + 3} - 2}{|x - 1|}$ 의 값은?

① $\dfrac{1}{4}$　　　　② $\dfrac{1}{2}$　　　　③ $\dfrac{3}{4}$

④ 1　　　　⑤ $\dfrac{5}{4}$

017 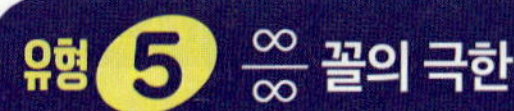

$\displaystyle\lim_{x\to\infty}\dfrac{2x}{\sqrt{x^2+5}-4}$의 값은?

① 1   ② 2   ③ 3

④ 4   ⑤ 5

018

$\displaystyle\lim_{x\to-\infty}\dfrac{\sqrt{x^2+2x}-x}{x+1}$의 값을 구하시오.

019

다음 중 A, B, C의 대소 관계를 바르게 나타낸 것은?

$$A=\lim_{x\to\infty}\frac{6x-1}{x^2+2x+3}$$

$$B=\lim_{x\to\infty}\frac{5x^2+3x-4}{2x^2-7}$$

$$C=\lim_{x\to\infty}\frac{\sqrt{9x^2+1}-2}{3x}$$

① $A<B<C$ ② $A<C<B$ ③ $B<A<C$

④ $B<C<A$ ⑤ $C<A<B$

020

$\displaystyle\lim_{x\to\infty}\dfrac{1}{x-\sqrt{x^2-4x+5}}$의 값은?

① $\dfrac{1}{4}$ ② $\dfrac{1}{2}$ ③ $\dfrac{3}{4}$

④ 1   ⑤ 2

021

$\displaystyle\lim_{x\to-\infty}(\sqrt{x^2+x+1}+x)$의 값은?

① -1 ② $-\dfrac{1}{2}$ ③ $-\dfrac{1}{3}$

④ $\dfrac{1}{3}$ ⑤ $\dfrac{1}{2}$

022

함수 $f(x)=x^2+2x$에 대하여
$\displaystyle\lim_{x\to\infty}\{\sqrt{f(x)}-\sqrt{f(x-1)}\}$의 값을 구하시오.

유형 7 · ∞×0 꼴의 극한 [개념 01-4]

023

$\lim\limits_{x \to 1} \dfrac{1}{x-1}\left(\dfrac{1}{x+1}-\dfrac{1}{2}\right)$의 값은?

① -1
② $-\dfrac{1}{2}$
③ $-\dfrac{1}{4}$
④ $\dfrac{1}{4}$
⑤ $\dfrac{1}{2}$

024

$\lim\limits_{x \to 3} \left(\sqrt{x^2-5}-2\right)\left(1+\dfrac{1}{x-3}\right)$의 값은?

① 1
② $\dfrac{3}{2}$
③ 2
④ $\dfrac{5}{2}$
⑤ 3

025

$\lim\limits_{x \to \infty} x\left(1-\sqrt{1+\dfrac{2}{x}}\right)$의 값을 구하시오.

유형 8 · 미정계수의 결정 [개념 01-5]

026

$\lim\limits_{x \to -3} \dfrac{a\sqrt{x+7}-2}{x+3}=b$일 때, 상수 a, b에 대하여 $a-4b$의 값을 구하시오.

027 ⭐중요

$\lim\limits_{x \to 2} \dfrac{x-2}{x^2+ax+b}=\dfrac{1}{5}$일 때, 상수 a, b에 대하여 $a+b$의 값을 구하시오.

028

$\lim\limits_{x \to -\infty} \left(\sqrt{x^2+kx}-\sqrt{x^2-kx}\right)=5$일 때, 상수 k의 값은?

① -5
② -4
③ -3
④ -2
⑤ -1

029

함수 $f(x)=\dfrac{ax^2+bx+c}{x^2-1}$ 에 대하여

$$\lim_{x\to\infty} f(x)=\lim_{x\to1} f(x)=2$$

일 때, $a+b-c$의 값을 구하시오.

(단, a, b, c는 상수이다.)

030

$\displaystyle\lim_{x\to\infty}(a\sqrt{2x^2+x+1}-bx)=1$을 만족시키는 양수 a, b에 대하여 ab의 값은?

① $2\sqrt{2}$ ② $2\sqrt{3}$ ③ $4\sqrt{3}$

④ $8\sqrt{2}$ ⑤ $8\sqrt{3}$

031 실력 UP

자연수 n과 상수 a, b $(b\neq0)$에 대하여

$$\lim_{x\to0}\frac{x^n(\sqrt{x+1}-1)}{x^5+ax^3+a-1}=b$$

일 때, $a+b+n$의 값은?

① $\dfrac{1}{2}$ ② $\dfrac{3}{2}$ ③ $\dfrac{5}{2}$

④ $\dfrac{7}{2}$ ⑤ $\dfrac{9}{2}$

유형 9 다항함수의 결정   [개념 01-5]

032 교육청 기출

다항함수 $f(x)$가

$$\lim_{x\to\infty}\frac{f(x)}{x^2}=2,\ \lim_{x\to1}\frac{f(x)}{x-1}=3$$

을 만족시킬 때, $f(3)$의 값은?

① 11   ② 12   ③ 13

④ 14   ⑤ 15

033

다항함수 $f(x)$가

$$\lim_{x\to\infty}\frac{f(x)}{x^2-x+1}=1,\ \lim_{x\to-1}\frac{f(x)}{x^2+3x+2}=3$$

을 만족시킬 때, $f(-5)$의 값을 구하시오.

034 중요

삼차함수 $f(x)$가

$$\lim_{x\to0}\frac{f(x)}{x}=6,\ \lim_{x\to1}\frac{f(x)}{x-1}=-5$$

를 만족시킬 때, $\displaystyle\lim_{x\to6}\frac{f(x)}{x-6}$의 값은?

① 26   ② 27   ③ 28

④ 29   ⑤ 30

● 바른답·알찬풀이 7쪽

유형 10 함수의 극한의 대소 관계　[개념 01-6]

035

함수 $f(x)$가 모든 실수 x에 대하여

$$3x^2-5\leq(6x^2+1)f(x)\leq3x^2+1$$

을 만족시킬 때, $\displaystyle\lim_{x\to\infty}f(x)$의 값은?

① $\dfrac{1}{6}$　　② $\dfrac{1}{3}$　　③ $\dfrac{1}{2}$

④ 1　　⑤ 2

036

함수 $f(x)$가 모든 실수 x에 대하여

$$x^2-1<f(x)<x^2+3$$

을 만족시킬 때, $\displaystyle\lim_{x\to\infty}\dfrac{f(x)}{2x^2-2x+3}$의 값은?

① $\dfrac{1}{2}$　　② $\dfrac{3}{2}$　　③ $\dfrac{5}{2}$

④ $\dfrac{7}{2}$　　⑤ $\dfrac{9}{2}$

037 중요

함수 $f(x)$가 모든 실수 x에 대하여

$$x^2-4\leq f(x)\leq2x^2-4x$$

를 만족시킬 때, $\displaystyle\lim_{x\to2}\dfrac{f(x)}{x-2}$의 값을 구하시오.

유형 11 함수의 극한의 활용　[개념 01-4]

038 평가원 기출

실수 $t\,(t>0)$에 대하여 직선 $y=x+t$와 곡선 $y=x^2$이 만나는 두 점을 A, B라 하자. 점 A를 지나고 x축에 평행한 직선이 곡선 $y=x^2$과 만나는 점 중 A가 아닌 점을 C, 점 B에서 선분 AC에 내린 수선의 발을 H라 하자.

$$\lim_{t\to0+}\frac{\overline{AH}-\overline{CH}}{t}$$의 값은?

(단, 점 A의 x좌표는 양수이다.)

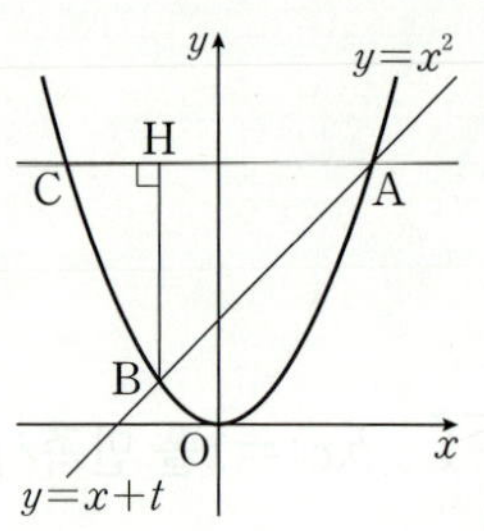

① 1　　② 2　　③ 3

④ 4　　⑤ 5

039 실력 UP

오른쪽 그림과 같이 원점 O를 중심으로 하고 곡선 $y=x^2\,(x\geq0)$ 위의 점 P를 지나는 원이 x축의 양의 부분과 만나는 점을 Q라 하자. 점 P가 곡선 $y=x^2$을 따라 원점 O에 한없이 가까워질 때, 직선 PQ의 y절편이 한없이 가까워지는 값을 구하시오.

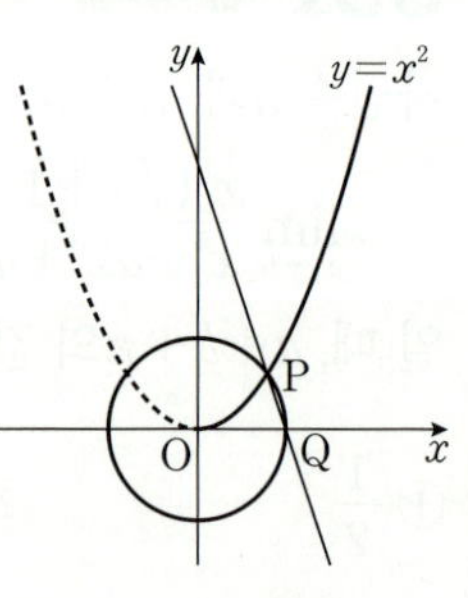

서술형

040

함수 $f(x)=\begin{cases} 3x-3k & (x<2) \\ x^2-x+k & (x\geq2) \end{cases}$ 에 대하여 $\lim\limits_{x\to2} f(x)$의 값은 존재하지 않고 $\lim\limits_{x\to2}|f(x)|$의 값은 존재하도록 하는 상수 k의 값을 구하시오.

[풀이]

041

함수 $f(x)$에 대하여

$$\lim_{x\to\infty} f(x)=\infty,\ \lim_{x\to\infty}\{x-f(x)\}=2$$

일 때, 다음 물음에 답하시오.

(1) $\lim\limits_{x\to\infty}\dfrac{x}{f(x)}$의 값을 구하시오.

[풀이]

(2) $\lim\limits_{x\to\infty}\dfrac{-x+5f(x)}{2+f(x)}$의 값을 구하시오.

[풀이]

042

$\lim\limits_{x\to\infty}(\sqrt{x^2+ax}-bx)=1$일 때, 상수 a, b에 대하여 ab의 값을 구하시오.

[풀이]

043

다항함수 $f(x)$가 다음 조건을 만족시킬 때, $f(2)$의 값을 구하시오.

> (가) $\lim\limits_{x\to\infty}\dfrac{f(x)-x^3}{x^2+1}=2$
>
> (나) $\lim\limits_{x\to1}\dfrac{f(x)}{x^2-1}=2$

[풀이]

1등급 실력 완성

044

실수 t에 대하여 직선 $y=t$가 함수 $y=x^2-4|x|+3$의 그래프와 만나는 점의 개수를 $f(t)$라 할 때, $\lim\limits_{t \to 3+} f(t) + \lim\limits_{t \to 3-} f(t) + f(3)$의 값은?

① 7 ② 8 ③ 9

④ 10 ⑤ 11

045

두 함수 $y=f(x)$, $y=g(x)$의 그래프가 다음 그림과 같다.

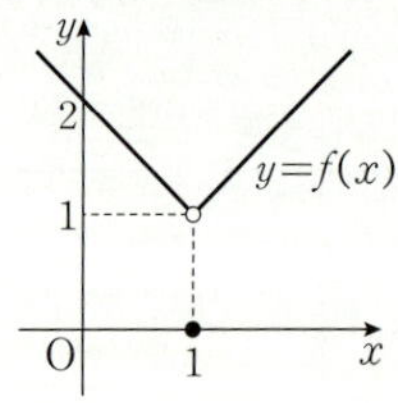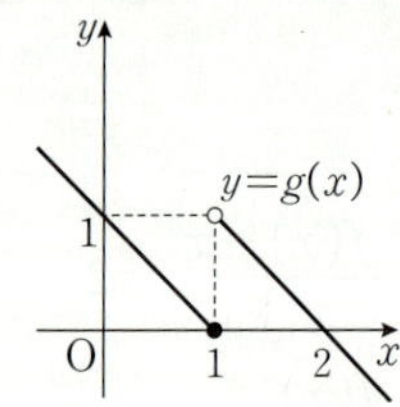

극한값이 존재하는 것만을 | 보기 |에서 있는 대로 고른 것은?

| 보기 |
ㄱ. $\lim\limits_{x \to 1} f(x)$ ㄴ. $\lim\limits_{x \to 1} f(g(x))$

ㄷ. $\lim\limits_{x \to 1} g(f(x))$

① ㄱ ② ㄷ ③ ㄱ, ㄴ

④ ㄱ, ㄷ ⑤ ㄱ, ㄴ, ㄷ

046

두 함수 $f(x)$, $g(x)$가 다음 조건을 만족시킬 때, $\lim\limits_{x \to 0} \dfrac{f(x)g(x)-x}{f(x)+x^2}$의 값은?

> (㉮) $x \neq 0$인 모든 실수 x에 대하여
> $$f(x)\{g(x)-1\}=x\{g(x)+1\}$$
> (㉯) $\lim\limits_{x \to 0} g(x)=3$

① 2 ② $\dfrac{5}{2}$ ③ 3

④ $\dfrac{7}{2}$ ⑤ 4

047

함수 $f(x)$에 대하여 $\lim\limits_{x \to \infty} \{2x-f(x)\}=3$일 때, $\lim\limits_{x \to \infty} \dfrac{\sqrt{2x+3}-\sqrt{f(x)}}{\sqrt{2x+1}-\sqrt{f(x)}}$의 값은?

① $\dfrac{1}{4}$ ② $\dfrac{1}{3}$ ③ $\dfrac{1}{2}$

④ 1 ⑤ $\dfrac{3}{2}$

048

$\displaystyle\lim_{x \to \infty} (2x-1)\left\{\dfrac{2}{x}+\left(\dfrac{2}{x}\right)^2+\left(\dfrac{2}{x}\right)^3+\cdots+\left(\dfrac{2}{x}\right)^{20}\right\}$의 값은?

① 0 ② 1 ③ 2

④ 3 ⑤ 4

049

$\displaystyle\lim_{x \to 2}\dfrac{2x^2-4ax+b}{(x-2)(x-a)}=a^2$일 때, 상수 a, b에 대하여 ab의 값을 구하시오.

050

두 자연수 a, b에 대하여

$$\lim_{x \to 3}\dfrac{|x-a|-|a-3|}{x^2-9}=\dfrac{b}{12}$$

일 때, a^2+b^2의 최댓값은?

① 2 ② 5 ③ 8

④ 10 ⑤ 13

051

삼차함수 $f(x)$가 다음 조건을 만족시킬 때, $f(2)$의 값은?

> ㈎ 모든 실수 a에 대하여 $\displaystyle\lim_{x \to a}\dfrac{f(x)+f(-x)}{x-a}$가 존재한다.
>
> ㈏ $\displaystyle\lim_{x \to 1}\dfrac{x-1}{f(x)}=1$

① 1 ② 2 ③ 3

④ 4 ⑤ 5

052 수능 기출

함수 $f(x)=x^3+ax^2+bx+4$가 다음 조건을 만족시키도록 하는 두 정수 a, b에 대하여 $f(1)$의 최댓값을 구하시오.

> 모든 실수 a에 대하여 $\lim\limits_{x \to a} \dfrac{f(2x+1)}{f(x)}$의 값이 존재한다.

053

함수 $f(x)$가 다음 조건을 만족시킨다.

> ㈎ $0 \leq x < 1$일 때, $f(x)=x^2$
> ㈏ 모든 실수 x에 대하여 $f(x)=f(x+1)$

$\lim\limits_{x \to \infty} \dfrac{3f(x)+\sqrt{\{f(x)\}^2+4x^2}}{f(x)+2x}$의 값은?

① 1　　　　② 2　　　　③ 3
④ 4　　　　⑤ 5

054 교육청 기출

곡선 $y=x^2$과 기울기가 1인 직선 l이 서로 다른 두 점 A, B에서 만난다. 양의 실수 t에 대하여 선분 AB의 길이가 $2t$가 되도록 하는 직선 l의 y절편을 $g(t)$라 할 때, $\lim\limits_{t \to \infty} \dfrac{g(t)}{t^2}$의 값은?

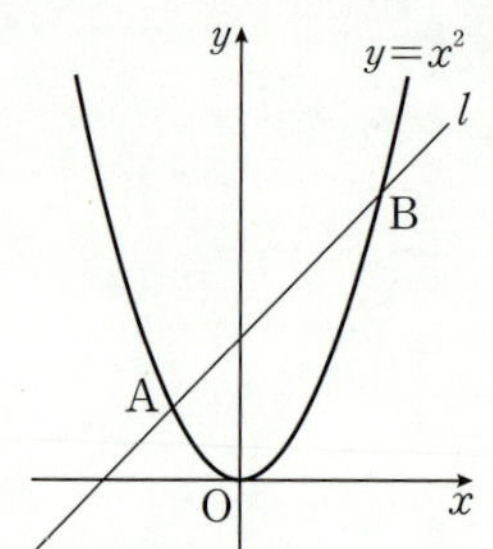

① $\dfrac{1}{16}$　　　　② $\dfrac{1}{8}$　　　　③ $\dfrac{1}{4}$
④ $\dfrac{1}{2}$　　　　⑤ 1

055

다음 그림과 같이 길이가 2인 선분 AB를 지름으로 하는 반원이 있다. 현 AC의 길이가 t $(0<t<2)$이고 호 AC를 이등분하는 점을 D라 하자. 삼각형 ACD의 넓이를 $S(t)$라 할 때, $\lim\limits_{t \to 0+} \dfrac{S(t)}{t^3}$의 값을 구하시오.

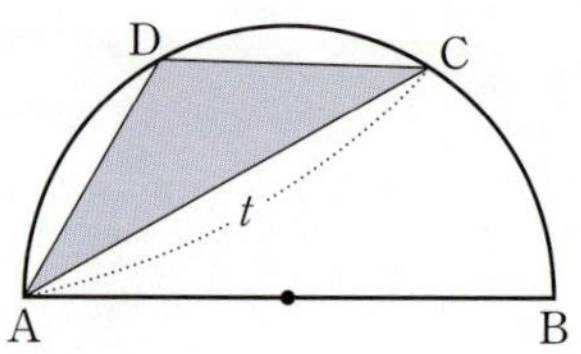

1등급을 결정하는 문제 중 최고난도 문제를 수록하였습니다.

056

두 자연수 a, b에 대하여 함수 $f(x)$는

$$f(x)=\begin{cases} ax(x-2) & (x<2) \\ -b(x-2)(x-4) & (x\geq2) \end{cases}$$

이고, 실수 t에 대하여 함수 $y=f(x)$의 그래프와 직선 $y=t$가 만나는 점의 개수를 $g(t)$라 하자.

$$g(k)+\lim_{t\to k-}g(t)+\lim_{t\to k+}g(t)\geq6$$

을 만족시키는 정수 k의 개수가 10이 되도록 하는 a, b에 대하여 ab의 최댓값을 구하시오.

057

최고차항의 계수가 1인 두 삼차함수 $f(x)$, $g(x)$가 다음 조건을 만족시킬 때, $g(3)$의 값을 구하시오.

> (가) $g(1)=0$
>
> (나) $\displaystyle\lim_{x\to n}\frac{f(x)}{(x-n)g(x)}=\frac{1}{n}$ (단, $n=1, 2$)

058 교육청 기출

곡선 $y=x^2-4$ 위의 점 $\mathrm{P}(t, t^2-4)$에서 원 $x^2+y^2=4$에 그은 두 접선의 접점을 각각 A, B라 하자. 삼각형 OAB의 넓이를 $S(t)$, 삼각형 PBA의 넓이를 $T(t)$라 할 때,

$$\lim_{t\to2+}\frac{T(t)}{(t-2)S(t)}+\lim_{t\to\infty}\frac{T(t)}{(t^4-2)S(t)}$$

의 값은? (단, O는 원점이고, $t>2$이다.)

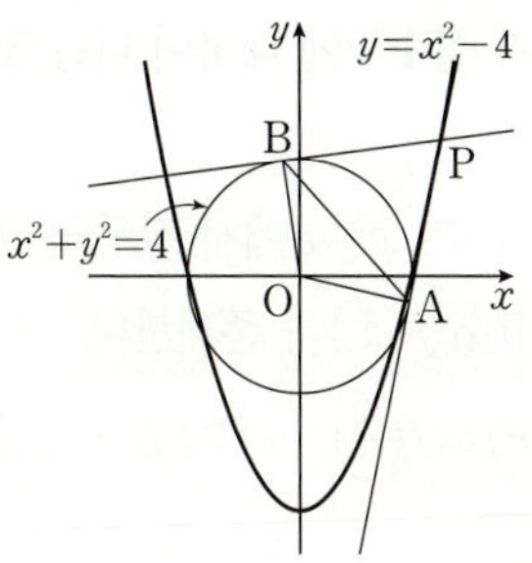

① 1
② $\dfrac{5}{4}$
③ $\dfrac{3}{2}$
④ $\dfrac{7}{4}$
⑤ 2

02 함수의 연속

02-1 함수의 연속과 불연속[1] [유형 1~4]

❶ 그래프에서 연속과 불연속의 의미
$x=a$에서 그래프가 이어져 있으면 $x=a$에서 연속이고, 끊어져 있으면 $x=a$에서 불연속이다.

1 함수의 연속

함수 $f(x)$가 실수 a에 대하여 다음 조건을 모두 만족시킬 때, $f(x)$는 $x=a$에서 **연속**이라 한다.

(ⅰ) 함수 $f(x)$가 $x=a$에서 정의되어 있다. → 함숫값 $f(a)$가 존재

(ⅱ) 극한값 $\lim_{x \to a} f(x)$가 존재한다. → 극한값이 존재

(ⅲ) $\lim_{x \to a} f(x) = f(a)$ → (극한값)=(함숫값)

2 함수의 불연속

함수 $f(x)$가 $x=a$에서 연속이 아닐 때, $f(x)$는 $x=a$에서 **불연속**이라 한다.

> 참고 함수 $f(x)$가 함수의 연속 조건 세 가지 중에서 어느 하나라도 만족시키지 않으면 $f(x)$는 $x=a$에서 불연속이다.

(ⅰ) $f(a)$가 정의되어 있지 않다.   (ⅱ) $\lim_{x \to a} f(x)$가 존재하지 않는다.   (ⅲ) $\lim_{x \to a} f(x) \neq f(a)$

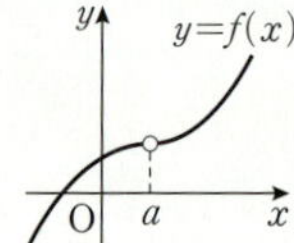
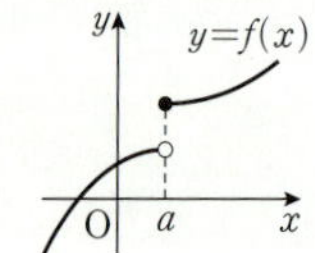
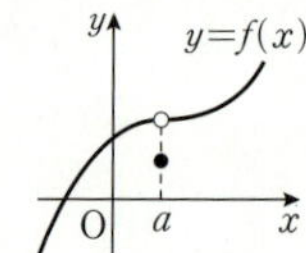

02-2 연속함수 [유형 1~4]

1 구간

두 실수 $a, b \ (a<b)$에 대하여 집합

$$\{x \mid a \leq x \leq b\}, \ \{x \mid a < x < b\}, \ \{x \mid a \leq x < b\}, \ \{x \mid a < x \leq b\}$$

를 **구간**이라 하며, 이것을 기호로 각각

$$[a, b], \ (a, b), \ [a, b), \ (a, b]$$

와 같이 나타낸다. 이때 $[a, b]$를 **닫힌구간**, (a, b)를 **열린구간**이라 하며 $[a, b)$와 $(a, b]$를 **반닫힌 구간** 또는 **반열린 구간**이라 한다.

> 참고 실수 a에 대하여 집합 $\{x \mid x \leq a\}$, $\{x \mid x < a\}$, $\{x \mid x \geq a\}$, $\{x \mid x > a\}$도 구간이며, 이것을 기호로 각각 $(-\infty, a]$, $(-\infty, a)$, $[a, \infty)$, (a, ∞)와 같이 나타낸다. 특히, 실수 전체의 집합도 구간이며 기호로 $(-\infty, \infty)$와 같이 나타낸다.

2 연속함수[2]

❷ 함수 $f(x)$가 어떤 구간에서 연속이면 함수 $f(x)$의 그래프는 그 구간에서 이어져 있다.

함수 $f(x)$가 어떤 구간에 속하는 모든 실수 x에서 연속일 때, $f(x)$는 그 구간에서 연속 또는 그 구간에서 **연속함수**라 한다. 특히, 함수 $f(x)$가 다음 조건을 모두 만족시킬 때, $f(x)$는 닫힌구간 $[a, b]$에서 연속이라 한다.

(ⅰ) 열린구간 (a, b)에서 연속이다.

(ⅱ) $\lim_{x \to a+} f(x) = f(a)$, $\lim_{x \to b-} f(x) = f(b)$

02-3 연속함수의 성질[3] [유형 5]

두 함수 $f(x)$, $g(x)$가 $x=a$에서 연속이면 다음 함수도 $x=a$에서 연속이다.

(1) $kf(x)$ (단, k는 상수)

(2) $f(x)+g(x)$, $f(x)-g(x)$

(3) $f(x)g(x)$

(4) $\dfrac{f(x)}{g(x)}$ (단, $g(a)\neq0$)

> **참고** 연속함수의 성질은 $x=a$에서 뿐만 아니라 구간에서도 성립한다.

❸ 여러 가지 함수의 연속인 구간

(1) 다항함수
$$y=a_nx^n+\cdots+a_1x+a_0$$
(단, $a_n, \cdots, a_1, a_0$은 상수)
⇨ 모든 실수 x에서 연속

(2) 유리함수 $y=\dfrac{f(x)}{g(x)}$
⇨ $g(x)\neq0$인 모든 실수 x에서 연속

(3) 무리함수 $y=\sqrt{f(x)}$
⇨ $f(x)\geq0$인 모든 실수 x에서 연속

02-4 최대·최소 정리 [유형 6]

함수 $f(x)$가 닫힌구간 $[a, b]$에서 연속이면 $f(x)$는 이 구간에서 반드시 최댓값과 최솟값을 갖는다.

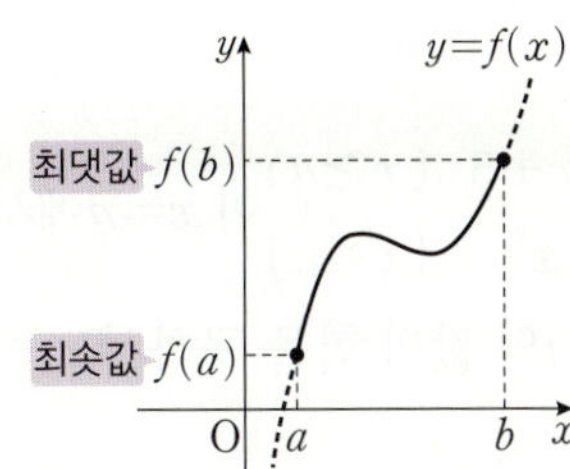

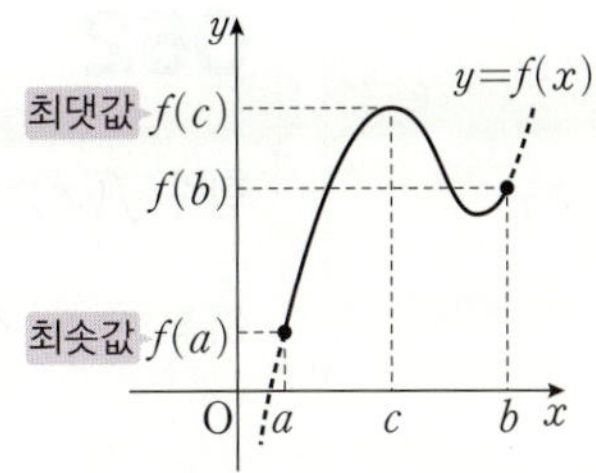

> **주의** ① 닫힌구간이 아닌 구간에서 정의된 연속함수는 최댓값 또는 최솟값을 갖지 않을 수도 있다.
> ② 함수 $f(x)$가 닫힌구간에서 연속이 아니면 최댓값 또는 최솟값을 갖지 않을 수도 있다.

02-5 사잇값 정리 [유형 7]

1 사잇값 정리

함수 $f(x)$가 닫힌구간 $[a, b]$에서 연속이고 $f(a)\neq f(b)$
이면 $f(a)$와 $f(b)$ 사이의 임의의 값 k에 대하여
$$f(c)=k$$
인 c가 열린구간 (a, b)에 적어도 하나 존재한다.

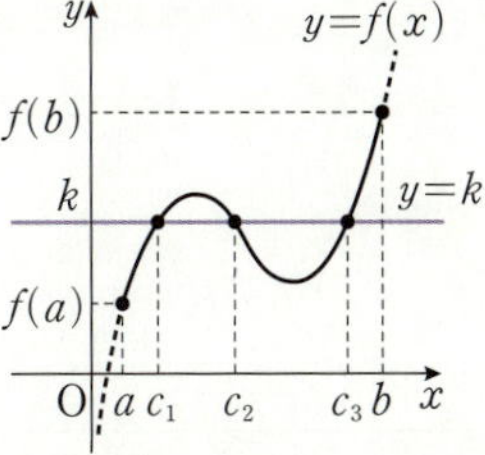

2 사잇값 정리의 활용❹

함수 $f(x)$가 닫힌구간 $[a, b]$에서 연속이고 $f(a)$와 $f(b)$
의 부호가 서로 다르면
$$f(c)=0$$
인 c가 열린구간 (a, b)에 적어도 하나 존재한다.
즉, 방정식 $f(x)=0$은 열린구간 (a, b)에서 적어도 하나의
실근을 갖는다.

$\longrightarrow f(a)f(b)<0$

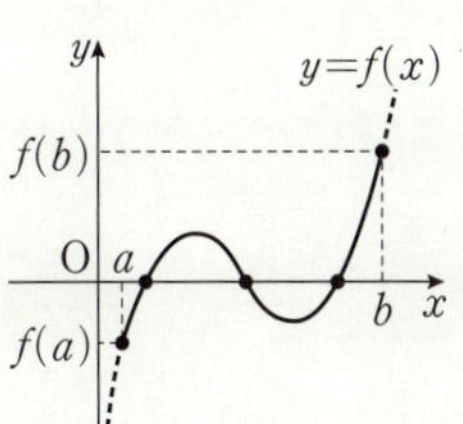

❹ 함수 $f(x)$가 닫힌구간 $[a, b]$에서 연속이고 $f(a)f(b)>0$이면 방정식 $f(x)=0$은 열린구간 (a, b)에서 실근을 가질 수도 있고, 갖지 않을 수도 있다.

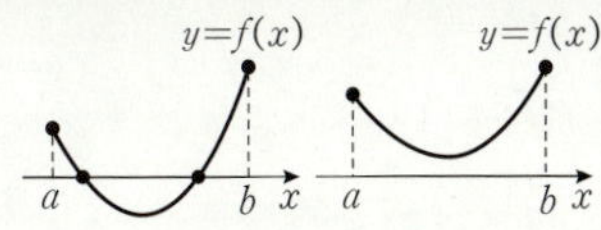

유형 1 함수의 연속 [개념 02-1, 2]

059 ★중요

다음 중 $x=2$에서 연속인 함수는?

(단, $[x]$는 x보다 크지 않은 최대의 정수이다.)

① $f(x)=\dfrac{x+2}{x-2}$

② $f(x)=x[x]$

③ $f(x)=\begin{cases} \sqrt{x-2} & (x\geq 2) \\ 0 & (x<2) \end{cases}$

④ $f(x)=\dfrac{|x-2|}{x-2}$

⑤ $f(x)=\begin{cases} x^2-4 & (x\neq 2) \\ 1 & (x=2) \end{cases}$

060

모든 실수 x에서 연속인 함수만을 **| 보기 |**에서 있는 대로 고르시오.

| 보기 |
ㄱ. $f(x)=x|x|$
ㄴ. $f(x)=\sqrt{4-x}$
ㄷ. $f(x)=\begin{cases} \dfrac{x^2-1}{x+1} & (x\neq -1) \\ -2 & (x=-1) \end{cases}$

061

함수 $f(x)=\dfrac{\sqrt{x}-2}{x^2-4x}$가 $x=4$에서 연속일 때, $f(4)$의 값은? (단, $x>0$)

① $\dfrac{1}{16}$　　② $\dfrac{1}{8}$　　③ $\dfrac{1}{4}$

④ $\dfrac{1}{2}$　　⑤ 1

062

함수 $f(x)=\begin{cases} 4x+5 & (x\geq a) \\ x^2 & (x<a) \end{cases}$이 $x=a$에서 연속이 되도록 하는 모든 실수 a의 값의 합을 구하시오.

063

함수 $f(x)=\dfrac{1}{x-\dfrac{2}{x-1}}$이 불연속이 되는 x의 값의 개수는?

① 0　　②$1$　　③ 2

④ 3　　⑤ 4

064

다음 중에서 함수 $f(x)=\dfrac{x^2+2x}{|x|}$ 에 대한 설명으로 옳지 않은 것은?

① $\lim\limits_{x\to 0+} f(x)=2$

② $x=0$에서 불연속이다.

③ 정의역은 $(-\infty,\,0)\cup(0,\,\infty)$이다.

④ $\lim\limits_{x\to 0} f(x)$의 값이 존재하지 않는다.

⑤ $f(0)=2$로 정의하면 $f(x)$는 연속함수이다.

065

함수 $f(x)=\dfrac{x-5}{x^2+3x+a}$ 가 모든 실수 x에서 연속이 되도록 하는 정수 a의 최솟값을 구하시오.

066

열린구간 $(0,\,4)$에서 정의된 함수 $y=f(x)$의 그래프가 오른쪽 그림과 같다. 함수 $f(x)$의 극한값이 존재하지 않는 x의 값의 개수를 a, $f(x)$가 불연속인 x의 값의 개수를 b라 할 때, $a+b$의 값은?

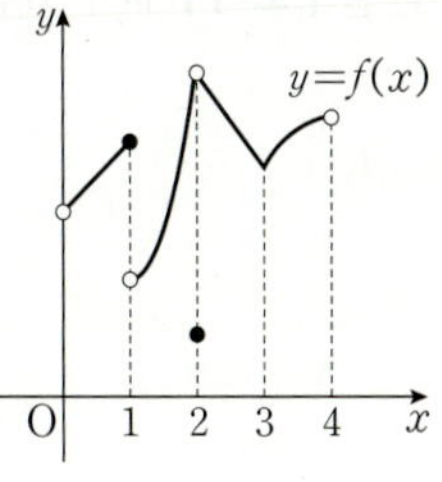

① 1 　　② 2 　　③ 3

④ 4 　　⑤ 5

067 ★중요

$-2<x<2$에서 정의된 함수 $y=f(x)$의 그래프가 오른쪽 그림과 같을 때, 옳은 것만을 **| 보기 |**에서 있는 대로 고른 것은?

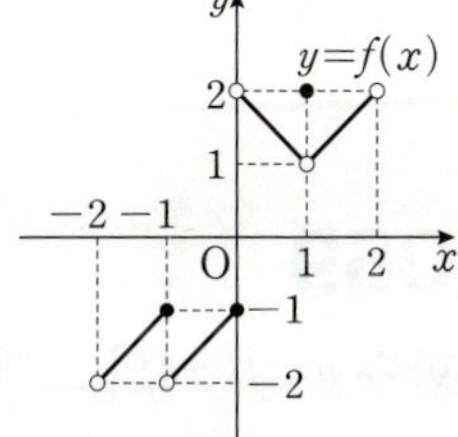

| 보기 |

ㄱ. $\lim\limits_{x\to 1} f(x)=2$

ㄴ. $x=0$에서 함수 $f(x)$의 극한값은 존재하지 않는다.

ㄷ. 함수 $f(x)$가 불연속인 x의 값의 개수는 3이다.

① ㄴ 　　② ㄷ 　　③ ㄱ, ㄴ

④ ㄴ, ㄷ 　　⑤ ㄱ, ㄴ, ㄷ

068

함수 $y=f(x)$의 그래프가 다음 그림과 같을 때, 옳은 것
만을 **|보기|**에서 있는 대로 고른 것은?

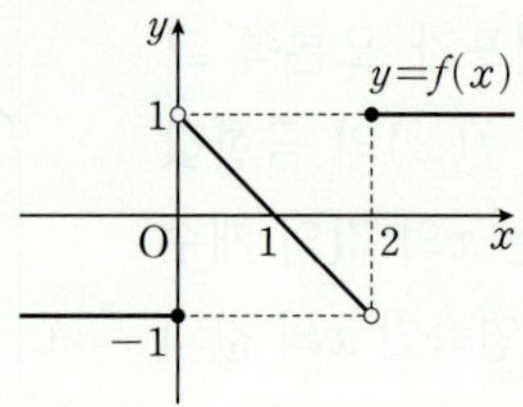

> **|보기|**
>
> ㄱ. $\lim\limits_{x\to 0+} f(x)=1$
>
> ㄴ. $\lim\limits_{x\to 2-} f(x)=1$
>
> ㄷ. 함수 $|f(x)|$는 $x=0$에서 연속이다.

① ㄱ ② ㄱ, ㄴ ③ ㄱ, ㄷ
④ ㄴ, ㄷ ⑤ ㄱ, ㄴ, ㄷ

069

함수 $y=f(x)$의 그래프가 다음 그림과 같다.

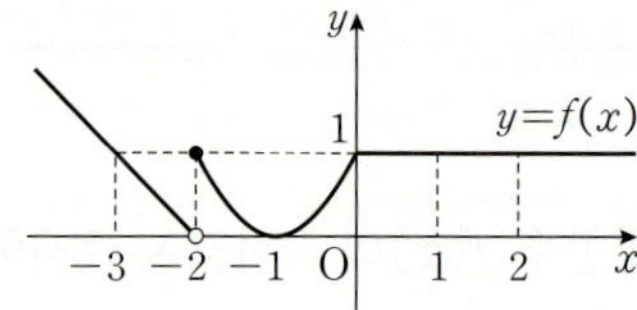

$g(x)=\begin{cases} f(x) & (|x|>1) \\ -f(x) & (|x|\le 1) \end{cases}$ 라 할 때, 열린구간 $(-3, 2)$
에서 함수 $g(x)$가 불연속이 되는 모든 x의 값의 합을 구
하시오.

070

함수

$$f(x)=\begin{cases} \dfrac{2x^2-x-15}{x-3} & (x\ne 3) \\ a & (x=3) \end{cases}$$

가 실수 전체의 집합에서 연속일 때, 상수 a의 값을 구하
시오.

071

함수

$$f(x)=\begin{cases} \dfrac{x^2+ax-2}{x-1} & (x\ne 1) \\ b & (x=1) \end{cases}$$

가 구간 $(-\infty, \infty)$에서 연속이 되도록 하는 상수 a, b에
대하여 a^2+b^2의 값은?

① 1 ② 2 ③ 5
④ 8 ⑤ 10

072

함수

$$f(x)=\begin{cases} \dfrac{a\sqrt{x+5}+b}{x+1} & (x\ne -1) \\ 1 & (x=-1) \end{cases}$$

이 $x=-1$에서 연속이 되도록 하는 상수 a, b에 대하여
$a-b$의 값을 구하시오.

073

함수

$$f(x)=\begin{cases} -x+a & (|x|>2) \\ x^2+bx+3 & (|x|\leq 2) \end{cases}$$

이 모든 실수 x에서 연속일 때, 상수 a, b에 대하여 $a+b$의 값은?

① -2 ② 0 ③ 2

④ 4 ⑤ 6

074

함수

$$f(x)=\begin{cases} 2 & (x\leq -2) \\ x^2+ax+b & (-2<x<0) \\ 4 & (x\geq 0) \end{cases}$$

가 실수 전체의 집합에서 연속일 때, $f(-1)$의 값은?

(단, a, b는 상수이다.)

① -2 ② -1 ③ 0

④ 1 ⑤ 2

075

함수 $f(x)=[x]^2-a[x]+1$이 $x=2$에서 연속일 때, 상수 a의 값을 구하시오.

(단, $[x]$는 x보다 크지 않은 최대의 정수이다.)

유형 **4** $(x-a)f(x)$ 꼴의 함수의 연속 [개념 02-1, 2]

076 ⭐중요

모든 실수 x에서 연속인 함수 $f(x)$에 대하여

$$(x+1)f(x)=x^2-x+a$$

일 때, $f(-1)$의 값은? (단, a는 상수이다.)

① 0 ② -1 ③ -2

④ -3 ⑤ -4

077

모든 실수 x에서 연속인 함수 $f(x)$에 대하여

$$(x^2-x)f(x)=x^3+ax^2+b$$

일 때, $f(1)$의 값을 구하시오. (단, a, b는 상수이다.)

078

$x \geq 2$인 모든 실수 x에서 연속인 함수 $f(x)$가
$$(x-3)f(x) = a\sqrt{x-2} + b$$
를 만족시킨다. $f(3)=1$일 때, 상수 a, b에 대하여 ab의 값은?

① -5　　　② -4　　　③ -3

④ -2　　　⑤ -1

유형 **5** 연속함수의 성질　　　[개념 02-3]

079

두 함수 $f(x)=x^2+3$, $g(x)=x-1$에 대하여 다음 중 실수 전체의 집합에서 연속인 함수가 아닌 것은?

① $f(x)-g(x)$　　　　② $\{f(x)\}^2$

③ $\dfrac{f(x)}{g(x)}$　　　　④ $2f(x)+5g(x)$

⑤ $\dfrac{2}{f(x)+g(x)}$

080 ⭐중요

함수 $f(x)$가 $x=a$에서 연속일 때, 다음 중 $x=a$에서 항상 연속인 함수가 아닌 것은? (단, $f(a) \neq 0$)

① $y=\{f(x)\}^2$　　　　② $y=\dfrac{1}{f(x)}$

③ $y=(f \circ f)(x)$　　　④ $y=x^2-f(x)$

⑤ $y=x^2 f(x)$

081 교육청 기출

함수
$$f(x)=\begin{cases} x^2-ax+1 & (x<2) \\ -x+1 & (x \geq 2) \end{cases}$$
에 대하여 함수 $\{f(x)\}^2$이 실수 전체의 집합에서 연속이 되도록 하는 모든 상수 a의 값의 합은?

① 5　　　　② 6　　　　③ 7

④ 8　　　　⑤ 9

082

실수 전체의 집합에서 정의된 두 함수 $f(x)$, $g(x)$에 대하여 옳은 것만을 |보기|에서 있는 대로 고른 것은?

┌ 보기 ┐

ㄱ. $f(x)$와 $g(x)$가 연속함수이면 $(f \circ g)(x)$도 연속함수이다.

ㄴ. $f(x)$와 $f(x)+g(x)$가 연속함수이면 $g(x)$도 연속함수이다.

ㄷ. $f(x)$와 $f(x)g(x)$가 연속함수이면 $g(x)$도 연속함수이다.

① ㄱ   ② ㄴ   ③ ㄱ, ㄴ

④ ㄱ, ㄷ   ⑤ ㄴ, ㄷ

083 실력UP

삼차함수 $f(x)$가 다음 조건을 만족시킬 때, $f(3)$의 값은?

(가) 함수 $\dfrac{x}{f(x)}$가 $x=1$, $x=2$에서만 불연속이다.

(나) $\displaystyle\lim_{x \to 1} \dfrac{f(x)}{(x-1)^2} = -3$

① 6   ② 8   ③ 10

④ 12   ⑤ 14

084 ★중요

열린구간 $(-1, 7)$에서 정의된 함수 $y=f(x)$의 그래프가 오른쪽 그림과 같을 때, 함수 $f(x)$에 대하여 다음 중 옳지 <u>않은</u> 것은?

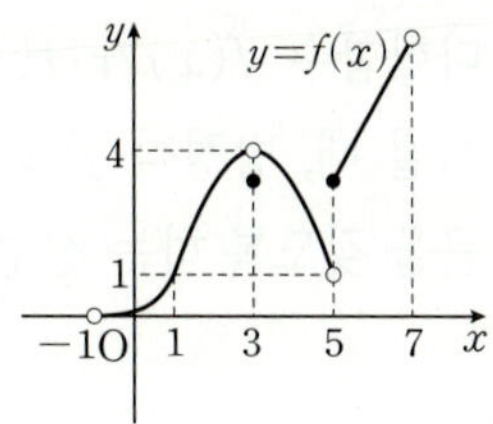

① $\displaystyle\lim_{x \to 3} f(x) = 4$

② $\displaystyle\lim_{x \to 5} f(x)$의 값은 존재하지 않는다.

③ 함수 $f(x)$가 불연속이 되는 x의 값은 2개이다.

④ 함수 $f(x)$는 닫힌구간 $[0, 3]$에서 최댓값을 갖는다.

⑤ 함수 $f(x)$는 닫힌구간 $[0, 2]$에서 최솟값을 갖는다.

085

닫힌구간 $[-1, 2]$에서 함수 $f(x)=x^2+4x$의 최댓값을 M, 함수 $g(x)=-\sqrt{x+2}+1$의 최솟값을 m이라 할 때, $M+m$의 값을 구하시오.

086

함수 $f(x)=\dfrac{3}{x-2}+1$에 대하여 다음 중 최댓값과 최솟값 중 적어도 하나가 존재하지 <u>않는</u> 구간은?

① $[-3, -1]$ ② $[-1, 1]$ ③ $[1, 3]$

④ $[3, 5]$ ⑤ $[5, 7]$

● 바른답·알찬풀이 **18**쪽

유형 7 사잇값 정리 [개념 02-5]

087

다항함수 $f(x)$가 $f(-3)=k-8$, $f(2)=k+5$를 만족시킬 때, 방정식 $f(x)=0$이 열린구간 $(-3, 2)$에서 실근을 갖도록 하는 정수 k의 개수를 구하시오.

088 ⭐중요

방정식 $2x^3-3x^2+x-1=0$이 오직 하나의 실근을 가질 때, 다음 중에서 이 방정식의 실근이 존재하는 구간은?

① $(-2, -1)$ ② $(-1, 0)$ ③ $(0, 1)$
④ $(1, 2)$ ⑤ $(2, 3)$

089

연속함수 $f(x)$에 대하여
$$f(-2)=-1,\ f(-1)=1,\ f(0)=2,$$
$$f(1)=-1,\ f(2)=3,\ f(3)=-4$$
이다. 방정식 $f(x)=x$가 닫힌구간 $[-2, 3]$에서 적어도 a개의 실근을 가질 때, a의 값을 구하시오.

090

역함수를 갖는 함수 $f(x)=x^3+x+k$에 대하여 방정식 $f(x)=0$이 열린구간 $(-2, 1)$에서 오직 하나의 실근을 갖도록 하는 정수 k의 개수는?

① 10   ② 11   ③ 12
④ 13   ⑤ 14

091

연속함수 $f(x)$가 모든 실수 x에 대하여 $f(x)=f(-x)$이고,
$$f(2)f(3)<0,\ f(4)f(5)<0$$
이 성립할 때, 방정식 $f(x)=0$은 적어도 몇 개의 실근을 갖는지 구하면?

① 1   ② 2   ③ 3
④ 4   ⑤ 5

서술형

시험에서 출제율이 높은 서술형 문제를 엄선하여 수록하였습니다.

● 바른답·알찬풀이 19쪽

092

함수 $f(x)=\begin{cases} 2x-2 & (x<a) \\ x^2-x & (x\geq a) \end{cases}$ 가 $x=a$에서 연속이 되도록 하는 모든 실수 a의 값의 합을 구하시오.

[풀이]

093

모든 실수 x에서 연속인 함수 $f(x)$에 대하여

$$(x-1)^2 f(x)=(x-1)|x^2+ax+b|$$

일 때, 다음 물음에 답하시오.

(1) 상수 a, b의 값을 구하시오.

[풀이]

(2) $f(2)$의 값을 구하시오.

[풀이]

094

최고차항의 계수가 1인 이차함수 $f(x)$와 함수

$$g(x)=\begin{cases} -x & (x<0) \\ x-1 & (0\leq x<1) \\ 1 & (x\geq 1) \end{cases}$$

에 대하여 함수 $f(x)g(x)$가 실수 전체의 집합에서 연속일 때, $f(3)$의 값을 구하시오.

[풀이]

095

방정식 $x^2-6x+a=0$이 열린구간 $(0, 2)$에서 적어도 하나의 실근을 갖도록 하는 실수 a의 값의 범위를 구하시오.

[풀이]

출제율이 높은 문제 중 1등급을 결정하는 고난도 문제를 수록하였습니다.

1등급 실력 완성

096

함수 $f(x)$는 모든 실수 x에서 연속이고 함수 $g(x)$는 $g(x)=(x^2+a)(x^2+ax+1)$일 때, 함수 $\dfrac{f(x)}{g(x)}$가 모든 실수 x에서 연속이 되도록 하는 실수 a의 값의 범위를 구하시오.

097

함수

$$f(x)=\begin{cases} x^2-kx+k & (x<a \text{ 또는 } x>a+1) \\ -4x-1 & (a\leq x\leq a+1) \end{cases}$$

이 실수 전체의 집합에서 연속일 때, 모든 실수 k의 값의 합은? (단, a는 실수이다.)

① 12   ② $\dfrac{25}{2}$ ③ 13

④ $\dfrac{27}{2}$ ⑤ 14

098

실수 t에 대하여 원 $x^2+y^2=(t^2+1)^2$과 직선 $3x-4y+10=0$의 교점의 개수를 $f(t)$라 하자. 함수 $f(t)$가 불연속이 되는 모든 t의 값의 곱을 구하시오.

099

함수 $f(x)=\begin{cases} \dfrac{x^2+(b+2)x+b}{x^3+ax} & (x\neq 0) \\ a+1 & (x=0) \end{cases}$ 이 실수 전체의 집합에서 연속이 되도록 하는 상수 a, b에 대하여 $a+b$의 값을 구하시오.

100   평가원 기출

최고차항의 계수가 1인 삼차함수 $f(x)$에 대하여 함수 $g(x)$를

$$g(x)=\begin{cases} \dfrac{f(x+3)\{f(x)+1\}}{f(x)} & (f(x)\neq 0) \\ 3 & (f(x)=0) \end{cases}$$

이라 하자. $\displaystyle\lim_{x\to 3} g(x)=g(3)-1$일 때, $g(5)$의 값은?

① 14   ② 16   ③ 18

④ 20   ⑤ 22

101

함수 $y=f(x)$의 그래프가 오른쪽 그림과 같을 때, 닫힌구간 $[0, 4]$에서 함수

$$g(x)=(x-2)f(x)$$

가 불연속이 되는 모든 x의 값의 합은?

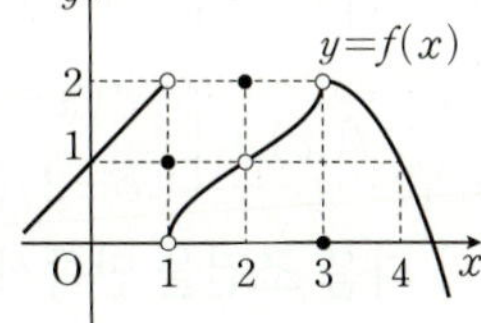

① 2 　　　② 3 　　　③ 4

④ 5 　　　⑤ 6

102

함수 $f(x)=\begin{cases} x+1 & (x\leq 0) \\ -x+a & (x>0) \end{cases}$ 에 대하여 함수 $f(x)$가 $x=0$에서 불연속이고, 함수 $f(x)f(x-2)$가 $x=2$에서 연속이 되도록 하는 상수 a의 값은?

① 1 　　　② 2 　　　③ 3

④ 4 　　　⑤ 5

103

함수 $y=f(x)$의 그래프가 오른쪽 그림과 같다. 다항함수 $g(x)$가 다음 조건을 만족시킬 때, $g(2)$의 값을 구하시오.

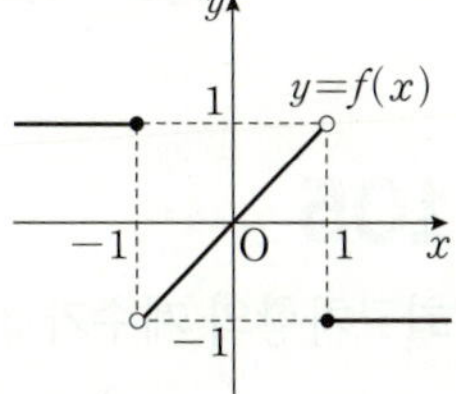

> (가) $\displaystyle\lim_{x \to \infty} \dfrac{g(x)}{x^2-x+1}=3$
>
> (나) 모든 실수 x에서 함수 $f(x)g(x)$는 연속이다.

104

이차함수 $f(x)$가

$$f(x)=(x-10)(x-11)+(x-11)(x-12)$$
$$+(x-12)(x-10)$$

일 때, 옳은 것만을 | 보기 |에서 있는 대로 고른 것은?

> | 보기 |
> ㄱ. 함수 $f(x)$는 모든 실수 x에서 연속이다.
> ㄴ. $f(10)f(11)f(12)>0$
> ㄷ. 이차방정식 $f(x)=0$은 $10<x<12$에서 2개의 실근을 갖는다.

① ㄱ 　　　② ㄱ, ㄴ 　　　③ ㄱ, ㄷ

④ ㄴ, ㄷ 　　　⑤ ㄱ, ㄴ, ㄷ

도전 1등급 최고난도

1등급을 결정하는 문제 중 최고난도 문제를 수록하였습니다.

105

최고차항의 계수가 3인 이차함수 $f(x)$와 함수

$$g(x)=\begin{cases} x^2+1 & (x\leq 2) \\ x-2 & (x>2) \end{cases}$$

에 대하여 함수 $\dfrac{f(x)}{g(x)}$가 실수 전체의 집합에서 연속일 때, $f(1)$의 값은?

① 1 ② 2 ③ 3
④ 4 ⑤ 5

106

함수 $f(x)=\begin{cases} -x^2-4x-3 & (x<0) \\ x^2-4x+3 & (x\geq 0) \end{cases}$ 에 대하여 함수 $f(x)f(x-k)$가 실수 전체의 집합에서 연속이 되도록 하는 서로 다른 실수 k의 값의 개수를 구하시오.

107 교육청 기출

2가 아닌 양수 a에 대하여 함수

$$f(x)=\begin{cases} (x-a)^2 & (x\leq a) \\ (x-2)(x-a) & (x>a) \end{cases}$$

가 다음 조건을 만족시킬 때, $f(3a)$의 값은?

⑦ $f(c)=0$인 c가 0과 $1+\dfrac{a}{2}$ 사이에 적어도 하나 존재한다.

④ 세 점 $(2, f(2))$, $(a, f(a))$, $\left(1+\dfrac{a}{2}, f\left(1+\dfrac{a}{2}\right)\right)$를 꼭짓점으로 하는 삼각형의 넓이는 $\dfrac{1}{8}$이다.

① 2 ② 4 ③ 8
④ 16 ⑤ 32

Ⅱ

미분

☑ 학습 계획 Check

- 학습하기 전, 중단원이 무엇인지 먼저 확인하세요.

- 이해가 부족한 개념이 있는 단원은 ☐ 안에 표시하고 반복하여 학습하세요.

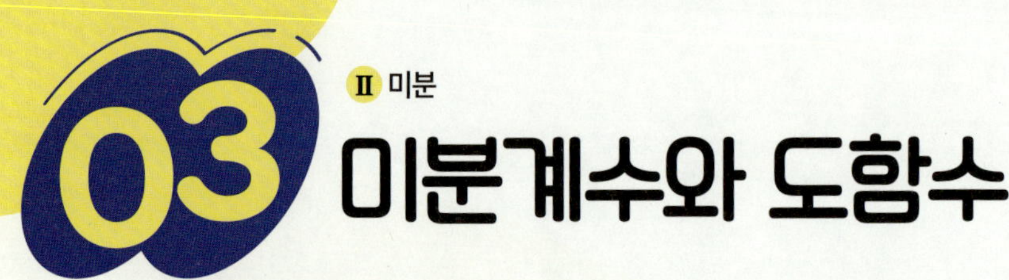

03 미분계수와 도함수

03-1 평균변화율 [유형 1]

1 증분

함수 $y=f(x)$에서 x의 값이 a에서 b까지 변할 때, 함숫값은 $f(a)$에서 $f(b)$까지 변한다. 이때

    x의 값의 변화량 $b-a$를 x의 **증분**,

    y의 값의 변화량 $f(b)-f(a)$를 y의 **증분**

이라 하며, 기호로 각각 Δx, Δy와 같이 나타낸다.

2 평균변화율

함수 $y=f(x)$에서 x의 값이 a에서 b까지 변할 때의 **평균변화율**은

$$\frac{\Delta y}{\Delta x}=\frac{f(b)-f(a)}{b-a}=\frac{f(a+\Delta x)-f(a)}{\Delta x}$$

3 평균변화율의 기하적 의미

함수 $y=f(x)$에서 x의 값이 a에서 b까지 변할 때의 평균변화율은 $y=f(x)$의 그래프 위의 두 점 $(a, f(a))$, $(b, f(b))$를 지나는 직선의 기울기와 같다.

03-2 미분계수[1] [유형 1~4, 8, 9]

1 미분계수

함수 $y=f(x)$의 $x=a$에서의 **순간변화율** 또는 **미분계수**는

$$f'(a)=\lim_{\Delta x \to 0}\frac{\Delta y}{\Delta x}=\lim_{\Delta x \to 0}\frac{f(a+\Delta x)-f(a)}{\Delta x}$$
$$=\lim_{x \to a}\frac{f(x)-f(a)}{x-a}$$

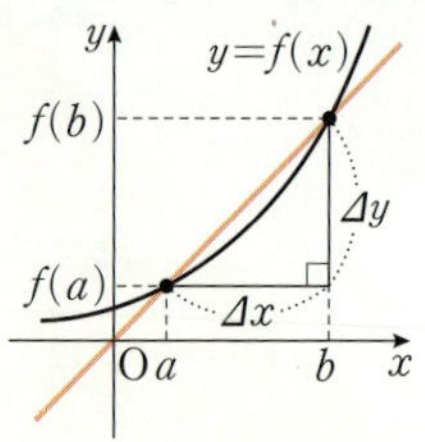

→ 미분계수의 정의에서 Δx 대신 h를 사용하여
$$f'(a)=\lim_{h \to 0}\frac{f(a+h)-f(a)}{h}$$
와 같이 나타내기도 한다.

함수 $f(x)$의 $x=a$에서의 미분계수 $f'(a)$가 존재할 때, 함수 $f(x)$는 $x=a$에서 **미분가능**하다고 한다.

> 참고 함수 $f(x)$가 어떤 열린구간에 속하는 모든 x에서 미분가능하면 함수 $f(x)$는 그 구간에서 미분가능하다고 한다. 특히, 함수 $f(x)$가 정의역에 속하는 모든 x에서 미분가능하면 $f(x)$는 미분가능한 함수라 한다.

2 미분계수의 기하적 의미

함수 $y=f(x)$의 $x=a$에서의 **미분계수 $f'(a)$는 곡선 $y=f(x)$ 위의 점 $(a, f(a))$에서의 접선의 기울기와 같다.**

> 참고 곡선 $y=f(x)$ 위의 점 $(a, f(a))$에서의 접선이 x축의 양의 방향과 이루는 각의 크기를 $\theta\ (0° \le \theta < 90°)$라 하면
> $$f'(a)=\tan \theta$$

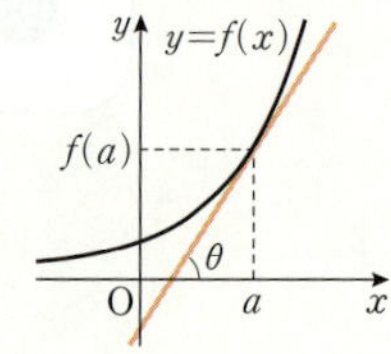

[1] 미분계수를 이용하여 극한값을 구할 때,

(i) 분모의 항이 1개인 경우

$$\lim_{\blacksquare \to 0}\frac{f(a+\blacksquare)-f(a)}{\blacksquare}=f'(a)$$

임을 이용할 수 있도록 식을 변형한다. 이때 $\blacksquare$ 부분이 서로 일치해야 함에 주의한다.

(ii) 분모의 항이 2개인 경우

$$\lim_{\blacksquare \to \bullet}\frac{f(\blacksquare)-f(\bullet)}{\blacksquare-\bullet}=f'(\bullet)$$

임을 이용할 수 있도록 식을 변형한다. 이때 $\blacksquare$는 $\blacksquare$끼리, $\bullet$는 $\bullet$끼리 서로 일치해야 함에 주의한다.

03-3 미분가능성과 연속성 [2] [3] [유형 5, 6]

함수 $f(x)$가 $x=a$에서 미분가능하면 $f(x)$는 $x=a$에서 연속이다.

주의 함수 $f(x)$가 $x=a$에서 연속이라고 해서 반드시 $x=a$에서 미분가능한 것은 아니다. 예를 들어 함수 $f(x)=|x|$는 $x=0$에서 연속이지만 미분가능하지 않다.

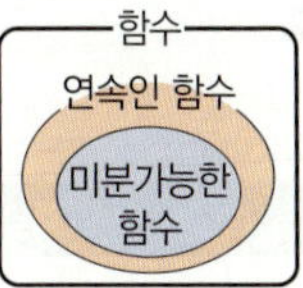

03-4 도함수 [유형 7]

1 도함수

미분가능한 함수 $y=f(x)$가 미분가능한 각각의 x에 미분계수 $f'(x)$를 대응시킨 새로운 함수를 함수 $f(x)$의 **도함수**라 하고, 이것을 기호로

$$f'(x),\ y',\ \frac{dy}{dx},\ \frac{d}{dx}f(x)$$

$\rightarrow \frac{dy}{dx}$는 y를 x에 대하여 미분한다는 것을 나타내는 기호이다.

와 같이 나타낸다. 즉, 미분가능한 함수 $f(x)$의 도함수는

$$f'(x)=\lim_{\Delta x \to 0}\frac{f(x+\Delta x)-f(x)}{\Delta x}=\lim_{h \to 0}\frac{f(x+h)-f(x)}{h}$$

2 미분법

함수 $f(x)$에서 도함수 $f'(x)$를 구하는 것을 '함수 $f(x)$를 x에 대하여 미분한다'고 하고, 그 계산법을 미분법이라 한다.

참고 함수 $f(x)$의 $x=a$에서의 미분계수 $f'(a)$는 도함수 $f'(x)$의 식에 $x=a$를 대입한 값이다.

03-5 미분법의 공식 [유형 7~11]

1 함수 $y=x^n$ (n은 양의 정수)과 상수함수의 도함수

(1) $y=x$이면 $y'=1$

(2) $y=x^n$ ($n \ge 2$인 정수)이면 $y'=nx^{n-1}$

(3) $y=c$ (c는 상수)이면 $y'=0$

2 함수의 실수배, 합, 차, 곱의 미분법

두 함수 $f(x),\ g(x)$가 미분가능할 때,

(1) $y=kf(x)$이면 $y'=kf'(x)$ (단, k는 실수)

(2) $y=f(x)+g(x)$이면 $y'=f'(x)+g'(x)$

(3) $y=f(x)-g(x)$이면 $y'=f'(x)-g'(x)$

(4) $y=f(x)g(x)$이면 $y'=f'(x)g(x)+f(x)g'(x)$ [4]

참고 (1) 세 함수 $f(x),\ g(x),\ h(x)$가 미분가능할 때,
 ① $y=f(x)\pm g(x)\pm h(x)$이면 $y'=f'(x)\pm g'(x)\pm h'(x)$ (복부호 동순)
 ② $y=f(x)g(x)h(x)$이면 $y'=f'(x)g(x)h(x)+f(x)g'(x)h(x)+f(x)g(x)h'(x)$
(2) 함수 $f(x)$가 미분가능할 때,
 $y=\{f(x)\}^n$ (n은 자연수)이면 $y'=n\{f(x)\}^{n-1}f'(x)$

---

[2] 함수 $f(x)$가 $x=a$에서 미분가능하지 않은 경우는 다음과 같다.
① $x=a$에서 불연속인 경우
② $x=a$에서 그래프가 꺾인 경우

[3] 두 다항함수 $g(x),\ h(x)$에 대하여
함수 $f(x)=\begin{cases} g(x) & (x<a) \\ h(x) & (x \ge a) \end{cases}$ 가
$x=a$에서 미분가능하면
(ⅰ) 함수 $f(x)$가 $x=a$에서 연속이다.
 $\Rightarrow \lim\limits_{x \to a-}g(x)=h(a)$
(ⅱ) 함수 $f(x)$의 $x=a$에서의 미분계수가 존재한다.
 $\Rightarrow \lim\limits_{x \to a+}\dfrac{h(x)-h(a)}{x-a}$
 $=\lim\limits_{x \to a-}\dfrac{g(x)-g(a)}{x-a}$

[4] 함수의 곱의 미분법을 이용하면 곱의 꼴로 나타낸 함수를 전개하지 않고 미분할 수 있다.

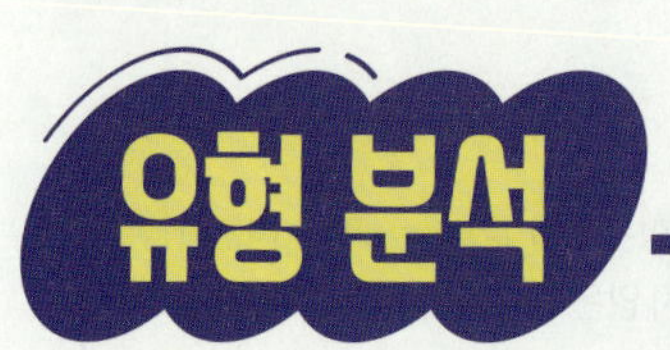

108 ⭐중요

함수 $f(x)=x^3-3x$에서 x의 값이 1에서 a까지 변할 때의 평균변화율이 10일 때, 상수 a의 값은? (단, $a>1$)

① 2　　　　② 3　　　　③ 4

④ 5　　　　⑤ 6

109

꼭짓점이 원점 O인 이차함수 $y=f(x)$의 그래프가 오른쪽 그림과 같다. 직선 OA의 기울기가 2일 때, 함수 $f(x)$에서 x의 값이 -3에서 0까지 변할 때의 평균변화율은?

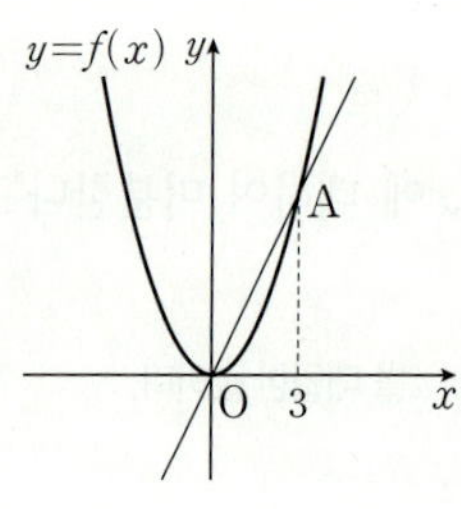

① $-\dfrac{5}{2}$　　　　② -2　　　　③ $-\dfrac{3}{2}$

④ -1　　　　⑤ $-\dfrac{1}{2}$

110

함수 $f(x)=x^2+2x$에서 x의 값이 1에서 3까지 변할 때의 평균변화율과 $x=a$에서의 미분계수가 같을 때, 상수 a의 값을 구하시오.

111

함수 $f(x)=ax^2+bx+2$에서 x의 값이 -1에서 0까지 변할 때의 평균변화율은 -2이고 $x=2$에서의 미분계수는 3일 때, ab의 값을 구하시오. (단, a, b는 상수이다.)

112

다항함수 $f(x)$에 대하여 $f(0)=3$이다. 임의의 양수 k에 대하여 함수 $f(x)$에서 x의 값이 0에서 k까지 변할 때의 평균변화율이 $-k$일 때, $x=1$에서의 순간변화율은?

① -2　　　　② -1　　　　③ $-\dfrac{1}{2}$

④ $\dfrac{1}{2}$　　　　⑤ 1

유형 2 미분계수를 이용한 극한값의 계산 (1) [개념 03-2]

113

다항함수 $f(x)$에 대하여 $f'(1)=-2$일 때,

$\lim\limits_{h \to 0} \dfrac{f(1-3h)-f(1)}{h}$의 값은?

① -6 ② -5 ③ 5

④ 6 ⑤ 7

114

미분가능한 함수 $f(x)$에 대하여 다음 중에서

$\lim\limits_{x \to a} \dfrac{f(x^2)-f(a^2)}{x-a}$과 값이 항상 같은 것은?

① $-f'(a)$ ② $f'(a)$ ③ $2f'(a)$

④ $af'(a^2)$ ⑤ $2af'(a^2)$

115

다항함수 $f(x)$에 대하여

$$\lim\limits_{h \to 0} \dfrac{f(1+h)-f(1-h)}{h}=4f'(1)-6$$

일 때, $f'(1)$의 값을 구하시오.

116

다항함수 $f(x)$에 대하여 $f'(a)=-2$일 때,

$\lim\limits_{h \to 0} \dfrac{f(a+5h)-f(a+h^2)}{h}$의 값을 구하시오.

117 ⭐중요

다항함수 $f(x)$에 대하여 $f(3)=5$, $f'(3)=6$일 때,

$\lim\limits_{x \to 3} \dfrac{3f(x)-xf(3)}{x-3}$의 값은?

① 11 ② 12 ③ 13

④ 14 ⑤ 15

118 교육청 기출

다항함수 $f(x)$에 대하여 $\lim\limits_{x \to 2} \dfrac{f(x)-1}{x-2}=2$일 때,

$\lim\limits_{h \to 0} \dfrac{f(2+h)-f(2-h)}{h}$ 의 값은?

① -2 ② -1 ③ 1

④ 2 ⑤ 4

119

다항함수 $f(x)$가 다음 조건을 만족시킨다.

> (가) 모든 실수 x에 대하여 $f(-x)=-f(x)$이다.
>
> (나) $\lim\limits_{h \to 0} \dfrac{f(-2+3h)+f(2)}{2h}=15$

$\lim\limits_{x \to -2} \dfrac{f(x)+f(2)}{x^2-4}$ 의 값은?

① -3 ② $-\dfrac{5}{2}$ ③ -2

④ $-\dfrac{3}{2}$ ⑤ -1

120 중요

미분가능한 함수 $f(x)$가 모든 실수 $x,\ y$에 대하여
$$f(x+y)=f(x)+f(y)$$
를 만족시킨다. $f'(0)=3$일 때, $f'(1)$의 값을 구하시오.

121

미분가능한 함수 $f(x)$가 모든 실수 $x,\ y$에 대하여
$$f(x+y)=f(x)f(y)$$
를 만족시키고 $f(x)>0$이다. $f'(0)=5$일 때, $\dfrac{f'(8)}{f(8)}$의

값을 구하시오.

122

미분가능한 함수 $f(x)$가 모든 실수 $x,\ y$에 대하여
$$f(x+y)=f(x)+f(y)+2xy-1$$
을 만족시킨다. $f'(2)-f'(0)$의 값은?

① 1 ② 2 ③ 3

④ 4 ⑤ 5

유형 **4** 미분계수의 기하적 의미 [개념 03-2]

123

곡선 $y=f(x)$ 위의 점 $(1, 4)$에서의 접선의 기울기가 5

일 때, $\lim\limits_{x \to 1} \dfrac{f(x^3)-4}{x-1}$ 의 값을 구하시오.

124

미분가능한 함수 $y=f(x)$의 그래프가 오른쪽 그림과 같을 때, 다음 중 그 값이 가장 큰 것은?

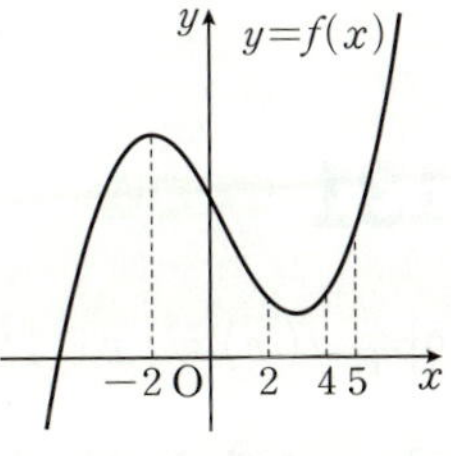

① $f'(-2)$ 　② $f'(2)$

③ $f'(4)$ 　④ $f'(5)$

⑤ $f(5)-f(4)$

125 ⭐중요

오른쪽 그림은 미분가능한 함수 $y=f(x)$의 그래프와 직선 $y=x$ 를 나타낸 것이다. 옳은 것만을 **|보기|**에서 있는 대로 고른 것은? (단, $0<a<b<1$)

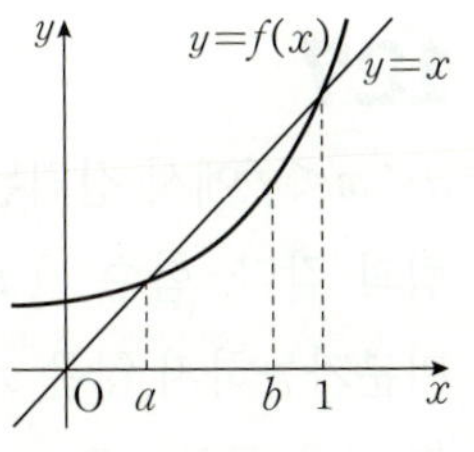

| 보기 |

ㄱ. $\dfrac{f(b)-f(a)}{b-a}<1$

ㄴ. $f'(a)<f'(b)$

ㄷ. $f\left(\dfrac{a+b}{2}\right)>\dfrac{f(a)+f(b)}{2}$

① ㄱ 　② ㄱ, ㄴ 　③ ㄱ, ㄷ

④ ㄴ, ㄷ 　⑤ ㄱ, ㄴ, ㄷ

126 실력 UP

오른쪽 그림은 함수 $f(x)=-x^2+x$에 대하여 함수 $y=f(x)$의 그래프와 직선 $y=x$ 를 나타낸 것이다. $0<a<b<1$일 때, 옳은 것만을 **|보기|**에서 있는 대로 고른 것은?

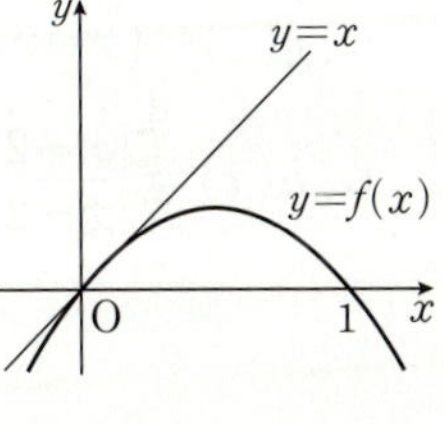

| 보기 |

ㄱ. $f'(a)>f'(b)$

ㄴ. $\dfrac{f(a)}{a}>\dfrac{f(b)}{b}$

ㄷ. $a-b>f(a)-f(b)$

① ㄱ 　② ㄴ 　③ ㄱ, ㄴ

④ ㄴ, ㄷ 　⑤ ㄱ, ㄴ, ㄷ

유형 5 미분가능성과 연속성 [개념 03-3]

127

$a < x < f$에서 정의된 함수 $y=f(x)$의 그래프가 다음 그림과 같다. 함수 $f(x)$가 불연속인 x의 값의 개수를 m, 미분가능하지 않은 x의 값의 개수를 n이라 할 때, $m+n$의 값을 구하시오.

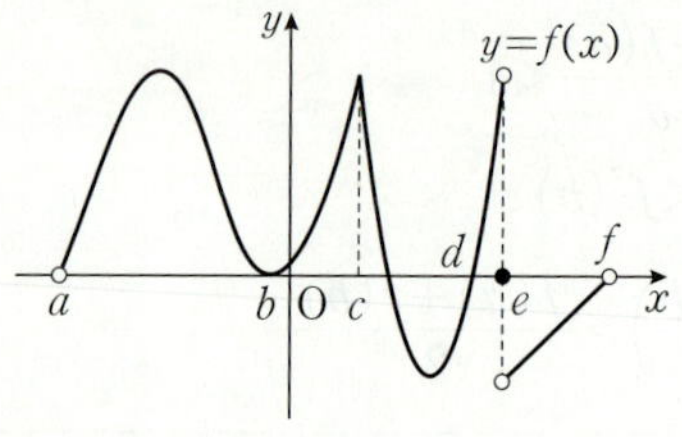

128

$x=2$에서 미분가능한 함수인 것만을 |보기|에서 있는 대로 고르시오.

|보기|

ㄱ. $f(x)=x^2-x-2$

ㄴ. $g(x)=(x-2)|x-2|$

ㄷ. $h(x)=\dfrac{|x-2|}{x-2}$

129 중요

다음 중 $x=0$에서 연속이지만 미분가능하지 **않은** 함수는?

① $f(x)=5$

② $f(x)=x|x|$

③ $f(x)=\dfrac{|x|}{x}$

④ $f(x)=\sqrt{x^2}$

⑤ $f(x)=\begin{cases} -2x+1 & (x<0) \\ (x-1)^2 & (x\geq 0) \end{cases}$

130

열린구간 $(0, 6)$에서 정의된 함수 $y=f(x)$의 그래프가 다음 그림과 같을 때, 함수 $f(x)$에 대한 설명으로 옳지 **않은** 것은?

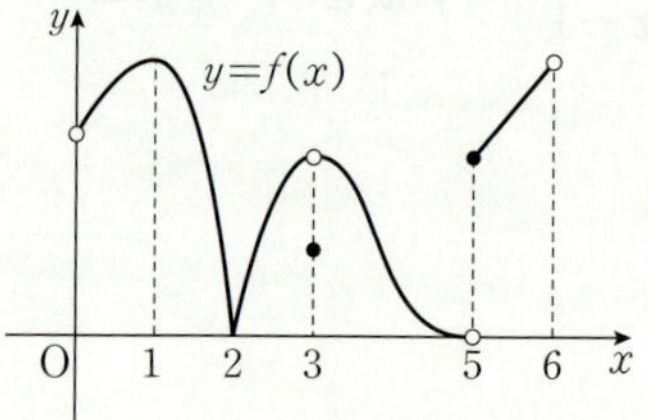

① $f'\left(\dfrac{5}{2}\right)>0$

② $\lim\limits_{x \to 3} f(x)$의 값이 존재한다.

③ $f(x)$가 불연속인 x의 값은 2개이다.

④ $f'(x)=0$인 x의 값은 2개이다.

⑤ $f(x)$가 미분가능하지 않은 x의 값은 3개이다.

131 실력 UP

함수 $f(x)=|x-1|$, $g(x)=\begin{cases} x-1 & (x<1) \\ -x-1 & (x\geq 1) \end{cases}$에 대하여 $x=1$에서 미분가능한 함수인 것만을 |보기|에서 있는 대로 고른 것은?

|보기|

ㄱ. $(x-1)f(x)$

ㄴ. $f(x)+g(x)$

ㄷ. $f(x)g(x)$

① ㄱ
② ㄴ
③ ㄱ, ㄷ
④ ㄴ, ㄷ
⑤ ㄱ, ㄴ, ㄷ

132 ⭐중요

함수 $f(x)=\begin{cases} ax^2+1 & (x<1) \\ x^4+a & (x\geq1) \end{cases}$ 가 $x=1$에서 미분가능할 때, 상수 a의 값을 구하시오.

133

모든 실수 x에서 미분가능한 함수 $f(x)$가
$$(x-2)f(x)=x^2-3x+a$$
를 만족시킬 때, $f'(2)$의 값은? (단, a는 상수이다.)

① -2 ② -1 ③ 0
④ 1 ⑤ 2

134 교육청 기출

두 함수 $f(x)=|x+3|$, $g(x)=2x+a$에 대하여 함수 $f(x)g(x)$가 실수 전체의 집합에서 미분가능할 때, 상수 a의 값은?

① 2 ② 4 ③ 6
④ 8 ⑤ 10

135

함수 $f(x)=\dfrac{2}{3}x^3-\dfrac{a}{4}x^2+5x-4$에 대하여 $f'(-1)=6$일 때, 상수 a의 값은?

① -2 ② -1 ③ 1
④ 2 ⑤ 3

136

함수 $f(x)=ax^2+bx$에 대하여 $f'(0)=2$, $f'(1)=4$일 때, $f'(-2)$의 값은? (단, a, b는 상수이다.)

① -2 ② -1 ③ 0
④ 1 ⑤ 2

137

함수 $f(x)=(x+3)(2x-1)(-3x+a)$에 대하여
$f'(0)=14$일 때, $f(0)$의 값은? (단, a는 상수이다.)

① -6 ② -3 ③ 3
④ 6 ⑤ 9

138 평가원 기출

다항함수 $f(x)$에 대하여 함수 $g(x)$를
$$g(x)=(x^3+1)f(x)$$
라 하자. $f(1)=2$, $f'(1)=3$일 때, $g'(1)$의 값은?

① 12 ② 14 ③ 16
④ 18 ⑤ 20

139 평가원 기출

함수 $f(x)=2x^2-3x+5$에서 x의 값이 a에서 $a+1$까지
변할 때의 평균변화율이 7이다. $\displaystyle\lim_{h\to 0}\frac{f(a+2h)-f(a)}{h}$의
값은? (단, a는 상수이다.)

① 6 ② 8 ③ 10
④ 12 ⑤ 14

140

함수 $f(x)=x^2+8x$에 대하여 $\displaystyle\lim_{h\to 0}\frac{f(1+2h)-f(1)}{5h}$의
값은?

① 1 ② 2 ③ 3
④ 4 ⑤ 5

141 중요

함수 $f(x)=x^3-3x^2+4$에 대하여
$$\lim_{x\to 3}\frac{\{f(x)\}^2-\{f(3)\}^2}{x-3}$$의 값은?

① 72 ② 74 ③ 76
④ 78 ⑤ 80

142

함수 $f(x)=(2x-1)^3$에 대하여 $\displaystyle\lim_{h\to 0}\frac{f(2h)-f(-h)}{2h}$의 값을 구하시오.

유형 **9** 미분계수를 이용한 미정계수의 결정 [개념 03-2, 5]

143 ⭐중요

함수 $f(x)=x^2+ax+b$가 $\displaystyle\lim_{x\to 1}\frac{f(x)-3}{x-1}=3$을 만족시킬 때, $f(-1)$의 값을 구하시오. (단, a, b는 상수이다.)

144

최고차항의 계수가 1인 이차함수 $f(x)$가

$$\lim_{x\to 2}\frac{f(x)}{(x-2)\{f'(x)\}^2}=\frac{1}{4}$$

을 만족시킬 때, $f(1)$의 값은?

① -3 ② -1 ③ 1

④ 3 ⑤ 5

145 교육청 기출

$f(3)=2$, $f'(3)=1$인 다항함수 $f(x)$와 최고차항의 계수가 1인 이차함수 $g(x)$가

$$\lim_{x\to 3}\frac{f(x)-g(x)}{x-3}=1$$

을 만족시킬 때, $g(1)$의 값은?

① 3 ② 4 ③ 5

④ 6 ⑤ 7

유형 **10** 항등식에서 미분법의 활용 [개념 03-5]

146

다항함수 $f(x)$가 $f(x)=3x^2-xf'(5)$를 만족시킬 때, $f'(4)$의 값은?

① 6 ② 7 ③ 8

④ 9 ⑤ 10

● 바른답·알찬풀이 30쪽

147

최고차항의 계수가 1인 이차함수 $f(x)$가 모든 실수 x에 대하여

$$2f(x)-(x-1)f'(x)=0$$

을 만족시킬 때, $f(3)$의 값을 구하시오.

148 중요

이차함수 $f(x)$가 모든 실수 x에 대하여

$$1-xf'(x)+f(x)=x^2+2$$

를 만족시킨다. $f'(1)=1$일 때, $f'(2)$의 값은?

① -2 ② -1 ③ 1
④ 2 ⑤ 3

유형 11 미분법과 다항식의 나눗셈 [개념 03-5]

149 중요

다항식 x^5+ax+b를 $(x+1)^2$으로 나누었을 때의 나머지가 $-3x+1$일 때, 상수 a, b에 대하여 ab의 값은?

① -24 ② -12 ③ -8
④ 12 ⑤ 24

150

다항식 $x^3-12x+a$가 $(x-b)^2$으로 나누어떨어질 때, 상수 a, b에 대하여 $a+b$의 값을 모두 구하시오.

151 실력 UP

다항함수 $f(x)$에 대하여 $\lim_{x\to -1}\frac{f(x)-2}{x+1}=3$이다. $f(x)$를 $(x+1)^2$으로 나눈 나머지를 $R(x)$라 할 때, $R(1)$의 값은?

① 6 ② 8 ③ 10
④ 12 ⑤ 14

시험에서 출제율이 높은 서술형 문제를 엄선하여 수록하였습니다.

서술형

● 바른답·알찬풀이 31쪽

152

함수 $f(x)=x^2+4x$에서 x의 값이 1에서 5까지 변할 때의 평균변화율과 $x=c$에서의 미분계수가 같을 때, 상수 c의 값을 구하시오.

[풀이]

153

미분가능한 함수 $f(x)$가 모든 실수 x, y에 대하여
$$f(x+y)=f(x)+f(y)+3x^2y+3xy^2$$
을 만족시킬 때, 다음 물음에 답하시오.

⑴ $f(0)$의 값을 구하시오.

[풀이]

⑵ $f'(0)=1$일 때, $f'(1)$의 값을 구하시오.

[풀이]

154

모든 실수 x에서 미분가능한 함수 $f(x)$가
$$(x-a)f(x)=x^2-3x+a$$
를 만족시킬 때, $f(0)$의 최댓값을 구하시오.

(단, a는 상수이다.)

[풀이]

155

다항함수 $f(x), g(x)$가
$$\lim_{x\to 3}\frac{f(x)-1}{x-3}=4,\ \lim_{x\to 3}\frac{g(x)+2}{x-3}=5$$
를 만족시킬 때, 함수 $h(x)=f(x)\{g(x)+3\}$에 대하여 $h'(3)$의 값을 구하시오.

[풀이]

1등급 실력 완성

156

$f(0)=0$인 다항함수 $f(x)$가 다음 조건을 만족시킬 때, $\{f'(0)\}^2+\{f'(1)\}^2$의 값은?

> (가) $\displaystyle\lim_{h\to 0}\frac{(1-h)f(h)}{h}=f'(1)-f(0)+2$
>
> (나) $\displaystyle\lim_{h\to 0}\frac{f(1+h)f(h)-f(1-h)f(h)}{h^2}=4$

① 6   ② 8   ③ 10
④ 12   ⑤ 14

157 평가원 기출

두 다항함수 $f(x)$, $g(x)$가 다음 조건을 만족시킨다.

> (가) $\displaystyle\lim_{x\to 1}\frac{f(x)-g(x)}{x-1}=5$
>
> (나) $\displaystyle\lim_{x\to 1}\frac{f(x)+g(x)-2f(1)}{x-1}=7$

두 실수 a, b에 대하여 $\displaystyle\lim_{x\to 1}\frac{f(x)-a}{x-1}=b\times g(1)$일 때, ab의 값은?

① 4   ② 5   ③ 6
④ 7   ⑤ 8

158

$x=0$에서 연속이지만 미분가능하지 않은 임의의 함수 $f(x)$에 대하여 $x=0$에서 미분가능한 함수인 것만을 **|보기|**에서 있는 대로 고른 것은?

> **| 보기 |**
>
> ㄱ. $y=\dfrac{f(x)}{x}$
>
> ㄴ. $y=(x^2-1)f(x)$
>
> ㄷ. $y=\dfrac{1}{1+xf(x)}$

① ㄱ   ② ㄴ   ③ ㄷ
④ ㄱ, ㄴ   ⑤ ㄴ, ㄷ

159

실수 전체의 집합에서 미분가능한 함수 $f(x)$와 연속인 함수 $g(x)$가 다음 조건을 만족시킬 때, $g(1)$의 값은?

> (가) 모든 실수 x에 대하여 $(x^2-1)g(x)=f(x)$이다.
>
> (나) $f'(1)=4$

① 1   ② 2   ③ 3
④ 4   ⑤ 5

160 수능 기출

함수

$$f(x)=\begin{cases} -x & (x\leq 0) \\ x-1 & (0<x\leq 2) \\ 2x-3 & (x>2) \end{cases}$$

와 상수가 아닌 다항식 $p(x)$에 대하여 **| 보기 |**에서 옳은
것만을 있는 대로 고른 것은?

| 보기 |

ㄱ. 함수 $p(x)f(x)$가 실수 전체의 집합에서 연속이면
   $p(0)=0$이다.

ㄴ. 함수 $p(x)f(x)$가 실수 전체의 집합에서 미분가능
   하면 $p(2)=0$이다.

ㄷ. 함수 $p(x)\{f(x)\}^2$이 실수 전체의 집합에서 미분
   가능하면 $p(x)$는 $x^2(x-2)^2$으로 나누어떨어진다.

---

① ㄱ 　　② ㄱ, ㄴ 　　③ ㄱ, ㄷ

④ ㄴ, ㄷ 　　⑤ ㄱ, ㄴ, ㄷ

161

다음 조건을 만족시키는 함수 $f(x)$가 모든 실수 x에서
미분가능할 때, ab의 값을 구하시오.

(단, a, b는 상수이다.)

(가) $f(x)=2x^3+ax^2+bx$ (단, $0\leq x<3$)

(나) 모든 실수 x에 대하여 $f(x)=f(x+3)$이다.

162

다항함수 $f(x)$에 대하여 곡선 $y=f(x)$ 위의 점 $(2, 1)$
에서의 접선의 기울기가 3이다. $g(x)=x^3f(x)$라 할 때,
곡선 $y=g(x)$ 위의 $x=2$인 점에서의 접선의 기울기는?

① 36 　　② 37 　　③ 38

④ 39 　　⑤ 40

163

이차함수 $y=f(x)$의 그래프가 직선 $x=3$에 대하여 대칭
일 때, 옳은 것만을 **| 보기 |**에서 있는 대로 고른 것은?

| 보기 |

ㄱ. 함수 $f(x)$에서 x의 값이 -1에서 7까지 변할 때의
   평균변화율은 0이다.

ㄴ. $\lim\limits_{h\to 0}\dfrac{f(3+2h)-f(3-h)}{h}=3$

ㄷ. 두 실수 a, b에 대하여 $a+b=6$이면
   $f'(a)+f'(b)=0$이다.

---

① ㄱ 　　② ㄴ 　　③ ㄱ, ㄴ

④ ㄱ, ㄷ 　　⑤ ㄴ, ㄷ

164

미분가능한 두 함수 $f(x)$, $g(x)$에 대하여

$$f(1)=1, \ g(1)=1, \ f'(1)=-1, \ g'(1)=2$$

이다. $F(x)=-f(x)g(x)$라 할 때, $\displaystyle\lim_{x\to 1}\frac{F(x^2)-F(1)}{1-x}$

의 값은?

① $\dfrac{1}{2}$　　② 1　　③ $\dfrac{3}{2}$

④ 2　　⑤ $\dfrac{5}{2}$

165

$\displaystyle\lim_{x\to 1}\frac{x^{2n}+3x^n-4}{x-1}=50$을 만족시키는 자연수 n의 값을 구하시오.

166 교육청 기출

$f(1)=-2$인 다항함수 $f(x)$에 대하여 일차함수 $g(x)$가 다음 조건을 만족시킨다.

> (가) $\displaystyle\lim_{x\to 1}\frac{f(x)g(x)+4}{x-1}=8$
>
> (나) $g(0)=g'(0)$

$f'(1)$의 값은?

① 5　　② 6　　③ 7

④ 8　　⑤ 9

167

다항함수 $f(x)$가 모든 실수 x에 대하여

$$2f(x)-(x+1)f'(1)-4x^2=0$$

을 만족시킬 때, $f(1)$의 값은?

① 10　　② 12　　③ 14

④ 16　　⑤ 18

도전 1등급 최고난도

1등급을 결정하는 문제 중 최고난도 문제를 수록하였습니다.

168

실수 전체의 집합에서 미분가능한 두 함수 $f(x)$, $g(x)$ 가 다음 조건을 만족시킨다.

> (개) $x \neq 0$일 때, $f(x) \leq 1$
> (내) 모든 실수 x에 대하여 $g(x) + f(x) \leq 2x^3 + 2x$

$f(0) = 1$, $g(0) = -1$일 때, $g'(0)$의 값은?

① -2 ② -1 ③ 0

④ 1 ⑤ 2

169

두 다항함수 $f(x)$, $g(x)$가

$$\lim_{x \to 0} \frac{f(x) + g(x)}{x} = 2, \quad \lim_{x \to 0} \frac{xf(x)}{\{g(x)\}^2 - g(x)} = 2$$

를 만족시킨다. 함수 $h(x) = f(x)g(x)$에 대하여 $h'(0)$의 값은?

① 1 ② 2 ③ 3

④ 4 ⑤ 5

04 도함수의 활용 (1)

04-1 접선의 방정식   [유형 1~6]

1 접선의 방정식

함수 $f(x)$가 $x=a$에서 미분가능할 때, 곡선 $y=f(x)$ 위의 점 $P(a, f(a))$에서의 접선의 방정식은

$$y-f(a)=f'(a)(x-a)$$

> **참고**   곡선 $y=f(x)$ 위의 점 $P(a, f(a))$에서의 접선의 기울기는 $x=a$에서의 미분계수 $f'(a)$와 같다.

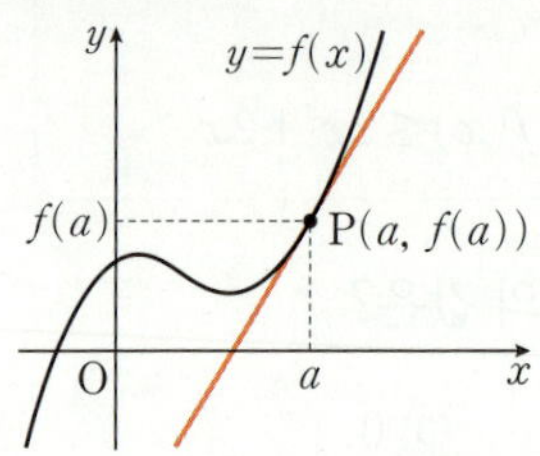

2 접선의 방정식 구하기 ❶

(1) 곡선 $y=f(x)$ 위의 점 $(a, f(a))$에서의 접선의 방정식

  (i) 접선의 기울기 $f'(a)$를 구한다.

  (ii) $y-f(a)=f'(a)(x-a)$를 이용하여 접선의 방정식을 구한다.

(2) 곡선 $y=f(x)$에 접하고 기울기가 m인 접선의 방정식

  (i) 접점의 좌표를 $(t, f(t))$로 놓는다.

  (ii) $f'(t)=m$임을 이용하여 t의 값을 구한다.

  (iii) t의 값을 $y-f(t)=m(x-t)$에 대입하여 접선의 방정식을 구한다.

(3) 곡선 $y=f(x)$ 밖의 한 점 (x_1, y_1)에서 곡선에 그은 접선의 방정식

  (i) 접점의 좌표를 $(t, f(t))$로 놓는다.

  (ii) $y-f(t)=f'(t)(x-t)$에 $x=x_1$, $y=y_1$을 대입하여 t의 값을 구한다.

  (iii) t의 값을 $y-f(t)=f'(t)(x-t)$에 대입하여 접선의 방정식을 구한다.

❶ 두 곡선 $y=f(x), y=g(x)$가
① 점 (a, b)에서 접하면
  $f(a)=g(a)=b,$
  $f'(a)=g'(a)$
② 점 (a, b)에서 만나고 이 점에서의 접선이 서로 수직이면
  $f(a)=g(a)=b,$
  $f'(a)g'(a)=-1$

04-2 평균값 정리   [유형 7, 8]

1 롤의 정리 ❷

함수 $f(x)$가 닫힌구간 $[a, b]$에서 연속이고 열린구간 (a, b)에서 미분가능할 때, $f(a)=f(b)$이면

$$f'(c)=0$$

인 실수 c가 열린구간 (a, b)에 적어도 하나 존재한다.

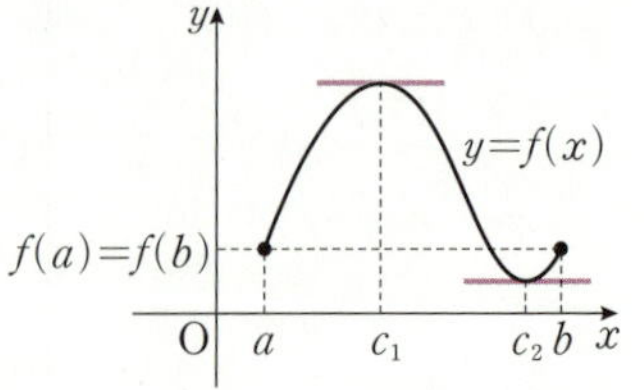

❷ 롤의 정리는 곡선 $y=f(x)$에서 $f(a)=f(b)$이면 x축과 평행한 접선을 갖는 점이 열린구간 (a, b)에 적어도 하나 존재함을 의미한다.

2 평균값 정리 ❸

함수 $f(x)$가 닫힌구간 $[a, b]$에서 연속이고 열린구간 (a, b)에서 미분가능하면

$$\frac{f(b)-f(a)}{b-a}=f'(c)$$

인 실수 c가 열린구간 (a, b)에 적어도 하나 존재한다.

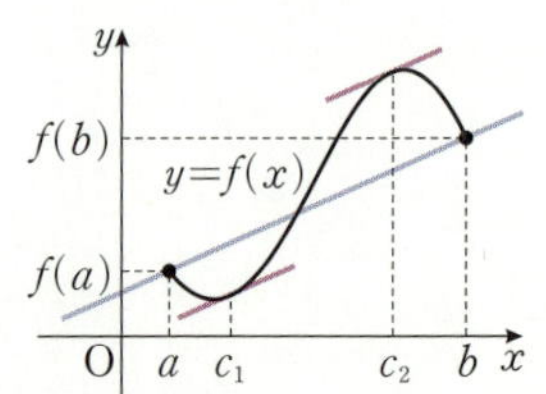

❸ 평균값 정리는 곡선 $y=f(x)$ 위의 두 점 $(a, f(a))$, $(b, f(b))$를 지나는 직선과 평행한 접선을 갖는 점이 열린구간 (a, b)에 적어도 하나 존재함을 의미한다.

1 함수의 증가와 감소

함수 $f(x)$가 어떤 구간에 속하는 임의의 두 실수 x_1, x_2에 대하여 $x_1 < x_2$일 때,

(1) $f(x_1) < f(x_2)$이면 함수 $f(x)$는 이 구간에서 **증가**한다고 한다.

(2) $f(x_1) > f(x_2)$이면 함수 $f(x)$는 이 구간에서 **감소**한다고 한다.

2 함수의 증가와 감소의 판정[4]

함수 $f(x)$가 닫힌구간 $[a, b]$에서 연속이고 열린구간 (a, b)에서 미분가능할 때,

(a, b)에 속하는 모든 x에 대하여

(1) $f'(x) > 0$이면 $f(x)$는 $[a, b]$에서 **증가**한다.

(2) $f'(x) < 0$이면 $f(x)$는 $[a, b]$에서 **감소**한다.

> **주의** 일반적으로 위의 역은 성립하지 않는다. 예를 들어 함수 $f(x) = x^3$은 구간 $(-\infty, \infty)$에서 증가하지만 $f'(x) = 3x^2$에서 $f'(0) = 0$이다.

[4] 함수 $f(x)$가 어떤 구간에서 미분가능하고, 이 구간에서
① $f(x)$가 증가하면 $f'(x) \geq 0$
② $f(x)$가 감소하면 $f'(x) \leq 0$

1 함수의 극대와 극소

함수 $f(x)$에서 $x = a$를 포함하는 어떤 열린구간에 속하는 모든 x에 대하여

(1) $f(x) \leq f(a)$일 때, 함수 $f(x)$는 $x = a$에서 **극대**라 하고, $f(a)$를 **극댓값**이라 한다.

(2) $f(x) \geq f(a)$일 때, 함수 $f(x)$는 $x = a$에서 **극소**라 하고, $f(a)$를 **극솟값**이라 한다.

(3) 극댓값과 극솟값을 통틀어 **극값**이라 한다.

> **참고** 함수 $f(x)$가 $x = a$에서 연속일 때, $x = a$의 좌우에서
> ① $f(x)$가 증가하다가 감소하면 함수 $f(x)$는 $x = a$에서 극대이다.
> ② $f(x)$가 감소하다가 증가하면 함수 $f(x)$는 $x = a$에서 극소이다.

2 극값과 미분계수[5]

함수 $f(x)$가 $x = a$에서 미분가능하고 $x = a$에서 극값을 가지면 $f'(a) = 0$이다.

> **주의** 일반적으로 위의 역은 성립하지 않는다. 즉, $f'(a) = 0$이지만 함수 $f(x)$가 극값을 갖지 않는 경우도 있다. 예를 들어 함수 $f(x) = x^3$은 $f'(0) = 0$이지만 모든 실수 x에서 $f(x)$는 증가하므로 함수 $f(x) = x^3$은 $x = 0$에서 극값을 갖지 않는다.

[5] 미분가능한 함수 $f(x)$에 대하여
① $x = a$에서 극값을 갖는다.
   $\Rightarrow f'(a) = 0$
② $x = a$에서 극값 β를 갖는다.
   $\Rightarrow f'(a) = 0$, $f(a) = \beta$

3 함수의 극대와 극소의 판정

미분가능한 함수 $f(x)$에 대하여 $f'(a) = 0$이고, $x = a$의 좌우에서 $f'(x)$의 **부호가**

(1) **양에서 음으로 바뀌면** $f(x)$는 $x = a$에서 **극대**이다.

(2) **음에서 양으로 바뀌면** $f(x)$는 $x = a$에서 **극소**이다.

 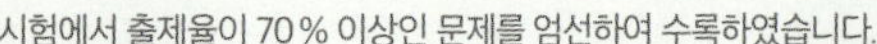

시험에서 출제율이 70 % 이상인 문제를 엄선하여 수록하였습니다.

유형 ❶ 접선의 기울기 [개념 04-1]

170 ⭐중요

곡선 $y=3x^3-4x^2+ax+b$가 점 $(1, -1)$을 지나고 이 점에서의 접선의 기울기가 -1일 때, 상수 a, b에 대하여 ab의 값은?

① -6 ② -4 ③ -2

④ 2 ⑤ 4

171

곡선 $y=2x^3+ax^2+bx+c$ 위의 두 점 $(-1, 5)$, $(1, -3)$에서의 접선이 서로 평행할 때, 상수 a, b, c에 대하여 $a-2b+3c$의 값을 구하시오.

172

곡선 $y=x^3+ax^2+bx+c$ 위의 점 $(1, 3)$에서의 접선의 기울기가 7이고, x좌표가 -1인 점에서의 접선의 기울기가 -5일 때, 상수 a, b, c에 대하여 abc의 값은?

① -12 ② -6 ③ 6

④ 12 ⑤ 18

유형 ❷ 접선의 방정식 ; 접점의 좌표가 주어진 경우 [개념 04-1]

173

곡선 $y=-2x^3+x^2$ 위의 점 $(1, -1)$에서의 접선이 점 $(a, 11)$을 지날 때, a의 값은?

① -2 ② -1 ③ 0

④ 1 ⑤ 2

174

곡선 $y=x^3-5x$ 위의 점 $(-1, 4)$를 지나고 이 점에서의 접선과 수직인 직선의 방정식이 $y=mx+n$일 때, 상수 m, n에 대하여 $m+n$의 값을 구하시오.

175 ⭐중요

다항함수 $f(x)$에 대하여 $\lim\limits_{x \to 2} \dfrac{f(x)-1}{x-2}=2$가 성립할 때, 곡선 $y=f(x)$ 위의 점 $(2,\ f(2))$에서의 접선의 방정식은?

① $y=-2x-3$
② $y=-2x+3$
③ $y=2x-3$
④ $y=2x$
⑤ $y=2x+3$

176

오른쪽 그림과 같이 곡선 $y=x^3-6x$ 위의 점 $A(1,\ -5)$에서의 접선이 이 곡선과 다시 만나는 점을 B라 하자. 이때 선분 AB의 길이를 구하시오.

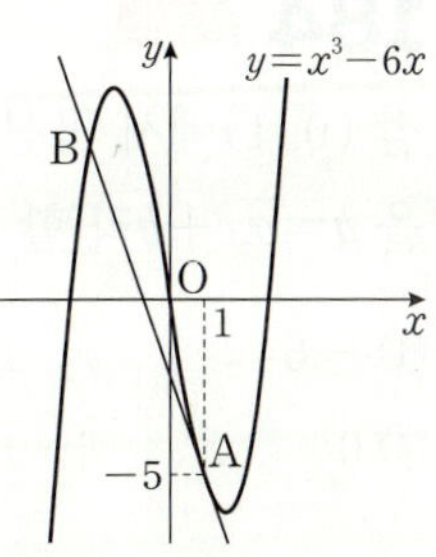

177 교육청 기출

함수 $f(x)=x^3-2x^2+2x+a$에 대하여 곡선 $y=f(x)$ 위의 점 $(1,\ f(1))$에서의 접선이 x축, y축과 만나는 점을 각각 P, Q라 하자. $\overline{PQ}=6$일 때, 양수 a의 값은?

① $2\sqrt{2}$
② $\dfrac{5\sqrt{2}}{2}$
③ $3\sqrt{2}$
④ $\dfrac{7\sqrt{2}}{2}$
⑤ $4\sqrt{2}$

178 실력 UP

최고차항의 계수가 1인 삼차식 $f(x)$에 대하여 $f(1)=f(2)=f(k)=1$이 성립할 때, 곡선 $y=f(x)$ 위의 점 $(0,\ 7)$에서의 접선이 점 $(-4,\ m)$을 지난다고 한다. $k+m$의 값을 구하시오.

유형 **3** 접선의 방정식 ; 기울기가 주어진 경우 [개념 04-1]

179

x축의 양의 방향과 이루는 각의 크기가 $45°$인 직선이 곡선 $y=3x^2-5x+4$와 접할 때, 접점의 좌표를 구하시오.

180 ⭐중요

곡선 $y=x^3+3x^2+k$와 직선 $y=-3x-2$가 접할 때, 상수 k의 값은?

① -2 ② -1 ③ 1
④ 2 ⑤ 3

181

곡선 $y=x^2-ax+3$과 직선 $y=-x+b$가 접할 때, 접점의 x좌표가 2이다. 상수 a, b에 대하여 $a+b$의 값을 구하시오.

182 평가원 기출

곡선 $y=x^3-4x+5$ 위의 점 $(1, 2)$에서의 접선이 곡선 $y=x^4+3x+a$에 접할 때, 상수 a의 값은?

① 6 ② 7 ③ 8
④ 9 ⑤ 10

183

직선 $x+6y+3=0$과 수직이고 곡선 $y=x^3+3x+4$에 접하는 두 직선 사이의 거리가 $\dfrac{m\sqrt{37}}{37}$일 때, 자연수 m의 값을 구하시오.

184 ⭐중요

점 $(0, 1)$에서 곡선 $y=-4x^3+x$에 그은 접선의 방정식을 $y=ax+b$라 할 때, 상수 a, b에 대하여 ab의 값은?

① -6 ② -4 ③ -2
④ 0 ⑤ 2

185

점 $(1, -3)$에서 곡선 $y=x^3-2x^2+ax$에 그은 접선의 접점의 좌표가 $(2, b)$일 때, $a-b$의 값은?

(단, a는 상수이다.)

① -5 ② -4 ③ -3
④ -2 ⑤ -1

186

점 $A(1, -2)$에서 곡선 $y=x^2-2x$에 그은 두 접선의 접점을 각각 P, Q라 할 때, 삼각형 APQ의 넓이를 구하시오.

187

점 $(-1, 4)$에서 곡선 $y=x^3-5x^2+6x$에 그은 세 접선의 접점의 x좌표를 각각 a, b, c라 할 때, $a+b+c$의 값은?

① -5 ② -1 ③ 1
④ 5 ⑤ 9

188 실력 UP

점 $(0, k)$에서 곡선 $y=-\dfrac{1}{6}x^2+2$에 그은 두 접선이 서로 수직일 때, k의 값은?

① $-\dfrac{7}{2}$ ② $-\dfrac{1}{2}$ ③ $\dfrac{3}{2}$
④ $\dfrac{7}{2}$ ⑤ $\dfrac{11}{2}$

유형 5 두 곡선의 접선 [개념 04-1]

189 중요

두 함수 $f(x)=2x^3-8x$, $g(x)=x^2+k$의 그래프가 점 (a, b)에서 공통인 접선을 가질 때, 정수 k의 값은?

① -9 ② -5 ③ 1
④ 5 ⑤ 9

190

두 곡선 $y=x^3+ax-b$, $y=-2x^2+c$가 점 $(-1,0)$에서 공통인 접선을 가질 때, 상수 a, b, c에 대하여 $a-b+c$ 의 값을 구하시오.

191

두 곡선 $y=x^3+2a$, $y=ax^2+bx$가 점 $(1,c)$에서 만나고, 이 점에서의 두 곡선의 접선이 서로 수직일 때, $2a-b+c$의 값을 구하시오. (단, a, b는 상수이다.)

192

곡선 $y=\dfrac{1}{4}x^4-x$ 위의 점 P와 직선 $2x+y+\dfrac{7}{4}=0$ 사이의 거리가 최소가 되도록 하는 점 P의 좌표를 (a,b)라 할 때, $b-a$의 값은?

① $\dfrac{5}{4}$ ② $\dfrac{3}{2}$ ③ $\dfrac{7}{4}$

④ 2 ⑤ $\dfrac{9}{4}$

193 ⭐중요

곡선 $y=\dfrac{1}{3}x^3-2x\ (x>0)$ 위의 점과 직선 $y=2x-7$ 사이의 거리의 최솟값은?

① $\dfrac{\sqrt{5}}{6}$ ② $\dfrac{\sqrt{5}}{3}$ ③ $\dfrac{2\sqrt{5}}{3}$

④ $\dfrac{4\sqrt{5}}{5}$ ⑤ $\sqrt{5}$

194 🔊실력 UP

오른쪽 그림과 같이 곡선 $y=x^2+5x+7$ 위의 임의의 점 P와 직선 $y=x-1$ 위의 두 점 $A(1,0)$, $B(3,2)$에 대하여 삼각형 ABP의 넓이의 최솟값을 구하시오.

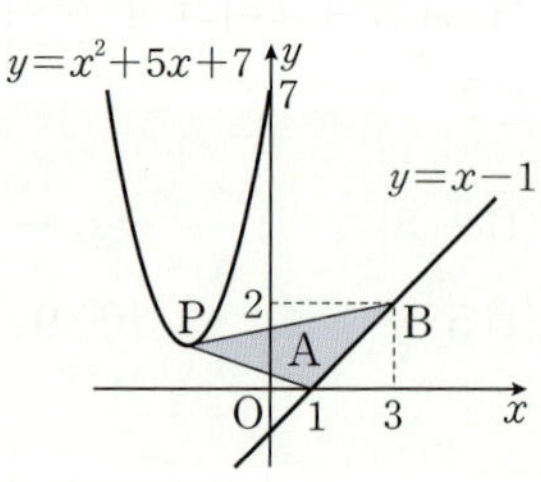

195 ⭐중요

함수 $f(x)=(x-1)^2(x+2)$에 대하여 닫힌구간 $[-1, 2]$에서 롤의 정리를 만족시키는 실수 c의 값은?

① $-\dfrac{1}{2}$ ② 0 ③ $\dfrac{1}{2}$

④ 1 ⑤ $\dfrac{3}{2}$

196

함수 $f(x)=x^3-3x^2-9x+2$에 대하여 닫힌구간 $[-a, a]$에서 롤의 정리를 만족시키는 실수 c의 값이 존재할 때, a^2+c^2의 값을 구하시오. (단, a는 자연수이다.)

197

함수 $y=f(x)$의 그래프가 오른쪽 그림과 같을 때, 닫힌구간 $[a, b]$에서 평균값 정리를 만족시키는 실수 c의 개수를 구하시오.

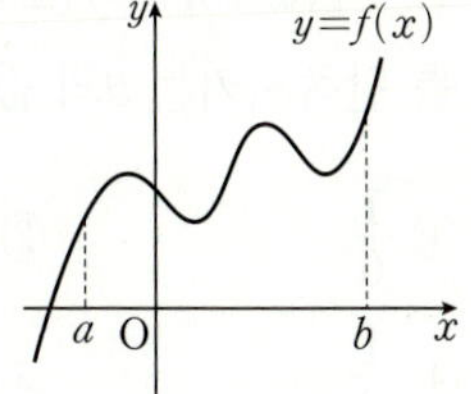

198 ⭐중요

함수 $f(x)=x^3-3x+3$에 대하여 닫힌구간 $[1, 4]$에서 평균값 정리를 만족시키는 실수 c의 값은?

① $\sqrt{7}$ ② $2\sqrt{2}$ ③ 3

④ $\sqrt{10}$ ⑤ $\sqrt{11}$

199

함수 $f(x)$가 실수 전체의 집합에서 미분가능하고 $f(0)=4$, $f(5)=-1$일 때, 함수 $g(x)$를 $g(x)=(x+1)f(x)$라 하자. 함수 $g(x)$에 대하여 닫힌구간 $[0, 5]$에서 평균값 정리를 만족시키는 실수 c의 값이 존재할 때, $g'(c)$의 값은?

① -5 ② -4 ③ -3

④ -2 ⑤ -1

200

함수 $f(x)=x^2+3x$에 대하여

$$f(x+h)-f(x)=hf'(x+\theta h)\ (0<\theta<1)$$

를 만족시키는 θ의 값은? (단, $h>0$)

① $\dfrac{1}{6}$ ② $\dfrac{1}{5}$ ③ $\dfrac{1}{4}$

④ $\dfrac{1}{3}$ ⑤ $\dfrac{1}{2}$

201 평가원 기출

실수 전체의 집합에서 미분가능하고 다음 조건을 만족시키는 모든 함수 $f(x)$에 대하여 $f(5)$의 최솟값은?

> (가) $f(1)=3$
> (나) $1<x<5$인 모든 실수 x에 대하여 $f'(x)\geq 5$이다.

① 21 ② 22 ③ 23

④ 24 ⑤ 25

유형 9 함수의 증가와 감소 [개념 04-3]

202 ⭐중요

다항함수 $f(x)$의 도함수 $y=f'(x)$의 그래프가 아래 그림과 같을 때, 다음 중 옳은 것은?

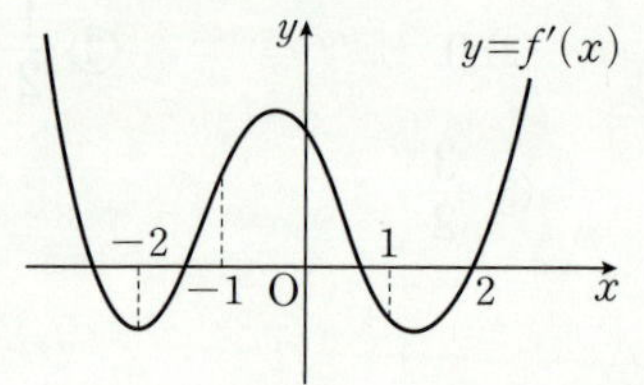

① $f(x)$는 열린구간 $(-\infty,\ -2)$에서 감소한다.

② $f(x)$는 열린구간 $(-2,\ -1)$에서 증가한다.

③ $f(x)$는 열린구간 $(0,\ 1)$에서 증가한다.

④ $f(x)$는 열린구간 $(1,\ 2)$에서 감소한다.

⑤ $f(x)$는 열린구간 $(2,\ \infty)$에서 감소한다.

203

함수 $f(x)=x^3+3x^2+ax+1$이 감소하는 구간이 $[b,\ 1]$일 때, $a+b$의 값은? (단, a는 상수이다.)

① -12 ② -10 ③ -8

④ -6 ⑤ -4

204

함수 $f(x)=x^3+ax^2+bx+2$가 $x\leq 2$ 또는 $x\geq 4$에서 증가하고 $2\leq x\leq 4$에서 감소할 때, 상수 $a,\ b$에 대하여 $b-a$의 값을 구하시오.

205 수능 기출

함수 $f(x)=x^3+ax^2-(a^2-8a)x+3$이 실수 전체의 집합에서 증가하도록 하는 실수 a의 최댓값을 구하시오.

206 ☆중요

함수 $f(x)=\dfrac{1}{3}x^3+x^2+kx-4$가 임의의 두 실수 x_1, x_2에 대하여 $x_1\neq x_2$이면 $f(x_1)\neq f(x_2)$를 만족시킬 때, 실수 k의 최솟값은?

① -2 ② -1 ③ 0
④ 1 ⑤ 2

207

함수 $f(x)=-x^3+3x^2-kx+2$가 닫힌구간 $[-1,\ 2]$에서 증가하도록 하는 실수 k의 값의 범위를 구하시오.

208 ☆중요

함수 $f(x)=x^4-4x^3+4x^2+5$의 극댓값은?

① 4 ② 5 ③ 6
④ 7 ⑤ 8

209

함수 $f(x)=-x^4+8x^3-22x^2+24x-10$이 극댓값을 갖는 모든 x의 값의 합은?

① 4 ② 5 ③ 6
④ 7 ⑤ 8

210 평가원 기출

함수 $f(x)=x^3-3x+12$가 $x=a$에서 극소일 때, $a+f(a)$의 값을 구하시오. (단, a는 상수이다.)

유형 12 함수의 극대와 극소를 이용한 미정계수의 결정   [개념 04-4]

211

함수 $f(x)=2x^3+3x^2-12x+k$의 극댓값과 극솟값의 절댓값이 같고 부호가 서로 다를 때, 상수 k의 값은?

① -7 ② $-\dfrac{13}{2}$ ③ -6

④ $-\dfrac{11}{2}$ ⑤ -5

212 수능 기출

양수 a에 대하여 함수 $f(x)$를

$$f(x)=2x^3-3ax^2-12a^2x$$

라 하자. 함수 $f(x)$의 극댓값이 $\dfrac{7}{27}$일 때, $f(3)$의 값을 구하시오.

---

213 실력 UP

삼차함수 $f(x)$의 도함수 $y=f'(x)$의 그래프가 오른쪽 그림과 같다. 함수 $f(x)$의 극댓값이 1이고 극솟값이 -3일 때, $f(-1)$의 값을 구하시오.

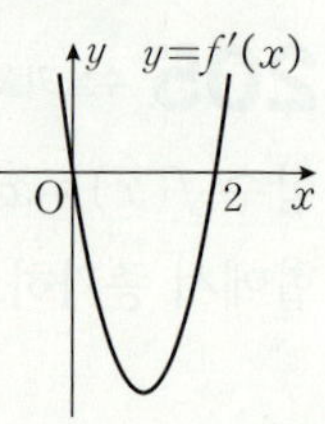

유형 13 도함수의 그래프의 해석   [개념 04-4]

214 중요

함수 $f(x)$의 도함수 $y=f'(x)$의 그래프가 오른쪽 그림과 같을 때, 옳은 것만을 **보기**에서 있는 대로 고른 것은?

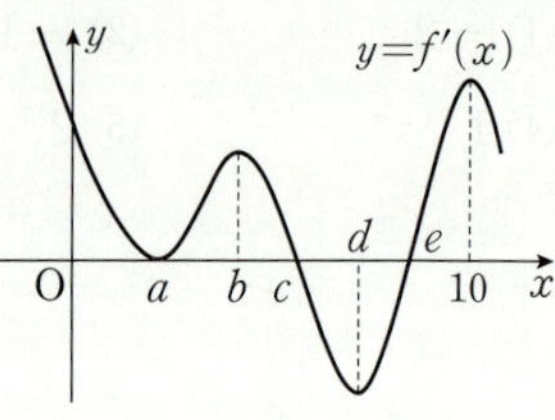

| 보기 |

ㄱ. $f(x)$는 $x=a$에서 극솟값 0을 갖는다.

ㄴ. $f(x)$는 닫힌구간 $[0,\ 10]$에서 2개의 극값을 갖는다.

ㄷ. $f(x)$는 열린구간 $(b,\ c)$에서 증가한다.

① ㄱ   ② ㄴ   ③ ㄷ

④ ㄴ, ㄷ   ⑤ ㄱ, ㄴ, ㄷ

215

연속함수 $f(x)$의 도함수
$y=f'(x)$의 그래프가 오른
쪽 그림과 같을 때, 다음 중
옳은 것은?

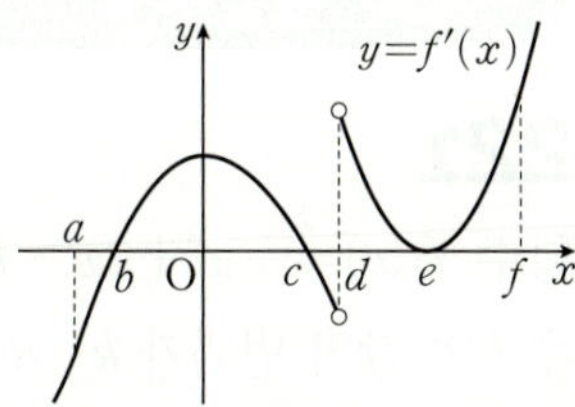

① $f(x)$는 $x=d$에서 미분가능하다.
② $f(x)$는 열린구간 $(a, 0)$에서 증가한다.
③ $f(x)$는 $x=b$에서 극댓값을 갖는다.
④ $y=f(x)$의 그래프는 $x=e$에서 x축에 접한다.
⑤ $f(x)$가 극값을 갖는 x의 값은 3개이다.

216

함수 $f(x)$의 도함수 $y=f'(x)$
의 그래프가 오른쪽 그림과 같을
때, 다음 중 함수 $y=f(x)$의 그
래프의 개형이 될 수 있는 것은?

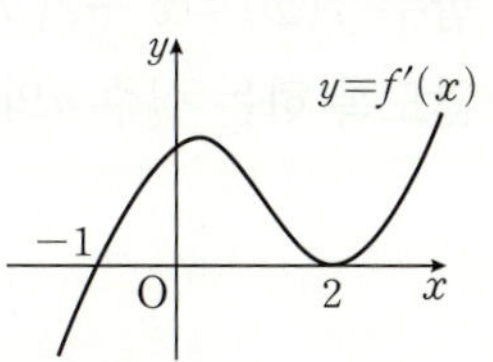

① 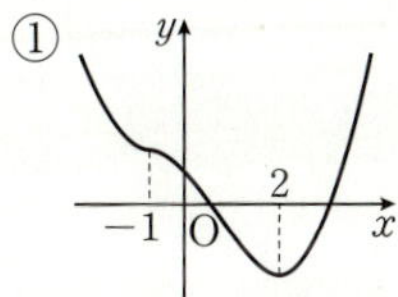 ② 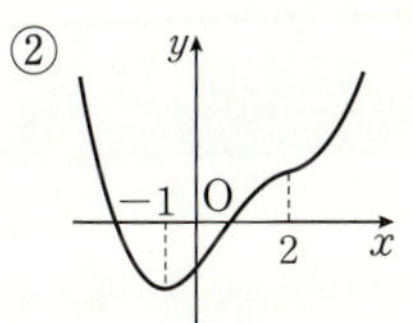

③ 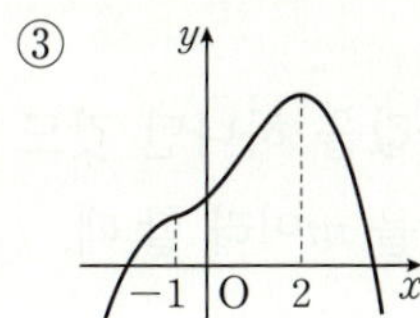 ④ 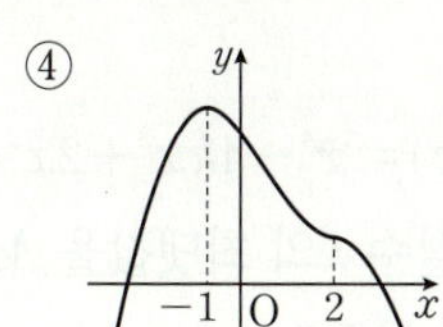

⑤ 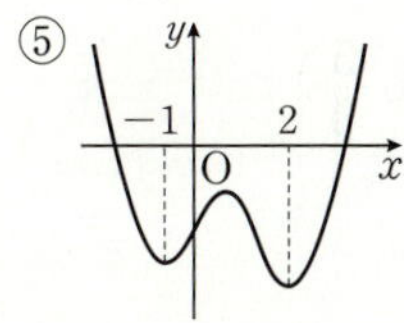

217 실력 UP

함수 $f(x)$의 도함수 $y=f'(x)$
의 그래프가 오른쪽 그림과 같
고 함수 $g(x)$의 도함수 $g'(x)$는
$g'(x)=|f'(x)|$를 만족시킨다.
다음 중 함수 $y=g(x)$의 그래프
의 개형이 될 수 있는 것은?

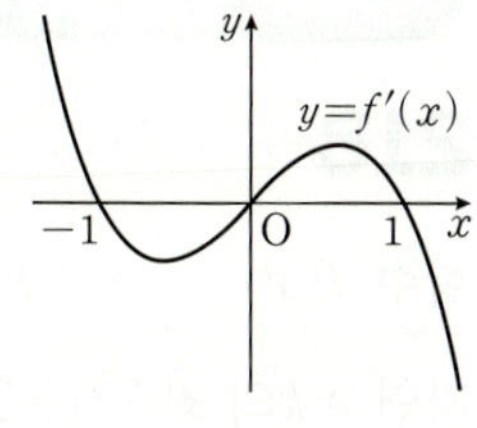

① 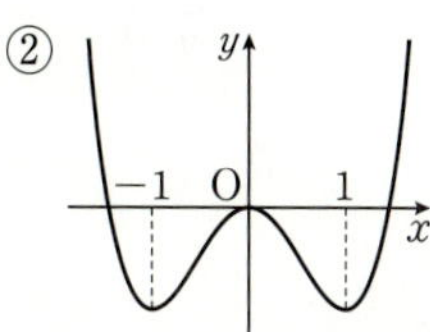 ② 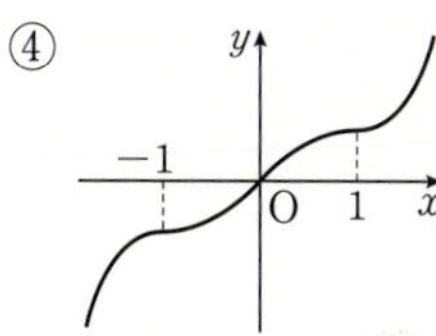

③ ④ 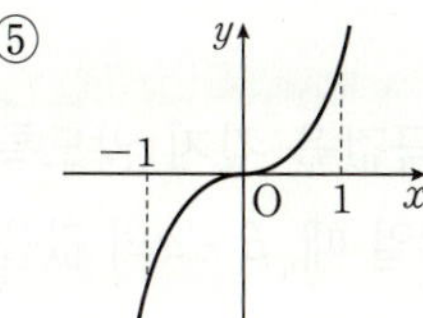

⑤

● 바른답·알찬풀이 **44**쪽

유형 14 삼차함수가 극값을 갖거나 갖지 않을 조건 [개념 04-4]

218

함수 $f(x)=\dfrac{1}{3}x^3+kx^2+4kx+1$이 극값을 갖도록 하는 자연수 k의 최솟값은?

① 1   ② 2   ③ 3

④ 4   ⑤ 5

219

함수 $f(x)=2x^3+kx^2+6x+3$이 극값을 갖지 않도록 하는 실수 k의 값의 범위가 $\alpha \le k \le \beta$일 때, $\beta-\alpha$의 값을 구하시오.

220

함수 $f(x)=x^3-kx^2+x-1$이 열린구간 $(-1,\ 1)$에서 극댓값과 극솟값을 모두 가질 때, 양수 k의 값의 범위는?

① $1<k<\sqrt{2}$ ② $\sqrt{2}<k<2$ ③ $\sqrt{3}<k<2$

④ $2<k<\sqrt{5}$ ⑤ $\sqrt{5}<k<3$

유형 15 사차함수가 극값을 갖거나 갖지 않을 조건 [개념 04-4]

221

함수 $f(x)=-x^4+2x^3-kx^2$이 극솟값을 갖도록 하는 실수 k의 값의 범위가 $k<\alpha$ 또는 $\beta<k<\gamma$일 때, $\alpha+\beta+\gamma$의 값은?

① -1 ② $-\dfrac{7}{8}$ ③ $\dfrac{9}{8}$

④ $\dfrac{3}{2}$ ⑤ $\dfrac{15}{8}$

222 중요

함수 $f(x)=x^4+2(a-1)x^2+4ax+3$이 극댓값을 갖지 않도록 하는 실수 a의 최솟값을 구하시오.

223

함수 $f(x)=x^4-4kx^3+2x^2+5$가 극값을 하나만 갖도록 하는 실수 k의 최댓값을 M, 최솟값을 m이라 할 때, $M-m$의 값은?

① 1   ② $\dfrac{4}{3}$ ③ $\dfrac{5}{3}$

④ 2   ⑤ $\dfrac{7}{3}$

시험에서 출제율이 높은 서술형 문제를 엄선하여 수록하였습니다.

서술형

224

두 곡선 $y=x^3+2x^2+ax+3$, $y=2x^2-x+5$가 한 점에서 접할 때, 상수 a의 값을 구하시오.

[풀이]

225

함수 $f(x)=x^2-5x+6$에 대하여 닫힌구간 $[a, b]$에서 평균값 정리를 만족시키는 실수 c의 값이 2일 때, $a+b$의 값을 구하시오.

[풀이]

226

두 다항함수 $f(x)$와 $g(x)$가 모든 실수 x에 대하여
$$g(x)=(x^3+1)f(x)$$
를 만족시킨다. 함수 $g(x)$가 $x=2$에서 극솟값 -27을 가질 때, 함수 $f(x)g(x)$의 $x=2$에서의 미분계수를 구하시오.

[풀이]

227

함수 $f(x)=-x^3+ax^2+bx-10$이 $x=3$에서 극댓값 17을 가질 때, 다음 물음에 답하시오.

(1) 상수 a, b의 값을 구하시오.

[풀이]

(2) 함수 $f(x)$의 극솟값을 구하시오.

[풀이]

1등급 실력 완성

228

오른쪽 그림과 같이 최고차항의 계수가 -1인 삼차함수 $y=f(x)$의 그래프가 x축과 원점 O가 아닌 서로 다른 세 점 A, B, C에서 만난다. 다음 중 점 B에서의 접선의 기울기와 항상 같은 것은?

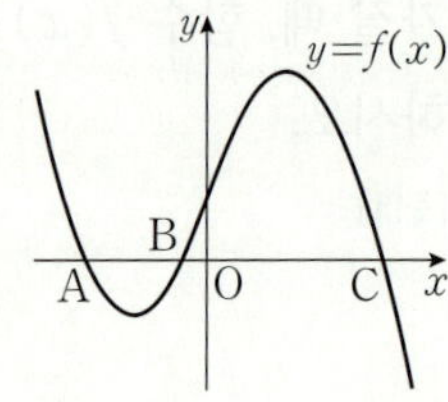

① $\overline{AB} \times \overline{AC}$
② $\overline{AB} \times \overline{BC}$
③ $\overline{AB} \times \overline{OC}$
④ $\overline{AC}^2$
⑤ $\overline{OA} \times \overline{OC}$

229

미분가능한 함수 $f(x)$가 $\displaystyle\lim_{x \to 1}\frac{x^3-1}{f(x)-1}=1$을 만족시킬 때, 함수 $g(x)=(x-2)f(x)$에 대하여 $y=g(x)$의 그래프 위의 점 $(1, g(1))$에서의 접선과 x축, y축으로 둘러싸인 도형의 넓이는?

① 1
② $\dfrac{1}{2}$
③ $\dfrac{1}{3}$
④ $\dfrac{1}{4}$
⑤ $\dfrac{1}{5}$

230

함수 $f(x)=x^3-4x+a$에 대하여 곡선 $y=f(x)$ 위의 점 $A(1, f(1))$에서의 접선이 곡선 $y=f(x)$와 만나는 점 중 A가 아닌 점을 $B(b, f(b))$라 하고, 점 B에서의 접선이 곡선 $y=f(x)$와 만나는 점 중 B가 아닌 점을 $C(c, f(c))$라 하자. $f(c)=54$일 때, $a+b+c$의 값을 구하시오.

(단, a는 상수이다.)

231

오른쪽 그림과 같이 중심이 원점인 원 O가 곡선 $y=x^2-4$와 서로 다른 두 점에서 접할 때, 원 O의 둘레의 길이를 구하시오.

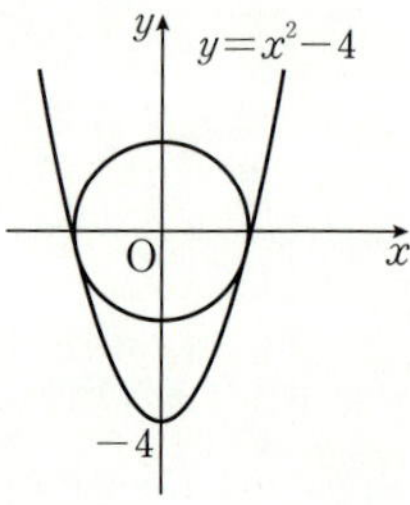

232 평가원 기출

최고차항의 계수가 1이고 $f(0)=0$인 삼차함수 $f(x)$가

$$\lim_{x \to a}\frac{f(x)-1}{x-a}=3$$

을 만족시킨다. 곡선 $y=f(x)$ 위의 점 $(a, f(a))$에서의 접선의 y절편이 4일 때, $f(1)$의 값은?

(단, a는 상수이다.)

① -1
② -2
③ -3
④ -4
⑤ -5

233

점 $(1, 2)$에서 곡선 $y=-x^2+2x-3$에 그은 접선 중 기울기가 양수인 접선을 l이라 하고, 곡선 $y=x^2+ax+b$ 위의 점 $(-1, -6)$에서의 접선을 m이라 하자. 두 직선 l, m이 일치할 때, 상수 a, b에 대하여 $a+b$의 값을 구하시오.

234 평가원 기출

최고차항의 계수가 a인 이차함수 $f(x)$가 모든 실수 x에 대하여

$$|f'(x)| \leq 4x^2+5$$

를 만족시킨다. 함수 $y=f(x)$의 그래프의 대칭축이 직선 $x=1$일 때, 실수 a의 최댓값은?

① $\dfrac{3}{2}$ ② 2 ③ $\dfrac{5}{2}$

④ 3 ⑤ $\dfrac{7}{2}$

235

닫힌구간 $[0, 3]$에서 정의된 함수 $f(x)=\dfrac{1}{3}x^3-x^2+1$이 있다. 닫힌구간 $[0, 3]$에 속하는 임의의 두 실수 x_1, x_2에 대하여 x의 값이 x_1에서 x_2까지 변할 때의 평균변화율 $\dfrac{f(x_2)-f(x_1)}{x_2-x_1}$의 집합을 S라 할 때, 다음 중 옳은 것은?

① $S \subset \{x \mid -1 \leq x < 3\}$ ② $S \subset \{x \mid -2 \leq x < 2\}$

③ $S \subset \{x \mid -3 \leq x < 1\}$ ④ $S \subset \{x \mid 0 \leq x < 4\}$

⑤ $S \subset \{x \mid 1 \leq x < 5\}$

236

함수 $f(x)=x^3+6x^2+15|x-5k|+9$가 실수 전체의 집합에서 증가하도록 하는 실수 k의 최댓값은?

① -2 ② -1 ③ 0

④ 1 ⑤ 2

237

함수 $f(x)=x^3-(a-2)x^2+ax$에 대하여 곡선 $y=f(x)$ 위의 점 $(t, f(t))$에서의 접선의 y절편을 $g(t)$라 하자. 함수 $g(t)$가 닫힌구간 $[0, 3]$에서 증가할 때, 상수 a의 최솟값을 구하시오.

238

최고차항의 계수가 1인 삼차함수 $f(x)$가 다음 조건을 만족시킬 때, $f(x)$의 극댓값을 구하시오.

> ㈎ 모든 실수 x에 대하여 $f'(x)=f'(-x)$이다.
> ㈏ $f(x)$는 $x=2$에서 극솟값 0을 갖는다.

239

다항함수 $f(x)$가 다음 조건을 만족시킨다.

> ㈎ $\displaystyle\lim_{x \to \infty} \frac{f(x)}{x^3}=1$
> ㈏ $x=-2$와 $x=1$에서 극값을 갖는다.

$\displaystyle\lim_{h \to 0} \frac{f(4+h)-f(4-h)}{h}$의 값은?

① 36 ② 54 ③ 72
④ 90 ⑤ 108

240

실수 a에 대하여 함수

$$f(x)=\begin{cases} ax^3-12ax+1 & (x<0) \\ x^3-3a^2x+1 & (x \geq 0) \end{cases}$$

의 극댓값이 33일 때, $f(a)$의 값을 구하시오.

241

삼차함수 $f(x)$에 대하여 $y=xf'(x)$의 그래프가 오른쪽 그림과 같을 때, | 보기 |에서 옳은 것만을 있는 대로 고른 것은?

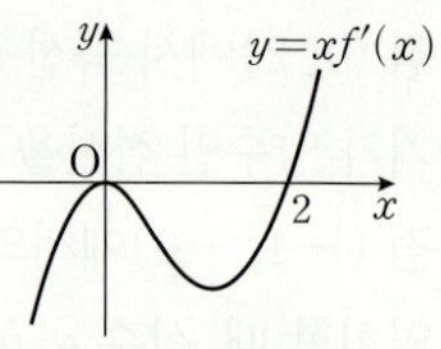

(단, $f'(0)=0$)

> ┤보기├
> ㄱ. $f(x)$는 $x<0$에서 증가한다.
> ㄴ. $f(x)$는 $x=0$에서 극솟값을 갖는다.
> ㄷ. $f(x)$는 $x=2$에서 극댓값을 갖는다.

① ㄱ ② ㄷ ③ ㄱ, ㄷ
④ ㄴ, ㄷ ⑤ ㄱ, ㄴ, ㄷ

242

함수 $f(x)$의 도함수 $y=f'(x)$의 그래프가 다음 그림과 같다.

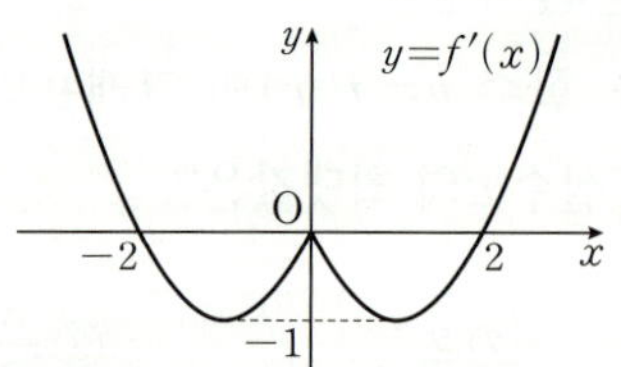

$f'(x) \geq -1$일 때, 함수 $f(x)$에 대하여 | 보기 |에서 옳은 것만을 있는 대로 고른 것은?

> ┤보기├
> ㄱ. $f(x)$는 열린구간 $(-2, 2)$에서 감소한다.
> ㄴ. $f(x)$는 서로 다른 2개의 극값을 갖는다.
> ㄷ. $f(-2)=0$, $f(2)=-8$인 함수 $f(x)$가 존재한다.

① ㄱ ② ㄴ ③ ㄱ, ㄴ
④ ㄱ, ㄷ ⑤ ㄱ, ㄴ, ㄷ

도전 1등급 최고난도

1등급을 결정하는 문제 중 최고난도 문제를 수록하였습니다.

243 수능 기출

두 다항함수 $f(x)$, $g(x)$가 다음 조건을 만족시킨다.

> ㈎ $g(x)=x^3 f(x)-7$
> ㈏ $\displaystyle\lim_{x \to 2}\frac{f(x)-g(x)}{x-2}=2$

곡선 $y=g(x)$ 위의 점 $(2, g(2))$에서의 접선의 방정식이 $y=ax+b$일 때, 상수 a, b에 대하여 a^2+b^2의 값을 구하시오.

244

최고차항의 계수가 1인 삼차함수 $f(x)$에 대하여 곡선 $y=f(x)$ 위의 두 점 $A(0, 3)$, $B(k, f(k))$ $(k>0)$에서의 접선을 각각 l_1, l_2라 하고 직선 l_2가 y축과 만나는 점을 C라 할 때, 다음 조건을 만족시킨다.

> ㈎ 직선 l_1, l_2는 서로 평행하다.
> ㈏ 삼각형 ABC는 $\angle B=90°$인 직각이등변삼각형이다.

$f(2k)$의 값을 구하시오.

245

최고차항의 계수가 1인 삼차함수 $f(x)$가 다음 조건을 만족시킬 때, $f'(0)$의 값은?

> ㈎ $f(0)=0$
> ㈏ $f'(0)=f'(4)>0$
> ㈐ 함수 $|f(x)|$는 두 개의 극솟값을 갖고, 극소가 되는 두 점의 y좌표는 같다.

① 7 ② 8 ③ 9
④ 10 ⑤ 11

05 도함수의 활용 (2)

05-1 함수의 그래프 [유형 1~3]

미분가능한 함수 $y=f(x)$의 그래프의 개형은 다음과 같은 순서로 그리면 편리하다.

(ⅰ) 도함수 $f'(x)$를 구한 후 $f'(x)=0$인 x의 값을 구한다.

(ⅱ) $f(x)$의 증가와 감소를 표로 나타내고, 극값을 구한다.

(ⅲ) 함수 $y=f(x)$의 그래프의 개형을 그린다.

05-2 함수의 최대와 최소 [유형 1~3]

1 함수의 최댓값과 최솟값[1]

함수 $f(x)$가 닫힌구간 $[a, b]$에서 연속일 때,

(1) $f(x)$의 **최댓값**: 극댓값, $f(a)$, $f(b)$ 중에서 가장 큰 값

(2) $f(x)$의 **최솟값**: 극솟값, $f(a)$, $f(b)$ 중에서 가장 작은 값

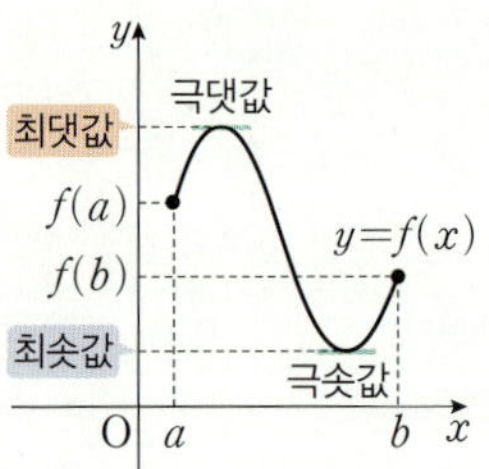

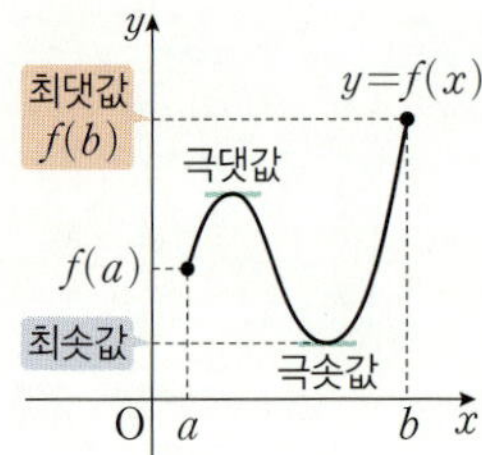

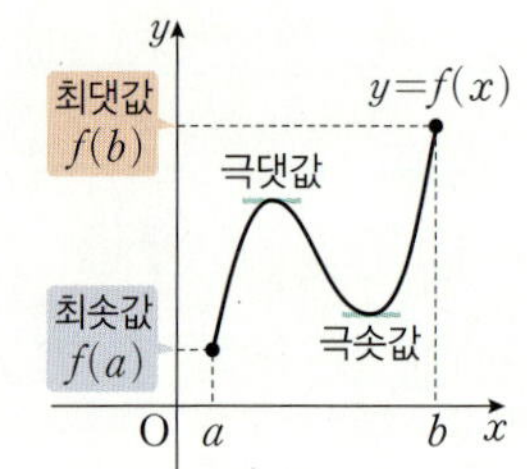

참고 ① 함수 $f(x)$가 닫힌구간에서 연속이면 최대·최소 정리에 의하여 $f(x)$는 이 구간에서 반드시 최댓값과 최솟값을 갖는다. 이때 닫힌구간이 아닌 경우에는 최댓값 또는 최솟값이 존재하지 않을 수도 있다.

② 닫힌구간에서 함수 $f(x)$가 연속이면 극댓값과 극솟값은 여러 개 존재할 수 있지만 최댓값과 최솟값은 오직 한 개씩만 존재한다.

주의 극댓값과 극솟값이 반드시 최댓값과 최솟값이 되는 것은 아니다.

2 함수의 최댓값과 최솟값 구하기[2]

함수 $f(x)$가 닫힌구간 $[a, b]$에서 연속일 때, 최댓값과 최솟값은 다음과 같은 순서로 구한다.

(ⅰ) 도함수 $f'(x)$를 구한 후 $f'(x)=0$인 x의 값을 구한다.

(ⅱ) 주어진 구간에서 함수 $f(x)$의 증가와 감소를 표로 나타내고, 극댓값, 극솟값과 구간의 양 끝 점에서의 함숫값인 $f(a)$, $f(b)$를 구한다.

(ⅲ) (ⅱ)에서 구한 값 중에서 가장 큰 값이 최댓값, 가장 작은 값이 최솟값이다.

3 함수의 최대와 최소의 활용

길이, 넓이, 부피 등의 최댓값과 최솟값은 다음과 같은 순서로 구한다.

(ⅰ) 적당한 변수를 x로 놓는다.

(ⅱ) 구하는 값을 x에 대한 함수로 나타낸다.

(ⅲ) (ⅱ)에서 구한 함수를 x에 대해 미분하여 극값을 구한다.

(ⅳ) x의 값의 범위에 주의하여 최댓값과 최솟값을 구한다.

---

❶ 극값이 하나뿐일 때, 함수의 최댓값과 최솟값

닫힌구간 $[a, b]$에서 연속함수 $f(x)$의 극값이 오직 하나 존재할 때,

① 하나뿐인 극값이 극댓값이면
⇨ (극댓값)=(최댓값)

② 하나뿐인 극값이 극솟값이면
⇨ (극솟값)=(최솟값)

❷ 연속함수 $f(x)$의 최댓값과 최솟값을 구할 때는 극댓값, 극솟값, 양 끝 점에서의 함숫값을 구해야 하므로 함수의 증가와 감소를 나타낸 표를 이용하는 것이 편리하다.

05-3 방정식에의 활용 [유형 4~6]

(1) 방정식 $f(x)=0$의 서로 다른 실근의 개수는 함수 $y=f(x)$의 그래프와 x축의 교점의 개수와 같다.

(2) 방정식 $f(x)=g(x)$의 서로 다른 실근의 개수는 두 함수 $y=f(x)$와 $y=g(x)$의 그래프의 교점의 개수와 같다.

> **참고** ① 방정식 $f(x)=0$의 실근은 함수 $y=f(x)$의 그래프와 x축의 교점의 x좌표와 같다.
> ② 방정식 $f(x)=g(x)$의 실근은 두 함수 $y=f(x)$와 $y=g(x)$의 그래프의 교점의 x좌표와 같다.

❸ **삼차방정식의 근의 판별**
삼차함수 $f(x)$가 극값을 가질 때, 삼차방정식 $f(x)=0$의 근은 극값을 이용하여 다음과 같이 판별할 수 있다.
① (극댓값)×(극솟값)<0
$\iff$ 서로 다른 세 실근
② (극댓값)×(극솟값)$=0$
$\iff$ 한 실근과 중근
(서로 다른 두 실근)
③ (극댓값)×(극솟값)>0
$\iff$ 한 실근과 두 허근

05-4 부등식에의 활용 [유형 7]

(1) 함수 $f(x)$에 대하여 어떤 구간에서 부등식 $f(x)\geq0$이 성립함을 보이려면 그 구간에서
$$(f(x)의 최솟값)\geq0$$
임을 보인다.

(2) 두 함수 $f(x)$와 $g(x)$에 대하여 어떤 구간에서 부등식 $f(x)\geq g(x)$가 성립함을 보이려면 $F(x)=f(x)-g(x)$로 놓고 그 구간에서
$$F(x)\geq0$$
임을 보인다.

> **참고** 어떤 구간에서 $f(x)$의 최솟값이 a이면 그 구간에서 $f(x)\geq a$이다.

05-5 속도와 가속도 [유형 8~10]

1 속도와 가속도 ❹

수직선 위를 움직이는 점 P의 시각 t에서의 위치 x가 $x=f(t)$일 때, 시각 t에서의

(1) 점 P의 속도 v는 $v=\dfrac{dx}{dt}=f'(t)$

(2) 점 P의 가속도 a는 $a=\dfrac{dv}{dt}=v'(t)$

$$\boxed{위치} \xrightarrow{미분} \boxed{속도} \xrightarrow{미분} \boxed{가속도}$$

❹ **속도 v의 부호에 따른 운동 방향**
① $v>0$
$\Rightarrow$ 양의 방향으로 움직인다.
② $v=0$
$\Rightarrow$ 운동 방향이 바뀌거나 정지한다.
③ $v<0$
$\Rightarrow$ 음의 방향으로 움직인다.

2 시각에 대한 길이, 넓이, 부피의 변화율

시각 t에서 어떤 물체의 길이가 l, 넓이가 S, 부피가 V일 때, 시간이 Δt만큼 경과한 후 길이, 넓이, 부피가 각각 Δl, ΔS, ΔV만큼 변하면 시각 t에서의

(1) 길이 l의 변화율: $\displaystyle\lim_{\Delta t \to 0}\dfrac{\Delta l}{\Delta t}=\dfrac{dl}{dt}$

(2) 넓이 S의 변화율: $\displaystyle\lim_{\Delta t \to 0}\dfrac{\Delta S}{\Delta t}=\dfrac{dS}{dt}$

(3) 부피 V의 변화율: $\displaystyle\lim_{\Delta t \to 0}\dfrac{\Delta V}{\Delta t}=\dfrac{dV}{dt}$

유형 1 함수의 최대와 최소 [개념 05-1, 2]

246 ⭐중요

닫힌구간 $[-1, 2]$에서 함수 $f(x)=2x^3+3x^2-12x+5$
의 최댓값을 M, 최솟값을 m이라 할 때, $M+m$의 값은?

① 14 　　　　② 16 　　　　③ 18
④ 20 　　　　⑤ 22

247

함수 $f(x)$의 도함수 $y=f'(x)$
의 그래프가 오른쪽 그림과 같
다. 닫힌구간 $[-3, 4]$에서 함
수 $f(x)$는 $x=a$일 때, 최솟값
을 갖는다. 이때 a의 값은?

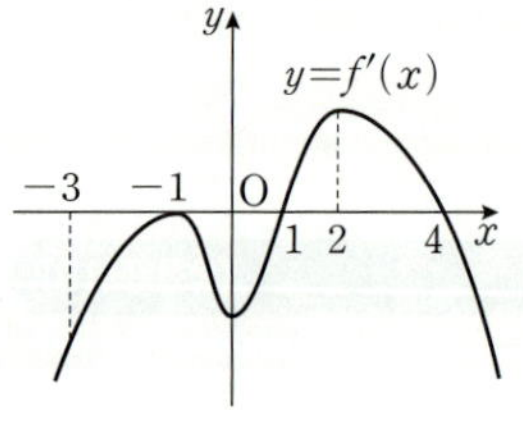

① -3 　　　　② -1 　　　　③ 1
④ 2 　　　　⑤ 3

248

닫힌구간 $[-3, 1]$에서 함수 $f(x)=-x^4+6x^2-8x-13$
은 $x=a$일 때, 최댓값 b를 갖는다. 이때 $a-b$의 값을 구
하시오.

249

실수 a에 대하여 닫힌구간 $[a-1, a+1]$에서 함수
$f(x)=2x^3-3x^2-2$의 최댓값을 $g(a)$라 할 때,
$g(0)+g(1)$의 값은?

① -2 　　　　② -1 　　　　③ 0
④ 1 　　　　⑤ 2

250 실력 UP

$0 \le x \le 4$에서 함수
$$f(x)=(x^2-4x+3)^3-3(x^2-4x+3)+1$$
의 최댓값을 M, 최솟값을 m이라 할 때, $M-m$의 값을
구하시오.

251

닫힌구간 $[-1, 3]$에서 함수 $f(x)=x^3-6x^2+9x+a$의 최댓값과 최솟값의 합이 0일 때, 상수 a의 값을 구하시오.

252

닫힌구간 $[1, 4]$에서 함수 $f(x)=ax^4-4ax^3+b$가 최댓값 4, 최솟값 -8을 가질 때, 상수 a, b에 대하여 ab의 값을 구하시오. (단, $a>0$)

253

양수 a에 대하여 함수 $f(x)=x^3+ax^2-a^2x+2$가 닫힌구간 $[-a, a]$에서 최댓값 M, 최솟값 $\dfrac{14}{27}$를 갖는다. $a+M$의 값을 구하시오.

254

함수 $f(x)=x^3+ax^2+bx+c$의 도함수 $y=f'(x)$의 그래프가 오른쪽 그림과 같다. 함수 $f(x)$의 극솟값이 5일 때, 닫힌구간 $[-2, 3]$에서 함수 $f(x)$의 최댓값과 최솟값의 합은?

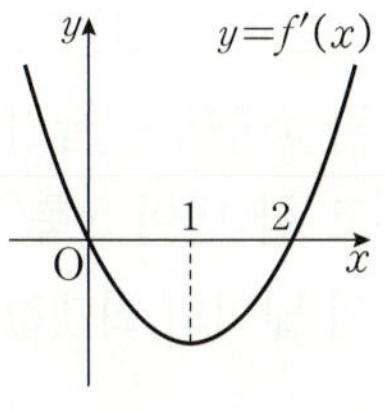

(단, a, b, c는 상수이다.)

① -6 ② -2 ③ 5

④ 9   ⑤ 11

255

점 $A(3, 0)$과 곡선 $y=x^2$ 위를 움직이는 점 P 사이의 거리를 l이라 할 때, l의 최솟값은?

① $\sqrt{3}$ ② 2   ③ $\sqrt{5}$

④ $\sqrt{6}$ ⑤ $\sqrt{7}$

256 ⭐중요

오른쪽 그림과 같이 곡선 $y=12-x^2$ 과 x축으로 둘러싸인 도형에 내접하고 한 변이 x축 위에 있는 직사각형의 넓이의 최댓값은?

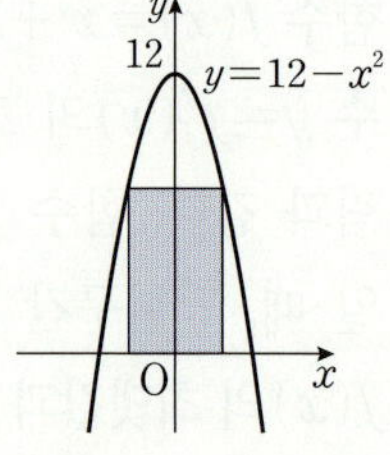

① 30   ② 32
③ 34   ④ 36
⑤ 38

257

곡선 $y=3x-x^2\ (0<x<3)$ 위의 점 P에서 x축에 내린 수선의 발을 H라 할 때, 삼각형 OPH의 넓이의 최댓값은? (단, O는 원점이다.)

① 2   ② $\dfrac{5}{2}$ ③ 3

④ $\dfrac{7}{2}$ ⑤ 4

258

오른쪽 그림과 같이 가로, 세로의 길이가 각각 15 cm, 8 cm인 직사각형 모양의 종이의 네 귀퉁이에서 같은 크기의 정사각형을 잘라 내고 남은 부분을 접어서 뚜껑이 없는 직육면체 모양의 상자를 만들려고 한다. 이 상자의 부피가 최대가 되도록 할 때, 잘라 내어야 하는 정사각형의 한 변의 길이를 구하시오.

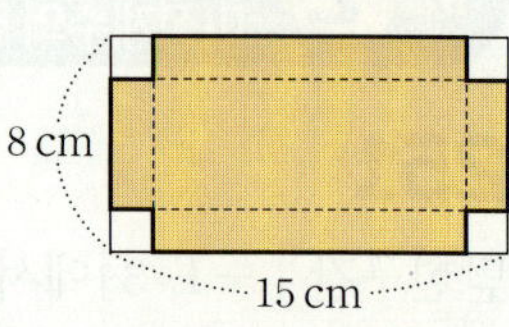

259

어느 공장에서 제품 A를 하루에 x개 생산하는 데 드는 비용 $f(x)$가 $f(x)=x^3-60x^2+1200x+4000$(원)이라 한다. 생산된 제품은 개당 1200원에 그날 모두 판매된다고 할 때, 이익을 최대로 하기 위해 하루에 생산해야 할 제품 A의 개수는?

① 30   ② 35   ③ 40
④ 45   ⑤ 50

260

오른쪽 그림과 같이 밑면의 반지름의 길이가 6, 높이가 18인 원뿔에 내접하는 원기둥의 부피의 최댓값을 구하시오.

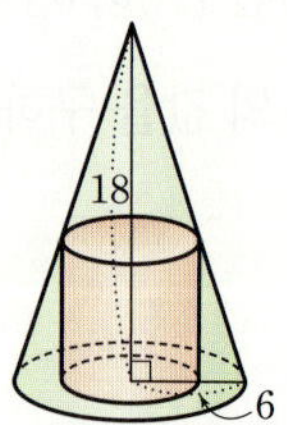

유형 4 방정식의 실근의 개수 [개념 05-3]

261 ⭐중요

방정식 $x^3-3x^2-9x+a=0$이 서로 다른 두 실근을 갖도록 하는 모든 실수 a의 값의 합을 구하시오.

262

방정식 $3x^4-4x^3-12x^2+15-a=0$이 한 중근과 서로 다른 두 실근을 갖도록 하는 모든 실수 a의 값의 합은?

① 10 ② 15 ③ 20
④ 25 ⑤ 30

263 평가원 기출

두 곡선 $y=2x^2-1$, $y=x^3-x^2+k$가 만나는 점의 개수가 2가 되도록 하는 양수 k의 값은?

① 1 ② 2 ③ 3
④ 4 ⑤ 5

264

두 함수 $f(x)=x^4+2x^3-x^2-k$, $g(x)=2x^3-5x^2+3$에 대하여 열린구간 $(-1, 2)$에서 방정식 $f(x)=g(x)$가 오직 한 개의 실근을 갖도록 하는 정수 k의 개수를 구하시오.

265

오른쪽 그림은 삼차함수 $f(x)$의 도함수 $y=f'(x)$의 그래프이다. $f(0)=0$일 때, 방정식 $f(x)=k$가 서로 다른 세 실근을 갖도록 하는 실수 k의 값의 범위를 구하시오.

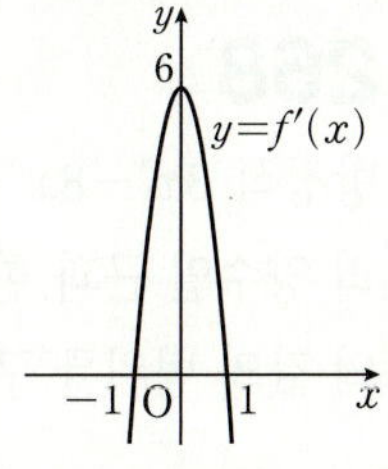

유형 5 방정식의 실근의 부호 [개념 05-3]

266 ⭐중요

방정식 $2x^3-3x^2-12x+k=0$이 한 개의 양수인 근과 서로 다른 두 개의 음수인 근을 갖도록 하는 정수 k의 개수는?

① 3   ② 4   ③ 5
④ 6   ⑤ 7

267 수능 기출

방정식 $2x^3-6x^2+k=0$의 서로 다른 양의 실근의 개수가 2가 되도록 하는 정수 k의 개수를 구하시오.

268

방정식 $3x^4-8x^3-6x^2+24x-k=0$이 서로 다른 세 개의 양수인 근과 한 개의 음수인 근을 갖도록 하는 실수 k의 값의 범위를 구하시오.

유형 6 극값을 이용한 삼차방정식의 근의 판별 [개념 05-3]

269

방정식 $x^3-3a^2x+16=0$이 서로 다른 두 실근을 갖도록 하는 모든 실수 a의 값의 곱은?

① -6 ② -4 ③ -2
④ 2   ⑤ 4

270

방정식 $2x^3+3kx^2+27=0$이 오직 한 개의 실근을 갖도록 하는 정수 k의 최솟값은?

① -2 ② -1 ③ 0
④ 1   ⑤ 2

271 실력 UP

양수 a에 대하여 방정식 $x^3-12ax+4a=0$이 서로 다른 세 실근을 갖도록 하는 실수 a의 값의 범위를 구하시오.

유형 7 부등식에의 활용 [개념 05-4]

272 중요

열린구간 $(0, 2)$에서 부등식 $2x^3-6x^2+p>0$이 항상 성립하도록 하는 실수 p의 최솟값을 구하시오.

273

모든 실수 x에 대하여 부등식 $x^4-4x^3+a-2>0$이 항상 성립하도록 하는 실수 a의 값의 범위는?

① $6<a<12$ ② $6<a<24$ ③ $a>12$
④ $12<a<29$ ⑤ $a>29$

274 평가원 기출

두 함수
$$f(x)=x^3-x+6, \ g(x)=x^2+a$$
가 있다. $x\geq0$인 모든 실수 x에 대하여 부등식
$$f(x)\geq g(x)$$
가 성립할 때, 실수 a의 최댓값은?

① 1 ② 2 ③ 3
④ 4 ⑤ 5

275

두 함수
$$f(x)=x^3+4x^2+12x, \ g(x)=-2x^2+3x+k$$
에 대하여 $-2\leq x\leq1$일 때, 부등식 $f(x)\leq g(x)$가 항상 성립하도록 하는 실수 k의 최솟값은?

① 16 ② 17 ③ 18
④ 19 ⑤ 20

276

곡선 $y=x^4+3x^2$이 직선 $y=10x+k$보다 항상 위쪽에 있도록 하는 실수 k의 값의 범위는?

① $k>-6$ ② $k<-6$ ③ $k>-5$
④ $k<-5$ ⑤ $k<-4$

유형 8 속도와 가속도 [개념 05-5]

277

원점을 출발하여 수직선 위를 움직이는 점 P의 시각 t에서의 위치 x가 $x=t^3-at^2+2t$이다. 점 P의 시각 $t=2$에서의 속도가 -2일 때, 점 P의 시각 $t=a$에서의 속도를 구하시오. (단, $a>0$)

278

원점을 출발하여 수직선 위를 움직이는 점 P의 시각 t에서의 위치 x가 $x=t^3-4t^2$일 때, 점 P가 출발 후 운동 방향이 바뀌는 순간의 점 P의 가속도를 구하시오.

279 수능 기출

수직선 위를 움직이는 점 P의 시각 t $(t\geq0)$에서의 위치 x가

$$x=-\frac{1}{3}t^3+3t^2+k\ (k는\ 상수)$$

이다. 점 P의 가속도가 0일 때 점 P의 위치는 40이다. k의 값을 구하시오.

280 ⭐중요

수직선 위를 움직이는 두 점 P, Q의 시각 t에서의 위치가 각각

$$f(t)=2t^2-t,\ g(t)=t^2-4t$$

이다. 두 점 P와 Q가 서로 반대 방향으로 움직이는 시각 t의 값의 범위는?

① $\dfrac{1}{4}<t<2$ ② $1<t<3$ ③ $2<t<5$
④ $\dfrac{3}{2}<t<6$ ⑤ $2<t<8$

281 평가원 기출

수직선 위를 움직이는 두 점 P, Q의 시각 t $(t \geq 0)$에서의 위치가 각각

$$x_1 = t^2 + t - 6, \quad x_2 = -t^3 + 7t^2$$

이다. 두 점 P, Q의 위치가 같아지는 순간 두 점 P, Q의 가속도를 각각 p, q라 할 때, $p - q$의 값은?

① 24   ② 27   ③ 30

④ 33   ⑤ 36

282

어느 다이빙 선수가 수면으로부터 높이가 $10\,\text{m}$인 다이빙대에서 뛰어오른 지 t초 후의 수면으로부터의 높이를 $x\,\text{m}$라 하면 $x = 10 + 5t - 5t^2$인 관계가 있다. 이때 이 선수가 수면에 닿는 순간의 속도는?

① $-11\,\text{m/s}$ ② $-12\,\text{m/s}$ ③ $-13\,\text{m/s}$

④ $-14\,\text{m/s}$ ⑤ $-15\,\text{m/s}$

283

$27\,\text{m/s}$의 속도로 직선 레일을 달리는 기차가 제동을 건 후 t초 동안 움직인 거리를 $x\,\text{m}$라 하면 $x = 27t - 0.45t^2$인 관계가 있다. 이 기차가 목적지에 정확히 정지하려면 목적지로부터 전방 몇 m 지점에서 제동을 걸어야 하는지 구하시오.

284

원점을 출발하여 수직선 위를 8초 동안 움직이는 점 P에 대하여 시각 t에서의 속도 $v(t)$의 그래프가 아래 그림과 같다. $v(t)$가 미분가능할 때, 다음 중 옳지 <u>않은</u> 것은?

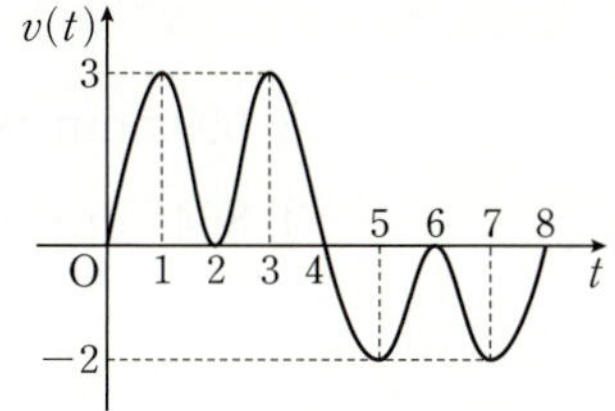

① 점 P는 8초 동안 운동 방향을 한 번 바꾼다.

② $3 < t < 5$일 때, 점 P의 속도는 감소한다.

③ 출발 후 2초일 때 점 P의 위치는 원점이다.

④ 1초가 되는 순간의 가속도와 3초가 되는 순간의 가속도는 같다.

⑤ $0 < t < 8$일 때, 점 P의 가속도가 0이 되는 순간은 6번이다.

285 중요

원점을 출발하여 수직선 위를 움직이는 점 P의 시각 t에서의 위치 $x(t)$의 그래프가 다음 그림과 같을 때, 옳은 것만을 | 보기 |에서 있는 대로 고른 것은? (단, $0 \leq t \leq 8$)

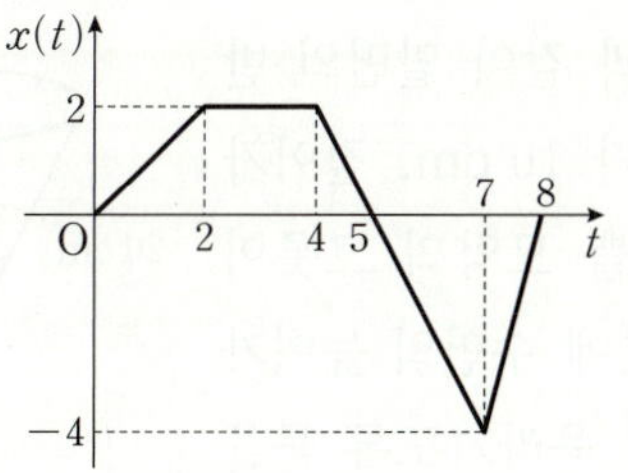

| 보기 |

ㄱ. $t = 5$일 때, 점 P의 속도는 2이다.

ㄴ. $0 < t < 8$에서 점 P는 $t = 7$일 때 원점에서 가장 멀리 떨어져 있다.

ㄷ. $0 < t < 8$에서 점 P는 운동 방향을 두 번 바꾼다.

① ㄱ   ② ㄴ   ③ ㄱ, ㄴ

④ ㄱ, ㄷ   ⑤ ㄴ, ㄷ

● 바른답·알찬풀이 **59**쪽

유형 **10** 시각에 대한 길이, 넓이, 부피의 변화율 [개념 05-5]

286

잔잔한 호수에 돌을 던지면 동심원 모양의 원이 생긴다. 가장 바깥쪽 원의 반지름의 길이가 매초 12 cm씩 길어질 때, 돌을 던진 지 3초 후의 가장 바깥쪽 원의 넓이의 변화율은?

① $600\pi \ \text{cm}^2/\text{s}$ ② $690\pi \ \text{cm}^2/\text{s}$

③ $762\pi \ \text{cm}^2/\text{s}$ ④ $864\pi \ \text{cm}^2/\text{s}$

⑤ $930\pi \ \text{cm}^2/\text{s}$

287

가로, 세로의 길이가 각각 4, 3인 직사각형의 가로, 세로의 길이가 각각 매초 2, 1씩 증가할 때, 가로의 길이가 10이 되는 순간의 직사각형의 넓이의 변화율을 구하시오.

288

오른쪽 그림과 같이 밑면의 반지름의 길이가 10 cm, 깊이가 20 cm인 원뿔 모양의 그릇이 있다. 이 그릇에 수면의 높이가 매초 1 cm씩 올라가도록 물을 넣을 때, 물을 넣기 시작한 지 2초 후의 물의 부피의 변화율은?

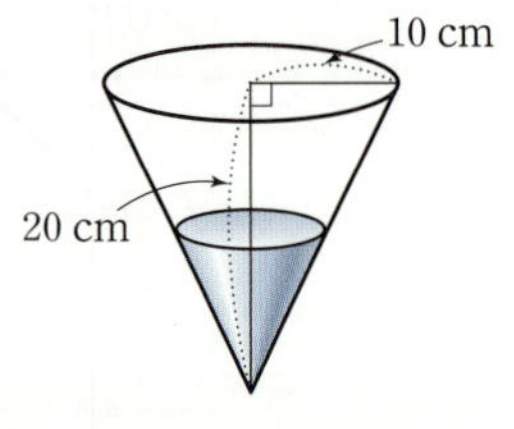

① $\dfrac{\pi}{8} \ \text{cm}^3/\text{s}$ ② $\dfrac{\pi}{4} \ \text{cm}^3/\text{s}$ ③ $\dfrac{\pi}{2} \ \text{cm}^3/\text{s}$

④ $\pi \ \text{cm}^3/\text{s}$ ⑤ $2\pi \ \text{cm}^3/\text{s}$

289 ⭐중요

오른쪽 그림과 같이 키가 1.6 m인 은상이가 높이가 4.8 m인 가로등 바로 밑에서 출발하여 일정한 방향으로 t초 동안 걸어간 거리가 x m일 때, $x=t^2+t$인 관계가 있다. 출발한 지 3초가 지났을 때, 가로등 불빛에 의하여 생기는 은상이의 그림자의 길이의 변화율은?

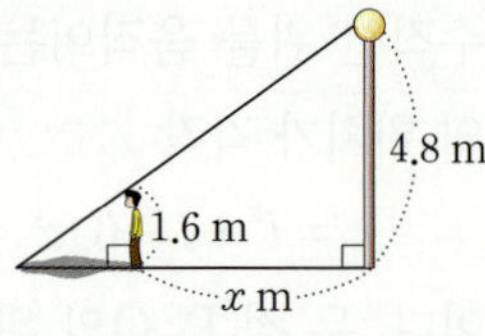

① $2.5 \ \text{m/s}$ ② $3 \ \text{m/s}$ ③ $3.5 \ \text{m/s}$

④ $4 \ \text{m/s}$ ⑤ $4.5 \ \text{m/s}$

290 🔊실력 UP

오른쪽 그림과 같이 좌표평면 위의 원점 O를 동시에 출발하여 각 x축, y축 위를 움직이는 두 점 P, Q가 있다. 점 P는 x축의 양의 방향으로 매초 2의 속력으로 움직이고, 점 Q는 y축의 양의 방향으로 매초 1의 속력으로 움직인다. 선분 PQ와 직선 $y=2x$가 만나는 점을 A라 할 때, 선분 OA의 길이의 변화율은 $\dfrac{b\sqrt{5}}{a}$이다. 이때 $a+b$의 값을 구하시오. (단, a와 b는 서로소인 자연수이다.)

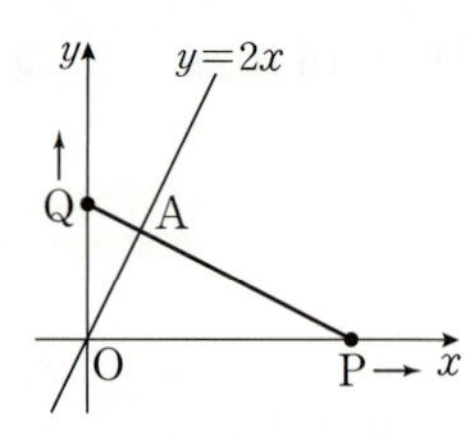

서술형

● 바른답·알찬풀이 60쪽

II

291

함수 $f(x)=x^4-2x^2+2$에 대하여 다음 물음에 답하시오.

(1) 닫힌구간 $[0, 2]$에서 함수 $f(x)$의 최댓값과 최솟값을 구하시오.

[풀이]

(2) $0 \le x \le 2$에서 방정식 $f(x)=k$가 오직 한 개의 실근을 갖도록 하는 정수 k의 개수를 구하시오.

[풀이]

292

함수 $f(x)=x^3+3x^2-8x+3$에 대하여 $y=f(x)$의 그래프를 x축의 방향으로 p만큼, y축의 방향으로 q만큼 평행이동시켰더니 직선 $y=x$와 서로 다른 두 점에서 만났다. $p-q$의 값을 모두 구하시오.

[풀이]

293

$x \ge 0$일 때, 부등식 $4x^3-3x^2-6x \ge a$가 항상 성립하도록 하는 실수 a의 최댓값을 구하시오.

[풀이]

294

수직선 위를 움직이는 점 P의 시각 t에서의 위치가 $f(t)=\dfrac{1}{3}t^3-t^2-4t$일 때, $0 \le t \le 4$에서 점 P의 속력의 최댓값을 M, 그때의 시각을 a라 하자. $M+a$의 값을 구하시오.

[풀이]

1등급 실력 완성

295

함수 $f(x)=\dfrac{1}{3}x^3+2ax^2+(a^3+a^2+4)x$에 대하여 곡선 $y=f(x)$ 위의 점에서의 접선의 기울기의 최솟값을 $g(a)$라 하자. $0\le a\le 3$에서 $g(a)$의 최댓값을 M, 최솟값을 m이라 할 때, $M+m$의 값을 구하시오.

296

오른쪽 그림과 같이 좌표평면 위에 점 $A(0, 2)$가 있다. $0<t<2$일 때, 원점 O와 직선 $y=2$ 위의 점 $P(t, 2)$를 잇는 선분 OP의 수직이등분선과 y축의 교점을 B라 하자. 삼각형 ABP의 넓이를 $f(t)$라 할 때, $f(t)$의 최댓값은?

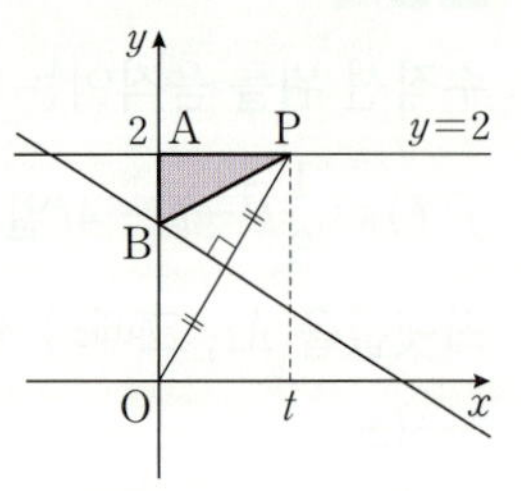

① $\dfrac{\sqrt{3}}{9}$ ② $\dfrac{2\sqrt{3}}{9}$ ③ $\dfrac{\sqrt{3}}{3}$

④ $\dfrac{4\sqrt{3}}{9}$ ⑤ $\dfrac{5\sqrt{3}}{9}$

297

삼차함수 $f(x)$와 이차함수 $g(x)$에 대하여 $y=f'(x)$의 그래프와 $y=g'(x)$의 그래프가 오른쪽 그림과 같을 때, 함수 $h(x)$를 $h(x)=f(x)-g(x)$라 하자. $f(e)>g(e)$일 때, 옳은 것만을 |보기|에서 있는 대로 고른 것은?

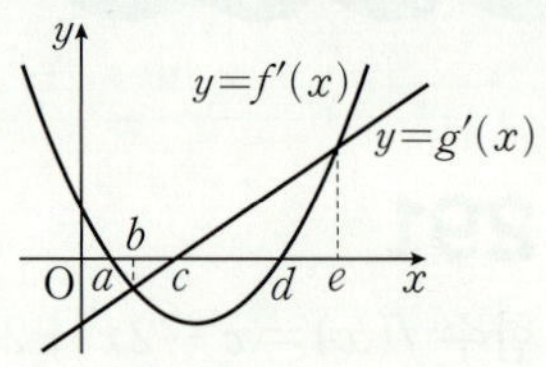

| 보기 |

ㄱ. 열린구간 (a, b)에서 $h(x)$는 증가한다.

ㄴ. $h(x)$는 $x=e$에서 극댓값을 갖는다.

ㄷ. 방정식 $h(x)=0$은 한 개의 실근을 갖는다.

① ㄱ   ② ㄴ   ③ ㄱ, ㄷ

④ ㄴ, ㄷ   ⑤ ㄱ, ㄴ, ㄷ

298   교육청 기출

양수 k에 대하여 함수 $f(x)$를
$$f(x)=|x^3-12x+k|$$
라 하자. 함수 $y=f(x)$의 그래프와 직선 $y=a\ (a\ge0)$이 만나는 서로 다른 점의 개수가 홀수가 되도록 하는 실수 a의 값이 오직 하나일 때, k의 값은?

① 8   ② 10   ③ 12

④ 14   ⑤ 16

299 평가원 기출

함수 $f(x) = \dfrac{1}{2}x^3 - \dfrac{9}{2}x^2 + 10x$에 대하여 x에 대한 방정식

$$f(x) + |f(x) + x| = 6x + k$$

의 서로 다른 실근의 개수가 4가 되도록 하는 모든 정수 k의 값의 합을 구하시오.

300

방정식 $x^3 - 6x^2 - 15x + 4k = 0$이 서로 다른 세 실근 α, β, γ를 가질 때, $\alpha\beta\gamma < 0$을 만족시키는 정수 k의 개수는?

① 22   ② 23   ③ 24
④ 25   ⑤ 26

301

$x \geq 0$에서 정의된 두 함수

$$f(x) = x^{n+1} - n(n-3), \quad g(x) = (n+1)x$$

에 대하여 부등식 $f(x) > g(x)$가 항상 성립하도록 하는 자연수 n의 개수를 구하시오.

302

원점을 동시에 출발하여 수직선 위를 움직이는 두 점 P, Q의 시각 t에서의 위치를 각각 x_P, x_Q라 하면

$$x_P = 4t^3 - 11t^2, \quad x_Q = 3t^2 + 4t$$

이다. 선분 PQ의 중점을 M이라 하고 두 점 P, Q가 원점을 출발한 후 3초 동안 세 점 P, Q, M이 움직이는 방향을 바꾼 횟수를 각각 a, b, c라 하자. 이때 $a+b+c$의 값은?

① 1   ② 2   ③ 3
④ 4   ⑤ 5

303

반지름의 길이가 $\sqrt{5}$인 원과 그 원에 내접하는 직사각형으로 이루어진 도형이 있다. 직사각형의 가로와 세로의 길이의 비는 $2:1$이고 이 도형에서 원의 반지름의 길이가 매초 $\sqrt{5}$씩 늘어남에 따라 직사각형도 원에 내접하면서 비율을 유지하며 그 크기가 커진다. 원의 넓이가 125π가 되는 순간의 원에 내접하는 직사각형의 넓이의 변화율을 구하시오.

도전 1등급 최고난도

1등급을 결정하는 문제 중 최고난도 문제를 수록하였습니다.

304 평가원 기출

최고차항의 계수가 1인 삼차함수 $f(x)$에 대하여 함수 $g(x)$는

$$g(x) = \begin{cases} \dfrac{1}{2} & (x<0) \\ f(x) & (x\geq 0) \end{cases}$$

이다. $g(x)$가 실수 전체의 집합에서 미분가능하고 $g(x)$의 최솟값이 $\dfrac{1}{2}$보다 작을 때, 옳은 것만을 | 보기 |에서 있는 대로 고른 것은?

| 보기 |

ㄱ. $g(0)+g'(0)=\dfrac{1}{2}$

ㄴ. $g(1)<\dfrac{3}{2}$

ㄷ. 함수 $g(x)$의 최솟값이 0일 때, $g(2)=\dfrac{5}{2}$이다.

① ㄱ
② ㄱ, ㄴ
③ ㄱ, ㄷ
④ ㄴ, ㄷ
⑤ ㄱ, ㄴ, ㄷ

305

최고차항의 계수가 양수인 사차함수 $f(x)$와 그 도함수 $f'(x)$에 대하여 삼차방정식 $f'(x)=0$의 서로 다른 세 실근을 α, β, γ라 하자. $f(\alpha)f(\beta)f(\gamma)<0$일 때, 옳은 것만을 | 보기 |에서 있는 대로 고른 것은? (단, $\alpha<\beta<\gamma$)

| 보기 |

ㄱ. $f(x)$는 $x=\beta$에서 극솟값을 갖는다.

ㄴ. 방정식 $f(x)=0$은 서로 다른 두 실근을 갖는다.

ㄷ. $f(\alpha)>0$이면 방정식 $f(x)=0$은 β보다 작은 실근을 갖는다.

① ㄱ
② ㄴ
③ ㄱ, ㄴ
④ ㄴ, ㄷ
⑤ ㄱ, ㄴ, ㄷ

306

다음 조건을 만족시키는 모든 삼차함수 $f(x)$에 대하여 $f(2)$의 최솟값은?

㈎ $f(x)$의 최고차항의 계수는 1이다.
㈏ $f(0)=f'(0)$
㈐ $x\geq -1$인 모든 실수 x에 대하여 $f(x)\geq f'(x)$이다.

① 28
② 33
③ 38
④ 43
⑤ 48

Ⅲ
적분

☑ 학습 계획 Check

- 학습하기 전, 중단원이 무엇인지 먼저 확인하세요.
- 이해가 부족한 개념이 있는 단원은 ☐ 안에 표시하고 반복하여 학습하세요.

부정적분

06-1 부정적분 [유형 1, 2]

1 부정적분

(1) 함수 $F(x)$의 도함수가 $f(x)$일 때, 즉 $F'(x)=f(x)$일 때 $F(x)$를 $f(x)$의 **부정적분**이라 하고, 기호로 다음과 같이 나타낸다.

$$\int f(x)dx \to \text{‘}f(x)\text{의 부정적분’ 또는 ‘integral } f(x)dx\text{’로 읽고, } f(x)\text{를 피적분함수라 한다.}$$

(2) 함수 $f(x)$의 한 부정적분을 $F(x)$라 하면

$$\int f(x)dx=F(x)+C \ (C\text{는 상수})$$

이다. 이때 C를 **적분상수**라 한다.

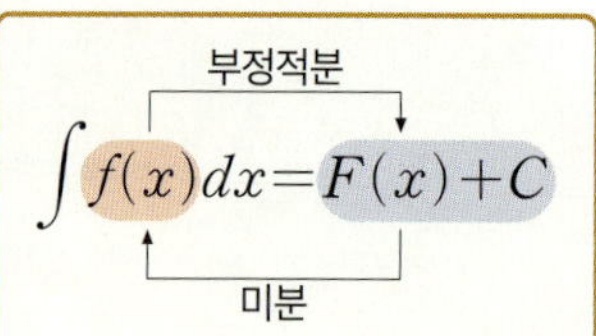

2 부정적분과 미분의 관계[1]

(1) $\dfrac{d}{dx}\left\{\displaystyle\int f(x)dx\right\}=f(x)$

(2) $\displaystyle\int\left\{\dfrac{d}{dx}f(x)\right\}dx=f(x)+C$ (단, C는 적분상수)

[1] $\dfrac{d}{dx}\left\{\displaystyle\int f(x)dx\right\}$
$\neq\displaystyle\int\left\{\dfrac{d}{dx}f(x)\right\}dx$

06-2 함수 $y=x^n$ (n은 양의 정수)과 상수함수 $y=1$의 부정적분 [유형 2~8]

(1) $y=x^n$ (n은 양의 정수)이면 $\displaystyle\int x^n dx=\dfrac{1}{n+1}x^{n+1}+C$ (단, C는 적분상수)

예 $\displaystyle\int x^3 dx=\dfrac{1}{3+1}x^{3+1}+C=\dfrac{1}{4}x^4+C$

(2) $y=1$이면 $\displaystyle\int 1\,dx=x+C$ (단, C는 적분상수) $\to \displaystyle\int 1\,dx$는 간단히 $\displaystyle\int dx$로 나타낸다.

06-3 함수의 실수배, 합, 차의 부정적분[2] [유형 3~8]

두 함수 $f(x)$, $g(x)$의 부정적분이 존재할 때,

(1) $\displaystyle\int kf(x)dx=k\int f(x)dx$ (단, k는 0이 아닌 실수)

(2) $\displaystyle\int\{f(x)+g(x)\}dx=\int f(x)dx+\int g(x)dx$

(3) $\displaystyle\int\{f(x)-g(x)\}dx=\int f(x)dx-\int g(x)dx$

$\to$ 세 개 이상의 함수에 대해서도 성립한다.

예 $\displaystyle\int(x^2-4x+1)dx=\int x^2 dx-4\int x\,dx+\int dx=\left(\dfrac{1}{3}x^3+C_1\right)-4\left(\dfrac{1}{2}x^2+C_2\right)+(x+C_3)$
$=\dfrac{1}{3}x^3-2x^2+x+C$

참고 적분상수가 여러 개 있을 때는 이들을 묶어 하나의 적분상수 C로 나타낸다.

[2] 함수 $f(x)$의 도함수 $f'(x)$가 주어지면 함수 $f(x)$는 다음과 같은 순서로 구한다.

(ⅰ) $f(x)=\displaystyle\int f'(x)dx$임을 이용하여 $f(x)$를 적분상수 C를 포함한 식으로 나타낸다.

(ⅱ) 주어진 함숫값을 이용하여 적분상수 C의 값을 구한 후 함수 $f(x)$를 구한다.

유형 ① 부정적분의 정의 [개념 06-1]

307 ⭐중요

다항함수 $f(x)$에 대하여

$$\int (x-1)f(x)dx = x^3 - 3x + C$$

일 때, $f(1)$의 값은? (단, C는 적분상수이다.)

① 6　　　　② 7　　　　③ 8
④ 9　　　　⑤ 10

308

함수 $F(x) = \dfrac{1}{3}x^3 + \dfrac{a}{2}x^2 + bx$는 함수 $f(x)$의 부정적분 중 하나이다. $f(0)=3$, $f'(0)=4$일 때, 상수 a, b에 대하여 $a+b$의 값을 구하시오.

309

두 함수 $f(x)=3x^2-1$, $g(x)=2x+5$에 대하여 $\displaystyle\int F(x)dx = f(x)g(x)$가 성립할 때, $F(0)$의 값은?

① -2　　　　② -1　　　　③ 1
④ 2　　　　⑤ 3

유형 ② 부정적분과 미분의 관계 [개념 06-1, 2]

310

모든 실수 x에 대하여

$$\frac{d}{dx}\left\{\int (ax^2+5x+1)dx\right\} = 9x^2 + bx + c$$

가 성립한다. 상수 a, b, c에 대하여 $a+b+c$의 값은?

① 11　　　　② 12　　　　③ 13
④ 14　　　　⑤ 15

311 ⭐중요

함수 $F(x) = \displaystyle\int \left\{\frac{d}{dx}(2x^3-7x)\right\}dx$에 대하여 $F(0)=-3$일 때, $F(2)$의 값을 구하시오.

312

함수 $f(x) = \displaystyle\int \left\{\frac{d}{dx}(x^2+2x)\right\}dx$에 대하여 $\displaystyle\lim_{h\to 0}\frac{f(1+h)-f(1-h)}{h}$의 값은?

① 4　　　　② 5　　　　③ 6
④ 7　　　　⑤ 8

313

함수 $f(x)=3x-1$에 대하여 두 함수 $F(x)$, $G(x)$를

$$F(x)=\frac{d}{dx}\left\{\int xf(x)dx\right\},$$

$$G(x)=\int\left\{\frac{d}{dx}xf(x)\right\}dx$$

로 정의하자. $G(-1)=6$일 때, $F(3)+G(3)$의 값을 구하시오.

314

두 다항함수 $f(x)$, $g(x)$가

$$\frac{d}{dx}\{f(x)+g(x)\}=9x^2-2,$$

$$\frac{d}{dx}\{2f(x)-g(x)\}=6x-1$$

을 만족시키고 $f(0)=1$, $g(0)=-1$일 때, $f(1)-g(1)$의 값을 구하시오.

315

다항함수 $f(x)$의 도함수 $f'(x)$에 대하여

$$\int (x^2+1)f'(x)dx=3x^4+2x^3+6x^2+6x$$

가 성립한다. $f(-1)=1$일 때, 방정식 $f(x)=0$의 모든 근의 곱은?

① $-\dfrac{1}{6}$ ② $\dfrac{1}{6}$ ③ $\dfrac{1}{3}$

④ $\dfrac{1}{2}$ ⑤ $\dfrac{2}{3}$

316

함수 $f(x)=\int (x^3-x^2)dx-\int (x^3+2x^2+1)dx$에 대하여 $f(0)=1$일 때, $f(1)$의 값을 구하시오.

317

함수 $f(x)=\int (1+2x+3x^2+\cdots+10x^9)dx$에 대하여 $f(1)=0$일 때, $f(-1)$의 값은?

① -11 ② -10 ③ -9

④ 9 ⑤ 10

318

함수 $f(x)=\dfrac{x^3-2}{x}$에 대하여 함수 $g(x)$를

$$g(x)=\int f(x)dx+\int xf'(x)dx$$

라 하자. $g(1)=5$일 때, $g(-2)$의 값은?

① -16 ② -12 ③ -8

④ -4 ⑤ 0

유형 ④ 도함수가 주어질 때 함수 구하기 [개념 06-2, 3]

319 ⭐중요

함수 $f(x)$에 대하여 $f'(x)=\dfrac{x^3-8}{x^2+2x+4}$이고 $f(1)=\dfrac{1}{2}$
일 때, $f(4)$의 값은?

① 2 　　　② 4 　　　③ 6

④ 8 　　　⑤ 10

320

다항함수 $f(x)$가 모든 실수 x에 대하여
$$xf'(x)=6x^3+x-f(1)$$
을 만족시킬 때, $f(2)$의 값은?

① 6 　　　② 9 　　　③ 12

④ 15 　　　⑤ 18

321

다항함수 $f(x)$에 대하여
$$f'(x)=2x-a, \lim_{x \to 1}\frac{f(x)}{x-1}=a+4$$
일 때, $a+f(2)$의 값은? (단, a는 상수이다.)

① 2 　　　② 3 　　　③ 4

④ 5 　　　⑤ 6

유형 ⑤ 함수와 그 부정적분 사이의 관계식이 주어질 때 함수 구하기 [개념 06-2, 3]

322

다항함수 $f(x)$에 대하여 $\dfrac{d}{dx}F(x)=f(x)$이고
$$F(x)-\int (x+1)f(x)\,dx=\frac{3}{4}x^4+2x^3-\frac{5}{2}x^2-1$$
이 성립할 때, 함수 $f(x)$의 최댓값을 구하시오.

323 ⭐중요 교육청 기출

다항함수 $f(x)$의 한 부정적분 $F(x)$가 모든 실수 x에
대하여
$$F(x)=(x+2)f(x)-x^3+12x$$
를 만족시킨다. $F(0)=30$일 때, $f(2)$의 값을 구하시오.

324

다항함수 $f(x)$에 대하여
$$(x-1)f(x)-\int f(x)\,dx=3x^4-6x^2$$
이 성립하고 $f(1)=3$일 때, 함수 $f(x)$를 구하시오.

유형 6 부정적분과 함수의 연속성 [개념 06-2, 3]

325 ⭐중요

실수 전체의 집합에서 미분가능한 함수 $f(x)$의 도함수 $f'(x)$가

$$f'(x)=\begin{cases} 2x+3 & (x<2) \\ k & (x\geq2) \end{cases}$$

이고 $f(2)=12$일 때, $f(1)$의 값은? (단, k는 상수이다.)

① 5　　　　② 6　　　　③ 7
④ 8　　　　⑤ 9

326

실수 전체의 집합에서 연속인 함수 $f(x)$의 도함수 $f'(x)$가

$$f'(x)=\begin{cases} 4x^3 & (|x|>1) \\ 3x^2-4x & (|x|<1) \end{cases}$$

이고 $f(-2)=13$일 때, $f(3)$의 값은?

① 78　　　　② 79　　　　③ 80
④ 81　　　　⑤ 82

327

연속함수 $f(x)$의 도함수 $y=f'(x)$의 그래프가 오른쪽 그림과 같다. 함수 $y=f(x)$의 그래프가 원점을 지날 때, $f(-3)+f(4)$의 값을 구하시오.

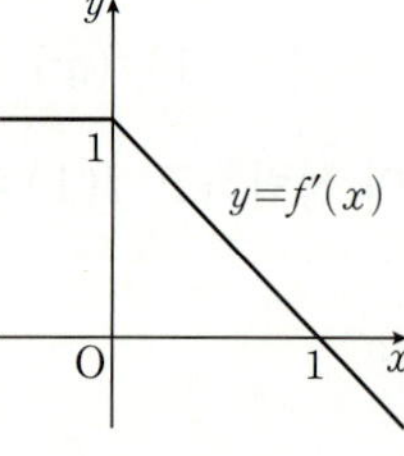

유형 7 부정적분과 접선의 기울기 [개념 06-2, 3]

328 ⭐중요

곡선 $y=f(x)$ 위의 임의의 점 $(x, f(x))$에서의 접선의 기울기가 $6x^2-2x$이다. 이 곡선이 점 $(-1, -4)$를 지날 때, $f(2)$의 값은?

① 11　　　　② 12　　　　③ 13
④ 14　　　　⑤ 15

329

함수 $f(x)=\int(3+4ax)dx$에 대하여 곡선 $y=f(x)$ 위의 점 $(2, 5)$에서의 접선의 기울기가 -1일 때, $f(5)$의 값은? (단, a는 상수이다.)

① -9　　　　② -7　　　　③ -5
④ 5　　　　⑤ 7

330 실력 UP

곡선 $y=f(x)$ 위의 임의의 점 $(x, f(x))$에서의 접선의 기울기가 $2x-4$이다. 곡선 $y=f(x)$를 x축의 방향으로 1만큼, y축의 방향으로 2만큼 평행이동하면 x축에 접할 때, $f(0)$의 값은?

① 1　　　　② 2　　　　③ 3
④ 4　　　　⑤ 5

331

함수 $f(x)$에 대하여

$$\int \{3-f(x)\}\,dx = -\frac{1}{4}x^4 + \frac{3}{2}x^2 + C$$

일 때, 함수 $f(x)$의 극솟값을 구하시오.

(단, C는 적분상수이다.)

332 교육청 기출

함수 $f(x)$에 대하여 $f'(x)=3x^2-6x$이고 $f(1)=1$일 때, 함수 $f(x)$의 극솟값은?

① -2　　　② -1　　　③ 0

④ 1　　　⑤ 2

333 ⭐중요

함수 $f(x)$의 도함수 $f'(x)$가 $f'(x)=x^2-4x+a$이고 $f(x)$는 $x=3$에서 극솟값 $\frac{5}{3}$를 갖는다. 함수 $f(x)$의 극댓값을 b라 할 때, $a+b$의 값은? (단, a는 상수이다.)

① 6　　　② 9　　　③ 12

④ 15　　　⑤ 18

334

삼차함수 $f(x)$의 도함수 $y=f'(x)$의 그래프는 오른쪽 그림과 같다. $f(x)$의 극댓값이 1, 극솟값이 -1일 때, $f(1)$의 값을 구하시오.

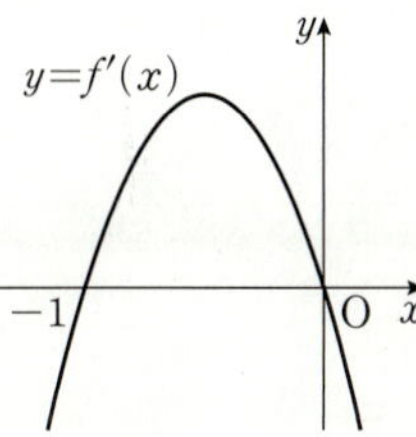

335 실력 UP

최고차항의 계수가 1인 삼차함수 $f(x)$가 다음 조건을 만족시킨다.

> ㈎ 모든 실수 x에 대하여 $f'(2-x)=f'(2+x)$
> ㈏ 함수 $f(x)$는 $x=3$에서 극솟값 -1을 갖는다.

함수 $f(x)$의 극댓값은?

① -1　　　② 0　　　③ 1

④ 2　　　⑤ 3

서술형

336

함수 $f(x)=\displaystyle\int (x+2)^2 dx+\int (x-2)^2 dx$에 대하여

$f(0)=\dfrac{1}{3}$일 때, $f(1)$의 값을 구하시오.

[풀이]

337

다항함수 $f(x)$가
$$f'(x)=3x^2-f(1)x,\quad f(0)=-2$$
를 만족시킬 때, $f(3)$의 값을 구하시오.

[풀이]

338

다항함수 $f(x)$가 모든 실수 $x,\,y$에 대하여
$$f(x+y)=f(x)+f(y)+xy(x+y)$$
를 만족시킬 때, 다음 물음에 답하시오.

(1) $f'(0)=3$일 때, $f'(x)$를 구하시오.

[풀이]

(2) $f(x)$를 구하시오.

[풀이]

339

곡선 $y=f(x)$ 위의 임의의 점 $(x,\,f(x))$에서의 접선의 기울기가 $-3x^2+1$이고, $f(-1)+f(1)=0$이다. 방정식 $f(x)=0$의 서로 다른 세 실근을 각각 $\alpha,\,\beta,\,\gamma$라 할 때, $|\alpha|+|\beta|+|\gamma|$의 값을 구하시오.

[풀이]

 실력 완성

● 바른답·알찬풀이 71쪽

340 교육청 기출

실수 전체의 집합에서 미분가능한 함수 $F(x)$의 도함수 $f(x)$가

$$f(x)=\begin{cases} -2x & (x<0) \\ k(2x-x^2) & (x \geq 0) \end{cases}$$

이다. $F(2)-F(-3)=21$일 때, 상수 k의 값을 구하시오.

341

함수 $f(x)=7x^7+6x^6+\cdots+2x^2+x$에 대하여

$$F(x)=\int\left[\frac{d}{dx}\int\left\{\frac{d}{dx}f(x)\right\}dx\right]dx$$

라 하자. $F(0)=4$일 때, $F(1)$의 값은?

① 30   ② 32   ③ 34
④ 36   ⑤ 38

342

두 일차함수 $f(x),\ g(x)$에 대하여

$$\frac{d}{dx}\{f(x)+g(x)\}=2,$$

$$\frac{d}{dx}\{f(x)g(x)\}=2x+1$$

이고 $f(0)=3,\ g(0)=-2$일 때, $f(1)+g(3)$의 값은?

① -5 ② -3 ③ 0
④ 3   ⑤ 5

343

함수 $f(x)$의 도함수 $f'(x)$가

$$f'(x)=1+x+\frac{x^2}{2}+\frac{x^3}{3}+\cdots+\frac{x^{999}}{999}$$

이고 $f(0)=-2$일 때, $f(1)$의 값을 구하시오.

344

이차함수 $f(x)$가 모든 실수 x에 대하여

$$x^2f(x)+8x=4\int(x-1)f(x)dx$$

를 만족시킨다. 함수 $f(x)$의 최댓값은?

① -1 ② 0   ③ 1
④ 2   ⑤ 3

● 바른답·알찬풀이 **72**쪽

345

두 다항함수 $f(x)$, $g(x)$에 대하여 $f(x)$의 한 부정적분을 $F(x)$라 하고 $g(x)$의 한 부정적분을 $G(x)$라 할 때, 모든 실수 x에 대하여 다음 조건을 만족시킨다.

> (가) $\displaystyle\int f(x)dx=xf(x)-x^2-3$
>
> (나) $f(x)G(x)+F(x)g(x)=8x^3+3x^2-1$

$f(0)=0$일 때, $F(0)G(0)$의 값은?

① -2 ② -1 ③ 0

④ 1 ⑤ 2

346

최고차항의 계수가 1인 삼차함수 $f(x)$에 대하여 함수 $g(x)$가 다음 조건을 만족시킨다.

> (가) $g(x)=\begin{cases} f(x) & (x<1) \\ f(2-x) & (1\leq x<2) \\ f(x-2) & (x\geq 2) \end{cases}$
>
> (나) 함수 $g(x)$는 실수 전체의 집합에서 미분가능하다.

$g(5)-g(0)$의 값은?

① $\dfrac{25}{2}$ ② 13 ③ $\dfrac{27}{2}$

④ 14 ⑤ $\dfrac{29}{2}$

347

모든 실수 x에 대하여 연속인 함수 $f(x)$의 도함수 $f'(x)$의 그래프가 오른쪽 그림과 같이 직선과 이차함수의 그래프의 일부로 나타내어진다. $f(-1)=1$일 때, $f(4)$의 값은?

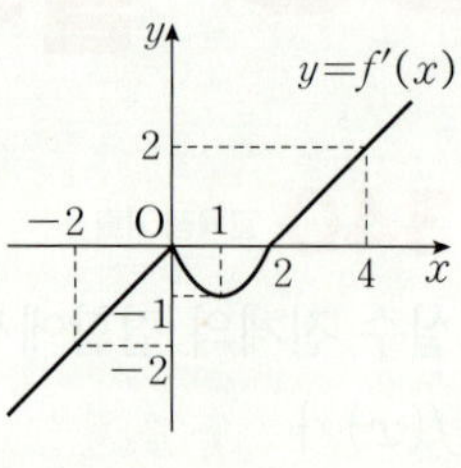

① $\dfrac{7}{3}$ ② $\dfrac{7}{6}$ ③ $\dfrac{7}{9}$

④ $\dfrac{7}{12}$ ⑤ $\dfrac{7}{15}$

348

곡선 $y=f(x)$ 위의 임의의 점 $(x, f(x))$에서의 접선의 기울기가 $-3x+6$이고 함수 $f(x)$의 최댓값이 1일 때, 닫힌구간 $[0, 3]$에서 $f(x)$의 최솟값을 구하시오.

349

다항함수 $f(x)$가 다음 조건을 만족시킨다.

> (가) $f(x)=\int(x-a)(x-b)\,dx$
>
> (나) 방정식 $f(x)=f(1)$의 실근의 개수는 1이다.

옳은 것만을 | 보기 |에서 있는 대로 고른 것은?

(단, a, b는 상수이다.)

> | 보기 |
>
> ㄱ. $a=b$이면 함수 $f(x)$의 극값이 존재하지 않는다.
>
> ㄴ. $a\neq b$이면 함수 $f(x)$는 $x=1$에서 극값을 갖는다.
>
> ㄷ. $f(a)<f(1)$이면 $f(b)<f(1)$이다.

① ㄱ   ② ㄴ   ③ ㄱ, ㄷ

④ ㄴ, ㄷ   ⑤ ㄱ, ㄴ, ㄷ

350

원점을 지나는 곡선 $y=f(x)$ 위의 임의의 점 $\mathrm{P}(x,y)$에서의 접선의 기울기가 $3x^2+ax+b$이다. $x<0$인 모든 실수 x에 대하여 $f(x)\leq f(-3)$이고 $|f(x)|\geq|f(-5)|$일 때, $a+b$의 값을 구하시오. (단, a, b는 상수이다.)

351

최고차항의 계수가 1인 삼차함수 $y=f(x)$의 그래프가 오른쪽 그림과 같다. $f(0)=0$, $f(\alpha)=0$, $f'(\alpha)=0$이고 함수 $g(x)$가 다음 조건을 만족시킬 때, $g\!\left(\dfrac{\alpha}{6}\right)$의 값을 구하시오. (단, α는 양수이다.)

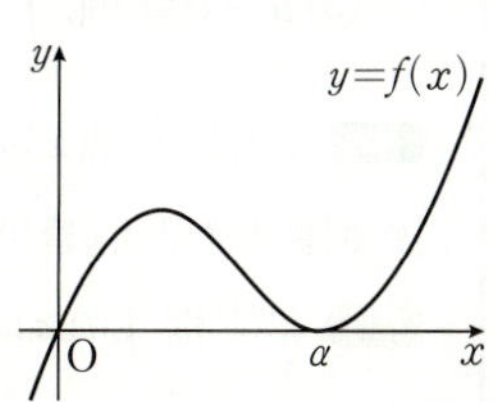

> (가) $g'(x)=f(x)+xf'(x)$
>
> (나) $g(x)$의 극댓값이 81이고 극솟값이 0이다.

정적분

07-1 정적분 [유형 1]

(1) 닫힌구간 $[a, b]$에서 연속인 함수 $f(x)$에 대하여 함수 $f(x)$의 그래프와 x축 및 두 직선 $x=a$와 $x=b$로 둘러싸인 도형 중에서 $f(x) \geq 0$인 부분의 넓이를 S_1, $f(x) \leq 0$인 부분의 넓이를 S_2라 할 때, $S_1 - S_2$를 함수 $f(x)$의 a에서 b까지의 **정적분**이라 하고,

$$\int_a^b f(x)dx\,^\mathbf{❶} = S_1 - S_2$$

와 같이 나타낸다.

(2) $a \geq b$일 때, 정적분 $\int_a^b f(x)dx$를 다음과 같이 정의한다.

① $a=b$일 때, $\int_a^a f(x)dx = 0$

② $a>b$일 때, $\int_a^b f(x)dx = -\int_b^a f(x)dx$

참고 정적분 $\int_a^b f(x)dx$의 값을 구하는 것을 '함수 $f(x)$를 a에서 b까지 적분한다'고 한다. 이때 닫힌구간 $[a,b]$를 적분 구간, a를 아래끝, b를 위끝이라 한다.

주의 부정적분 $\int f(x)dx$는 함수이지만 정적분 $\int_a^b f(x)dx$는 실수이다.

❶ 정적분에서 변수를 x 대신 다른 문자를 사용해도 그 값은 변하지 않는다.
$$\int_a^b f(x)dx = \int_a^b f(y)dy$$
$$= \int_a^b f(t)dt$$

07-2 적분과 미분의 관계

함수 $f(t)$가 닫힌구간 $[a, b]$에서 연속일 때,

$$\frac{d}{dx}\int_a^x f(t)dt = f(x) \ (\text{단}, a<x<b)$$

★ 07-3 부정적분과 정적분의 관계 [유형 1~12]

닫힌구간 $[a, b]$에서 연속인 함수 $f(x)$의 한 부정적분을 $F(x)$라 할 때,

$$\int_a^b f(x)dx = \Big[F(x) \Big]_a^b = F(b) - F(a)\,^\mathbf{❷}$$ → 이 관계를 '미적분의 기본정리'라고도 한다.

참고 $a>b$이고 함수 $f(x)$의 한 부정적분이 $F(x)$일 때,

$$\int_a^b f(x)dx = -\int_b^a f(x)dx = -\Big[F(x) \Big]_b^a$$
$$= -\{F(a) - F(b)\} = F(b) - F(a)$$

이므로 미적분의 기본정리는 위끝과 아래끝의 대소에 관계없이 항상 성립한다.

❷ $\Big[F(x)+C \Big]_a^b$
$$= \{F(b)+C\} - \{F(a)+C\}$$
$$= F(b) - F(a)$$
$$= \Big[F(x) \Big]_a^b$$

이므로 정적분의 계산에서 적분상수는 고려하지 않는다.

두 함수 $f(x)$, $g(x)$가 닫힌구간 $[a, b]$에서 연속일 때,

(1) $\displaystyle\int_a^b kf(x)dx = k\int_a^b f(x)dx$ (단, k는 실수)

(2) $\displaystyle\int_a^b \{f(x)+g(x)\}dx = \int_a^b f(x)dx + \int_a^b g(x)dx$

(3) $\displaystyle\int_a^b \{f(x)-g(x)\}dx = \int_a^b f(x)dx - \int_a^b g(x)dx$

07-5 정적분의 성질[3] [유형 2~7]

함수 $f(x)$가 세 실수 a, b, c를 포함하는 닫힌구간에서 연속일 때,

$$\int_a^c f(x)dx + \int_c^b f(x)dx = \int_a^b f(x)dx$$ → a, b, c의 대소에 관계없이 성립한다.

❸ 구간에 따라 다르게 정의된 함수 또는 절댓값 기호를 포함한 함수의 정적분을 구할 때 이용한다.

07-6 정적분 $\displaystyle\int_{-a}^a x^n dx$의 계산 [유형 6, 7]

n이 자연수일 때, 정적분 $\displaystyle\int_{-a}^a x^n dx$에 대하여 다음이 성립한다.

(1) n이 짝수일 때, $\displaystyle\int_{-a}^a x^n dx = 2\int_0^a x^n dx$

(2) n이 홀수일 때, $\displaystyle\int_{-a}^a x^n dx = 0$

참고 일반적으로 다음이 성립한다.

① $f(x)$가 우함수, 즉 $f(-x)=f(x)$이면 $\displaystyle\int_{-a}^a f(x)dx = 2\int_0^a f(x)dx$

② $f(x)$가 기함수, 즉 $f(-x)=-f(x)$이면 $\displaystyle\int_{-a}^a f(x)dx = 0$

07-7 정적분으로 정의된 함수[4] [유형 8~12]

(1) 정적분으로 정의된 함수의 미분

① $\dfrac{d}{dx}\displaystyle\int_a^x f(t)dt = f(x)$ (단, a는 상수)

② $\dfrac{d}{dx}\displaystyle\int_x^{x+a} f(t)dt = f(x+a)-f(x)$ (단, a는 상수)

(2) 정적분으로 정의된 함수의 극한

① $\displaystyle\lim_{x\to 0}\dfrac{1}{x}\int_a^{x+a} f(t)dt = f(a)$

② $\displaystyle\lim_{x\to a}\dfrac{1}{x-a}\int_a^x f(t)dt = f(a)$

❹ 정적분의 위끝과 아래끝이 모두 상수이면 정적분의 결과도 상수이다. 그러나 정적분의 위끝 또는 아래끝에 변수가 있으면 정적분의 결과는 그 변수에 대한 함수이다.

유형 1 미적분의 기본정리 [개념 07-1, 3]

352

정적분

$$\int_{-3}^{-1}(2x-1)(3x+2)\,dx+\int_{2}^{2}(t-5)(t^2+4)\,dt$$

의 값은?

① 41 ② 42 ③ 43

④ 44 ⑤ 45

353

$\int_{0}^{a}(3x^2-4)\,dx=0$을 만족시키는 양수 a의 값은?

① 2 ② $\dfrac{9}{4}$ ③ $\dfrac{5}{2}$

④ $\dfrac{11}{4}$ ⑤ 3

354

다항함수 $f(x)$의 도함수 $f'(x)$에 대하여

$$\int_{-2}^{5}\{f'(x)+2x\}\,dx=30$$

이 성립하고 $f(-2)=14$일 때, $f(5)$의 값은?

① 17 ② 19 ③ 21

④ 23 ⑤ 25

355 ⭐중요

정적분 $\displaystyle\int_{-1}^{k}(4x+6)\,dx$의 값이 최소가 되도록 하는 상수 k의 값을 m, 그때의 정적분의 값을 n이라 할 때, $m+n$의 값을 구하시오.

356

일차함수 $f(x)=ax-1$에 대하여 $\displaystyle\int_{0}^{1}f(x)\,dx=2$일 때, 정적분 $\displaystyle\int_{1}^{2}\{f(x)\}^2\,dx$의 값을 구하시오.

(단, a는 상수이다.)

357

실수 전체의 집합에서 연속인 함수 $f(x)$의 부정적분인
두 함수 $F(x)$, $G(x)$가 다음 조건을 만족시킬 때,
$\displaystyle\int_1^5 f(x)dx$의 값은?

> (개) $F(0)=G(0)+2$
> (내) $F(1)=3, G(5)=13$

① 6   ② 8   ③ 10

④ 12   ⑤ 14

358

함수 $y=f(x)$의 그래프 위의 점 $(x, f(x))$에서의 접선
의 기울기가 $3x^2+6x-4$이다. $\displaystyle\int_0^2 f(x)dx=10$일 때, 함
수 $f(x)$를 구하시오.

유형 ② 정적분의 계산
; 적분 구간이 같은 경우   [개념 07-3~5]

359

정적분 $\displaystyle\int_0^2 \frac{x^3}{x+1}dx - \int_2^0 \frac{1}{t+1}dt$의 값은?

① $\dfrac{5}{6}$ ② 1   ③ $\dfrac{3}{2}$

④ $\dfrac{11}{6}$ ⑤ $\dfrac{8}{3}$

360

연속함수 $f(x)$가

$$\int_0^3 f(x)dx=5, \quad \int_0^3 xf(x)dx=4,$$
$$\int_0^3 x^2 f(x)dx=3, \quad \int_0^3 x^3 f(x)dx=2$$

를 만족시킬 때, 정적분 $\displaystyle\int_0^3 (x-1)^3 f(x)dx$의 값을 구하
시오.

361 ⭐중요

$\displaystyle\int_{-1}^3 (x+k)^2 dx - \int_{-1}^3 (x-k)^2 dx = 32$를 만족시키는 상
수 k의 값은?

① $\dfrac{1}{2}$ ② 1   ③ $\dfrac{3}{2}$

④ 2   ⑤ $\dfrac{5}{2}$

362

연속함수 $f(x)$가

$$\int_4^2 f(x)dx=-6,\quad \int_2^4 \{f(x)\}^2 dx=15$$

를 만족시킬 때, 정적분 $\int_2^4 \{2f(x)-1\}^2 dx$의 값을 구하시오.

363

모든 실수에서 연속인 두 함수 $f(x)$, $g(x)$가

$$\int_0^1 \{f(x)-g(x)\}dx=3,$$

$$\int_0^1 \{2f(x)-3g(x)\}dx=4$$

를 만족시킬 때, 정적분 $\int_0^1 \{3f(x)+4g(x)\}dx$의 값을 구하시오.

364

$a=2-\sqrt{2}$, $b=2+\sqrt{2}$일 때,

$$k\int_a^c x\,dx - \int_a^c x^2\,dx = \int_c^b x^2\,dx - k\int_c^b x\,dx$$

가 성립하도록 하는 상수 k의 값은?

① 2   ② $\dfrac{7}{3}$ ③ 3

④ $\dfrac{7}{2}$ ⑤ 4

365

정적분 $\displaystyle\int_0^3 (3x^2-6x+1)dx + \int_3^4 (3t^2-6t+1)dt$의 값을 구하시오.

366 중요

함수 $f(x)=6x^2+4x+1$에 대하여 정적분

$$\int_0^5 f(x)dx - \int_1^7 f(x)dx + \int_5^7 f(x)dx$$의 값은?

① 1   ② 3   ③ 5
④ 7   ⑤ 9

367 수능 기출

함수 $f(x)=3x^2-16x-20$에 대하여

$$\int_{-2}^a f(x)dx = \int_{-2}^0 f(x)dx$$

일 때, 양수 a의 값은?

① 16   ② 14   ③ 12
④ 10   ⑤ 8

유형 ④ 구간에 따라 다르게 정의된 함수의 정적분 [개념 07-3, 5]

368

함수 $f(x)=\begin{cases} x+1 & (x\le 0) \\ x^2+1 & (x\ge 0) \end{cases}$ 에 대하여 정적분

$\displaystyle\int_{-1}^{2} xf(x)dx$ 의 값은?

① $\dfrac{5}{2}$　　　② $\dfrac{17}{6}$　　　③ 3

④ $\dfrac{9}{2}$　　　⑤ $\dfrac{35}{6}$

369

함수 $y=f(x)$ 의 그래프가 오른쪽 그림과 같을 때, 정적분 $\displaystyle\int_{-2}^{4} f(x)dx$ 의 값을 구하시오.

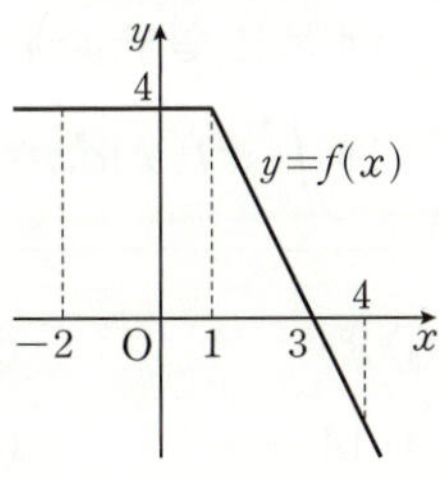

370 실력 UP

함수 $f(x)=\begin{cases} x^2-6x+a & (x<2) \\ 4x-6 & (x\ge 2) \end{cases}$ 이 실수 전체의 집합

에서 연속이다. $\displaystyle\int_{0}^{3} f(x)dx=b$ 일 때, $b-a$ 의 값은?

(단, a 는 상수이다.)

① $\dfrac{10}{3}$　　　② $\dfrac{11}{3}$　　　③ 4

④ $\dfrac{13}{3}$　　　⑤ $\dfrac{14}{3}$

유형 ⑤ 절댓값 기호가 포함된 함수의 정적분 [개념 07-3, 5]

371 중요

정적분 $\displaystyle\int_{-1}^{3} |x^2-1|dx$ 의 값은?

① 7　　　② $\dfrac{22}{3}$　　　③ $\dfrac{23}{3}$

④ 8　　　⑤ $\dfrac{25}{3}$

372

등식 $\displaystyle\int_{0}^{a} 3x|x-2|dx=8$ 을 만족시키는 실수 a 의 값을 구하시오. (단, $a>2$)

373

함수 $f(x)=|2+x|+|2-x|$의 최솟값을 k라 할 때, 정적분 $\int_{2}^{k} f(x)dx$의 값은?

① 10   ② 11   ③ 12
④ 13   ⑤ 14

유형 **6** 우함수·기함수의 정적분   [개념 07-3, 5, 6]

374

함수 $f(x)=1+2x+3x^2+\cdots+30x^{29}$에 대하여
$$\int_{-2}^{2} f(x)dx=\frac{4^p+q}{3}$$
가 성립할 때, $p-q$의 값은? (단, p, q는 상수이다.)

① 18   ② 20   ③ 22
④ 24   ⑤ 26

375

일차함수 $f(x)$가
$$\int_{-1}^{1} (x^2+1)f(x)dx=-8$$
을 만족시키고 $f(1)=-1$일 때, $f(5)$의 값을 구하시오.

376

$\int_{-a}^{a} (x^3+3x^2+x+a)dx=(a+1)^2$을 만족시키는 모든 실수 a의 값의 곱은?

① -1 ② $-\dfrac{1}{2}$ ③ 0
④ $\dfrac{1}{2}$ ⑤ 1

377 중요

다항함수 $f(x)$가 다음 조건을 만족시킬 때, 정적분 $\int_{-4}^{4} (3x^4+2x-3)f(x)dx$의 값은?

> (가) 모든 실수 x에 대하여 $f(-x)=-f(x)$이다.
> (나) $\int_{0}^{4} xf(x)dx=3$

① 8   ② 10   ③ 12
④ 14   ⑤ 16

유형 **7** 주기함수의 정적분   [개념 07-3, 5, 6]

378

연속함수 $f(x)$가 다음 조건을 만족시킨다.

> (가) 모든 실수 x에 대하여 $f(x+1)=f(x-1)$이다.
> (나) 모든 실수 x에 대하여 $f(x-1)=f(3-x)$이다.
> (다) $f(x)=x^2 \, (0 \le x \le 1)$

이때 정적분 $\displaystyle\int_1^{10} f(x)dx$의 값은?

① 1   ② 3   ③ 5

④ 7   ⑤ 9

379

연속함수 $f(x)$가 모든 실수 x에 대하여

$$f(-x)=f(x), \quad f(x+2)=f(x)$$

를 만족시킨다. $\displaystyle\int_{-1}^{1}(2x+5)f(x)dx=15$일 때, 정적분

$\displaystyle\int_{-4}^{10} f(x)dx$의 값은?

① 18   ② 21   ③ 24

④ 27   ⑤ 30

380   평가원 기출

닫힌구간 $[0, 1]$에서 연속인 함수 $f(x)$가

$$f(0)=0, \, f(1)=1, \, \int_0^1 f(x)dx=\frac{1}{6}$$

을 만족시킨다. 실수 전체의 집합에서 정의된 함수 $g(x)$

가 다음 조건을 만족시킬 때, $\displaystyle\int_{-3}^{2} g(x)dx$의 값은?

> (가) $g(x)=\begin{cases} -f(x+1)+1 & (-1 < x < 0) \\ f(x) & (0 \le x \le 1) \end{cases}$
> (나) 모든 실수 x에 대하여 $g(x+2)=g(x)$이다.

① $\dfrac{5}{2}$ ② $\dfrac{17}{6}$ ③ $\dfrac{19}{6}$

④ $\dfrac{7}{2}$ ⑤ $\dfrac{23}{6}$

유형 **8** 정적분을 포함한 등식 ; 적분 구간이 상수인 경우   [개념 07-3, 7]

381 ⭐중요

다항함수 $f(x)$에 대하여

$$f(x)=4x^3-2x+\int_0^2 f(t)\,dt$$

가 성립할 때, $f(2)$의 값은?

① -16 ② -8 ③ 4

④ 8 ⑤ 16

382

다항함수 $f(x)$에 대하여

$$f(x)=2x+\int_0^3 tf'(t)\,dt$$

가 성립할 때, $f(-1)$의 값을 구하시오.

383  실력 UP

다항함수 $f(x)$에 대하여

$$f(x)=4x^3+2x\int_0^1 f(t)\,dt+\int_0^1 tf'(t)\,dt$$

가 성립할 때, $f(2)$의 값은?

① 11   ② 13   ③ 15

④ 17   ⑤ 19

유형 9 정적분을 포함한 등식 ; 적분 구간에 변수가 있는 경우   [개념 07-3, 7]

384

모든 실수 x에 대하여 다항함수 $f(x)$가

$$\int_2^x f(t)\,dt=3x^2-4x+a$$

를 만족시킬 때, $a+f(1)$의 값을 구하시오.

(단, a는 상수이다.)

385

다항함수 $f(x)$에 대하여

$$f(x)=\int_x^{x+1}(t^3+2t)\,dt$$

가 성립할 때, 정적분 $\int_0^2 f'(x)\,dx$의 값은?

① 12   ② 14   ③ 16

④ 18   ⑤ 20

386

모든 실수 x에 대하여 다항함수 $f(x)$가

$$\int_0^x f(t)\,dt=x^3-2x^2-2x\int_0^1 f(t)\,dt$$

를 만족시킬 때, $f(0)$의 값은?

① $\dfrac{1}{3}$ ② $\dfrac{2}{3}$ ③ 1

④ $\dfrac{4}{3}$ ⑤ $\dfrac{5}{3}$

387 ⭐중요

모든 실수 x에 대하여 다항함수 $f(x)$가

$$\int_1^x (x-t)f(t)dt = 2x^3 - ax^2 + 2x$$

를 만족시킬 때, $f(-1)$의 값은? (단, a는 상수이다.)

① -20　　　② -18　　　③ -16

④ -14　　　⑤ -12

유형 ⑩ 정적분으로 정의된 함수의 극대·극소　　[개념 07-3, 7]

388 ⭐중요

함수 $f(x) = \int_{-1}^x (6t^2 + at + b)dt$가 $x=2$에서 극댓값 9를 가질 때, 상수 a, b에 대하여 $a+b$의 값은?

① -14　　　② -12　　　③ -10

④ -8　　　⑤ -6

389

이차함수 $y=f(x)$의 그래프가 오른쪽 그림과 같을 때,

$$F(x) = \int_{-2}^x f(t)dt$$를 만족시키는

함수 $F(x)$의 극솟값은?

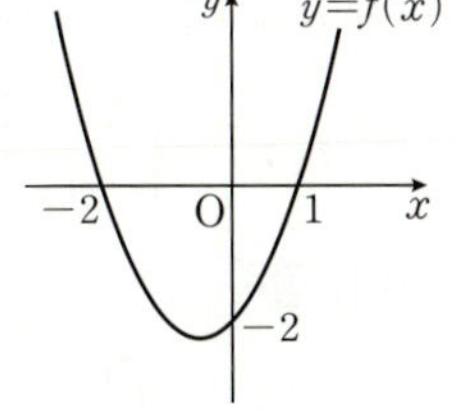

① -5　　　② $-\dfrac{9}{2}$　　　③ -4

④ $-\dfrac{7}{2}$　　　⑤ -3

390

함수 $f(x) = \int_0^x (t-1)(t-2)dt$의 극댓값과 극솟값의 합을 구하시오.

391

함수 $f(x) = x^3 - 3x + a$에 대하여 함수

$$F(x) = \int_0^x f(t)dt$$

가 오직 하나의 극값을 갖도록 하는 양수 a의 최솟값을 구하시오.

392 교육청 기출

실수 a에 대하여 함수 $f(x)$는

$$f(x)=\begin{cases} 3x^2+3x+a & (x<0) \\ 3x+a & (x\geq 0) \end{cases}$$

이다. 함수

$$g(x)=\int_{-4}^{x} f(t)\,dt$$

가 $x=2$에서 극솟값을 가질 때, 함수 $g(x)$의 극댓값은?

① 18   ② 20   ③ 22

④ 24   ⑤ 26

유형 11 정적분으로 정의된 함수의 최대·최소   [개념 07-3, 7]

393

모든 실수 x에 대하여 함수 $f(x)$가

$$\int_{0}^{x} (x-t)\,f(t)\,dt = \frac{1}{4}x^4 - 3x^2$$

을 만족시킬 때, 함수 $f(x)$의 최솟값을 구하시오.

---

394 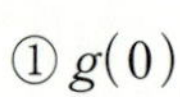

$-2\leq x\leq 2$에서 함수 $f(x)=\displaystyle\int_{x}^{x+2} (t^3-4t)\,dt$의 최댓값을 M, 최솟값을 m이라 할 때, $M-m$의 값을 구하시오.

395

이차함수 $y=f(x)$의 그래프가 오른쪽 그림과 같을 때, 함수

$$g(x)=\int_{x}^{x+1} f(t)\,dt$$의 최솟값은?

① $g(0)$ ② $g\left(\dfrac{1}{2}\right)$

③ $g(1)$ ④ $g\left(\dfrac{5}{2}\right)$

⑤ $g(3)$

396

닫힌구간 $[0,\,4]$에서 함수 $f(x)=\displaystyle\int_{-2}^{x} (2-|t|)\,dt$의 최댓값은?

① 4   ② 6   ③ 8

④ 10   ⑤ 12

397

함수 $f(x)=2x^2-x+3$일 때, $\displaystyle\lim_{x\to 2}\frac{1}{x-2}\int_2^x f(t)dt$의 값을 구하시오.

398

함수 $f(x)=4x^4+3x^3-x$에 대하여

$\displaystyle\lim_{x\to 1}\frac{1}{x-1}\int_1^{x^2} f(t)\,dt$의 값은?

① 4   ② 6   ③ 8

④ 10   ⑤ 12

399

함수 $f(x)=x^3+4x^2-5x+2$에 대하여

$\displaystyle\lim_{x\to 2}\frac{1}{x^3-8}\int_2^x f(t)dt$의 값은?

① $\dfrac{4}{3}$ ② $\dfrac{8}{3}$ ③ 4

④ $\dfrac{16}{3}$ ⑤ $\dfrac{20}{3}$

400 ⭐중요

$\displaystyle\lim_{h\to 0}\frac{1}{h}\int_{1-h}^{1+h}(3t^2+2t-a)dt=8$일 때, 상수 a의 값을 구하시오.

401 교육청 기출

다항함수 $f(x)$가

$$\lim_{x\to 2}\frac{1}{x-2}\int_1^x (x-t)f(t)dt=3$$

을 만족시킬 때, $\displaystyle\int_1^2 (4x+1)f(x)dx$의 값은?

① 15   ② 18   ③ 21

④ 24   ⑤ 27

시험에서 출제율이 높은 서술형 문제를 엄선하여 수록하였습니다.

서술형

● 바른답·알찬풀이 **82**쪽

402

이차함수 $f(x)$가 $f(0)=0$이고 아래 조건을 만족시킬 때, 다음 물음에 답하시오.

> (가) $\int_0^2 |f(x)|\,dx=\int_0^2 f(x)\,dx=8$
>
> (나) $\int_2^3 |f(x)|\,dx=-\int_2^3 f(x)\,dx$

(1) $f(x)$를 구하시오.

[풀이]

(2) $f(3)$의 값을 구하시오.

[풀이]

403

두 다항함수 $f(x)$, $g(x)$가 모든 실수 x에 대하여
$$f(-x)=-f(x),\ g(-x)=g(x)$$
를 만족시킨다. 함수 $h(x)=f(x)g(x)$에 대하여
$$\int_{-5}^5 (x+2)h'(x)\,dx=16$$
일 때, $h(5)$의 값을 구하시오.

[풀이]

404

모든 실수 x에 대하여 다항함수 $f(x)$가
$$xf(x)=x^3-3x^2+\int_1^x f(t)\,dt$$
를 만족시킬 때, 함수 $f(x)$를 구하시오.

[풀이]

405

함수 $f(x)=\int_0^x (t^3-2t+1)\,dt$의 도함수 $f'(x)$에 대하여 $\displaystyle\lim_{h\to 0}\frac{1}{h}\int_3^{3+h} f'(t)\,dt$의 값을 구하시오.

[풀이]

1등급 실력 완성

출제율이 높은 문제 중 1등급을 결정하는 고난도 문제를 수록하였습니다.

406 교육청 기출

최고차항의 계수가 1인 삼차함수 $f(x)$가 다음 조건을 만족시킨다.

> (㈎) 모든 실수 x에 대하여 $f(1+x)+f(1-x)=0$이다.
>
> (㈏) $\displaystyle\int_{-1}^{3} f'(x)\,dx=12$

$f(4)$의 값은?

① 24 ② 28 ③ 32
④ 36 ⑤ 40

407

실수 전체의 집합에서 연속인 함수 $f(x)$에 대하여

$$\int_0^1 f(x)\,dx=1,\quad \int_0^1 xf(x)\,dx=3$$

이 성립할 때, 정적분 $\displaystyle\int_0^1 (x-k)^2 f(x)\,dx$의 값이 최소가 되도록 하는 실수 k의 값은?

① 1 ② 2 ③ 3
④ 4 ⑤ 5

408

함수 $y=f(x)$의 그래프가 오른쪽 그림과 같을 때, 정적분 $\displaystyle\int_{-1}^{2} |x|\,f(x)\,dx$의 값은?

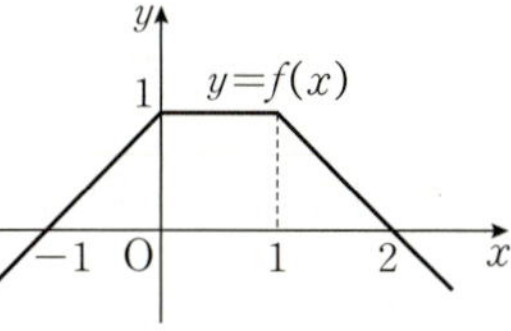

① 1 ② $\dfrac{4}{3}$ ③ $\dfrac{5}{3}$
④ 2 ⑤ $\dfrac{7}{3}$

409

실수 전체의 집합에서 미분가능한 두 함수 $f(x)$, $g(x)$가 다음 조건을 만족시킬 때, 정적분 $\displaystyle\int_0^5 \{f(x)-g(x)\}\,dx$의 값은?

> (㈎) 모든 실수 x에 대하여 $f'(x)<g'(x)$이다.
>
> (㈏) $f(2)=g(2)$
>
> (㈐) $\displaystyle\int_0^2 |f(x)-g(x)|\,dx=3,$
>
> $\displaystyle\int_2^5 |f(x)-g(x)|\,dx=12$

① -15 ② -12 ③ -9
④ 9 ⑤ 15

410

$0 < a < 1$일 때, 정적분 $\displaystyle\int_0^1 x|x-a|\,dx$의 값이 최소가 되도록 하는 상수 a의 값은?

① $\dfrac{\sqrt{5}}{5}$ ② $\dfrac{\sqrt{3}}{3}$ ③ $\dfrac{\sqrt{2}}{2}$

④ $\dfrac{\sqrt{5}}{3}$ ⑤ $\dfrac{\sqrt{3}}{2}$

411

함수 $f(x) = ax + b$가
$$f(x) = 4x + \int_0^3 f(t)\,dt - \int_0^5 f(t)\,dt$$
를 만족시킬 때, 상수 a, b에 대하여 $a+b$의 값은?

① $-\dfrac{22}{3}$ ② -7 ③ $-\dfrac{20}{3}$

④ $-\dfrac{19}{3}$ ⑤ -6

412

두 다항함수 $f(x)$, $g(x)$가
$$f(x) = 4x^3 - 3x^2 + \int_0^2 g(t)\,dt,$$
$$g(x) = 3x^2 + x + 3\int_0^1 f(t)\,dt$$
일 때, $f(1) + g(1)$의 값을 구하시오.

413

등식 $\displaystyle\int_0^x tf(t)\,dt + \int_0^x f(t)\,dt = \frac{1}{2}x^4 + xf(x)$를 만족시키는 이차함수 $f(x)$에 대하여 $f(-1)$의 값은?

① -2 ② -1 ③ 0

④ 1 ⑤ 2

414   교육청 기출

최고차항의 계수가 3인 이차함수 $f(x)$가 모든 실수 x에 대하여
$$\int_0^x f(t)\,dt = 2x^3 + \int_0^{-x} f(t)\,dt$$
를 만족시킨다. $f(1) = 5$일 때, $f(2)$의 값을 구하시오.

415

다항함수 $f(x)$가 모든 실수 x에 대하여
$$(x-a)\int_a^x f(t)\,dt = x^3 + 3x^2 - 4$$
를 만족시킬 때, $a + f(5)$의 값을 구하시오.

(단, a는 상수이다.)

416

삼차함수 $y=f(x)$의 그래프가 오른쪽 그림과 같다.

$$F(x)=\int_b^x f(t)dt$$

라 할 때, 방정식 $F(x)=0$의 서로 다른 실근의 개수는?

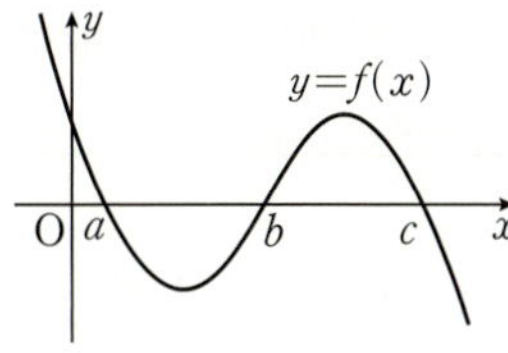

① 0   ② 1   ③ 2

④ 3   ⑤ 4

417

1보다 큰 상수 k에 대하여 $x \geq -1$에서 정의된 함수 $f(x)$가 $f(x)=\int_{-1}^x (|t|-1)(t-k)dt$이다. 함수 $f(x)$의 극댓값이 3일 때, $f(k)$의 값은?

① $\dfrac{19}{12}$ ② $\dfrac{5}{3}$ ③ $\dfrac{7}{4}$

④ $\dfrac{11}{6}$ ⑤ $\dfrac{23}{12}$

418

이차함수 $y=f(x)$의 그래프가 오른쪽 그림과 같을 때,

$$g(x)=\int_x^{x+2} f(t)dt$$

를 만족시키는 함수 $g(x)$의 최댓값이 22이다. $f(4)$의 값을 구하시오.

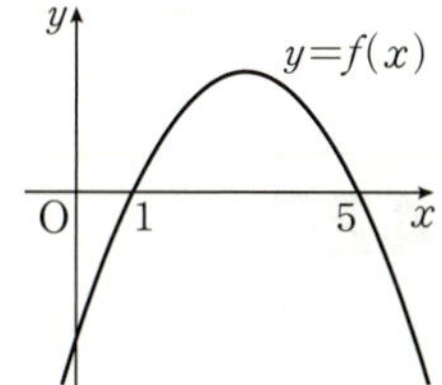

419

함수 $f(x)=6x^2+2x$에 대하여

$$g(x)=\int_0^x (x-t)f(t)dt+\int_0^1 f(t)dt$$

일 때, $\displaystyle\lim_{x \to 2} \frac{1}{x-2}\int_2^x g'(t)dt$의 값을 구하시오.

도전 1등급 최고난도

1등급을 결정하는 문제 중 최고난도 문제를 수록하였습니다.

420

두 다항함수 $f(x)$, $g(x)$가

$$g(x) + \int_1^x f(t)\,dt = \frac{5}{2}x^2 - 11x + \frac{19}{2},$$
$$f(x)\,g'(x) = 4x^2 - 26x + 30$$

을 만족시킬 때, $g(0)$의 값은?

(단, $f(x)$의 최고차항의 계수는 1이다.)

① $\dfrac{7}{2}$ ② 4 ③ $\dfrac{9}{2}$

④ 5 ⑤ $\dfrac{11}{2}$

421

실수 전체의 집합에서 연속인 함수 $f(x)$가 다음 조건을 만족시킨다.

> (가) $0 \le x \le 1$일 때, $f(x) = x^2 + ax + a$이다.
>
> (나) 모든 실수 x에 대하여
> $$f(x+1) = \lim_{h \to 0} \frac{1}{h} \int_x^{x+h} f(t)\,dt \text{이다.}$$

$\displaystyle\int_{-3}^{3} f(x)\,dx$의 값을 구하시오. (단, a는 상수이다.)

Ⅲ 적분

08 정적분의 활용

08-1 곡선과 x축 사이의 넓이[1]   [유형 1, 5]

함수 $f(x)$가 닫힌구간 $[a, b]$에서 연속일 때, 곡선 $y=f(x)$와 x축 및 두 직선 $x=a$, $x=b$로 둘러싸인 도형의 넓이 S는

$$S=\int_a^b |f(x)|\,dx$$

참고 함수 $f(x)$가 닫힌구간 $[a, b]$에서 양의 값과 음의 값을 모두 가질 때는 $f(x)$의 값이 양수인 구간과 음수인 구간으로 나누어 넓이를 구한다.

❶ 포물선 $y=a(x-\alpha)(x-\beta)$ $(a\neq0,\ \alpha<\beta)$와 x축으로 둘러싸인 도형의 넓이 S는

$$S=\int_\alpha^\beta |a(x-\alpha)(x-\beta)|\,dx$$
$$=\frac{|a|(\beta-\alpha)^3}{6}$$

08-2 두 곡선 사이의 넓이[2]   [유형 2~9]

두 함수 $f(x)$, $g(x)$가 닫힌구간 $[a, b]$에서 연속일 때, 두 곡선 $y=f(x)$, $y=g(x)$ 및 두 직선 $x=a$, $x=b$로 둘러싸인 도형의 넓이 S는

$$S=\int_a^b |f(x)-g(x)|\,dx$$

→ (위쪽에 있는 곡선의 식) − (아래쪽에 있는 곡선의 식)

참고 닫힌구간 $[a, b]$에서 두 함수 $f(x)$와 $g(x)$의 값의 대소 관계가 바뀔 때는 $f(x)-g(x)$의 값이 양수인 구간과 음수인 구간으로 나누어 넓이를 구한다.

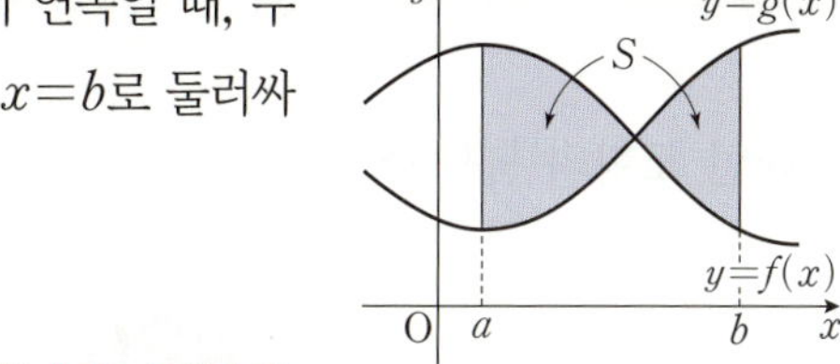

❷ 함수 $y=f(x)$와 그 역함수 $y=f^{-1}(x)$의 그래프로 둘러싸인 도형의 넓이 S는

$$S=\int_a^b |f(x)-f^{-1}(x)|\,dx$$
$$=2\int_a^b |x-f(x)|\,dx$$

08-3 속도와 거리   [유형 10, 11]

수직선 위를 움직이는 점 P의 시각 t에서의 속도가 $v(t)$이고 시각 $t=a$에서 점 P의 위치가 x_0일 때,

(1) 시각 t에서의 점 P의 위치 x는

$$x=x_0+\int_a^t v(s)\,ds \quad\rightarrow\ \text{(출발 위치)} + \text{(위치의 변화량)}$$

(2) 시각 $t=a$에서 $t=b$까지 점 P의 위치의 변화량은

$$\int_a^b v(t)\,dt$$

(3) 시각 $t=a$에서 $t=b$까지 점 P가 움직인 거리 s는

$$s=\int_a^b |v(t)|\,dt \quad\rightarrow\ \text{곡선 } y=v(t)\text{와 } t\text{축 및 두 직선 } t=a, t=b\text{로 둘러싸인 도형의 넓이}$$

참고 수직선 위를 움직이는 점 P의 시각 t에서의 속도가 $v(t)$일 때,
① $v(t)>0$이면 점 P는 양의 방향으로 움직인다.
② $v(t)<0$이면 점 P는 음의 방향으로 움직인다.

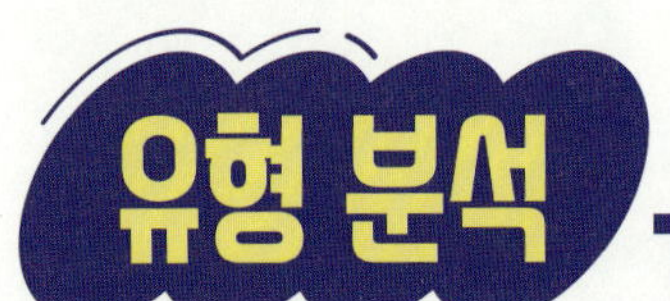

시험에서 출제율이 70 % 이상인 문제를 엄선하여 수록하였습니다.

422 ⭐중요

곡선 $y=2x^3-6x^2+4x$와 x축으로 둘러싸인 도형의 넓이는?

① $\dfrac{1}{2}$ ② 1 ③ $\dfrac{3}{2}$

④ 2 ⑤ $\dfrac{5}{2}$

423

곡선 $y=-x^2+a^2$과 x축으로 둘러싸인 도형의 넓이가 36일 때, 양수 a의 값은?

① 1 ② 2 ③ 3

④ 4 ⑤ 5

424

오른쪽 그림과 같이 곡선 $y=f(x)$와 x축으로 둘러싸인 두 도형의 넓이를 각각 S_1, S_2라 하자. $S_1=4$, $S_2=12$일 때, 정적분 $\displaystyle\int_{-2}^{3}\{f(x)-1\}dx$의 값을 구하시오.

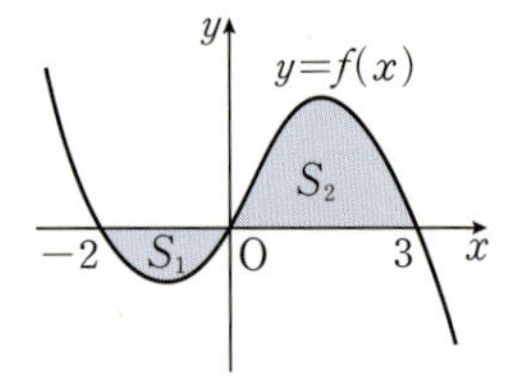

425

곡선 $y=x^2-2|x|-3$과 x축으로 둘러싸인 도형의 넓이는?

① 12 ② 14 ③ 16

④ 18 ⑤ 20

426

다항함수 $f(x)$가 모든 실수 x에 대하여
$$\int_{1}^{x}(x-t)f(t)dt=-\frac{1}{4}x^4+kx^3-\frac{1}{12}$$
을 만족시킬 때, 곡선 $y=f(x)$와 x축 및 직선 $x=1$로 둘러싸인 도형의 넓이를 구하시오. (단, k는 상수이다.)

427 실력 UP

자연수 n에 대하여 곡선 $y=x\left(x-\dfrac{1}{n}\right)^2$과 x축 및 직선

$x=\dfrac{2}{n}$로 둘러싸인 도형의 넓이를 S_n이라 할 때,

$\displaystyle\lim_{n\to\infty}(9n^4+5n^3)S_n$의 값을 구하시오.

유형 **2** 곡선과 직선 사이의 넓이 [개념 08-2]

428

곡선 $y=-x^2+6$과 직선 $y=2x+3$으로 둘러싸인 도형의 넓이를 구하시오.

429 중요

곡선 $y=x^3-3x^2+x+1$과 직선 $y=-x+1$로 둘러싸인 도형의 넓이를 구하시오.

430

1보다 큰 자연수 n에 대하여 오른쪽 그림과 같이 $x\geq0$에서 곡선 $y=x^n$과 y축 및 직선 $y=1$로 둘러싸인 도형의 넓이를 S_n이라 하자.
$S_2\times S_3\times\cdots\times S_{100}$의 값을 구하시오.

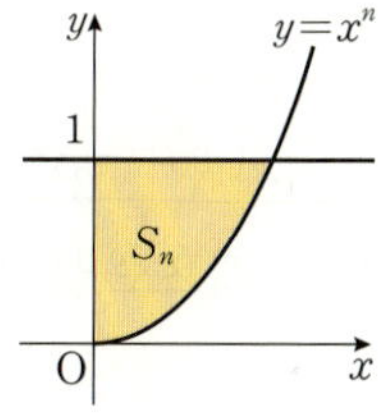

431

곡선 $y=2x|x-1|$과 직선 $y=2x$로 둘러싸인 도형의 넓이는?

① 2 ② $\dfrac{7}{3}$ ③ $\dfrac{8}{3}$

④ 3 ⑤ $\dfrac{10}{3}$

432

두 함수
$$f(x)=\frac{1}{3}x(4-x),\ g(x)=|x-1|-1$$
의 그래프로 둘러싸인 부분의 넓이를 구하시오.

433 ⭐중요

두 곡선 $y=-x^3+2x^2,\ y=x^2-2x$로 둘러싸인 도형의 넓이는?

① 3 　② $\dfrac{37}{12}$ 　③ $\dfrac{19}{6}$

④ $\dfrac{13}{4}$ 　⑤ $\dfrac{10}{3}$

434 평가원 기출

함수 $f(x)=x^2-2x$에 대하여 두 곡선 $y=f(x)$, $y=-f(x-1)-1$로 둘러싸인 부분의 넓이는?

① $\dfrac{1}{6}$ 　② $\dfrac{1}{4}$ 　③ $\dfrac{1}{3}$

④ $\dfrac{5}{12}$ 　⑤ $\dfrac{1}{2}$

435

두 다항함수 $f(x),\ g(x)$가
$$f(x)\geq g(x)\geq 0,\ \int_0^3 g(x)dx=15$$
를 만족시킨다. 두 곡선 $y=f(x)$, $y=g(x)$ 및 두 직선 $x=0$, $x=t\ (t>0)$로 둘러싸인 도형의 넓이가 t^3+3t^2일 때, 곡선 $y=f(x)$와 x축 및 두 직선 $x=0$, $x=3$으로 둘러싸인 도형의 넓이를 구하시오.

436

다항함수 $f(x)$와 그 부정적분 $F(x)$에 대하여
$$F(x)=x^2+1-f(x)$$
가 성립할 때, 두 곡선 $y=F(x)$, $y=2x^2-4x$로 둘러싸인 도형의 넓이를 구하시오.

437

곡선 $y=x^3-x^2-2x$ 위의 점 $(1, -2)$에서의 접선과 이 곡선으로 둘러싸인 도형의 넓이를 구하시오.

438 교육청 기출

그림과 같이 곡선 $y=x^2-4x+6$ 위의 점 $A(3, 3)$에서의 접선을 l이라 할 때, 곡선 $y=x^2-4x+6$과 직선 l 및 y축으로 둘러싸인 부분의 넓이는?

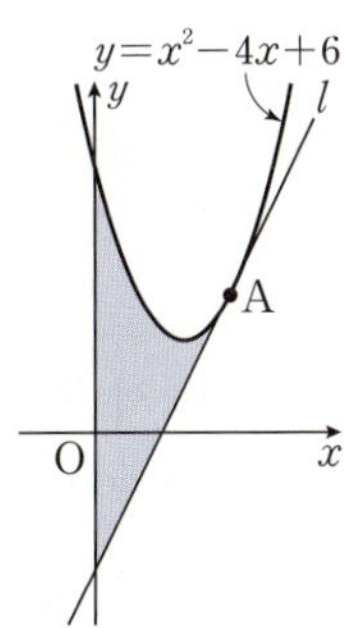

① $\dfrac{26}{3}$ ② 9 ③ $\dfrac{28}{3}$

④ $\dfrac{29}{3}$ ⑤ 10

439 실력 UP

점 $\left(\dfrac{1}{2}, 2\right)$에서 곡선 $y=-x^2$에 그은 두 접선과 이 곡선으로 둘러싸인 도형의 넓이를 구하시오.

440 중요

오른쪽 그림과 같이 곡선 $y=x^2-2x$와 x축으로 둘러싸인 도형의 넓이를 S_1, 이 곡선과 x축 및 직선 $x=t$ $(t>2)$로 둘러싸인 도형의 넓이를 S_2라 하자. $S_1=S_2$일 때, 상수 t의 값을 구하시오.

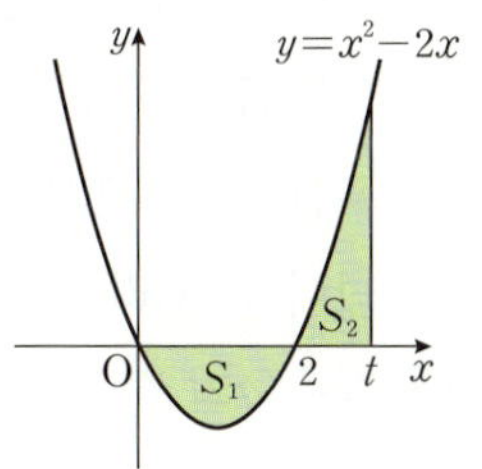

441

두 곡선 $y=x^2(x-a)$, $y=2x(x-a)$로 둘러싸인 두 도형의 넓이가 서로 같을 때, 상수 a의 값은? (단, $a>2$)

① $\dfrac{5}{2}$ ② 3 ③ $\dfrac{7}{2}$

④ 4 ⑤ $\dfrac{9}{2}$

442

오른쪽 그림과 같이 곡선
$y=(x-1)(x-a)$와 x축 및 y축
으로 둘러싸인 도형의 넓이를 S_1,
이 곡선과 x축으로 둘러싸인 도형
의 넓이를 S_2라 하자. $S_2=2S_1$일
때, 상수 a의 값을 구하시오.

(단, $a>1$)

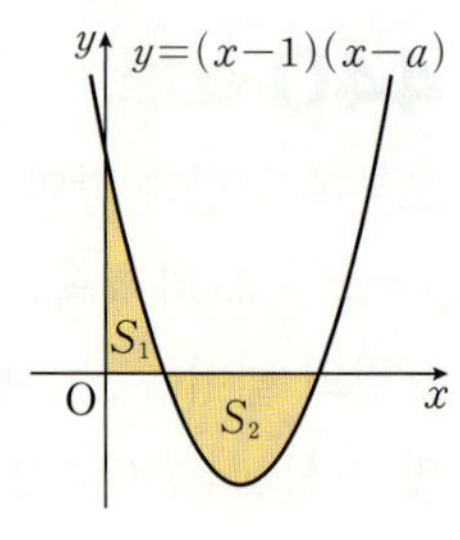

443 교육청 기출 실력 UP

최고차항의 계수가 1인 사차함수 $f(x)$에 대하여 곡선
$y=f(x)$와 직선 $y=\dfrac{1}{2}x$가 원점 O에서 접하고 x좌표
가 양수인 두 점 A, B $(\overline{OA}<\overline{OB})$에서 만난다. 곡선
$y=f(x)$와 선분 OA로 둘러싸인 영역의 넓이를 S_1, 곡
선 $y=f(x)$와 선분 AB로 둘러싸인 영역의 넓이를 S_2라
하자. $\overline{AB}=\sqrt{5}$이고 $S_1=S_2$일 때, $f(1)$의 값은?

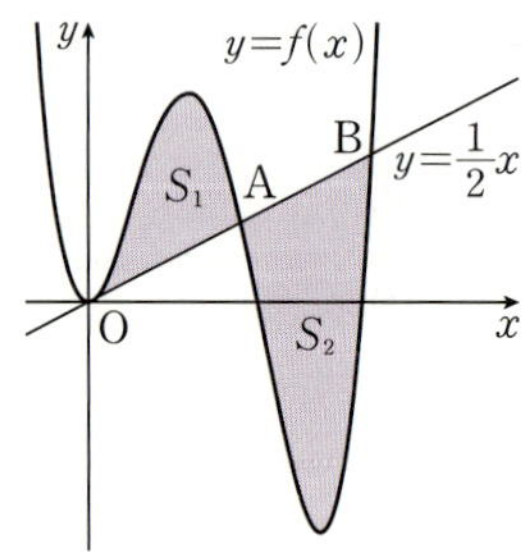

① $\dfrac{9}{2}$ ② $\dfrac{11}{2}$ ③ $\dfrac{13}{2}$

④ $\dfrac{15}{2}$ ⑤ $\dfrac{17}{2}$

---

444 수능 기출

곡선 $y=x^2-5x$와 직선 $y=x$로 둘러싸인 부분의 넓이를
직선 $x=k$가 이등분할 때, 상수 k의 값은?

① 3   ② $\dfrac{13}{4}$ ③ $\dfrac{7}{2}$

④ $\dfrac{15}{4}$ ⑤ 4

445

다음 그림과 같이 $0\leq x\leq1$에서 곡선
$y=x(x-1)(x-2)$와 x축으로 둘러싸인 도형의 넓이를
곡선 $y=ax(x-1)$이 이등분할 때, 상수 a의 값은?

(단, $a<0$)

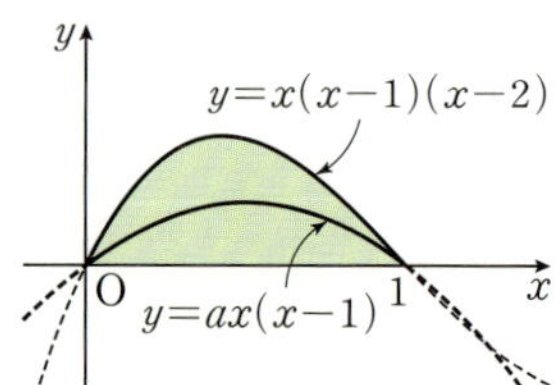

① $-\dfrac{5}{4}$ ② $-\dfrac{9}{8}$ ③ -1

④ $-\dfrac{7}{8}$ ⑤ $-\dfrac{3}{4}$

446

곡선 $y=x^2$과 직선 $y=3x+4$로 둘러싸인 도형의 넓이를 직선 $x=a$가 이등분할 때, 실수 a의 값을 구하시오.

두 곡선 사이의 넓이의 활용 ; 넓이의 최솟값 [개념 08-2]

447

양수 k에 대하여 두 곡선 $y=\dfrac{1}{4k}x^3$, $y=-9kx^3$과 직선 $x=1$로 둘러싸인 도형의 넓이의 최솟값을 구하시오.

448

곡선 $y=x^2-2nx$와 직선 $y=nx$로 둘러싸인 도형의 넓이를 S_n이라 할 때, $S_n>45$를 만족시키는 자연수 n의 최솟값은?

① 2   ② 3   ③ 4
④ 5   ⑤ 6

449

$x \geq 0$일 때, 곡선 $y=x^3-a^2x$와 x축 및 직선 $x=2$로 둘러싸인 도형의 넓이가 최소가 되도록 하는 상수 a의 값은? (단, $0<a<2$)

① $\dfrac{\sqrt{2}}{2}$ ② 1   ③ $\sqrt{2}$
④ $\sqrt{3}$ ⑤ 2

450 실력 UP

곡선 $y=x^2$과 점 $(1, 2)$를 지나고 기울기가 m인 직선으로 둘러싸인 도형의 넓이의 최솟값은?

① 1   ② $\dfrac{4}{3}$ ③ $\dfrac{5}{3}$
④ 2   ⑤ $\dfrac{7}{3}$

451

오른쪽 그림과 같이 함수 $y=f(x)$ $(x\geq0)$의 그래프와 그 역함수 $y=g(x)$의 그래프가 두 점 $(0, 0)$, $(4, 4)$에서 만난다. $\int_0^4 f(x)dx=5$ 일 때, 두 곡선 $y=f(x)$, $y=g(x)$ 로 둘러싸인 도형의 넓이는?

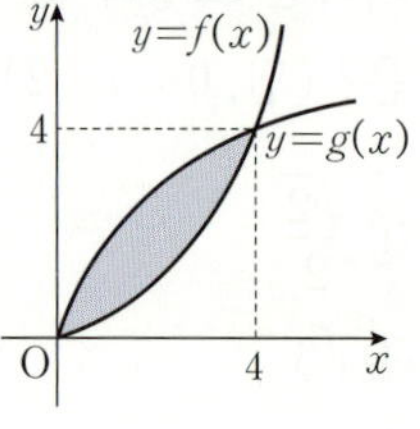

① $\dfrac{9}{2}$ ② 5 ③ $\dfrac{11}{2}$

④ 6 ⑤ $\dfrac{13}{2}$

452

함수 $f(x)=x^3-2x^2+2x$의 역함수를 $g(x)$라 할 때, 두 곡선 $y=f(x)$, $y=g(x)$로 둘러싸인 도형의 넓이는?

① $\dfrac{1}{12}$ ② $\dfrac{1}{9}$ ③ $\dfrac{1}{6}$

④ $\dfrac{1}{3}$ ⑤ $\dfrac{1}{2}$

453 ⭐중요

함수 $f(x)=x^2+2 \ (x\geq0)$의 역함수를 $g(x)$라 할 때, 정적분 $\int_0^2 f(x)dx+\int_2^6 g(x)dx$의 값을 구하시오.

454

함수 $f(x)=x^3+x$의 역함수를 $g(x)$라 할 때, 정적분 $\int_2^{10} g(x)dx$의 값은?

① $\dfrac{45}{4}$ ② $\dfrac{47}{4}$ ③ $\dfrac{49}{4}$

④ $\dfrac{51}{4}$ ⑤ $\dfrac{53}{4}$

455

함수 $f(x)=\sqrt{x-4}$의 역함수를 $g(x)$라 할 때, 정적분 $\int_0^4 g(x)dx+\int_4^{20} f(x)dx$의 값을 구하시오.

유형 10　위치와 움직인 거리　　[개념 08-3]

456

직선 궤도를 24 m/s의 속도로 달리는 열차가 있다. 이 열차에 제동을 건 지 t초 후의 속도가 $v(t)=24-3t$ (m/s)일 때, 제동을 건 후 열차가 정지할 때까지 달린 거리는?

① 92 m　　　　② 94 m　　　　③ 96 m

④ 98 m　　　　⑤ 100 m

457

원점을 출발하여 수직선 위를 움직이는 점 P의 시각 t에서의 속도가 $v(t)=-t^2+2t$일 때, 점 P의 운동 방향이 처음으로 바뀌는 시각에서의 점 P의 위치를 구하시오.

458 ⭐중요

원점을 출발하여 수직선 위를 움직이는 점 P의 시각 t에서의 속도가

$$v(t)=\begin{cases} -3t^2 & (0\le t\le 2) \\ a(t-2)-12 & (t\ge 2) \end{cases}$$

이다. 점 P가 출발한 후 $t=6$일 때 다시 원점을 지난다고 할 때, 상수 a의 값은?

① 5　　　　② 6　　　　③ 7

④ 8　　　　⑤ 9

459　평가원 기출

수직선 위의 점 A(6)과 시각 $t=0$일 때 원점을 출발하여 이 수직선 위를 움직이는 점 P가 있다. 시각 t $(t\ge 0)$에서의 점 P의 속도 $v(t)$를

$$v(t)=3t^2+at \ (a>0)$$

이라 하자. 시각 $t=2$에서 점 P와 점 A 사이의 거리가 10일 때, 상수 a의 값은?

① 1　　　　② 2　　　　③ 3

④ 4　　　　⑤ 5

460

원점을 출발하여 수직선 위를 움직이는 점 P의 시각 t에서의 속도가 $v(t)=t^2-5t+6$일 때, 점 P가 처음에 출발한 방향의 반대 방향으로 움직인 거리를 구하시오.

461

원점을 출발하여 수직선 위를 움직이는 점 P의 시각 t에서의 속도가 $v(t)=-\dfrac{1}{2}t^2+2t$일 때, 옳은 것만을 |보기|에서 있는 대로 고른 것은?

> |보기|
>
> ㄱ. 점 P는 $t=4$일 때 원점으로 되돌아온다.
>
> ㄴ. 점 P는 $t=2$일 때 운동 방향을 바꾼다.
>
> ㄷ. $t=0$에서 $t=5$까지 점 P가 움직인 거리는 $\dfrac{13}{2}$이다.

① ㄱ   ② ㄴ   ③ ㄷ

④ ㄱ, ㄴ   ⑤ ㄴ, ㄷ

462

원점을 동시에 출발하여 수직선 위를 움직이는 두 점 P, Q의 시각 t $(t\geq0)$에서의 속도가 각각

$$3t^2+6t-6,\ 10t-6$$

이다. 출발한 후 두 점 P, Q가 $t=a$에서 다시 만날 때, 상수 a의 값은?

① 1   ② $\dfrac{3}{2}$ ③ 2

④ $\dfrac{5}{2}$ ⑤ 3

463 실력 UP

원점을 동시에 출발하여 수직선 위를 움직이는 두 점 P, Q의 시각 t $(t\geq0)$에서의 속도가 각각

$$v_P(t)=3t^2+t,\ v_Q(t)=2t^2+3t$$

이다. 출발한 후 두 점 P, Q의 속도가 같아지는 순간 두 점 P, Q 사이의 거리를 a라 할 때, $9a$의 값을 구하시오.

464

원점을 출발하여 수직선 위를 움직이는 점 P의 시각 t에서의 속도 $v(t)$의 그래프가 오른쪽 그림과 같다. $t=7$에서의 점 P의 위치는?

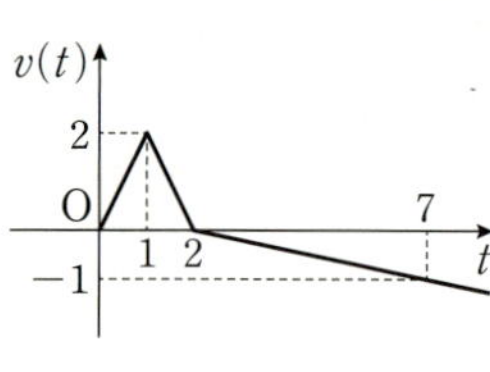

① -1 ② $-\dfrac{1}{2}$ ③ $\dfrac{1}{2}$

④ $\dfrac{3}{2}$ ⑤ $\dfrac{9}{2}$

465

원점을 출발하여 수직선 위를 움직이는 점 P의 시각 t에서의 속도 $v(t)$의 그래프가 오른쪽 그림과 같다. $t=8$에서의 점 P의 위치가 18일 때, $t=0$에서 $t=15$까지 점 P가 움직인 거리를 구하시오.

(단, $a>0$)

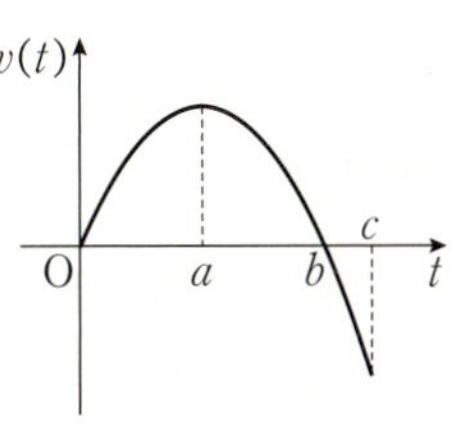

466

원점을 출발하여 수직선 위를 움직이는 점 P의 시각 t에서의 속도 $v(t)$ $(0\leq t\leq c)$의 그래프가 오른쪽 그림과 같다. 옳은 것만을 | 보기 |에서 있는 대로 고른 것은?

┌ 보기 ├─────────────
ㄱ. $t=a$에서 $t=c$까지 점 P가 움직인 거리는 $\displaystyle\int_a^c v(t)dt$이다.

ㄴ. $\displaystyle\int_0^c v(t)dt=0$이면 $t=c$일 때 점 P는 원점에 있다.

ㄷ. $t=a$일 때 점 P는 순간적으로 정지 상태에 있다.
└──────────────────

① ㄱ   ② ㄴ   ③ ㄱ, ㄷ

④ ㄴ, ㄷ   ⑤ ㄱ, ㄴ, ㄷ

467 ⭐중요

원점을 출발하여 수직선 위를 움직이는 점 P의 시각 t에서의 속도 $v(t)$ $(0\leq t\leq 7)$의 그래프가 오른쪽 그림과 같다. 옳은 것만을 | 보기 |에서 있는 대로 고른 것은?

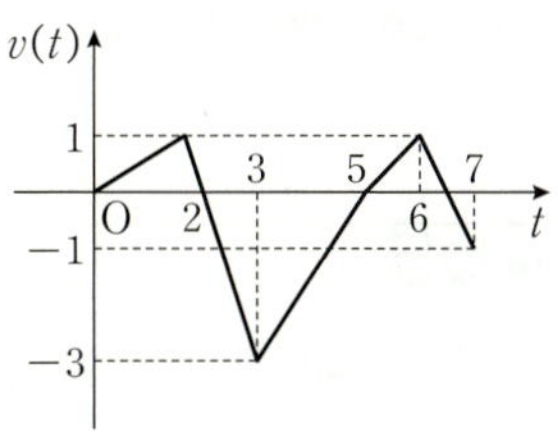

┌ 보기 ├─────────────
ㄱ. 점 P는 출발 후 운동 방향을 3번 바꾼다.

ㄴ. $t=3$일 때 점 P의 속력이 가장 크다.

ㄷ. $t=7$일 때 점 P는 원점으로부터 가장 멀리 떨어져 있다.
└──────────────────

① ㄱ   ② ㄴ   ③ ㄱ, ㄴ

④ ㄴ, ㄷ   ⑤ ㄱ, ㄴ, ㄷ

468

원점을 출발하여 수직선 위를 움직이는 점 P의 시각 t에서의 속도 $v(t)$의 그래프가 오른쪽 그림과 같다. 점 P가 $t=4$에서 다시 원점을 지나고 $\displaystyle\int_0^a v(t)dt=16$, $\displaystyle\int_a^5 v(t)dt=9$일 때, $t=0$에서 $t=5$까지 점 P가 움직인 거리를 구하시오. (단, $0<a<4$)

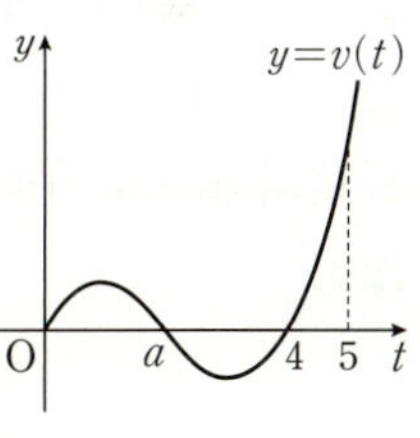

시험에서 출제율이 높은 서술형 문제를 엄선하여 수록하였습니다.

469

곡선 $y=2x^3$과 x축 및 두 직선 $x=-2$, $x=k$로 둘러싸인 도형의 넓이가 $\dfrac{25}{2}$일 때, 양수 k의 값을 구하시오.

[풀이]

470

곡선 $y=x^2$을 x축에 대하여 대칭이동한 후 x축의 방향으로 -2만큼, y축의 방향으로 10만큼 평행이동한 곡선을 $y=f(x)$라 하자. 두 곡선 $y=x^2$, $y=f(x)$로 둘러싸인 도형의 넓이를 구하시오.

[풀이]

471

곡선 $y=x^2-4x$와 x축으로 둘러싸인 도형의 넓이가 직선 $y=ax$에 의하여 이등분될 때, 상수 a에 대하여 $(a+4)^3$의 값을 구하시오.

[풀이]

472

지면으로부터 10 m의 높이에서 처음 속도 20 m/s로 똑바로 위로 쏘아 올린 물체의 t초 후의 속도가 $v(t)=20-10t$ (m/s)일 때, 다음 물음에 답하시오.

⑴ 물체를 쏘아 올린 지 3초 후의 지면으로부터 물체의 높이를 구하시오.

[풀이]

⑵ 물체를 쏘아 올린 후 3초 동안 물체가 움직인 거리를 구하시오.

[풀이]

⑶ 물체가 최고 지점에 도달했을 때의 지면으로부터의 높이를 구하시오.

[풀이]

1등급 실력 완성

출제율이 높은 문제 중 1등급을 결정하는 고난도 문제를 수록하였습니다.

473

오른쪽 그림과 같이 x축과 서로 다른 세 점 $(a, 0)$, $(0, 0)$, $(b, 0)$에서 만나는 삼차함수 $y=f(x)$의 그래프와 x축 및 직선 $x=c$로 둘러싸인 세 도형의 넓이를 각각 A, B, C라 하자.

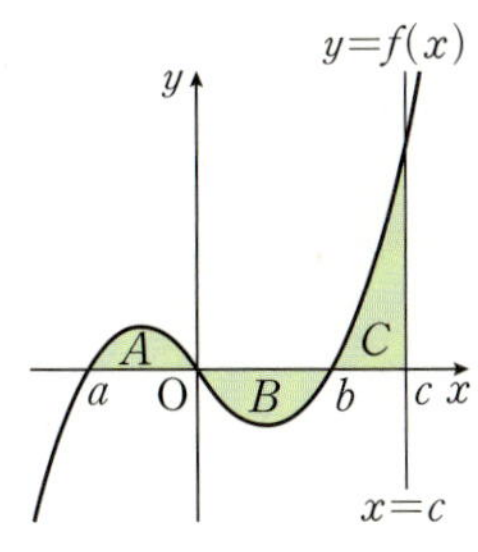

$A:B:C=2:3:4$이고, $\int_a^b f(x)dx=-6$일 때, 옳은 것만을 | 보기 |에서 있는 대로 고른 것은? (단, $a<b<c$)

┌─ 보기 ┐

ㄱ. $B=18$ ㄴ. $\int_0^c f(x)dx=6$

ㄷ. $\int_a^c f(x)dx=12$

① ㄱ ② ㄴ ③ ㄷ

④ ㄱ, ㄴ ⑤ ㄱ, ㄴ, ㄷ

474

함수 $f(x)=x^3-12x$에 대하여 곡선 $y=|f(x)|$와 직선 $y=k$가 서로 다른 네 점에서 만날 때, 곡선 $y=|f(x)|$와 직선 $y=k$로 둘러싸인 도형의 넓이를 구하시오.

(단, k는 상수이다.)

475 교육청 기출

실수 $t\left(\sqrt{3}<t<\dfrac{13}{4}\right)$에 대하여 두 함수

$$f(x)=|x^2-3|-2x,\quad g(x)=-x+t$$

의 그래프가 만나는 서로 다른 네 점의 x좌표를 작은 수부터 크기순으로 x_1, x_2, x_3, x_4라 하자. $x_4-x_1=5$일 때, 닫힌구간 $[x_3, x_4]$에서 두 함수 $y=f(x)$, $y=g(x)$의 그래프로 둘러싸인 부분의 넓이는 $p-q\sqrt{3}$이다. $p\times q$의 값을 구하시오. (단, p, q는 유리수이다.)

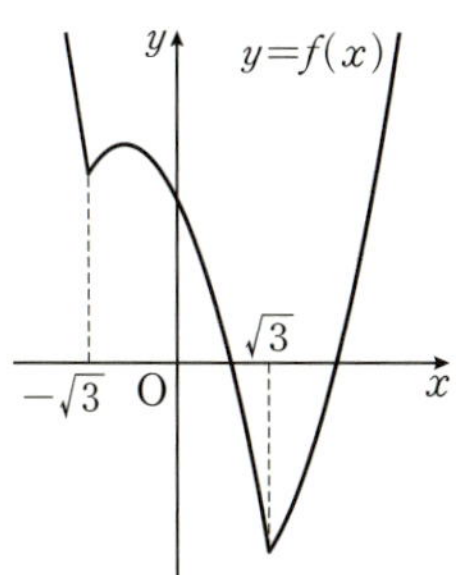

476

곡선 $y=x^2$ 위의 점 (a, a^2)에서의 접선을 l이라 하자. 자연수 n에 대하여 곡선 $y=x^2-n^2$과 직선 l로 둘러싸인 도형의 넓이를 S_n이라 할 때, $\displaystyle\lim_{n\to\infty}\dfrac{S_n}{n^3-1}$의 값을 구하시오.

(단, $a>0$)

477

두 함수 $f(x)=x^2$, $g(x)=2x^4+a$에 대하여 두 곡선 $y=f(x)$, $y=g(x)$가 $x=t$에서 같은 직선에 접할 때, 두 곡선 $y=f(x)$, $y=g(x)$로 둘러싸인 도형의 넓이는?

(단, $a>0$)

① $\dfrac{1}{15}$ 　　② $\dfrac{2}{15}$ 　　③ $\dfrac{1}{5}$

④ $\dfrac{4}{15}$ 　　⑤ $\dfrac{1}{3}$

478

오른쪽 그림과 같이 함수 $f(x)=-(x+1)^3+8$의 그래프가 x축과 만나는 점을 A라 하고, 점 A를 지나고 x축에 수직인 직선을 l이라 하자. 곡선 $y=f(x)$와 y축 및 직선 $y=k$로 둘러싸인 도형의 넓이를 S_1, 곡선 $y=f(x)$와 직선 l 및 직선 $y=k$로 둘러싸인 도형의 넓이를 S_2라 할 때, $S_1=S_2$이다. 상수 k의 값은? (단, $0<k<7$)

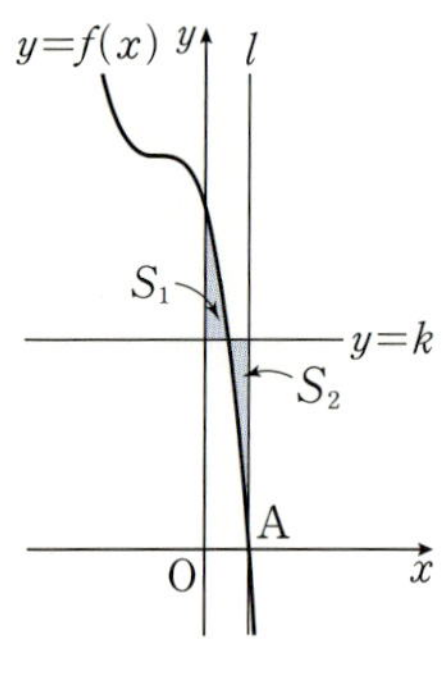

① 4 　　② $\dfrac{17}{4}$ 　　③ $\dfrac{9}{2}$

④ $\dfrac{19}{4}$ 　　⑤ 5

479

두 곡선 $y=2x^2-2x+1$, $y=-x^2+4x-3$ 및 두 직선 $x=m$, $x=m+1$로 둘러싸인 도형의 넓이가 최소가 되도록 하는 상수 m의 값을 구하시오.

480

최고차항의 계수가 1인 삼차함수 $f(x)$가 $x=2$에서 극댓값을 갖고, $x=a$에서 극솟값을 갖는다. 점 $(a, f(a))$에서의 접선이 함수 $y=f(x)$의 그래프와 만나는 점 중에서 점 $(a, f(a))$가 아닌 점을 $(b, f(b))$라 하자. $b\leq-1$일 때, 함수 $y=f'(x)$의 그래프와 직선 $x=b$ 및 x축으로 둘러싸인 도형의 넓이의 최솟값은?

① 104 　　② 106 　　③ 108

④ 110 　　⑤ 112

481

곡선 $y=ax^2-a^2x$와 직선 $y=2x$로 둘러싸인 도형의 넓이를 $S(a)$라 할 때, $\dfrac{S(a)}{a}$의 최솟값은? (단, $a>0$)

① $\dfrac{4\sqrt{2}}{27}$ ② $\dfrac{2\sqrt{2}}{9}$ ③ $\dfrac{4\sqrt{2}}{9}$

④ $\dfrac{4\sqrt{2}}{3}$ ⑤ $\dfrac{8\sqrt{2}}{3}$

482

함수 $f(x)=x^3+3x^2+4x+1$의 역함수를 $g(x)$라 할 때, 두 곡선 $y=f(x)$, $y=g(x)$와 직선 $y=-x+1$로 둘러싸인 도형의 넓이를 구하시오.

483

원점을 동시에 출발하여 수직선 위를 움직이는 두 점 P, Q가 있다. 출발한 지 t초 후의 두 점 P, Q의 속도가 각각
$$v_P(t)=-2t+4,\ v_Q(t)=2t-4$$
일 때, 원점을 출발한 후 다시 만날 때까지 두 점 P, Q 사이의 거리의 최댓값은?

① 4   ② 5   ③ 6

④ 7   ⑤ 8

484 교육청 기출

실수 m에 대하여 수직선 위를 움직이는 두 점 P, Q의 시각 t $(t\geq0)$에서의 속도를 각각
$$v_1(t)=3t^2+1,\ v_2(t)=mt-4$$
라 하자. 시각 $t=0$에서 $t=2$까지 두 점 P, Q가 움직인 거리가 같도록 하는 모든 m의 값의 합은?

① 3   ② 4   ③ 5

④ 6   ⑤ 7

도전 1등급 최고난도

1등급을 결정하는 문제 중 최고난도 문제를 수록하였습니다.

485

오른쪽 그림과 같이 두 곡선
$$y=x^2(x-1),$$
$$y=a(x-1)(x-b)$$
가 점 $(1, 0)$에서 같은 직선에
접한다. 각 곡선과 x축으로 둘
러싸인 두 도형의 넓이가 서로 같을 때, 상수 a, b에 대하
여 $a^2+(b-1)^2$의 값은? (단, $a<0$, $b>1$)

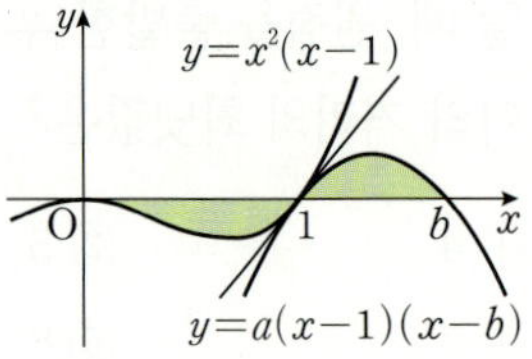

① $\dfrac{1}{2}$ ② 1 ③ $\dfrac{3}{2}$

④ 2 ⑤ $\dfrac{5}{2}$

486 평가원 기출

상수 k $(k<0)$에 대하여 두 함수
$$f(x)=x^3+x^2-x,\ g(x)=4|x|+k$$
의 그래프가 만나는 점의 개수가 2일 때, 두 함수의 그래
프로 둘러싸인 부분의 넓이를 S라 하자. $30\times S$의 값을
구하시오.

487

직선 위를 움직이는 두 점 P, Q의 시각 t에서의 속도가
각각
$$v_P(t)=6t^2-8t+14 \text{ (cm/s)},$$
$$v_Q(t)=3t^2+4t+5 \text{ (cm/s)}$$
이다. 점 Q가 점 P보다 3 cm 앞선 위치에서 점 P와 동
시에 출발하였을 때, 출발하여 4초 동안 두 점 P, Q가 만
나는 횟수를 구하시오.

01 함수의 극한

001 ①　002 ④　003 ㄱ, ㄴ　004 ①
005 ④　006 ⑤　007 5　008 3
009 ③　010 16　011 $\frac{3}{4}$　012 3
013 ②　014 ④　015 24　016 ⑤
017 ②　018 -2　019 ②　020 ②
021 ②　022 1　023 ③　024 ②
025 -1　026 0　027 -5　028 ①
029 4　030 ④　031 ④　032 ④
033 4　034 ⑤　035 ④　036 ①
037 4　038 ②　039 2　040 4
041 (1) 1　(2) 4　042 2　043 10
044 ③　045 ④　046 ②　047 ⑤
048 ⑤　049 48　050 ②　051 ③
052 16　053 ①　054 ④　055 $\frac{1}{16}$
056 20　057 14　058 ②

02 함수의 연속

059 ③　060 ㄱ, ㄷ　061 ①　062 4
063 ④　064 ⑤　065 3　066 ③
067 ④　068 ③　069 -1　070 11
071 ⑤　072 12　073 ⑤　074 ⑤
075 3　076 ④　077 1　078 ②
079 ③　080 ①　081 ①　082 ②
083 ④　084 ④　085 11　086 ②
087 12　088 ④　089 3　090 ②
091 ④　092 3
093 (1) $a=-2,\ b=1$　(2) 1　094 6
095 $0<a<8$　　096 $0<a<2$
097 ①　098 -1　099 1　100 ④
101 ②　102 ②　103 9　104 ③
105 ③　106 5　107 ①

03 미분계수와 도함수

108 ②　109 ②　110 2　111 -1
112 ①　113 ④　114 ⑤　115 3
116 -10　117 ③　118 ⑤　119 ②
120 3　121 5　122 ④　123 15
124 ④　125 ②　126 ②　127 3
128 ㄱ, ㄴ　129 ④　130 ④　131 ②
132 2　133 ④　134 ③　135 ①
136 ①　137 ②　138 ①　139 ③
140 ④　141 ①　142 9　143 1
144 ①　145 ④　146 ④　147 4
148 ②　149 ⑤　150 $-18,\ 18$
151 ②　152 3　153 (1) 0　(2) 4
154 -1　155 9　156 ③　157 ③
158 ④　159 ②　160 ②　161 -81
162 ②　163 ④　164 ⑤　165 10
166 ①　167 ①　168 ⑤　169 ③

04 도함수의 활용 (1)

170 ②　171 15　172 ②　173 ①
174 5　175 ③　176 $3\sqrt{10}$　177 ③
178 32　179 (1, 2)　180 ②　181 4
182 ①　183 4　184 ②　185 ②
186 2　187 ③　188 ④　189 ②
190 5　191 $-\frac{4}{3}$　192 ②　193 ②
194 4　195 ④　196 10　197 4
198 ①　199 ④　200 ⑤　201 ①
202 ④　203 ①　204 33　205 6
206 ④　207 $k\le-9$　208 ③　209 ①
210 11　211 ②　212 41　213 -3
214 ④　215 ⑤　216 ②　217 ②
218 ⑤　219 12　220 ②　221 ②
222 -2　223 ②　224 -4　225 4
226 -108　227 (1) $a=3,\ b=9$　(2) -15
228 ②　229 ④　230 8　231 $\sqrt{15}\pi$
232 ⑤　233 5　234 ②　235 ①
236 ②　237 11　238 32　239 ⑤
240 -15　241 ①　242 ③　243 97
244 23　245 ③

05 도함수의 활용 (2)

246 ②　247 ③　248 -13　249 ③
250 20　251 6　252 $\frac{16}{9}$　253 12
254 ②　255 ④　256 ②　257 ①
258 $\frac{5}{3}$ cm　259 ④　260 96π　261 22
262 ②　263 ④　264 28
265 $-4<k<4$　266 ④　267 7
268 $8<k<13$　269 ④　270 ②
271 $a>\frac{1}{16}$　272 8　273 ⑤　274 ⑤
275 ①　276 ②　277 18　278 8
279 22　280 ①　281 ①　282 ②
283 405 m　284 ③　285 ⑤　286 ④
287 22　288 ④　289 ④　290 7
291 (1) 최댓값: 10, 최솟값: 1　(2) 9　292 $-2,\ 30$
293 -5　294 6　295 4　296 ②
297 ③　298 ⑤　299 21　300 ③
301 1　302 ③　303 80　304 ⑤
305 ②　306 ⑤

06 부정적분

307 ①　308 7　309 ①　310 ⑤
311 -1　312 ⑤　313 50　314 3
315 ②　316 -1　317 ②　318 ④
319 ①　320 ④　321 ②　322 8
323 9　324 $f(x)=4x^3+6x^2-7$　325 ②
326 ③　327 -7　328 ①　329 ②
330 ②　331 1　332 ②　333 ①
334 -9　335 ⑤　336 9　337 28
338 (1) $f'(x)=x^2+3$　(2) $f(x)=\frac{1}{3}x^3+3x$
339 2　340 9　341 ②　342 ⑤
343 $-\frac{1}{1000}$　344 ①　345 ①
346 ③　347 ②　348 -5　349 ②
350 -11　351 25

07 정적분

352 ④　353 ①　354 ④　355 -2
356 67　357 ④
358 $f(x)=x^3+3x^2-4x+3$　359 ⑤
360 0　361 ④　362 38　363 23
364 ④　365 20　366 ③　367 ②
368 ④　369 15　370 ⑤　371 ②
372 3　373 ②　374 ②　375 7
376 ④　377 ③　378 ②　379 ⑤
380 ②　381 ①　382 7　383 ②
384 -2　385 ⑤　386 ②　387 ②
388 ④　389 ②　390 $\frac{3}{2}$　391 2
392 ②　393 -6　394 40　395 ③
396 ①　397 9　398 ⑤　399 ①
400 1　401 ⑤
402 (1) $f(x)=-6x^2+12x$　(2) -18　403 4
404 $f(x)=\frac{3}{2}x^2-6x+\frac{5}{2}$　　405 22
406 ①　407 ③　408 ④　409 ②
410 ③　411 ③　412 -3　413 ⑤
414 16　415 9　416 ④　417 ②
418 9　419 20　420 ④　421 -7

08 정적분의 활용

422 ②　423 ③　424 3　425 ④
426 $\frac{8}{27}$　427 6　428 $\frac{32}{3}$　429 $\frac{1}{2}$
430 $\frac{2}{101}$　431 ①　432 $\frac{7}{2}$　433 ②
434 ③　435 69　436 $\frac{32}{3}$　437 $\frac{4}{3}$
438 ②　439 $\frac{9}{4}$　440 3　441 ④
442 $2+\sqrt{3}$　443 ②　444 ①　445 ②
446 $\frac{3}{2}$　447 $\frac{3}{4}$　448 ②　449 ②
450 ②　451 ④　452 ③　453 12
454 ④　455 80　456 ③　457 $\frac{4}{3}$
458 ②　459 ④　460 $\frac{1}{6}$　461 ③
462 ③　463 12　464 ②　465 48
466 ②　467 ③　468 57　469 $\sqrt{3}$
470 $\frac{64}{3}$　471 32
472 (1) 25 m　(2) 25 m　(3) 30 m　473 ④
474 48　475 54　476 $\frac{4}{3}$　477 ①
478 ②　479 $\frac{1}{2}$　480 ③　481 ②
482 1　483 ⑤　484 ⑤　485 ⑤
486 80　487 3

빠른답 체크 후 틀린 문제는
바른답·알찬풀이에서 꼭 확인하세요.

빠른답 체크

Speed Check

미적분 I 487제

빠른답 체크 후 틀린 문제는
바른답·알찬풀이에서 꼭 확인하세요.

왜 숫자는 아름다운가.
이 질문은 베토벤 9번 교향곡이
왜 아름다운가와 같다.
당신이 이유를 알 수 없다면
남들도 말해 줄 수 없다.

-폴 에르되시-

고등 도서 안내

문학 입문서

손쉬운

작품 이해에서 문제 해결까지
손쉬운 비법을 담은 문학 입문서

현대 문학, 고전 문학

비주얼 개념서

룩 LOOK

이미지 연상으로 필수 개념을 쉽게 익히는
비주얼 개념서

국어　문법
영어　분석독해

수학 개념 기본서

수학중심

개념과 유형을 한 번에 잡는 강력한
개념 기본서

수학Ⅰ, 수학Ⅱ, 확률과 통계, 미적분, 기하

수학 문제 기본서

유형중심

체계적인 유형별 학습으로 실전에서 강력한
문제 기본서

수학Ⅰ, 수학Ⅱ, 확률과 통계, 미적분

사회·과학 필수 기본서

개념 학습과 유형 학습으로 내신과 수능을 잡는
필수 기본서

[2022 개정]
사회　통합사회1, 통합사회2, 한국사1, 한국사2
과학　통합과학1, 통합과학2, 물리학, 화학, 생명과학,
　　　지구과학

[2015 개정]
사회　한국지리, 사회·문화, 생활과 윤리, 윤리와 사상
과학　물리학Ⅰ, 화학Ⅰ, 생명과학Ⅰ, 지구과학Ⅰ

기출 분석 문제집

완벽한 기출 문제 분석으로 시험에 대비하는 1등급 문제집

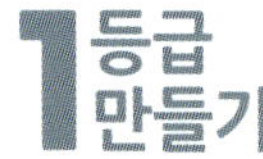

[2022 개정]
수학　공통수학1, 공통수학2, 대수, 확률과 통계, 미적분Ⅰ
사회　통합사회1, 통합사회2, 한국사1, 한국사2,
　　　세계시민과 지리, 사회와 문화, 세계사, 현대사회와 윤리
과학　통합과학1, 통합과학2

[2015 개정]
국어　문학, 독서
수학　수학Ⅰ, 수학Ⅱ, 확률과 통계, 미적분, 기하
사회　한국지리, 세계지리, 생활과 윤리, 윤리와 사상,
　　　사회·문화, 정치와 법, 경제, 세계사, 동아시아사
과학　물리학Ⅰ, 화학Ⅰ, 생명과학Ⅰ, 지구과학Ⅰ,
　　　물리학Ⅱ, 화학Ⅱ, 생명과학Ⅱ, 지구과학Ⅱ

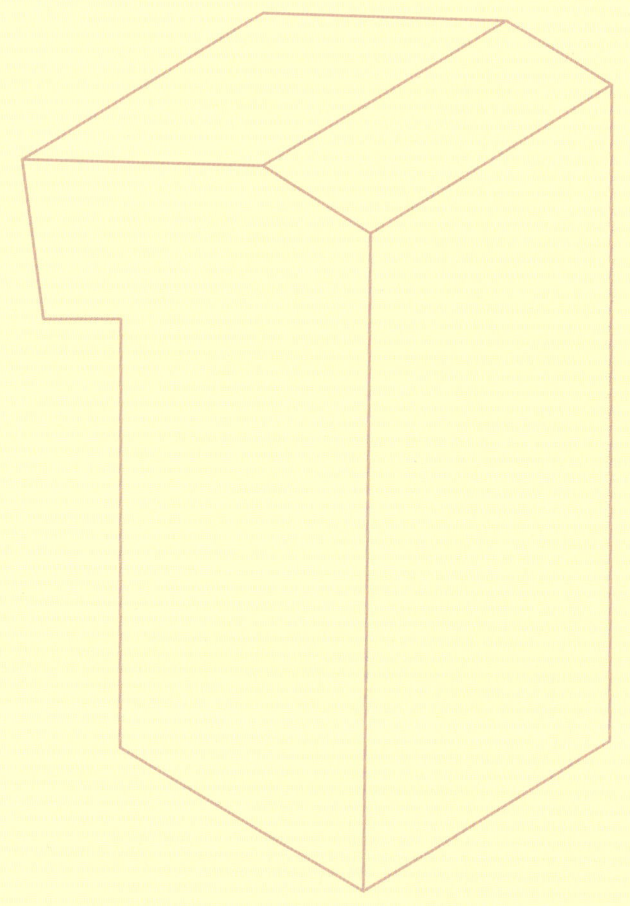

기 출 분 석 문 제 집
1등급 만들기
미적분 I
487제
바른답 • 알찬풀이
Mirae N 에듀

바른답·알찬풀이

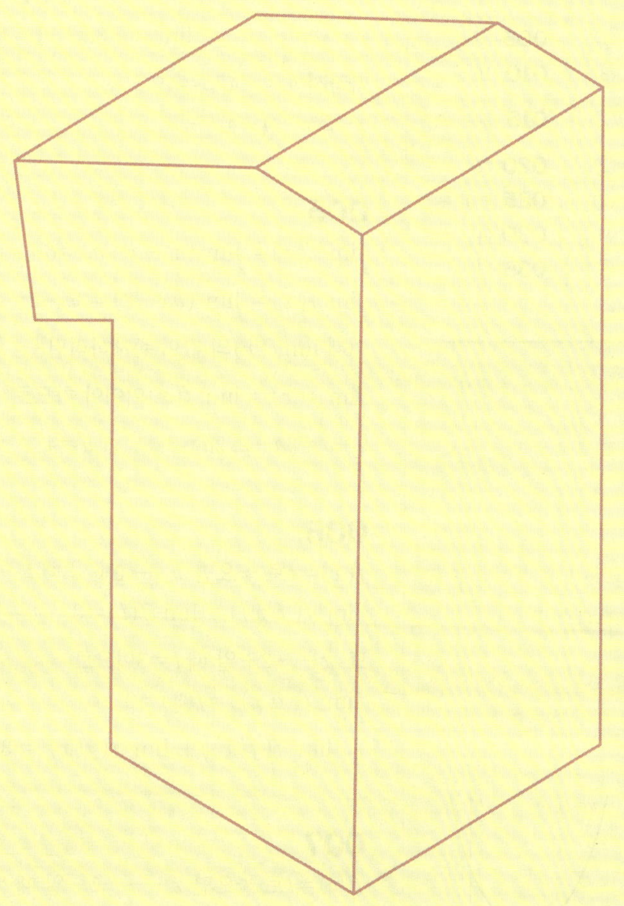

바른답·알찬풀이

I 함수의 극한과 연속

01 함수의 극한

001 ①	**002** ④	**003** ㄱ, ㄴ	**004** ①	**005** ④
006 ⑤	**007** 5	**008** 3	**009** ③	**010** 16
011 $\dfrac{3}{4}$	**012** 3	**013** ②	**014** ②	**015** 24
016 ⑤	**017** ②	**018** -2	**019** ②	**020** ②
021 ②	**022** 1	**023** ③	**024** ②	**025** -1
026 0	**027** -5	**028** ①	**029** 4	**030** ④
031 ④	**032** ④	**033** 4	**034** ⑤	**035** ③
036 ①	**037** 4	**038** ②	**039** 2	

001

$\lim\limits_{x\to -2+} f(x)=-2$, $\lim\limits_{x\to 1-} f(x)=0$이므로

$\lim\limits_{x\to -2+} f(x)+\lim\limits_{x\to 1-} f(x)=-2$

002

$\lim\limits_{x\to 1+} f(x)=0$, $\lim\limits_{x\to 0} f(x)=3$, $\lim\limits_{x\to -1-} f(x)=1$이므로

$\lim\limits_{x\to 1+} f(x)+\lim\limits_{x\to 0} f(x)+\lim\limits_{x\to -1-} f(x)=4$

003

ㄱ. $f(x)=(x+1)^2$이라 하면 $y=f(x)$의 그래프는 오른쪽 그림과 같다. x의 값이 -1에 한없이 가까워질 때 $f(x)$의 값은 0에 한없이 가까워지므로

$\lim\limits_{x\to -1}(x+1)^2=0$

ㄴ. $f(x)=\sqrt{4x+1}$ 이라 하면 $y=f(x)$의 그래프는 오른쪽 그림과 같다. x의 값이 2에 한없이 가까워질 때 $f(x)$의 값은 3에 한없이 가까워지므로

$\lim\limits_{x\to 2}\sqrt{4x+1}=3$

ㄷ. $f(x)=1-\dfrac{1}{|x|}$이라 하면 $y=f(x)$의 그래프는 오른쪽 그림과 같다. x의 값이 0에 한없이 가까워질 때 $f(x)$의 값은 음수이면서 그 절댓값이 한없이 커지므로

$\lim\limits_{x\to 0}\left(1-\dfrac{1}{|x|}\right)=-\infty$

이상에서 극한값이 존재하는 것은 ㄱ, ㄴ이다.

004

$x\longrightarrow -1+$일 때 $x>-1$이므로 $|x+1|=x+1$

$\therefore \lim\limits_{x\to -1+} f(x)=\lim\limits_{x\to -1+}\dfrac{3x^2+2x-1}{|x+1|}$

$\qquad =\lim\limits_{x\to -1+}\dfrac{(3x-1)(x+1)}{x+1}$

$\qquad =\lim\limits_{x\to -1+}(3x-1)=-4$

$x\longrightarrow -1-$일 때 $x<-1$이므로 $|x+1|=-(x+1)$

$\therefore \lim\limits_{x\to -1-} f(x)=\lim\limits_{x\to -1-}\dfrac{3x^2+2x-1}{|x+1|}$

$\qquad =\lim\limits_{x\to -1-}\dfrac{(3x-1)(x+1)}{-(x+1)}$

$\qquad =\lim\limits_{x\to -1-}(-3x+1)=4$

따라서 $\alpha=-4$, $\beta=4$이므로

$\alpha-\beta=-4-4=-8$

005

$\lim\limits_{x\to 3+} f(x)=\lim\limits_{x\to 3+}(x^2-x+a)=6+a$

$\lim\limits_{x\to 3-} f(x)=\lim\limits_{x\to 3-}(ax-2)=3a-2$

이때 $\lim\limits_{x\to 3} f(x)$의 값이 존재하려면

$\lim\limits_{x\to 3+} f(x)=\lim\limits_{x\to 3-} f(x)$이어야 하므로

$6+a=3a-2$, $2a=8$ $\quad\therefore a=4$

006

$f(x)=t$로 놓으면 $x\longrightarrow 0+$일 때 $t\longrightarrow 3-$이므로

$\lim\limits_{x\to 0+} f(f(x))=\lim\limits_{t\to 3-} f(t)=3$

또, $x\longrightarrow 2+$일 때 $t=3$이므로

$\lim\limits_{x\to 2+} f(f(x))=f(3)=2$

$\therefore \lim\limits_{x\to 0+} f(f(x))+\lim\limits_{x\to 2+} f(f(x))=3+2=5$

007

$f(x)=t$로 놓으면 $x\longrightarrow -1-$일 때 $t\longrightarrow 2-$이므로

$\lim\limits_{x\to -1-} f(f(x))=\lim\limits_{t\to 2-} f(t)=\lim\limits_{t\to 2-}(-t+4)=2$

또, $x\longrightarrow 3+$일 때 $t\longrightarrow 1-$이므로

$\lim\limits_{x\to 3+} f(f(x))=\lim\limits_{t\to 1-} f(t)=\lim\limits_{t\to 1-}(-t+4)=3$

$\therefore \lim\limits_{x\to -1-} f(f(x))+\lim\limits_{x\to 3+} f(f(x))=2+3=5$

008

$\lim\limits_{x\to 2} f(x)=5$, $\lim\limits_{x\to 2} g(x)=a$이므로

$\lim\limits_{x\to 2}\dfrac{2f(x)-g(x)}{f(x)g(x)+6}=\dfrac{2\lim\limits_{x\to 2} f(x)-\lim\limits_{x\to 2} g(x)}{\lim\limits_{x\to 2} f(x)\times\lim\limits_{x\to 2} g(x)+\lim\limits_{x\to 2} 6}$

$\qquad =\dfrac{2\times 5-a}{5\times a+6}=\dfrac{10-a}{5a+6}$

즉, $\dfrac{10-a}{5a+6}=\dfrac{1}{3}$이므로

$30-3a=5a+6$, $8a=24$ $\quad\therefore a=3$

009

$\displaystyle\lim_{x\to 2} f(x)=\alpha$, $\displaystyle\lim_{x\to 2} g(x)=\beta$이므로

$\displaystyle\lim_{x\to 2}\{2f(x)-g(x)\}=2\lim_{x\to 2}f(x)-\lim_{x\to 2}g(x)$
$$=2\alpha-\beta=1 \qquad\qquad \cdots\cdots\ \text{㉠}$$

$\displaystyle\lim_{x\to 2}\{f(x)+g(x)\}=\lim_{x\to 2}f(x)+\lim_{x\to 2}g(x)$
$$=\alpha+\beta=5 \qquad\qquad \cdots\cdots\ \text{㉡}$$

㉠, ㉡을 연립하여 풀면

$\alpha=2$, $\beta=3$

$\therefore \displaystyle\lim_{x\to 2}f(x)g(x)=\lim_{x\to 2}f(x)\times\lim_{x\to 2}g(x)=\alpha\times\beta$
$$=2\times 3=6$$

010

$\displaystyle\lim_{x\to 1}\frac{g(x)}{x^2-1}=\frac{1}{2}$ 에서 $\displaystyle\lim_{x\to 1}\frac{x^2-1}{g(x)}=2$이므로

$\displaystyle\lim_{x\to 1}\frac{(x+1)f(x)}{g(x)}=\lim_{x\to 1}\left\{\frac{f(x)}{x-1}\times\frac{x^2-1}{g(x)}\right\}$
$$=\lim_{x\to 1}\frac{f(x)}{x-1}\times\lim_{x\to 1}\frac{x^2-1}{g(x)}$$
$$=8\times 2=16$$

011

$x-1=t$로 놓으면 $x\longrightarrow 1$일 때 $t\longrightarrow 0$이므로

$\displaystyle\lim_{x\to 1}\frac{f(x-1)}{x-1}=\lim_{t\to 0}\frac{f(t)}{t}=4 \qquad \therefore \lim_{x\to 0}\frac{f(x)}{x}=4$

$\therefore \displaystyle\lim_{x\to 0}\frac{x+2f(x)}{4x^2+3f(x)}=\lim_{x\to 0}\frac{1+\dfrac{2f(x)}{x}}{4x+\dfrac{3f(x)}{x}}$

$$=\frac{\displaystyle\lim_{x\to 0}1+2\lim_{x\to 0}\frac{f(x)}{x}}{\displaystyle\lim_{x\to 0}4x+3\lim_{x\to 0}\frac{f(x)}{x}}$$

$$=\frac{1+2\times 4}{0+3\times 4}=\frac{3}{4}$$

012

$f(x)-2g(x)=h(x)$로 놓으면 $\displaystyle\lim_{x\to\infty}h(x)=2$이고

$g(x)=\dfrac{f(x)-h(x)}{2}$

$\therefore \displaystyle\lim_{x\to\infty}\frac{f(x)+4g(x)}{-2f(x)+6g(x)}$

$$=\lim_{x\to\infty}\frac{f(x)+4\times\dfrac{f(x)-h(x)}{2}}{-2f(x)+6\times\dfrac{f(x)-h(x)}{2}}$$

$$=\lim_{x\to\infty}\frac{f(x)+2\{f(x)-h(x)\}}{-2f(x)+3\{f(x)-h(x)\}}$$

$$=\lim_{x\to\infty}\frac{3f(x)-2h(x)}{f(x)-3h(x)}=\lim_{x\to\infty}\frac{3-2\times\dfrac{h(x)}{f(x)}}{1-3\times\dfrac{h(x)}{f(x)}}$$

$$=\frac{\displaystyle\lim_{x\to\infty}3-2\lim_{x\to\infty}\frac{h(x)}{f(x)}}{\displaystyle\lim_{x\to\infty}1-3\lim_{x\to\infty}\frac{h(x)}{f(x)}}=\frac{3-2\times 0}{1-3\times 0}=3$$

013

ㄱ. [반례] $f(x)=0$, $g(x)=\begin{cases}-1 & (x<a)\\ 1 & (x\geq a)\end{cases}$ 일 때,

$\displaystyle\lim_{x\to a}f(x)=0$, $\displaystyle\lim_{x\to a}f(x)g(x)=0$이지만 $\displaystyle\lim_{x\to a}g(x)$의 값은 존재하지 않는다. (거짓)

ㄴ. $\displaystyle\lim_{x\to a}\{f(x)+g(x)\}=\alpha$, $\displaystyle\lim_{x\to a}\{f(x)-g(x)\}=\beta$ (α, β는 실수)라 하면

$\displaystyle\lim_{x\to a}\{f(x)+g(x)\}+\lim_{x\to a}\{f(x)-g(x)\}=\alpha+\beta$

$\displaystyle\lim_{x\to a}[\{f(x)+g(x)\}+\{f(x)-g(x)\}]=\alpha+\beta$

$2\displaystyle\lim_{x\to a}f(x)=\alpha+\beta$

$\therefore \displaystyle\lim_{x\to a}f(x)=\frac{\alpha+\beta}{2}$

즉, $\displaystyle\lim_{x\to a}f(x)$의 값이 존재한다. (참)

ㄷ. [반례] $f(x)=\begin{cases}1 & (x<a)\\ -1 & (x\geq a)\end{cases}$, $g(x)=\begin{cases}-1 & (x<a)\\ 1 & (x\geq a)\end{cases}$ 일 때,

$\displaystyle\lim_{x\to a}f(x)$와 $\displaystyle\lim_{x\to a}g(x)$의 값은 모두 존재하지 않지만

$f(x)+g(x)=0$이므로 $\displaystyle\lim_{x\to a}\{f(x)+g(x)\}=0$

즉, $\displaystyle\lim_{x\to a}\{f(x)+g(x)\}$의 값이 존재한다. (거짓)

이상에서 옳은 것은 ㄴ뿐이다.

014

$\displaystyle\lim_{x\to -1}\frac{x^2+9x+8}{x+1}=\lim_{x\to -1}\frac{(x+1)(x+8)}{x+1}$
$$=\lim_{x\to -1}(x+8)=7$$

015

$\displaystyle\lim_{x\to 9}\frac{(x-9)f(x)}{\sqrt{x}-3}=\lim_{x\to 9}\frac{(x-9)f(x)(\sqrt{x}+3)}{(\sqrt{x}-3)(\sqrt{x}+3)}$
$$=\lim_{x\to 9}\frac{(x-9)f(x)(\sqrt{x}+3)}{x-9}$$
$$=\lim_{x\to 9}f(x)(\sqrt{x}+3)$$
$$=4\times(3+3)=24$$

016

$$\lim_{x \to 0+} \frac{x+|x|}{2x} = \lim_{x \to 0+} \frac{x+x}{2x} = 1$$

$$\lim_{x \to 1-} \frac{\sqrt{x+3}-2}{|x-1|} = \lim_{x \to 1-} \frac{\sqrt{x+3}-2}{-(x-1)}$$

$$= \lim_{x \to 1-} \frac{(\sqrt{x+3}-2)(\sqrt{x+3}+2)}{-(x-1)(\sqrt{x+3}+2)}$$

$$= \lim_{x \to 1-} \frac{x-1}{-(x-1)(\sqrt{x+3}+2)}$$

$$= \lim_{x \to 1-} \frac{1}{-\sqrt{x+3}-2}$$

$$= \frac{1}{-2-2} = -\frac{1}{4}$$

$$\therefore \lim_{x \to 0+} \frac{x+|x|}{2x} - \lim_{x \to 1-} \frac{\sqrt{x+3}-2}{|x-1|} = 1 - \left(-\frac{1}{4}\right) = \frac{5}{4}$$

017

$$\lim_{x \to \infty} \frac{2x}{\sqrt{x^2+5}-4} = \lim_{x \to \infty} \frac{2}{\sqrt{1+\dfrac{5}{x^2}}-\dfrac{4}{x}} = \frac{2}{1} = 2$$

018

$x=-t$로 놓으면 $x \longrightarrow -\infty$일 때 $t \longrightarrow \infty$이므로

$$\lim_{x \to -\infty} \frac{\sqrt{x^2+2x}-x}{x+1} = \lim_{t \to \infty} \frac{\sqrt{t^2-2t}+t}{-t+1}$$

$$= \lim_{t \to \infty} \frac{\sqrt{1-\dfrac{2}{t}}+1}{-1+\dfrac{1}{t}}$$

$$= \frac{1+1}{-1} = -2$$

019

$$A = \lim_{x \to \infty} \frac{6x-1}{x^2+2x+3}$$

$$= \lim_{x \to \infty} \frac{\dfrac{6}{x}-\dfrac{1}{x^2}}{1+\dfrac{2}{x}+\dfrac{3}{x^2}}$$

$$= \frac{0}{1} = 0$$

$$B = \lim_{x \to \infty} \frac{5x^2+3x-4}{2x^2-7}$$

$$= \lim_{x \to \infty} \frac{5+\dfrac{3}{x}-\dfrac{4}{x^2}}{2-\dfrac{7}{x^2}}$$

$$= \frac{5}{2}$$

$$C = \lim_{x \to \infty} \frac{\sqrt{9x^2+1}-2}{3x}$$

$$= \lim_{x \to \infty} \frac{\sqrt{9+\dfrac{1}{x^2}}-\dfrac{2}{x}}{3}$$

$$= \frac{3}{3} = 1$$

$$\therefore A < C < B$$

020

$$\lim_{x \to \infty} \frac{1}{x-\sqrt{x^2-4x+5}}$$

$$= \lim_{x \to \infty} \frac{x+\sqrt{x^2-4x+5}}{(x-\sqrt{x^2-4x+5})(x+\sqrt{x^2-4x+5})}$$

$$= \lim_{x \to \infty} \frac{x+\sqrt{x^2-4x+5}}{4x-5}$$

$$= \lim_{x \to \infty} \frac{1+\sqrt{1-\dfrac{4}{x}+\dfrac{5}{x^2}}}{4-\dfrac{5}{x}}$$

$$= \frac{1+1}{4} = \frac{1}{2}$$

021

$x=-t$로 놓으면 $x \longrightarrow -\infty$일 때 $t \longrightarrow \infty$이므로

$$\lim_{x \to -\infty} (\sqrt{x^2+x+1}+x) = \lim_{t \to \infty} (\sqrt{t^2-t+1}-t)$$

$$= \lim_{t \to \infty} \frac{(\sqrt{t^2-t+1}-t)(\sqrt{t^2-t+1}+t)}{\sqrt{t^2-t+1}+t}$$

$$= \lim_{t \to \infty} \frac{-t+1}{\sqrt{t^2-t+1}+t}$$

$$= \lim_{t \to \infty} \frac{-1+\dfrac{1}{t}}{\sqrt{1-\dfrac{1}{t}+\dfrac{1}{t^2}}+1}$$

$$= \frac{-1}{1+1} = -\frac{1}{2}$$

022

$$f(x-1) = (x-1)^2 + 2(x-1) = x^2-1$$

$$\therefore \lim_{x \to \infty} \{\sqrt{f(x)}-\sqrt{f(x-1)}\}$$

$$= \lim_{x \to \infty} (\sqrt{x^2+2x}-\sqrt{x^2-1})$$

$$= \lim_{x \to \infty} \frac{(\sqrt{x^2+2x}-\sqrt{x^2-1})(\sqrt{x^2+2x}+\sqrt{x^2-1})}{\sqrt{x^2+2x}+\sqrt{x^2-1}}$$

$$= \lim_{x \to \infty} \frac{2x+1}{\sqrt{x^2+2x}+\sqrt{x^2-1}}$$

$$= \lim_{x \to \infty} \frac{2+\dfrac{1}{x}}{\sqrt{1+\dfrac{2}{x}}+\sqrt{1-\dfrac{1}{x^2}}}$$

$$= \frac{2}{1+1} = 1$$

023

$$\lim_{x \to 1} \frac{1}{x-1}\left(\frac{1}{x+1}-\frac{1}{2}\right) = \lim_{x \to 1} \left\{\frac{1}{x-1} \times \frac{-x+1}{2(x+1)}\right\}$$

$$= \lim_{x \to 1} \frac{-(x-1)}{2(x-1)(x+1)}$$

$$= \lim_{x \to 1} \frac{-1}{2(x+1)}$$

$$= \frac{-1}{2 \times (1+1)} = -\frac{1}{4}$$

024

$$\lim_{x \to 3}\left(\sqrt{x^2-5}-2\right)\left(1+\frac{1}{x-3}\right)$$

$$=\lim_{x \to 3}\left\{\frac{(\sqrt{x^2-5}-2)(\sqrt{x^2-5}+2)}{\sqrt{x^2-5}+2}\times\frac{x-2}{x-3}\right\}$$

$$=\lim_{x \to 3}\left(\frac{x^2-9}{\sqrt{x^2-5}+2}\times\frac{x-2}{x-3}\right)$$

$$=\lim_{x \to 3}\left\{\frac{(x+3)(x-3)}{\sqrt{x^2-5}+2}\times\frac{x-2}{x-3}\right\}$$

$$=\lim_{x \to 3}\frac{(x+3)(x-2)}{\sqrt{x^2-5}+2}$$

$$=\frac{6\times1}{2+2}=\frac{3}{2}$$

025

$$\lim_{x \to \infty}x\left(1-\sqrt{1+\frac{2}{x}}\right)=\lim_{x \to \infty}x\left(1-\sqrt{\frac{x+2}{x}}\right)$$

$$=\lim_{x \to \infty}\left(x-\sqrt{x^2\times\frac{x+2}{x}}\right)$$

$$=\lim_{x \to \infty}\left(x-\sqrt{x^2+2x}\right)$$

$$=\lim_{x \to \infty}\frac{(x-\sqrt{x^2+2x})(x+\sqrt{x^2+2x})}{x+\sqrt{x^2+2x}}$$

$$=\lim_{x \to \infty}\frac{-2x}{x+\sqrt{x^2+2x}}$$

$$=\lim_{x \to \infty}\frac{-2}{1+\sqrt{1+\frac{2}{x}}}$$

$$=\frac{-2}{1+1}=-1$$

026

$x \longrightarrow -3$일 때 (분모) $\longrightarrow 0$이고 극한값이 존재하므로
(분자) $\longrightarrow 0$이어야 한다.
즉, $\lim_{x \to -3}(a\sqrt{x+7}-2)=0$이므로

$$2a-2=0 \qquad \therefore a=1$$

$$\therefore b=\lim_{x \to -3}\frac{\sqrt{x+7}-2}{x+3}$$

$$=\lim_{x \to -3}\frac{(\sqrt{x+7}-2)(\sqrt{x+7}+2)}{(x+3)(\sqrt{x+7}+2)}$$

$$=\lim_{x \to -3}\frac{x+3}{(x+3)(\sqrt{x+7}+2)}$$

$$=\lim_{x \to -3}\frac{1}{\sqrt{x+7}+2}$$

$$=\frac{1}{2+2}=\frac{1}{4}$$

$$\therefore a-4b=1-4\times\frac{1}{4}=0$$

027

$x \longrightarrow 2$일 때 (분자) $\longrightarrow 0$이고 0이 아닌 극한값이 존재하므로
(분모) $\longrightarrow 0$이어야 한다.
즉, $\lim_{x \to 2}(x^2+ax+b)=0$이므로

$$4+2a+b=0$$

$$\therefore b=-2a-4 \qquad\qquad\qquad \cdots\cdots \text{㉠}$$

$$\therefore \lim_{x \to 2}\frac{x-2}{x^2+ax+b}=\lim_{x \to 2}\frac{x-2}{x^2+ax-2a-4}$$

$$=\lim_{x \to 2}\frac{x-2}{(x-2)(x+a+2)}$$

$$=\lim_{x \to 2}\frac{1}{x+a+2}$$

$$=\frac{1}{2+a+2}=\frac{1}{4+a}$$

즉, $\frac{1}{4+a}=\frac{1}{5}$이므로

$$4+a=5 \qquad \therefore a=1$$

$a=1$을 ㉠에 대입하면 $b=-6$

$$\therefore a+b=1+(-6)=-5$$

028

$x=-t$로 놓으면 $x \longrightarrow -\infty$일 때 $t \longrightarrow \infty$이므로

$$\lim_{x \to -\infty}\left(\sqrt{x^2+kx}-\sqrt{x^2-kx}\right)$$

$$=\lim_{t \to \infty}\left(\sqrt{t^2-kt}-\sqrt{t^2+kt}\right)$$

$$=\lim_{t \to \infty}\frac{(\sqrt{t^2-kt}-\sqrt{t^2+kt})(\sqrt{t^2-kt}+\sqrt{t^2+kt})}{\sqrt{t^2-kt}+\sqrt{t^2+kt}}$$

$$=\lim_{t \to \infty}\frac{-2kt}{\sqrt{t^2-kt}+\sqrt{t^2+kt}}$$

$$=\lim_{t \to \infty}\frac{-2k}{\sqrt{1-\frac{k}{t}}+\sqrt{1+\frac{k}{t}}}$$

$$=\frac{-2k}{1+1}=-k$$

즉, $-k=5$이므로 $k=-5$

1등급 비법

미정계수가 포함된 $\infty-\infty$ 꼴의 극한에서 $x \longrightarrow \infty$일 때 극한값이 존재하면 $\frac{\infty}{\infty}$ 꼴로 변형하여 분자와 분모의 최고차항의 차수와 계수를 비교한다.

029

$$\lim_{x \to \infty}f(x)=\lim_{x \to \infty}\frac{ax^2+bx+c}{x^2-1}$$

$$=\lim_{x \to \infty}\frac{a+\frac{b}{x}+\frac{c}{x^2}}{1-\frac{1}{x^2}}=a$$

이므로 $a=2$

$$\lim_{x \to 1}f(x)=\lim_{x \to 1}\frac{2x^2+bx+c}{x^2-1}=2 \qquad\qquad \cdots\cdots \text{㉠}$$

에서 $x \longrightarrow 1$일 때 (분모) $\longrightarrow 0$이고 극한값이 존재하므로
(분자) $\longrightarrow 0$이어야 한다.
즉, $\lim_{x \to 1}(2x^2+bx+c)=0$이므로

$$2+b+c=0 \qquad \therefore c=-b-2 \qquad\qquad \cdots\cdots \text{㉡}$$

㉡을 ㉠에 대입하면

$$\lim_{x \to 1}\frac{2x^2+bx-b-2}{x^2-1}=\lim_{x \to 1}\frac{(x-1)(2x+b+2)}{(x+1)(x-1)}$$

$$=\lim_{x \to 1}\frac{2x+b+2}{x+1}$$

$$=\frac{2+b+2}{1+1}$$

$$=\frac{b+4}{2}$$

즉, $\dfrac{b+4}{2}=2$이므로 $b+4=4$ $\quad \therefore b=0$

$b=0$을 ㉡에 대입하면 $c=-2$

$\therefore a+b-c=2+0-(-2)=4$

030

$$\lim_{x \to \infty}(a\sqrt{2x^2+x+1}-bx)$$

$$=\lim_{x \to \infty}\frac{(a\sqrt{2x^2+x+1}-bx)(a\sqrt{2x^2+x+1}+bx)}{a\sqrt{2x^2+x+1}+bx}$$

$$=\lim_{x \to \infty}\frac{(2a^2-b^2)x^2+a^2x+a^2}{a\sqrt{2x^2+x+1}+bx}$$

$$=\lim_{x \to \infty}\frac{(2a^2-b^2)x+a^2+\dfrac{a^2}{x}}{a\sqrt{2+\dfrac{1}{x}+\dfrac{1}{x^2}}+b} \qquad \cdots\cdots ㉠$$

㉠의 극한값이 존재하려면 $2a^2-b^2=0$이어야 하므로

$b^2=2a^2$

$\therefore b=\sqrt{2}a\ (\because a>0,\ b>0) \qquad \cdots\cdots ㉡$

㉡을 ㉠에 대입하면

$$\lim_{x \to \infty}\frac{a^2+\dfrac{a^2}{x}}{a\sqrt{2+\dfrac{1}{x}+\dfrac{1}{x^2}}+\sqrt{2}a}=\frac{a^2}{\sqrt{2}a+\sqrt{2}a}$$

$$=\frac{a}{2\sqrt{2}}$$

즉, $\dfrac{a}{2\sqrt{2}}=1$이므로 $a=2\sqrt{2}$

$a=2\sqrt{2}$를 ㉡에 대입하면 $b=4$

$\therefore ab=2\sqrt{2}\times 4=8\sqrt{2}$

031

$x \longrightarrow 0$일 때 (분자) $\longrightarrow 0$이고 0이 아닌 극한값이 존재하므로 (분모) $\longrightarrow 0$이어야 한다.

즉, $\lim_{x \to 0}(x^5+ax^3+a-1)=0$이므로

$a-1=0$ $\quad \therefore a=1$

$$\lim_{x \to 0}\frac{x^n(\sqrt{x+1}-1)}{x^5+ax^3+a-1}=\lim_{x \to 0}\frac{x^n(\sqrt{x+1}-1)}{x^5+x^3}$$

$$=\lim_{x \to 0}\frac{x^n(\sqrt{x+1}-1)}{x^3(x^2+1)}$$

$$=\lim_{x \to 0}\frac{x^{n-3}(\sqrt{x+1}-1)(\sqrt{x+1}+1)}{(x^2+1)(\sqrt{x+1}+1)}$$

$$=\lim_{x \to 0}\frac{x^{n-3}\times x}{(x^2+1)(\sqrt{x+1}+1)}$$

$$=\lim_{x \to 0}\frac{x^{n-2}}{(x^2+1)(\sqrt{x+1}+1)} \qquad \cdots\cdots ㉠$$

㉠에서 0이 아닌 극한값이 존재하려면

$n-2=0$ $\quad \therefore n=2$

$$\therefore b=\lim_{x \to 0}\frac{1}{(x^2+1)(\sqrt{x+1}+1)}$$

$$=\frac{1}{1\times(1+1)}=\frac{1}{2}$$

$\therefore a+b+n=1+\dfrac{1}{2}+2=\dfrac{7}{2}$

032

$\lim\limits_{x \to \infty}\dfrac{f(x)}{x^2}=2$에서 $f(x)$는 최고차항의 계수가 2인 이차함수임을 알 수 있다.

또, $\lim\limits_{x \to 1}\dfrac{f(x)}{x-1}=3$에서 $x \longrightarrow 1$일 때 (분모) $\longrightarrow 0$이고 극한값이 존재하므로 (분자) $\longrightarrow 0$이어야 한다.

즉, $\lim\limits_{x \to 1}f(x)=0$이므로 $f(1)=0$

따라서 $f(x)=2(x-1)(x+a)$ (a는 상수)로 놓으면

$$\lim_{x \to 1}\frac{f(x)}{x-1}=\lim_{x \to 1}\frac{2(x-1)(x+a)}{x-1}$$

$$=\lim_{x \to 1}2(x+a)$$

$$=2+2a$$

즉, $2+2a=3$이므로

$2a=1$ $\quad \therefore a=\dfrac{1}{2}$

따라서 $f(x)=2(x-1)\left(x+\dfrac{1}{2}\right)$이므로

$f(3)=2\times 2\times\dfrac{7}{2}=14$

033

$\lim\limits_{x \to \infty}\dfrac{f(x)}{x^2-x+1}=1$에서 $f(x)$는 최고차항의 계수가 1인 이차함수임을 알 수 있다.

또, $\lim\limits_{x \to -1}\dfrac{f(x)}{x^2+3x+2}=3$에서 $x \longrightarrow -1$일 때 (분모) $\longrightarrow 0$이고 극한값이 존재하므로 (분자) $\longrightarrow 0$이어야 한다.

즉, $\lim\limits_{x \to -1}f(x)=0$이므로

$f(-1)=0$

따라서 $f(x)=(x+1)(x+a)$ (a는 상수)로 놓으면

$$\lim_{x \to -1}\frac{f(x)}{x^2+3x+2}=\lim_{x \to -1}\frac{(x+1)(x+a)}{(x+1)(x+2)}$$

$$=\lim_{x \to -1}\frac{x+a}{x+2}$$

$$=\frac{-1+a}{-1+2}$$

$$=-1+a$$

즉, $-1+a=3$이므로

$a=4$

따라서 $f(x)=(x+1)(x+4)$이므로

$f(-5)=(-4)\times(-1)=4$

034

$\lim\limits_{x \to 0} \dfrac{f(x)}{x} = 6$에서 $x \longrightarrow 0$일 때 (분모) $\longrightarrow 0$이고 극한값이 존재

하므로 (분자) $\longrightarrow 0$이어야 한다.

즉, $\lim\limits_{x \to 0} f(x) = 0$이므로 $f(0) = 0$

또, $\lim\limits_{x \to 1} \dfrac{f(x)}{x-1} = -5$에서 $x \longrightarrow 1$일 때 (분모) $\longrightarrow 0$이고 극한값

이 존재하므로 (분자) $\longrightarrow 0$이어야 한다.

즉, $\lim\limits_{x \to 1} f(x) = 0$이므로 $f(1) = 0$

따라서 $f(x) = x(x-1)(ax+b)$ $(a, b$는 상수, $a \neq 0)$로 놓으면

$$\lim_{x \to 0} \frac{f(x)}{x} = \lim_{x \to 0} \frac{x(x-1)(ax+b)}{x}$$
$$= \lim_{x \to 0} (x-1)(ax+b)$$
$$= -b$$

즉, $-b = 6$이므로 $b = -6$ $\qquad \cdots\cdots$ ㉠

$$\lim_{x \to 1} \frac{f(x)}{x-1} = \lim_{x \to 1} \frac{x(x-1)(ax+b)}{x-1}$$
$$= \lim_{x \to 1} x(ax+b)$$
$$= a+b$$

즉, $a+b = -5$이므로 $a = 1$ $(\because$ ㉠$)$

따라서 $f(x) = x(x-1)(x-6)$이므로

$$\lim_{x \to 6} \frac{f(x)}{x-6} = \lim_{x \to 6} \frac{x(x-1)(x-6)}{x-6}$$
$$= \lim_{x \to 6} x(x-1)$$
$$= 6 \times 5 = 30$$

035

모든 실수 x에 대하여 $6x^2 + 1 > 0$이므로

$3x^2 - 5 \leq (6x^2 + 1) f(x) \leq 3x^2 + 1$의 각 변을 $6x^2 + 1$로 나누면

$$\frac{3x^2 - 5}{6x^2 + 1} \leq f(x) \leq \frac{3x^2 + 1}{6x^2 + 1}$$

이때 $\lim\limits_{x \to \infty} \dfrac{3x^2 - 5}{6x^2 + 1} = \dfrac{1}{2}$, $\lim\limits_{x \to \infty} \dfrac{3x^2 + 1}{6x^2 + 1} = \dfrac{1}{2}$이므로 함수의 극한의

대소 관계에 의하여

$$\lim_{x \to \infty} f(x) = \frac{1}{2}$$

036

모든 실수 x에 대하여 $2x^2 - 2x + 3 > 0$이므로

$x^2 - 1 < f(x) < x^2 + 3$의 각 변을 $2x^2 - 2x + 3$으로 나누면

$$\frac{x^2 - 1}{2x^2 - 2x + 3} < \frac{f(x)}{2x^2 - 2x + 3} < \frac{x^2 + 3}{2x^2 - 2x + 3}$$

이때 $\lim\limits_{x \to \infty} \dfrac{x^2 - 1}{2x^2 - 2x + 3} = \dfrac{1}{2}$, $\lim\limits_{x \to \infty} \dfrac{x^2 + 3}{2x^2 - 2x + 3} = \dfrac{1}{2}$이므로 함수

의 극한의 대소 관계에 의하여

$$\lim_{x \to \infty} \frac{f(x)}{2x^2 - 2x + 3} = \frac{1}{2}$$

참고 $2x^2 - 2x + 3 = 2\left(x - \dfrac{1}{2}\right)^2 + \dfrac{5}{2}$이므로 모든 실수 x에 대하여

$2x^2 - 2x + 3 > 0$이다.

037

(ⅰ) $x > 2$일 때, $x - 2 > 0$이므로 주어진 부등식의 각 변을 $x-2$로

나누면

$$\frac{x^2 - 4}{x-2} \leq \frac{f(x)}{x-2} \leq \frac{2x^2 - 4x}{x-2}$$

$$\frac{(x+2)(x-2)}{x-2} \leq \frac{f(x)}{x-2} \leq \frac{2x(x-2)}{x-2}$$

$$\therefore\ x+2 \leq \frac{f(x)}{x-2} \leq 2x$$

이때 $\lim\limits_{x \to 2+} (x+2) = 4$, $\lim\limits_{x \to 2+} 2x = 4$이므로 함수의 극한의 대소

관계에 의하여

$$\lim_{x \to 2+} \frac{f(x)}{x-2} = 4$$

(ⅱ) $x < 2$일 때, $x - 2 < 0$이므로 주어진 부등식의 각 변을 $x-2$로

나누면

$$\frac{2x^2 - 4x}{x-2} \leq \frac{f(x)}{x-2} \leq \frac{x^2 - 4}{x-2}$$

$$\frac{2x(x-2)}{x-2} \leq \frac{f(x)}{x-2} \leq \frac{(x+2)(x-2)}{x-2}$$

$$\therefore\ 2x \leq \frac{f(x)}{x-2} \leq x+2$$

이때 $\lim\limits_{x \to 2-} 2x = 4$, $\lim\limits_{x \to 2-} (x+2) = 4$이므로 함수의 극한의 대소

관계에 의하여

$$\lim_{x \to 2-} \frac{f(x)}{x-2} = 4$$

(ⅰ), (ⅱ)에서 $\lim\limits_{x \to 2} \dfrac{f(x)}{x-2} = 4$

038

$\mathrm{A}(a, a^2)$, $\mathrm{B}(b, b^2)$ $(a > b)$이라 하면 x에 대한 이차방정식

$x + t = x^2$, 즉 $x^2 - x - t = 0$의 두 근이 a, b이므로 이차방정식의 근

과 계수의 관계에 의하여

$a + b = 1$, $ab = -t$

이때 $\mathrm{H}(b, a^2)$이므로

$$\overline{\mathrm{AH}} = |a - b| = \sqrt{(a-b)^2}$$
$$= \sqrt{(a+b)^2 - 4ab}$$
$$= \sqrt{1 + 4t}$$

또, 두 점 A, C는 y축에 대하여 대칭이므로

$\mathrm{C}(-a, a^2)$

$\therefore\ \overline{\mathrm{CH}} = |b - (-a)| = |a + b| = 1$

$$\therefore\ \lim_{t \to 0+} \frac{\overline{\mathrm{AH}} - \overline{\mathrm{CH}}}{t} = \lim_{t \to 0+} \frac{\sqrt{1 + 4t} - 1}{t}$$
$$= \lim_{t \to 0+} \frac{(\sqrt{1+4t} - 1)(\sqrt{1+4t} + 1)}{t(\sqrt{1+4t} + 1)}$$
$$= \lim_{t \to 0+} \frac{4t}{t(\sqrt{1+4t} + 1)}$$
$$= \lim_{t \to 0+} \frac{4}{\sqrt{1+4t} + 1}$$
$$= \frac{4}{1 + 1}$$
$$= 2$$

039

점 P의 좌표를 (t, t^2) $(t \geq 0)$이라 하면 원점을 중심으로 하고 점 P를 지나는 원의 반지름의 길이는

$$\overline{\mathrm{OP}} = \sqrt{t^2 + t^4}$$

점 Q의 좌표는 $(\sqrt{t^2 + t^4}, 0)$이므로 두 점 $\mathrm{P}(t, t^2)$, $\mathrm{Q}(\sqrt{t^2 + t^4}, 0)$을 지나는 직선의 방정식은

$$y - t^2 = \frac{t^2}{t - \sqrt{t^2 + t^4}}(x - t)$$

$$\therefore y = \frac{t^2}{t - \sqrt{t^2 + t^4}}x - \frac{t^3}{t - \sqrt{t^2 + t^4}} + t^2$$

따라서 직선 PQ의 y절편은 $t^2 - \dfrac{t^3}{t - \sqrt{t^2 + t^4}}$

점 P가 곡선 $y = x^2$을 따라 원점 O에 한없이 가까워지면 $t \longrightarrow 0+$이므로 구하는 값은

$$\begin{aligned}
\lim_{t \to 0+}\left(t^2 - \frac{t^3}{t - \sqrt{t^2 + t^4}}\right) &= \lim_{t \to 0+}\left(t^2 - \frac{t^3}{t - t\sqrt{1 + t^2}}\right)\\
&= \lim_{t \to 0+}\left(t^2 - \frac{t^2}{1 - \sqrt{1 + t^2}}\right)\\
&= \lim_{t \to 0+}\left\{t^2 - \frac{t^2(1 + \sqrt{1 + t^2})}{(1 - \sqrt{1 + t^2})(1 + \sqrt{1 + t^2})}\right\}\\
&= \lim_{t \to 0+}\left\{t^2 - \frac{t^2(1 + \sqrt{1 + t^2})}{-t^2}\right\}\\
&= \lim_{t \to 0+}\{t^2 + (1 + \sqrt{1 + t^2})\}\\
&= 1 + 1 = 2
\end{aligned}$$

 내신 적중 서술형 ──────────── ●17쪽

040 4　　**041** (1) 1　(2) 4　　**042** 2　　**043** 10

040

$\lim\limits_{x \to 2} f(x)$의 값이 존재하지 않아야 하므로 $\lim\limits_{x \to 2+} f(x) \neq \lim\limits_{x \to 2-} f(x)$이어야 한다.

$$\lim_{x \to 2+} f(x) = \lim_{x \to 2+}(x^2 - x + k) = 2 + k$$

$$\lim_{x \to 2-} f(x) = \lim_{x \to 2-}(3x - 3k) = 6 - 3k$$

즉, $2 + k \neq 6 - 3k$이므로

$$4k \neq 4 \qquad \therefore k \neq 1 \qquad \cdots\cdots \textcircled{\scriptsize ㄱ} \qquad \cdots\cdots ㉮$$

또, $\lim\limits_{x \to 2}|f(x)|$의 값이 존재해야 하므로

$\lim\limits_{x \to 2+}|f(x)| = \lim\limits_{x \to 2-}|f(x)|$이어야 한다.

$$\lim_{x \to 2+}|f(x)| = \lim_{x \to 2+}|x^2 - x + k| = |2 + k|$$

$$\lim_{x \to 2-}|f(x)| = \lim_{x \to 2-}|3x - 3k| = |6 - 3k|$$

즉, $|2 + k| = |6 - 3k|$이므로

$$2 + k = 6 - 3k \text{ 또는 } 2 + k = -(6 - 3k)$$

$$4k = 4 \text{ 또는 } -2k = -8$$

$$\therefore k = 1 \text{ 또는 } k = 4 \qquad \cdots\cdots ㉯$$

이때 $\textcircled{\scriptsize ㄱ}$에서 $k \neq 1$이므로 $k = 4$ $\qquad \cdots\cdots ㉰$

채점 기준	배점 비율
㉮ $\lim\limits_{x \to 2} f(x)$의 값이 존재하지 않도록 하는 k의 값의 조건 구하기	40 %
㉯ $\lim\limits_{x \to 2}|f(x)|$의 값이 존재하도록 하는 k의 값 구하기	40 %
㉰ $\lim\limits_{x \to 2} f(x)$의 값은 존재하지 않고 $\lim\limits_{x \to 2}|f(x)|$의 값은 존재하도록 하는 k의 값 구하기	20 %

041

(1) $\lim\limits_{x \to \infty} f(x) = \infty$에서

$$\lim_{x \to \infty}\frac{1}{f(x)} = 0$$

$\lim\limits_{x \to \infty}\{x - f(x)\} = 2$에서

$$\lim_{x \to \infty}\frac{1}{f(x)} \times \lim_{x \to \infty}\{x - f(x)\} = 0$$

$$\lim_{x \to \infty}\left\{\frac{x}{f(x)} - 1\right\} = 0$$

$$\therefore \lim_{x \to \infty}\frac{x}{f(x)} = 1 \qquad \cdots\cdots ㉮$$

(2) $\lim\limits_{x \to \infty}\dfrac{x}{f(x)} = 1$에서

$$\lim_{x \to \infty}\frac{f(x)}{x} = 1$$

$$\begin{aligned}
\therefore \lim_{x \to \infty}\frac{-x + 5f(x)}{2 + f(x)} &= \lim_{x \to \infty}\frac{-1 + \dfrac{5f(x)}{x}}{\dfrac{2}{x} + \dfrac{f(x)}{x}}\\
&= \frac{-1 + 5 \times 1}{0 + 1}\\
&= 4 \qquad \cdots\cdots ㉯
\end{aligned}$$

	채점 기준	배점 비율
(1)	㉮ $\lim\limits_{x \to \infty}\dfrac{x}{f(x)}$의 값 구하기	50 %
(2)	㉯ $\lim\limits_{x \to \infty}\dfrac{-x + 5f(x)}{2 + f(x)}$의 값 구하기	50 %

042

$$\begin{aligned}
&\lim_{x \to \infty}(\sqrt{x^2 + ax} - bx)\\
&= \lim_{x \to \infty}\frac{(\sqrt{x^2 + ax} - bx)(\sqrt{x^2 + ax} + bx)}{\sqrt{x^2 + ax} + bx}\\
&= \lim_{x \to \infty}\frac{(1 - b^2)x^2 + ax}{\sqrt{x^2 + ax} + bx} \qquad \cdots\cdots \textcircled{\scriptsize ㄱ}
\end{aligned}$$

$\textcircled{\scriptsize ㄱ}$의 극한값이 존재하려면 $1 - b^2 = 0$이어야 하므로

$$b^2 = 1$$

$$\therefore b = -1 \text{ 또는 } b = 1 \qquad \cdots\cdots ㉮$$

(i) $b = -1$일 때,

$$\lim_{x \to \infty}(\sqrt{x^2 + ax} + x) = \infty$$

이므로 주어진 식을 만족시키지 않는다.

(ii) $b=1$일 때,

$b=1$을 ㉠에 대입하면

$$\lim_{x\to\infty}\frac{ax}{\sqrt{x^2+ax}+x}=\lim_{x\to\infty}\frac{a}{\sqrt{1+\dfrac{a}{x}}+1}$$

$$=\frac{a}{1+1}$$

$$=\frac{a}{2}$$

즉, $\dfrac{a}{2}=1$이므로 $a=2$ ...... ㉯

(i), (ii)에서 $a=2$, $b=1$이므로

$ab=2\times1=2$ ...... ㉰

채점 기준	배점 비율
㉮ b의 값 구하기	30 %
㉯ a의 값 구하기	60 %
㉰ ab의 값 구하기	10 %

043

조건 (개)에서 $f(x)$는 삼차항의 계수가 1, 이차항의 계수가 2인 삼차함수임을 알 수 있다.

조건 (내)에서 $x\longrightarrow1$일 때 (분모) $\longrightarrow0$이고 극한값이 존재하므로 (분자) $\longrightarrow0$이어야 한다.

즉, $\lim_{x\to1}f(x)=0$이므로

$f(1)=0$ ...... ㉮

따라서 $f(x)=x^3+2x^2+ax+b$ (a, b는 상수)로 놓으면

$f(1)=1+2+a+b=0$

$\therefore b=-a-3$ ...... ㉠

$$\therefore \lim_{x\to1}\frac{f(x)}{x^2-1}=\lim_{x\to1}\frac{x^3+2x^2+ax+b}{x^2-1}$$

$$=\lim_{x\to1}\frac{x^3+2x^2+ax-a-3}{x^2-1}\ (\because ㉠)$$

$$=\lim_{x\to1}\frac{(x-1)(x^2+3x+a+3)}{(x-1)(x+1)}$$

$$=\lim_{x\to1}\frac{x^2+3x+a+3}{x+1}$$

$$=\frac{1+3+a+3}{1+1}$$

$$=\frac{7+a}{2}$$

즉, $\dfrac{7+a}{2}=2$이므로

$7+a=4$ $\therefore a=-3$

$a=-3$을 ㉠에 대입하면

$b=0$

따라서 $f(x)=x^3+2x^2-3x$이므로 ...... ㉯

$f(2)=8+8-6=10$ ...... ㉰

채점 기준	배점 비율
㉮ $f(1)$의 값 구하기	30 %
㉯ 함수 $f(x)$ 구하기	60 %
㉰ $f(2)$의 값 구하기	10 %

044 ③	**045** ④	**046** ②	**047** ⑤	**048** ⑤
049 48	**050** ③	**051** ③	**052** 16	**053** ①
054 ④	**055** $\dfrac{1}{16}$			

044

함수의 극한

전략 먼저 $y=x^2-4|x|+3$의 그래프를 그린다.

풀이 $y=x^2-4|x|+3$

$$=\begin{cases} x^2+4x+3 & (x<0) \\ x^2-4x+3 & (x\geq0) \end{cases}$$

이므로 함수 $y=x^2-4|x|+3$의 그래프는 오른쪽 그림과 같다.

함수 $f(t)$는 함수 $y=x^2-4|x|+3$의 그래프와 직선 $y=t$가 만나는 점의 개수이므로

$$f(t)=\begin{cases} 0 & (t<-1) \\ 2 & (t=-1) \\ 4 & (-1<t<3) \\ 3 & (t=3) \\ 2 & (t>3) \end{cases}$$

$$\therefore \lim_{t\to3+}f(t)+\lim_{t\to3-}f(t)+f(3)=2+4+3=9$$

045

합성함수의 극한

전략 $\lim_{x\to1}f(g(x))$는 $g(x)=t$로 놓고, $\lim_{x\to1}g(f(x))$는 $f(x)=t$로 놓은 후 극한값을 구한다.

풀이 ㄱ. $\lim_{x\to1+}f(x)=1$, $\lim_{x\to1-}f(x)=1$

$\therefore \lim_{x\to1}f(x)=1$

ㄴ. $g(x)=t$로 놓으면 $x\longrightarrow1+$일 때 $t\longrightarrow1-$이므로

$$\lim_{x\to1+}f(g(x))=\lim_{t\to1-}f(t)=1$$

또, $x\longrightarrow1-$일 때 $t\longrightarrow0+$이므로

$$\lim_{x\to1-}f(g(x))=\lim_{t\to0+}f(t)=2$$

따라서 $\lim_{x\to1+}f(g(x))\neq\lim_{x\to1-}f(g(x))$이므로

$\lim_{x\to1}f(g(x))$의 값은 존재하지 않는다.

ㄷ. $f(x)=t$로 놓으면 $x\longrightarrow1$일 때 $t\longrightarrow1+$이므로

$$\lim_{x\to1}g(f(x))=\lim_{t\to1+}g(t)=1$$

이상에서 극한값이 존재하는 것은 ㄱ, ㄷ이다.

046

함수의 극한에 대한 성질

전략 먼저 $\lim_{x\to0}\dfrac{f(x)}{x}$의 값을 구한다.

풀이 $x\neq0$일 때, 조건 (개)의 식의 양변을 x로 나누면

$$\frac{f(x)}{x}\times\{g(x)-1\}=g(x)+1$$

$$\lim_{x \to 0}\left[\frac{f(x)}{x} \times \{g(x)-1\}\right] = \lim_{x \to 0}\{g(x)+1\}$$

$$\lim_{x \to 0}\frac{f(x)}{x} \times \lim_{x \to 0}\{g(x)-1\} = \lim_{x \to 0}\{g(x)+1\}$$

조건 (나)에서 $\lim\limits_{x \to 0}g(x)=3$이므로

$$\lim_{x \to 0}\frac{f(x)}{x} \times (3-1) = 3+1$$

$$2\lim_{x \to 0}\frac{f(x)}{x}=4$$

$$\therefore \lim_{x \to 0}\frac{f(x)}{x}=2$$

$$\therefore \lim_{x \to 0}\frac{f(x)g(x)-x}{f(x)+x^2}=\lim_{x \to 0}\frac{\dfrac{f(x)}{x} \times g(x)-1}{\dfrac{f(x)}{x}+x}$$

$$=\frac{2 \times 3-1}{2+0}=\frac{5}{2}$$

047

$\dfrac{\infty}{\infty}$ 꼴의 극한

(전략) $2x-f(x)=g(x)$로 놓고 $\lim\limits_{x \to \infty}g(x)=3$, $\lim\limits_{x \to \infty}\dfrac{g(x)}{x}=0$임을 이용한다.

(풀이) $2x-f(x)=g(x)$로 놓으면

$f(x)=2x-g(x)$이고 $\lim\limits_{x \to \infty}g(x)=3$, $\lim\limits_{x \to \infty}\dfrac{g(x)}{x}=0$

$$\therefore \lim_{x \to \infty}\frac{\sqrt{2x+3}-\sqrt{f(x)}}{\sqrt{2x+1}-\sqrt{f(x)}}$$

$$=\lim_{x \to \infty}\frac{\sqrt{2x+3}-\sqrt{2x-g(x)}}{\sqrt{2x+1}-\sqrt{2x-g(x)}}$$

$$=\lim_{x \to \infty}\frac{\{3+g(x)\}\{\sqrt{2x+1}+\sqrt{2x-g(x)}\}}{\{1+g(x)\}\{\sqrt{2x+3}+\sqrt{2x-g(x)}\}}$$

$$=\lim_{x \to \infty}\frac{\{3+g(x)\}\left\{\sqrt{2+\dfrac{1}{x}}+\sqrt{2-\dfrac{g(x)}{x}}\right\}}{\{1+g(x)\}\left\{\sqrt{2+\dfrac{3}{x}}+\sqrt{2-\dfrac{g(x)}{x}}\right\}}$$

$$=\frac{(3+3)\times(\sqrt{2}+\sqrt{2})}{(1+3)\times(\sqrt{2}+\sqrt{2})}$$

$$=\frac{3}{2}$$

048

$\infty \times 0$ 꼴의 극한

(전략) $\dfrac{2}{x}=t$로 치환한다.

(풀이) $\dfrac{2}{x}=t$로 놓으면 $x \longrightarrow \infty$일 때 $t \longrightarrow 0+$이므로

$$\lim_{x \to \infty}(2x-1)\left\{\frac{2}{x}+\left(\frac{2}{x}\right)^2+\left(\frac{2}{x}\right)^3+\cdots+\left(\frac{2}{x}\right)^{20}\right\}$$

$$=\lim_{t \to 0+}\left(\frac{4}{t}-1\right)(t+t^2+t^3+\cdots+t^{20})$$

$$=\lim_{t \to 0+}\left(\frac{4-t}{t}\right)(t+t^2+t^3+\cdots+t^{20})$$

$$=\lim_{t \to 0+}(4-t)(1+t+t^2+\cdots+t^{19})$$

$$=4 \times 1=4$$

049

미정계수의 결정

(전략) $\lim\limits_{x \to a}\dfrac{f(x)}{g(x)}=a$ (a는 실수)일 때, $\lim\limits_{x \to a}g(x)=0$이면 $\lim\limits_{x \to a}f(x)=0$임을 이용한다.

(풀이) $x \longrightarrow 2$일 때 (분모) $\longrightarrow 0$이고 극한값이 존재하므로 (분자) $\longrightarrow 0$이어야 한다.

즉, $\lim\limits_{x \to 2}(2x^2-4ax+b)=0$이므로

$$8-8a+b=0 \qquad \therefore b=8a-8 \qquad \cdots\cdots \text{㉠}$$

$$\therefore \lim_{x \to 2}\frac{2x^2-4ax+b}{(x-2)(x-a)}=\lim_{x \to 2}\frac{2x^2-4ax+8a-8}{(x-2)(x-a)}$$

$$=\lim_{x \to 2}\frac{(x-2)(2x-4a+4)}{(x-2)(x-a)}$$

$$=\lim_{x \to 2}\frac{2x-4a+4}{x-a}$$

(i) $a=2$일 때,

$$\lim_{x \to 2}\frac{2x-4a+4}{x-a}=\lim_{x \to 2}\frac{2x-4}{x-2}=\lim_{x \to 2}\frac{2(x-2)}{x-2}=2 \neq 2^2$$

이므로 주어진 조건을 만족시키지 않는다.

(ii) $a \neq 2$일 때,

$$\lim_{x \to 2}\frac{2x-4a+4}{x-a}=\frac{8-4a}{2-a}=4$$

즉, $a^2=4$이므로 $a=-2$ ($\because a \neq 2$)

$a=-2$를 ㉠에 대입하면 $b=-24$

(i), (ii)에서 $a=-2$, $b=-24$이므로 $ab=-2 \times (-24)=48$

050

미정계수의 결정

(전략) a의 값의 범위를 $a>3$, $a=3$, $a<3$인 경우로 나누어 식을 정리한 후 조건을 만족시키는 a, b의 값을 각각 구한다.

(풀이) (i) $a>3$일 때,

$x \longrightarrow 3$이면 $x<a$이므로

$$\lim_{x \to 3}\frac{|x-a|-|a-3|}{x^2-9}=\lim_{x \to 3}\frac{-(x-a)-(a-3)}{x^2-9}$$

$$=\lim_{x \to 3}\frac{-(x-3)}{(x+3)(x-3)}$$

$$=\lim_{x \to 3}\left(-\frac{1}{x+3}\right)$$

$$=-\frac{1}{3+3}=-\frac{1}{6}$$

즉, $-\dfrac{1}{6}=\dfrac{b}{12}$이므로 $b=-2$

그런데 b는 자연수이어야 하므로 조건을 만족시키지 않는다.

(ii) $a=3$일 때,

$$\lim_{x \to 3}\frac{|x-a|-|a-3|}{x^2-9}=\lim_{x \to 3}\frac{|x-3|}{x^2-9}$$

$$\lim_{x \to 3+}\frac{|x-3|}{x^2-9}=\lim_{x \to 3+}\frac{x-3}{(x+3)(x-3)}=\frac{1}{6}$$

$$\lim_{x \to 3-}\frac{|x-3|}{x^2-9}=\lim_{x \to 3-}\frac{-(x-3)}{(x+3)(x-3)}=-\frac{1}{6}$$

따라서 $\lim\limits_{x \to 3+}\dfrac{|x-3|}{x^2-9} \neq \lim\limits_{x \to 3-}\dfrac{|x-3|}{x^2-9}$이므로 $\lim\limits_{x \to 3}\dfrac{|x-3|}{x^2-9}$의 값은 존재하지 않는다.

(iii) $a<3$일 때,

$x \longrightarrow 3$이면 $x>a$이므로

$$\lim_{x \to 3} \frac{|x-a|-|a-3|}{x^2-9} = \lim_{x \to 3} \frac{(x-a)+(a-3)}{x^2-9}$$

$$= \lim_{x \to 3} \frac{x-3}{(x+3)(x-3)} = \lim_{x \to 3} \frac{1}{x+3}$$

$$= \frac{1}{3+3} = \frac{1}{6}$$

즉, $\dfrac{1}{6} = \dfrac{b}{12}$이므로 $b=2$

이상에서 $a<3$일 때 자연수 a의 최댓값은 2이므로 a^2+b^2의 최댓값은

$$2^2+2^2=8$$

051
다항함수의 결정

(전략) 조건 (가), (나)를 이용하여 함수 $f(x)$의 식을 세운다.

(풀이) 조건 (가)에서 $x \longrightarrow a$일 때 (분모) $\longrightarrow 0$이고 극한값이 존재하므로 (분자) $\longrightarrow 0$이어야 한다.

즉, $\lim\limits_{x \to a} \{f(x)+f(-x)\}=0$이므로

$$f(a)+f(-a)=0 \qquad \therefore f(-a)=-f(a)$$

조건 (나)에서 $x \longrightarrow 1$일 때 (분자) $\longrightarrow 0$이고 0이 아닌 극한값이 존재하므로 (분모) $\longrightarrow 0$이어야 한다.

즉, $\lim\limits_{x \to 1} f(x)=0$이므로 $f(1)=0$

따라서 $f(x)=px^3+qx$ (p, q는 상수, $p \neq 0$)로 놓으면

$$f(1)=p+q=0 \qquad \therefore q=-p$$

$$\therefore \lim_{x \to 1} \frac{x-1}{f(x)} = \lim_{x \to 1} \frac{x-1}{px^3-px} = \lim_{x \to 1} \frac{x-1}{px(x+1)(x-1)}$$

$$= \lim_{x \to 1} \frac{1}{px(x+1)} = \frac{1}{2p}$$

즉, $\dfrac{1}{2p}=1$이므로 $p=\dfrac{1}{2}$ $\qquad \therefore q=-\dfrac{1}{2}$

따라서 $f(x)=\dfrac{1}{2}x^3-\dfrac{1}{2}x$이므로

$$f(2)=\frac{1}{2}\times 8 - \frac{1}{2}\times 2 = 3$$

개념 보충

함수 $f(x)$에 대하여

① $f(-x)=f(x)$이면 $y=f(x)$의 그래프는 y축에 대하여 대칭이다.

② $f(-x)=-f(x)$이면 $y=f(x)$의 그래프는 원점에 대하여 대칭이다.

052
다항함수의 결정

(전략) $f(x)$가 삼차함수이므로 방정식 $f(x)=0$은 적어도 하나의 실근을 가짐을 이용한다.

(풀이) 삼차방정식 $x^3+ax^2+bx+4=0$은 적어도 하나의 실근을 가지므로 $f(\beta)=0$인 실수 β가 존재한다.

모든 실수 α에 대하여 $\lim\limits_{x \to a} \dfrac{f(2x+1)}{f(x)}$의 값이 존재하려면

$f(\beta)=0$인 실수 β에 대하여 $\lim\limits_{x \to \beta} f(x)=0$이므로

$\lim\limits_{x \to \beta} f(2x+1)=0$이어야 한다.

즉, $f(2\beta+1)=0$이므로 $2\beta+1$도 방정식 $f(x)=0$의 실근이다.

그런데 $\beta \neq 2\beta+1$이면 $2(2\beta+1)+1$, $2\{2(2\beta+1)+1\}+1$, $\cdots$도 삼차방정식 $f(x)=0$의 실근이 되므로 모순이다.

따라서 $\beta=2\beta+1$이므로 $\beta=-1$

$f(-1)=0$에서 $-1+a-b+4=0$ $\qquad \therefore b=a+3$

$$\therefore f(x)=x^3+ax^2+(a+3)x+4$$
$$= (x+1)\{x^2+(a-1)x+4\}$$

이차방정식 $x^2+(a-1)x+4=0$의 판별식을 D라 하면 $D<0$이므로

$$D=(a-1)^2-4\times 4<0$$

$$a^2-2a-15<0, \ (a+3)(a-5)<0$$

$$\therefore -3<a<5$$

$f(1)=1+a+(a+3)+4=2a+8$이므로 $f(1)$은 $a=4$일 때 최댓값을 갖는다.

따라서 구하는 최댓값은 $2\times 4+8=16$

053
함수의 극한의 대소 관계

(전략) 먼저 $\lim\limits_{x \to \infty} \dfrac{f(x)}{x}$의 값을 구한 후 이를 이용하여 극한값을 구한다.

(풀이) 조건 (가), (나)에서 모든 실수 x에 대하여 $0 \leq f(x)<1$이므로 $x>0$일 때,

$$0 \leq \frac{f(x)}{x} < \frac{1}{x}$$

이때 $\lim\limits_{x \to \infty} 0=0$, $\lim\limits_{x \to \infty} \dfrac{1}{x}=0$이므로 함수의 극한의 대소 관계에 의하여

$$\lim_{x \to \infty} \frac{f(x)}{x}=0$$

$$\therefore \lim_{x \to \infty} \frac{3f(x)+\sqrt{\{f(x)\}^2+4x^2}}{f(x)+2x}$$

$$= \lim_{x \to \infty} \frac{3\times\dfrac{f(x)}{x}+\sqrt{\left\{\dfrac{f(x)}{x}\right\}^2+4}}{\dfrac{f(x)}{x}+2} = \frac{2}{2}=1$$

054
함수의 극한의 활용

(전략) 이차방정식의 근과 계수의 관계를 이용하여 $g(t)$를 t에 대한 식으로 나타낸다.

(풀이) 기울기가 1이고 y절편이 $g(t)$인 직선 l의 방정식은

$$y=x+g(t)$$

$A(\alpha, \alpha+g(t))$, $B(\beta, \beta+g(t))$라 하면 α, β는 이차방정식 $x^2=x+g(t)$, 즉 $x^2-x-g(t)=0$의 두 근이므로 이차방정식의 근과 계수의 관계에 의하여

$$\alpha+\beta=1, \ \alpha\beta=-g(t) \qquad\qquad \cdots\cdots \ \text{㉠}$$

이때 $\overline{AB}=2t$에서

$$\sqrt{(\alpha-\beta)^2+(\alpha-\beta)^2}=2t$$
$$2(\alpha-\beta)^2=4t^2 \quad \therefore (\alpha-\beta)^2=2t^2 \qquad \cdots\cdots\ \unicode{x24C1}$$
$(\alpha+\beta)^2-4\alpha\beta=(\alpha-\beta)^2$이므로 $\unicode{x24BE}$, $\unicode{x24C1}$을 대입하면
$$1^2-4\times\{-g(t)\}=2t^2,\ 1+4g(t)=2t^2$$
$$\therefore g(t)=\frac{2t^2-1}{4}$$
$$\therefore \lim_{t\to\infty}\frac{g(t)}{t^2}=\lim_{t\to\infty}\frac{2t^2-1}{4t^2}=\lim_{t\to\infty}\frac{2-\dfrac{1}{t^2}}{4}$$
$$=\frac{2}{4}=\frac{1}{2}$$

055

함수의 극한의 활용

전략 점 D에서 선분 AC에 수선을 그어 삼각형의 높이를 구한다.

풀이 오른쪽 그림에서 점 D는 호 AC 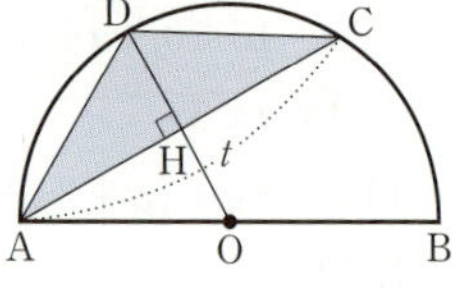
를 이등분하는 점이므로 삼각형 ACD
는 $\overline{\mathrm{AD}}=\overline{\mathrm{DC}}$인 이등변삼각형이다.
점 D에서 선분 AC에 내린 수선의 발
을 H라 하면
$$\overline{\mathrm{AH}}=\overline{\mathrm{HC}}=\frac{t}{2}$$

반원의 중심을 O라 하면 직선 DH는 현 AC의 수직이등분선이므
로 점 O를 지난다.

직각삼각형 AOH에서
$$\overline{\mathrm{OH}}=\sqrt{\overline{\mathrm{AO}}^2-\overline{\mathrm{AH}}^2}=\sqrt{1^2-\left(\frac{t}{2}\right)^2}=\sqrt{1-\frac{t^2}{4}}\ 이므로$$
$$\overline{\mathrm{DH}}=\overline{\mathrm{OD}}-\overline{\mathrm{OH}}=1-\sqrt{1-\frac{t^2}{4}}$$

따라서 삼각형 ACD의 넓이 $S(t)$는
$$S(t)=\frac{1}{2}\times\overline{\mathrm{AC}}\times\overline{\mathrm{DH}}=\frac{t}{2}\left(1-\sqrt{1-\frac{t^2}{4}}\right)$$

$$\therefore \lim_{t\to0+}\frac{S(t)}{t^3}=\lim_{t\to0+}\frac{\dfrac{t}{2}\left(1-\sqrt{1-\dfrac{t^2}{4}}\right)}{t^3}$$
$$=\lim_{t\to0+}\frac{1-\sqrt{1-\dfrac{t^2}{4}}}{2t^2}$$
$$=\lim_{t\to0+}\frac{\left(1-\sqrt{1-\dfrac{t^2}{4}}\right)\left(1+\sqrt{1-\dfrac{t^2}{4}}\right)}{2t^2\left(1+\sqrt{1-\dfrac{t^2}{4}}\right)}$$
$$=\lim_{t\to0+}\frac{\dfrac{t^2}{4}}{2t^2\left(1+\sqrt{1-\dfrac{t^2}{4}}\right)}$$
$$=\lim_{t\to0+}\frac{1}{8\left(1+\sqrt{1-\dfrac{t^2}{4}}\right)}$$
$$=\frac{1}{8\times(1+1)}=\frac{1}{16}$$

개념 보충

원에서 현의 수직이등분선은 그 원의 중심을 지난다.

---

056 20 **057** 14 **058** ②

056

함수의 극한

1단계 t의 값의 범위에 따라 $g(t)$를 구한다.

함수 $y=f(x)$의 그래프는 오른쪽 그림과 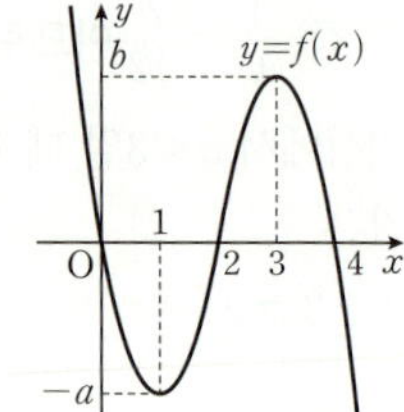
같으므로 함수 $y=f(x)$의 그래프와 직선
$y=t$가 만나는 점의 개수 $g(t)$는 다음과
같다.
$$g(t)=\begin{cases} 1 & (t<-a) \\ 2 & (t=-a) \\ 3 & (-a<t<b) \\ 2 & (t=b) \\ 1 & (t>b) \end{cases}$$

2단계 k의 값 또는 값의 범위에 따라 $g(k)$, $\lim\limits_{t\to k-}g(t)$, $\lim\limits_{t\to k+}g(t)$의 값을 구해 보고, $g(k)+\lim\limits_{t\to k-}g(t)+\lim\limits_{t\to k+}g(t)\geq6$을 만족시키는 조건을 구한다.

k의 값 또는 값의 범위에 따라 $g(k)$, $\lim\limits_{t\to k-}g(t)$, $\lim\limits_{t\to k+}g(t)$의 값을 각각 구하면 다음 표와 같다.

	$g(k)$	$\lim\limits_{t\to k-}g(t)$	$\lim\limits_{t\to k+}g(t)$
$k<-a$	1	1	1
$k=-a$	2	1	3
$-a<k<b$	3	3	3
$k=b$	2	3	1
$k>b$	1	1	1

따라서 $g(k)+\lim\limits_{t\to k-}g(t)+\lim\limits_{t\to k+}g(t)\geq6$을 만족시키는 k의 값의 범위는
$$-a\leq k\leq b \qquad \cdots\cdots\ \unicode{x24B6}$$

3단계 $g(k)+\lim\limits_{t\to k-}g(t)+\lim\limits_{t\to k+}g(t)\geq6$을 만족시키는 정수 k의 개수가 10이 되도록 하는 두 자연수 a, b를 파악하고, ab의 최댓값을 구한다.

$\unicode{x24B6}$을 만족시키는 정수 k의 개수는 $a+b+1$이므로
$$a+b+1=10 \quad \therefore a+b=9$$
이를 만족시키는 자연수 a, b의 순서쌍 (a, b)는
$$(1, 8), (2, 7), (3, 6), \cdots, (8, 1)$$
따라서 ab의 최댓값은 $(4, 5)$ 또는 $(5, 4)$일 때이므로
$$4\times5=20$$

057

다항함수의 결정

1단계 조건을 만족시키는 함수 $f(x)$를 구한다.

조건 (가)에서 $g(1)=0$이므로 $g(x)$는 $x-1$을 인수로 갖는다.
따라서 $g(x)=(x-1)(x^2+ax+b)$ $(a, b$는 상수)로 놓을 수 있다.
조건 (나)에서 $n=1$일 때,
$$\lim_{x\to1}\frac{f(x)}{(x-1)g(x)}=\lim_{x\to1}\frac{f(x)}{(x-1)^2(x^2+ax+b)}=1$$
이므로 $f(x)$는 $(x-1)^2$을 인수로 갖는다.

또, $n=2$일 때,

$$\lim_{x\to 2}\frac{f(x)}{(x-2)g(x)}=\lim_{x\to 2}\frac{f(x)}{(x-2)(x-1)(x^2+ax+b)}=\frac{1}{2}$$

이므로 $f(x)$는 $x-2$를 인수로 갖는다.

$$\therefore f(x)=(x-1)^2(x-2)$$

[2단계] 조건 (나)의 극한값을 이용하여 함수 $g(x)$를 구한 후 $g(3)$의 값을 구한다.

$$\lim_{x\to 1}\frac{f(x)}{(x-1)g(x)}=\lim_{x\to 1}\frac{(x-1)^2(x-2)}{(x-1)^2(x^2+ax+b)}$$

$$=\lim_{x\to 1}\frac{x-2}{x^2+ax+b}=\frac{-1}{1+a+b}$$

즉, $\dfrac{-1}{1+a+b}=1$이므로 $a+b=-2$ $\qquad$ ······ ㉠

$$\lim_{x\to 2}\frac{f(x)}{(x-2)g(x)}=\lim_{x\to 2}\frac{(x-1)^2(x-2)}{(x-2)(x-1)(x^2+ax+b)}$$

$$=\lim_{x\to 2}\frac{x-1}{x^2+ax+b}=\frac{1}{4+2a+b}$$

즉, $\dfrac{1}{4+2a+b}=\dfrac{1}{2}$이므로 $2a+b=-2$ $\qquad$ ······ ㉡

㉠, ㉡을 연립하여 풀면 $a=0$, $b=-2$

따라서 $g(x)=(x-1)(x^2-2)$이므로

$$g(3)=2\times 7=14$$

058

함수의 극한의 활용

[1단계] 삼각형의 닮음비를 이용하여 $S(t)$, $T(t)$의 관계를 파악한다.

오른쪽 그림과 같이 두 선분 AB, OP 의 교점을 M이라 하면 직각삼각형 OAP와 직각삼각형 OMA는 서로 닮음이고, 닮음비가 $\overline{OP}:\overline{OA}$이므로 넓이의 비는 $\overline{OP}^2:\overline{OA}^2$이다.

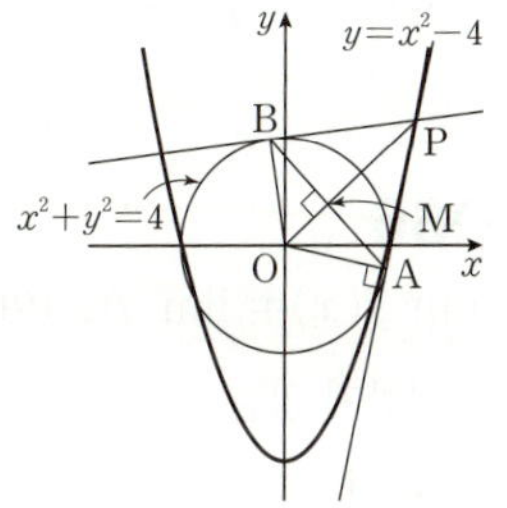

두 삼각형 OAP, OMA의 넓이는 각

각 $\dfrac{S(t)+T(t)}{2}$, $\dfrac{S(t)}{2}$이므로

$$\overline{OP}^2:\overline{OA}^2=\frac{S(t)+T(t)}{2}:\frac{S(t)}{2}$$

$$\frac{1}{2}\overline{OA}^2\{S(t)+T(t)\}=\frac{1}{2}\overline{OP}^2 S(t)$$

$$\overline{OA}^2 T(t)=(\overline{OP}^2-\overline{OA}^2)S(t)\qquad \therefore \frac{T(t)}{S(t)}=\frac{\overline{OP}^2-\overline{OA}^2}{\overline{OA}^2}$$

[2단계] $\dfrac{T(t)}{S(t)}$를 t에 대한 식으로 나타낸다.

$\overline{OA}=2$, $\overline{OP}=\sqrt{t^2+(t^2-4)^2}$이므로

$$\frac{T(t)}{S(t)}=\frac{t^2+(t^2-4)^2-2^2}{2^2}=\frac{1}{4}(t+2)(t-2)(t^2-3)$$

[3단계] $\displaystyle\lim_{t\to 2+}\frac{T(t)}{(t-2)S(t)}+\lim_{t\to \infty}\frac{T(t)}{(t^4-2)S(t)}$의 값을 구한다.

$$\therefore \lim_{t\to 2+}\frac{T(t)}{(t-2)S(t)}+\lim_{t\to \infty}\frac{T(t)}{(t^4-2)S(t)}$$

$$=\lim_{t\to 2+}\frac{(t+2)(t-2)(t^2-3)}{4(t-2)}+\lim_{t\to \infty}\frac{(t+2)(t-2)(t^2-3)}{4(t^4-2)}$$

$$=\lim_{t\to 2+}\frac{(t+2)(t^2-3)}{4}+\lim_{t\to \infty}\frac{(t+2)(t-2)(t^2-3)}{4(t^4-2)}$$

$$=1+\frac{1}{4}=\frac{5}{4}$$

059 ③	**060** ㄱ, ㄷ	**061** ①	**062** 4	**063** ④
064 ⑤	**065** 3	**066** ③	**067** ④	**068** ④
069 -1	**070** 11	**071** ⑤	**072** 12	**073** ⑤
074 ⑤	**075** 3	**076** ④	**077** 1	**078** ②
079 ③	**080** ③	**081** ①	**082** ③	**083** ④
084 ④	**085** 11	**086** ③	**087** 12	**088** ④
089 3	**090** ②	**091** ④		

059

① , ④ $x=2$에서 정의되지 않으므로 함수 $f(x)$는 $x=2$에서 불연속이다.

② $\displaystyle\lim_{x\to 2+}f(x)=\lim_{x\to 2+}x[x]=2\times 2=4$

$\displaystyle\lim_{x\to 2-}f(x)=\lim_{x\to 2-}x[x]=2\times 1=2$

$\therefore \displaystyle\lim_{x\to 2+}f(x)\neq \lim_{x\to 2-}f(x)$

즉, $\displaystyle\lim_{x\to 2}f(x)$의 값이 존재하지 않으므로 함수 $f(x)$는 $x=2$에서 불연속이다.

③ $f(2)=0$이고

$\displaystyle\lim_{x\to 2+}f(x)=\lim_{x\to 2+}\sqrt{x-2}=0$

$\displaystyle\lim_{x\to 2-}f(x)=0$

$\therefore \displaystyle\lim_{x\to 2}f(x)=0$

따라서 $\displaystyle\lim_{x\to 2}f(x)=f(2)$이므로 함수 $f(x)$는 $x=2$에서 연속이다.

⑤ $f(2)=1$이고 $\displaystyle\lim_{x\to 2}f(x)=\lim_{x\to 2}(x^2-4)=0$

즉, $\displaystyle\lim_{x\to 2}f(x)\neq f(2)$이므로 함수 $f(x)$는 $x=2$에서 불연속이다.

따라서 $x=2$에서 연속인 함수는 ③이다.

060

ㄱ. $f(x)=\begin{cases} -x^2 & (x<0) \\ x^2 & (x\geq 0) \end{cases}$이므로 함수 $f(x)$가 모든 실수 x에서 연속이려면 $x=0$에서 연속이어야 한다.

이때 $f(0)=0$이고 $\displaystyle\lim_{x\to 0}f(x)=\lim_{x\to 0}x|x|=0$

즉, $\displaystyle\lim_{x\to 0}f(x)=f(0)$이므로 함수 $f(x)$는 $x=0$에서 연속이다.

따라서 함수 $f(x)$는 모든 실수 x에서 연속이다.

ㄴ. 함수 $f(x)=\sqrt{4-x}$는 $4-x\geq 0$, 즉 $x\leq 4$에서 연속이므로 구간 $(-\infty,\ 4]$에서 연속이다.

ㄷ. 함수 $f(x)$가 모든 실수 x에서 연속이려면 $x=-1$에서 연속이어야 한다.

이때 $f(-1)=-2$이고

$\displaystyle\lim_{x\to -1}f(x)=\lim_{x\to -1}\frac{x^2-1}{x+1}=\lim_{x\to -1}\frac{(x+1)(x-1)}{x+1}$

$$=\lim_{x\to -1}(x-1)=-2$$

즉, $\lim\limits_{x \to -1} f(x)=f(-1)$이므로 함수 $f(x)$는 $x=-1$에서 연속이다.

따라서 함수 $f(x)$는 모든 실수 x에서 연속이다.

이상에서 모든 실수 x에서 연속인 함수는 ㄱ, ㄷ이다.

061

함수 $f(x)$가 $x=4$에서 연속이므로

$\lim\limits_{x \to 4} f(x)=f(4)$

$\therefore f(4)=\lim\limits_{x \to 4}\dfrac{\sqrt{x}-2}{x^2-4x}$

$\qquad =\lim\limits_{x \to 4}\dfrac{(\sqrt{x}-2)(\sqrt{x}+2)}{(x^2-4x)(\sqrt{x}+2)}$

$\qquad =\lim\limits_{x \to 4}\dfrac{x-4}{x(x-4)(\sqrt{x}+2)}$

$\qquad =\lim\limits_{x \to 4}\dfrac{1}{x(\sqrt{x}+2)}$

$\qquad =\dfrac{1}{16}$

062

$f(a)=4a+5$

$\lim\limits_{x \to a+} f(x)=\lim\limits_{x \to a+}(4x+5)=4a+5$

$\lim\limits_{x \to a-} f(x)=\lim\limits_{x \to a-}x^2=a^2$

이때 함수 $f(x)$가 $x=a$에서 연속이려면 $\lim\limits_{x \to a} f(x)=f(a)$이어야 하므로

$4a+5=a^2$, $a^2-4a-5=0$

$(a+1)(a-5)=0$

$\therefore a=-1$ 또는 $a=5$

따라서 모든 실수 a의 값의 합은

$-1+5=4$

063

$f(x)=\dfrac{1}{x-\dfrac{2}{x-1}}=\dfrac{1}{\dfrac{x^2-x-2}{x-1}}$

$\qquad =\dfrac{x-1}{x^2-x-2}=\dfrac{x-1}{(x+1)(x-2)}$

따라서 $x-1=0$, $(x+1)(x-2)=0$인 x의 값에서 함수 $f(x)$가 정의되지 않으므로 불연속이 되는 x의 값은 -1, 1, 2의 3개이다.

064

① $\lim\limits_{x \to 0+} f(x)=\lim\limits_{x \to 0+}\dfrac{x(x+2)}{x}$

$\qquad =\lim\limits_{x \to 0+}(x+2)$

$\qquad =2$

② $x=0$에서 정의되지 않으므로 함수 $f(x)$는 $x=0$에서 불연속이다.

③ 정의역은 0을 제외한 모든 실수이므로
$(-\infty, 0)\cup(0, \infty)$이다.

④ $\lim\limits_{x \to 0+} f(x)=2\ (\because ①)$

$\lim\limits_{x \to 0-} f(x)=\lim\limits_{x \to 0-}\dfrac{x(x+2)}{-x}$

$\qquad =\lim\limits_{x \to 0-}\{-(x+2)\}=-2$

즉, $\lim\limits_{x \to 0+} f(x)\neq\lim\limits_{x \to 0-} f(x)$이므로 $\lim\limits_{x \to 0} f(x)$의 값이 존재하지 않는다.

⑤ $f(0)=2$로 정의해도 $\lim\limits_{x \to 0} f(x)$의 값이 존재하지 않으므로 함수 $f(x)$는 $x=0$에서 불연속이다.

따라서 옳지 않은 것은 ⑤이다.

065

모든 실수 x에서 $f(x)$가 연속이 되려면 $x^2+3x+a=0$이 되는 x의 값이 존재하지 않아야 하므로 방정식 $x^2+3x+a=0$의 실근이 존재하지 않아야 한다.

방정식 $x^2+3x+a=0$의 판별식을 D라 하면

$D=9-4a<0$

$\therefore a>\dfrac{9}{4}$

따라서 정수 a의 최솟값은 3이다.

066

$\lim\limits_{x \to 1+} f(x)\neq\lim\limits_{x \to 1-} f(x)$이므로 함수 $f(x)$는 $x=1$에서 극한값이 존재하지 않는다.

$\therefore a=1$

또, 함수 $f(x)$는 $x=1$에서 극한값이 존재하지 않으므로 불연속이고 $x=2$에서 $\lim\limits_{x \to 2} f(x)\neq f(2)$이므로 불연속이다.

$\therefore b=2$

$\therefore a+b=1+2=3$

067

ㄱ. $\lim\limits_{x \to 1+} f(x)=\lim\limits_{x \to 1-} f(x)=1$

$\qquad \therefore \lim\limits_{x \to 1} f(x)=1$ (거짓)

ㄴ. $\lim\limits_{x \to 0+} f(x)=2$, $\lim\limits_{x \to 0-} f(x)=-1$이므로

$\qquad \lim\limits_{x \to 0+} f(x)\neq\lim\limits_{x \to 0-} f(x)$

$\qquad$ 따라서 $\lim\limits_{x \to 0} f(x)$의 값은 존재하지 않는다. (참)

ㄷ. $\lim\limits_{x \to -1+} f(x)\neq\lim\limits_{x \to -1-} f(x)$, $\lim\limits_{x \to 0+} f(x)\neq\lim\limits_{x \to 0-} f(x)$,

$\qquad \lim\limits_{x \to 1} f(x)\neq f(1)$이므로 함수 $f(x)$는 $x=-1$, $x=0$, $x=1$에서 불연속이다.

$\qquad$ 따라서 함수 $f(x)$가 불연속인 x의 값의 개수는 3이다. (참)

이상에서 옳은 것은 ㄴ, ㄷ이다.

068

ㄱ. $\lim\limits_{x\to 0+} f(x)=1$ (참)

ㄴ. $\lim\limits_{x\to 2-} f(x)=-1$ (거짓)

ㄷ. 함수 $y=|f(x)|$의 그래프는 오른
쪽 그림과 같으므로 함수 $|f(x)|$는
$x=0$에서 연속이다. (참)

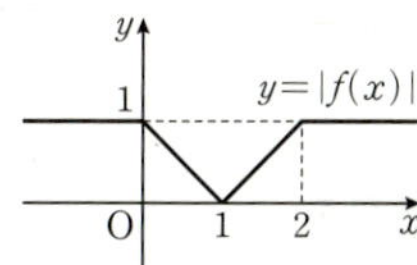

이상에서 옳은 것은 ㄱ, ㄷ이다.

069

함수 $y=g(x)$의 그래프는 오른쪽 그림
과 같으므로

$$\lim_{x\to -2+} g(x)\neq \lim_{x\to -2-} g(x)$$
$$\lim_{x\to 1+} g(x)\neq \lim_{x\to 1-} g(x)$$

따라서 함수 $g(x)$는 $x=-2$, $x=1$에서 불연속이므로 구하는 합은
$-2+1=-1$

다른 풀이 열린구간 $(-3, 2)$에서 함수 $f(x)$는 $x=-2$에서 불연속
이고, 함수 $g(x)$는 $x=-1$, $x=1$을 기준으로 다르게 정의되어 있
으므로 함수 $g(x)$가 $x=-2$, $x=-1$, $x=1$에서 연속인지 확인하
면 된다.

(ⅰ) $x=-2$일 때,

$g(-2)=f(-2)=1$

$\lim\limits_{x\to -2+} g(x)=\lim\limits_{x\to -2+} f(x)=1$

$\lim\limits_{x\to -2-} g(x)=\lim\limits_{x\to -2-} f(x)=0$

이므로 함수 $g(x)$는 $x=-2$에서 불연속이다.

(ⅱ) $x=-1$일 때,

$g(-1)=-f(-1)=0$

$\lim\limits_{x\to -1+} g(x)=\lim\limits_{x\to -1+} \{-f(x)\}=0$

$\lim\limits_{x\to -1-} g(x)=\lim\limits_{x\to -1-} f(x)=0$

이므로 함수 $g(x)$는 $x=-1$에서 연속이다.

(ⅲ) $x=1$일 때,

$g(1)=-f(1)=-1$

$\lim\limits_{x\to 1+} g(x)=\lim\limits_{x\to 1+} f(x)=1$

$\lim\limits_{x\to 1-} g(x)=\lim\limits_{x\to 1-} \{-f(x)\}=-1$

이므로 함수 $g(x)$는 $x=1$에서 불연속이다.

이상에서 열린구간 $(-3, 2)$에서 함수 $g(x)$는 $x=-2$, $x=1$에서
불연속이므로 구하는 합은
$-2+1=-1$

070

함수 $f(x)$가 실수 전체의 집합에서 연속이므로 $x=3$에서도 연속
이다. 즉, $\lim\limits_{x\to 3} f(x)=f(3)=a$이어야 한다.

$$\lim_{x\to 3}\frac{2x^2-x-15}{x-3}=\lim_{x\to 3}\frac{(2x+5)(x-3)}{x-3}$$
$$=\lim_{x\to 3}(2x+5)$$
$$=11$$

이므로 $a=11$

$x\neq a$인 모든 실수 x에서 연속인 함수 $g(x)$에 대하여 함수

$$f(x)=\begin{cases} g(x) & (x\neq a) \\ k & (x=a) \end{cases}\ (k\text{는 상수})\text{가 모든 실수 }x\text{에서 연속이면}$$

$$\lim_{x\to a} g(x)=k$$

071

함수 $f(x)$가 구간 $(-\infty, \infty)$에서 연속이려면 $x=1$에서도 연속
이어야 한다.

즉, $\lim\limits_{x\to 1} f(x)=f(1)$이어야 하므로

$$\lim_{x\to 1}\frac{x^2+ax-2}{x-1}=b$$

$x\longrightarrow 1$일 때 (분모) $\longrightarrow 0$이고 극한값이 존재하므로
(분자) $\longrightarrow 0$이어야 한다.

즉, $\lim\limits_{x\to 1}(x^2+ax-2)=0$이므로

$1+a-2=0$ $\quad \therefore a=1$

$$\therefore b=\lim_{x\to 1}\frac{x^2+ax-2}{x-1}$$
$$=\lim_{x\to 1}\frac{x^2+x-2}{x-1}$$
$$=\lim_{x\to 1}\frac{(x+2)(x-1)}{x-1}$$
$$=\lim_{x\to 1}(x+2)=3$$

$\therefore a^2+b^2=1^2+3^2=10$

072

함수 $f(x)$가 $x=-1$에서 연속이려면 $\lim\limits_{x\to -1} f(x)=f(-1)$이어야
하므로

$$\lim_{x\to -1}\frac{a\sqrt{x+5}+b}{x+1}=1$$

$x\longrightarrow -1$일 때 (분모) $\longrightarrow 0$이고 극한값이 존재하므로
(분자) $\longrightarrow 0$이어야 한다.

즉, $\lim\limits_{x\to -1}(a\sqrt{x+5}+b)=0$이므로

$2a+b=0$

$\therefore b=-2a$ $\qquad\qquad\qquad \cdots\cdots$ ㉠

$$\therefore \lim_{x\to -1}\frac{a\sqrt{x+5}+b}{x+1}=\lim_{x\to -1}\frac{a\sqrt{x+5}-2a}{x+1}$$
$$=\lim_{x\to -1}\frac{a(\sqrt{x+5}-2)(\sqrt{x+5}+2)}{(x+1)(\sqrt{x+5}+2)}$$
$$=\lim_{x\to -1}\frac{a(x+1)}{(x+1)(\sqrt{x+5}+2)}$$
$$=\lim_{x\to -1}\frac{a}{\sqrt{x+5}+2}$$
$$=\frac{a}{4}$$

즉, $\dfrac{a}{4}=1$이므로 $a=4$

$a=4$를 ㉠에 대입하면 $b=-8$

$\therefore a-b=4-(-8)=12$

073

$$f(x)=\begin{cases} -x+a & (\,|x|>2) \\ x^2+bx+3 & (\,|x|\leq2) \end{cases}$$

$$=\begin{cases} -x+a & (x<-2) \\ x^2+bx+3 & (-2\leq x\leq2) \\ -x+a & (x>2) \end{cases}$$

함수 $f(x)$가 모든 실수 x에서 연속이므로 $x=-2$, $x=2$에서도 연속이다.

(i) $x=-2$에서 연속일 때,

$\quad f(-2)=7-2b$

$\quad \displaystyle\lim_{x\to-2+}f(x)=\lim_{x\to-2+}(x^2+bx+3)=7-2b$

$\quad \displaystyle\lim_{x\to-2-}f(x)=\lim_{x\to-2-}(-x+a)=2+a$

$\quad$ 즉, $7-2b=2+a$이므로

$\quad a+2b=5$ $\qquad\qquad\qquad\cdots\cdots$ ㉠

(ii) $x=2$에서 연속일 때,

$\quad f(2)=7+2b$

$\quad \displaystyle\lim_{x\to2+}f(x)=\lim_{x\to2+}(-x+a)=-2+a$

$\quad \displaystyle\lim_{x\to2-}f(x)=\lim_{x\to2-}(x^2+bx+3)=7+2b$

$\quad$ 즉, $-2+a=7+2b$이므로

$\quad a-2b=9$ $\qquad\qquad\qquad\cdots\cdots$ ㉡

㉠, ㉡을 연립하여 풀면

$a=7,\ b=-1$

$\therefore a+b=7+(-1)=6$

074

함수 $f(x)$가 실수 전체의 집합에서 연속이므로 $x=-2$, $x=0$에서도 연속이다.

(i) $x=-2$에서 연속일 때,

$\quad \displaystyle\lim_{x\to-2+}f(x)=\lim_{x\to-2-}f(x)=f(-2)$이므로

$\quad 4-2a+b=2$

$\quad \therefore 2a-b=2$ $\qquad\qquad\qquad\cdots\cdots$ ㉠

(ii) $x=0$에서 연속일 때,

$\quad \displaystyle\lim_{x\to0+}f(x)=\lim_{x\to0-}f(x)=f(0)$

$\quad \therefore b=4$

$\quad b=4$를 ㉠에 대입하면

$\quad 2a-4=2$

$\quad \therefore a=3$

(i), (ii)에서 $-2<x<0$일 때, $f(x)=x^2+3x+4$이므로

$f(-1)=1-3+4=2$

075

$f(2)=5-2a$

$\displaystyle\lim_{x\to2+}f(x)=\lim_{x\to2+}([x]^2-a[x]+1)$

$\qquad\qquad =2^2-a\times2+1=5-2a$

$\displaystyle\lim_{x\to2-}f(x)=\lim_{x\to2-}([x]^2-a[x]+1)$

$\qquad\qquad =1^2-a\times1+1=2-a$

이때 함수 $f(x)$가 $x=2$에서 연속이므로

$\displaystyle\lim_{x\to2+}f(x)=\lim_{x\to2-}f(x)=f(2)$

즉, $5-2a=2-a$이므로

$-a=-3$ $\qquad \therefore a=3$

076

$x\neq-1$일 때, $f(x)=\dfrac{x^2-x+a}{x+1}$

함수 $f(x)$가 모든 실수 x에서 연속이므로 $x=-1$에서도 연속이다.

즉, $\displaystyle\lim_{x\to-1}f(x)=f(-1)$이어야 하므로

$\displaystyle\lim_{x\to-1}\dfrac{x^2-x+a}{x+1}=f(-1)$

$x\longrightarrow-1$일 때 (분모)$\longrightarrow0$이고 극한값이 존재하므로

(분자)$\longrightarrow0$이어야 한다.

즉, $\displaystyle\lim_{x\to-1}(x^2-x+a)=0$이므로

$1+1+a=0$

$\therefore a=-2$

$\therefore f(-1)=\displaystyle\lim_{x\to-1}\dfrac{x^2-x+a}{x+1}$

$\qquad\quad =\displaystyle\lim_{x\to-1}\dfrac{x^2-x-2}{x+1}$

$\qquad\quad =\displaystyle\lim_{x\to-1}\dfrac{(x+1)(x-2)}{x+1}$

$\qquad\quad =\displaystyle\lim_{x\to-1}(x-2)$

$\qquad\quad =-3$

연속함수 $g(x)$에 대하여 함수 $f(x)$가 $(x-a)f(x)=g(x)$를 만족시킬 때, $f(x)$가 모든 실수 x에서 연속이면

$$f(a)=\lim_{x\to a}\dfrac{g(x)}{x-a}$$

077

$x\neq0$, $x\neq1$일 때, $f(x)=\dfrac{x^3+ax^2+b}{x^2-x}$

함수 $f(x)$가 모든 실수 x에서 연속이므로 $x=0$, $x=1$에서도 연속이다.

(i) $x=0$에서 연속일 때,

$\quad \displaystyle\lim_{x\to0}f(x)=f(0)$이어야 하므로

$\quad \displaystyle\lim_{x\to0}\dfrac{x^3+ax^2+b}{x^2-x}=f(0)$

$\quad x\longrightarrow0$일 때 (분모)$\longrightarrow0$이고 극한값이 존재하므로

$\quad$ (분자)$\longrightarrow0$이어야 한다.

$\quad$ 즉, $\displaystyle\lim_{x\to0}(x^3+ax^2+b)=0$이므로

$\quad b=0$

(ii) $x=1$에서 연속일 때,

$\quad \displaystyle\lim_{x\to1}f(x)=f(1)$이어야 하므로

$\quad \displaystyle\lim_{x\to1}\dfrac{x^3+ax^2+b}{x^2-x}=f(1)$

$x \longrightarrow 1$일 때 (분모) $\longrightarrow 0$이고 극한값이 존재하므로
(분자) $\longrightarrow 0$이어야 한다.

즉, $\displaystyle\lim_{x \to 1}(x^3+ax^2+b)=0$이므로

$1+a+b=0$ $\therefore a+b=-1$

위의 식에 $b=0$을 대입하면

$a=-1$

(i), (ii)에서

$$f(1)=\lim_{x \to 1}\frac{x^3+ax^2+b}{x^2-x}$$
$$=\lim_{x \to 1}\frac{x^3-x^2}{x^2-x}$$
$$=\lim_{x \to 1}\frac{x^2(x-1)}{x(x-1)}$$
$$=\lim_{x \to 1}x$$
$$=1$$

078

$x \neq 3$일 때, $f(x)=\dfrac{a\sqrt{x-2}+b}{x-3}$

함수 $f(x)$가 $x \geq 2$인 모든 실수 x에서 연속이므로 $x=3$에서도 연속이다.

즉, $\displaystyle\lim_{x \to 3}f(x)=f(3)=1$이어야 하므로

$$\lim_{x \to 3}\frac{a\sqrt{x-2}+b}{x-3}=1$$

$x \longrightarrow 3$일 때 (분모) $\longrightarrow 0$이고 극한값이 존재하므로
(분자) $\longrightarrow 0$이어야 한다.

즉, $\displaystyle\lim_{x \to 3}(a\sqrt{x-2}+b)=0$이므로

$a+b=0$ $\therefore b=-a$ $\qquad\qquad\cdots\cdots$ ㉠

$$\therefore \lim_{x \to 3}\frac{a\sqrt{x-2}+b}{x-3}=\lim_{x \to 3}\frac{a\sqrt{x-2}-a}{x-3}$$
$$=\lim_{x \to 3}\frac{a(\sqrt{x-2}-1)(\sqrt{x-2}+1)}{(x-3)(\sqrt{x-2}+1)}$$
$$=\lim_{x \to 3}\frac{a(x-3)}{(x-3)(\sqrt{x-2}+1)}$$
$$=\lim_{x \to 3}\frac{a}{\sqrt{x-2}+1}$$
$$=\frac{a}{2}$$

즉, $\dfrac{a}{2}=1$이므로 $a=2$

$a=2$를 ㉠에 대입하면 $b=-2$

$\therefore ab=2 \times (-2)=-4$

079

①, ②, ④ 세 함수 $f(x)-g(x)$, $\{f(x)\}^2$, $2f(x)+5g(x)$는 모두 다항함수이므로 실수 전체의 집합에서 연속이다.

③ $\dfrac{f(x)}{g(x)}=\dfrac{x^2+3}{x-1}$

따라서 함수 $\dfrac{f(x)}{g(x)}$는 $x=1$에서 정의되지 않으므로 $x=1$에서 불연속이다.

⑤ $\dfrac{2}{f(x)+g(x)}=\dfrac{2}{x^2+3+(x-1)}$
$$=\dfrac{2}{x^2+x+2}$$

이때 $x^2+x+2=\left(x+\dfrac{1}{2}\right)^2+\dfrac{7}{4}>0$이므로

함수 $\dfrac{2}{f(x)+g(x)}$는 실수 전체의 집합에서 연속이다.

따라서 실수 전체의 집합에서 연속인 함수가 아닌 것은 ③이다.

080

① $\{f(x)\}^2=f(x) \times f(x)$이므로 함수 $y=\{f(x)\}^2$은 $x=a$에서 연속이다.

② $f(a) \neq 0$이므로 함수 $y=\dfrac{1}{f(x)}$은 $x=a$에서 연속이다.

③ [반례] $f(x)=\dfrac{1}{x-1}$이면 함수 $f(x)$는 $x=2$에서 연속이지만

함수 $(f \circ f)(x)=\dfrac{1-x}{x-2}$는 $x=2$에서 불연속이다.

④ $g(x)=x^2$으로 놓으면 함수 $g(x)$는 $x=a$에서 연속이므로 함수 $y=g(x)-f(x)$, 즉 $y=x^2-f(x)$는 $x=a$에서 연속이다.

⑤ $g(x)=x^2$으로 놓으면 함수 $g(x)$는 $x=a$에서 연속이므로 함수 $y=g(x)f(x)$, 즉 $y=x^2f(x)$는 $x=a$에서 연속이다.

따라서 $x=a$에서 항상 연속인 함수가 아닌 것은 ③이다.

참고 ③ 함수 $(f \circ f)(x)$가 $x=a$에서 연속이려면
$\displaystyle\lim_{x \to a}(f \circ f)(x)=(f \circ f)(a)$이어야 하므로 $f(x)$가 $x=f(a)$에서 연속이라는 조건이 필요하다.

081

함수 $\{f(x)\}^2$이 실수 전체의 집합에서 연속이 되려면 $x=2$에서도 연속이어야 한다.

즉, $\displaystyle\lim_{x \to 2+}\{f(x)\}^2=\lim_{x \to 2-}\{f(x)\}^2=\{f(2)\}^2$이어야 하므로

$\displaystyle\lim_{x \to 2+}(-x+1)^2=\lim_{x \to 2-}(x^2-ax+1)^2=1$

$(5-2a)^2=1$, $4a^2-20a+24=0$

$a^2-5a+6=0$, $(a-2)(a-3)=0$

$\therefore a=2$ 또는 $a=3$

따라서 모든 상수 a의 값의 합은

$2+3=5$

082

ㄱ. 임의의 실수 a에 대하여 $\displaystyle\lim_{x \to a}g(x)=b$로 놓으면 $g(x)$가 연속함수이므로 $g(a)=b$

$g(x)=t$로 놓으면 $x \longrightarrow a$일 때 $t \longrightarrow b$이므로

$\displaystyle\lim_{x \to a}(f \circ g)(x)=\lim_{x \to a}f(g(x))=\lim_{t \to b}f(t)$

이때 $f(x)$가 연속함수이므로

$\displaystyle\lim_{t \to b}f(t)=f(b)=f(g(a))=(f \circ g)(a)$

즉, $\displaystyle\lim_{x \to a}(f \circ g)(x)=(f \circ g)(a)$이므로 $(f \circ g)(x)$도 연속함수이다. (참)

ㄴ. $f(x)+g(x)=h(x)$로 놓으면

$\quad g(x)=h(x)-f(x)$

이때 $f(x)$와 $h(x)$가 연속함수이므로 $g(x)$도 연속함수이다.

(참)

ㄷ. [반례] $f(x)=0$, $g(x)=\begin{cases} -1 & (x<0) \\ 1 & (x\geq0) \end{cases}$ 이면 $f(x)$와

$\quad f(x)g(x)$는 연속함수이지만 함수 $g(x)$는 $x=0$에서 불연속

이다. (거짓)

이상에서 옳은 것은 ㄱ, ㄴ이다.

083

조건 (가)에서 함수 $\dfrac{x}{f(x)}$가 $x=1$, $x=2$에서 불연속이므로

$f(1)=0$, $f(2)=0$

$f(x)=a(x-1)(x-2)(x-b)$ $(a, b$는 상수, $a\neq0)$로 놓으면

조건 (나)에서

$\displaystyle \lim_{x\to1}\dfrac{f(x)}{(x-1)^2}=\lim_{x\to1}\dfrac{a(x-1)(x-2)(x-b)}{(x-1)^2}$

$\qquad\qquad\qquad =\displaystyle\lim_{x\to1}\dfrac{a(x-2)(x-b)}{x-1}$

$x\longrightarrow1$일 때 (분모) $\longrightarrow0$이고 극한값이 존재하므로

(분자) $\longrightarrow0$이어야 한다.

즉, $\displaystyle\lim_{x\to1}a(x-2)(x-b)=0$이므로

$-a(1-b)=0$ $\qquad\therefore b=1$ $(\because a\neq0)$

$\displaystyle\lim_{x\to1}\dfrac{f(x)}{(x-1)^2}=\lim_{x\to1}\dfrac{a(x-1)^2(x-2)}{(x-1)^2}$

$\qquad\qquad\qquad =\displaystyle\lim_{x\to1}a(x-2)=-a$

즉, $-a=-3$이므로 $a=3$

따라서 $f(x)=3(x-1)^2(x-2)$이므로

$f(3)=3\times4\times1=12$

084

① $\displaystyle\lim_{x\to3+}f(x)=\lim_{x\to3-}f(x)=4$이므로 $\displaystyle\lim_{x\to3}f(x)=4$이다.

② $\displaystyle\lim_{x\to5+}f(x)\neq\lim_{x\to5-}f(x)$이므로 $\displaystyle\lim_{x\to5}f(x)$의 값은 존재하지 않
는다.

③ 함수 $f(x)$가 불연속이 되는 x의 값은 3, 5의 2개이다.

④ 함수 $f(x)$는 닫힌구간 $[0, 3]$에서 $x=3$일 때 불연속이고, 최
댓값을 갖지 않는다.

⑤ 함수 $f(x)$는 닫힌구간 $[0, 2]$에서 연속이므로 최대·최소 정리
에 의하여 최솟값을 갖는다.

따라서 옳지 않은 것은 ④이다.

085

함수 $f(x)=x^2+4x$는 닫힌구간 $[-1, 2]$
에서 연속이고, 닫힌구간 $[-1, 2]$에서 함수
$y=f(x)$의 그래프는 오른쪽 그림과 같다.
따라서 함수 $f(x)$의 최댓값은

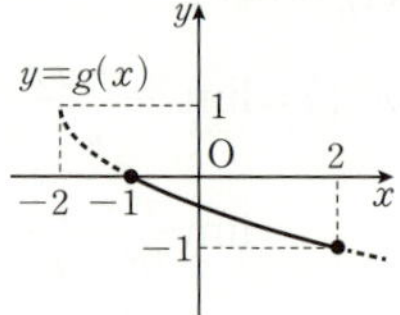

$M=f(2)=12$

함수 $g(x)=-\sqrt{x+2}+1$은 닫힌구간
$[-1, 2]$에서 연속이고, 닫힌구간 $[-1, 2]$
에서 함수 $y=g(x)$의 그래프는 오른쪽 그
림과 같다.

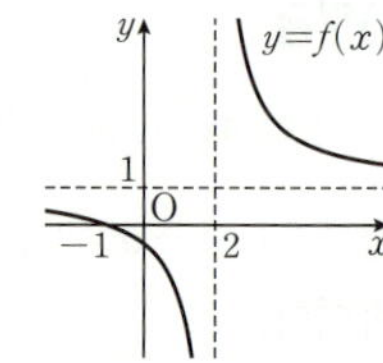

따라서 함수 $g(x)$의 최솟값은

$m=g(2)=-1$

$\therefore M+m=12+(-1)=11$

086

함수 $f(x)=\dfrac{3}{x-2}+1$은 $x=2$에서 불연

속, 그 외의 x의 값에서는 연속이고, 그 그
래프는 오른쪽 그림과 같다.

① ② ④ ⑤는 주어진 구간에서 연속이
므로 최대·최소 정리에 의하여 이 구간
에서 반드시 최댓값과 최솟값을 갖는다.

③ $1\leq x\leq3$일 때, 최댓값과 최솟값은 없다.

따라서 최댓값과 최솟값 중 적어도 하나가 존재하지 않는 구간은
③ $[1, 3]$이다.

087

방정식 $f(x)=0$이 열린구간 $(-3, 2)$에서 실근을 가지려면 사잇
값 정리에 의하여 $f(-3)f(2)<0$이어야 하므로

$(k-8)(k+5)<0$ $\qquad\therefore -5<k<8$

따라서 정수 k는 -4, -3, -2, $\cdots$, 7의 12개이다.

088

$f(x)=2x^3-3x^2+x-1$로 놓으면 $f(x)$는 연속함수이고

$f(-2)=-31<0$,

$f(-1)=-7<0$,

$f(0)=-1<0$,

$f(1)=-1<0$,

$f(2)=5>0$,

$f(3)=29>0$

따라서 $f(1)f(2)<0$이므로 사잇값 정리에 의하여 주어진 구간 중
에서 방정식 $f(x)=0$의 실근이 존재하는 구간은 ④ $(1, 2)$이다.

089

$g(x)=f(x)-x$로 놓으면 $g(x)$는 연속함수이고

$g(-2)=f(-2)-(-2)=-1+2=1>0$,

$g(-1)=f(-1)-(-1)=1+1=2>0$,

$g(0)=f(0)-0=2>0$,

$g(1)=f(1)-1=-1-1=-2<0$,

$g(2)=f(2)-2=3-2=1>0$,

$g(3)=f(3)-3=-4-3=-7<0$

이때 $g(0)g(1)<0$, $g(1)g(2)<0$, $g(2)g(3)<0$이므로 사잇값 정리에 의하여 방정식 $g(x)=0$은 열린구간 $(0, 1)$, $(1, 2)$, $(2, 3)$에서 각각 적어도 하나의 실근을 갖는다.

따라서 방정식 $f(x)=x$는 닫힌구간 $[-2, 3]$에서 적어도 3개의 실근을 가지므로

$a=3$

090

함수 $f(x)=x^3+x+k$는 연속함수이고, 함수 $f(x)$가 역함수를 가지므로 방정식 $f(x)=0$이 열린구간 $(-2, 1)$에서 오직 하나의 실근을 가지려면 사잇값 정리에 의하여 $f(-2)f(1)<0$이어야 한다.

즉, $(-10+k)(2+k)<0$이므로

$(k+2)(k-10)<0$

$\therefore -2<k<10$

따라서 정수 k는 $-1, 0, 1, \cdots, 9$의 11개이다.

091

$f(x)=f(-x)$이므로

$f(2)f(3)<0$에서 $f(-2)f(-3)<0$

$f(4)f(5)<0$에서 $f(-4)f(-5)<0$

이때 $f(x)$는 연속함수이므로 사잇값 정리에 의하여 방정식 $f(x)=0$은 열린구간 $(2, 3)$, $(4, 5)$, $(-3, -2)$, $(-5, -4)$에서 각각 적어도 하나의 실근을 갖는다.

따라서 방정식 $f(x)=0$은 적어도 4개의 실근을 갖는다.

● 31쪽

092 3　　**093** (1) $a=-2, b=1$　(2) 1　　**094** 6

095 $0<a<8$

092

$f(a)=a^2-a$

$\displaystyle\lim_{x\to a+}f(x)=\lim_{x\to a+}(x^2-x)=a^2-a$

$\displaystyle\lim_{x\to a-}f(x)=\lim_{x\to a-}(2x-2)=2a-2$　　……㉮

이때 함수 $f(x)$가 $x=a$에서 연속이려면 $\displaystyle\lim_{x\to a}f(x)=f(a)$이어야 하므로

$a^2-a=2a-2$

$a^2-3a+2=0$, $(a-1)(a-2)=0$

$\therefore a=1$ 또는 $a=2$　　……㉯

따라서 모든 실수 a의 값의 합은

$1+2=3$　　……㉰

채점 기준	배점 비율
㉮ $f(a)$, $\displaystyle\lim_{x\to a+}f(x)$, $\displaystyle\lim_{x\to a-}f(x)$의 값을 a에 대한 식으로 나타내기	40 %
㉯ 함수 $f(x)$가 $x=a$에서 연속일 조건 구하기	40 %
㉰ 모든 실수 a의 값의 합 구하기	20 %

093

(1) $x\neq1$일 때, $f(x)=\dfrac{|x^2+ax+b|}{x-1}$

함수 $f(x)$가 모든 실수 x에서 연속이므로 $x=1$에서도 연속이다.

즉, $\displaystyle\lim_{x\to 1}f(x)=f(1)$이어야 하므로

$\displaystyle\lim_{x\to 1}\dfrac{|x^2+ax+b|}{x-1}=f(1)$

$x\longrightarrow 1$일 때 (분모) $\longrightarrow 0$이고 극한값이 존재하므로

(분자) $\longrightarrow 0$이어야 한다.

즉, $\displaystyle\lim_{x\to 1}|x^2+ax+b|=0$이므로

$1+a+b=0$

$\therefore b=-a-1$　　……㉠　　……㉮

$\displaystyle\lim_{x\to 1+}\dfrac{|x^2+ax+b|}{x-1}=\lim_{x\to 1+}\dfrac{|x^2+ax-a-1|}{x-1}$

$\qquad=\displaystyle\lim_{x\to 1+}\dfrac{|(x-1)(x+a+1)|}{x-1}$

$\qquad=\displaystyle\lim_{x\to 1+}\dfrac{|x-1|\times|x+a+1|}{x-1}$

$\qquad=\displaystyle\lim_{x\to 1+}\dfrac{(x-1)\times|x+a+1|}{x-1}$

$\qquad=\displaystyle\lim_{x\to 1+}|x+a+1|$

$\qquad=|a+2|$

$\displaystyle\lim_{x\to 1-}\dfrac{|x^2+ax+b|}{x-1}=\lim_{x\to 1-}\dfrac{|x^2+ax-a-1|}{x-1}$

$\qquad=\displaystyle\lim_{x\to 1-}\dfrac{|x-1|\times|x+a+1|}{x-1}$

$\qquad=\displaystyle\lim_{x\to 1-}\dfrac{-(x-1)\times|x+a+1|}{x-1}$

$\qquad=\displaystyle\lim_{x\to 1-}(-|x+a+1|)$

$\qquad=-|a+2|$

즉, $|a+2|=-|a+2|$이므로

$|a+2|=0$

$\therefore a=-2$

$a=-2$를 ㉠에 대입하면

$b=1$　　……㉯

(2) $a=-2, b=1$이므로

$x\neq1$일 때, $f(x)=\dfrac{|x^2+ax+b|}{x-1}=\dfrac{|x^2-2x+1|}{x-1}$

$\therefore f(2)=\dfrac{|4-4+1|}{2-1}=1$　　……㉰

	채점 기준	배점 비율
(1)	㉮ b를 a에 대한 식으로 나타내기	30 %
	㉯ 상수 a, b의 값 구하기	40 %
(2)	㉰ $f(2)$의 값 구하기	30 %

094

함수 $f(x)g(x)$가 실수 전체의 집합에서 연속이므로 $x=0$, $x=1$
에서도 연속이어야 한다.

$f(x)=x^2+ax+b$ (a, b는 상수)로 놓으면

(i) $x=0$에서 연속일 때,

$$f(0)g(0)=b\times(-1)=-b$$
$$\lim_{x\to 0+}f(x)g(x)=\lim_{x\to 0+}(x^2+ax+b)(x-1)=-b$$
$$\lim_{x\to 0-}f(x)g(x)=\lim_{x\to 0-}(x^2+ax+b)(-x)=0$$

즉, $-b=0$이므로 $b=0$　　　　$\cdots\cdots$ ㉮

(ii) $x=1$에서 연속일 때,

$$f(1)g(1)=(1+a)\times 1=1+a$$
$$\lim_{x\to 1+}f(x)g(x)=\lim_{x\to 1+}(x^2+ax)\times 1=1+a$$
$$\lim_{x\to 1-}f(x)g(x)=\lim_{x\to 1-}(x^2+ax)(x-1)=0$$

즉, $1+a=0$이므로 $a=-1$　　　　$\cdots\cdots$ ㉯

(i), (ii)에서 $f(x)=x^2-x$이므로

$$f(3)=9-3=6$$　　　　$\cdots\cdots$ ㉰

채점 기준	배점 비율
㉮ 함수 $f(x)g(x)$가 $x=0$에서 연속일 조건 구하기	40 %
㉯ 함수 $f(x)g(x)$가 $x=1$에서 연속일 조건 구하기	40 %
㉰ 함수 $f(x)$와 $f(3)$의 값 구하기	20 %

095

$f(x)=x^2-6x+a$로 놓으면 $f(x)$는 연속함수이고, 방정식
$f(x)=0$이 열린구간 $(0, 2)$에서 적어도 하나의 실근을 가지려면
사잇값 정리에 의하여 $f(0)f(2)<0$이어야 한다.　　　$\cdots\cdots$ ㉮

즉, $a(a-8)<0$이므로

$0<a<8$　　　　$\cdots\cdots$ ㉯

채점 기준	배점 비율
㉮ 사잇값 정리를 이용하여 방정식이 주어진 구간에서 적어도 하나의 실근을 가질 조건 구하기	60 %
㉯ 실수 a의 값의 범위 구하기	40 %

 실력 완성　　　　● 32쪽 ~ 33쪽

096 $0<a<2$	**097** ①	**098** -1	**099** 1
100 ④	**101** ③	**102** ②	**103** 9	**104** ③

096

함수의 연속

전략　함수 $\dfrac{f(x)}{g(x)}$는 $g(x)\neq 0$인 x에서 연속임을 이용한다.

풀이　함수 $\dfrac{f(x)}{g(x)}$가 모든 실수 x에서 연속이려면 모든 실수 x에
서 $g(x)\neq 0$이어야 한다. 즉, 방정식 $g(x)=0$의 실근이 존재하지
않아야 한다.

$g(x)=0$에서

$$(x^2+a)(x^2+ax+1)=0$$

$\therefore$ $x^2+a=0$ 또는 $x^2+ax+1=0$

위의 두 방정식 모두 실근이 존재하지 않아야 하므로 두 이차방정
식의 판별식을 각각 D_1, D_2라 하면

$D_1=-4a<0$　　$\therefore$ $a>0$　　　$\cdots\cdots$ ㉠

$D_2=a^2-4<0$, $(a+2)(a-2)<0$

$\therefore$ $-2<a<2$　　　　$\cdots\cdots$ ㉡

㉠, ㉡에서 $0<a<2$

097

함수의 연속

전략　함수 $f(x)$가 $x=a$, $x=a+1$에서 연속임을 이용한다.

풀이　$g(x)=x^2-kx+k$, $h(x)=-4x-1$이라 하자.

함수 $f(x)$가 실수 전체의 집합에서 연속이므로 $x=a$, $x=a+1$에
서도 연속이다.

(i) $x=a$에서 연속일 때,

$$f(a)=h(a)$$
$$\lim_{x\to a+}f(x)=\lim_{x\to a+}h(x)=h(a)$$
$$\lim_{x\to a-}f(x)=\lim_{x\to a-}g(x)=g(a)$$

즉, $h(a)=g(a)$이므로

$$h(a)-g(a)=0$$

(ii) $x=a+1$에서 연속일 때,

$$f(a+1)=h(a+1)$$
$$\lim_{x\to (a+1)+}f(x)=\lim_{x\to (a+1)+}g(x)=g(a+1)$$
$$\lim_{x\to (a+1)-}f(x)=\lim_{x\to (a+1)-}h(x)=h(a+1)$$

즉, $h(a+1)=g(a+1)$이므로

$$h(a+1)-g(a+1)=0$$

(i), (ii)에서 a, $a+1$은 방정식 $h(x)-g(x)=0$, 즉
$x^2+(-k+4)x+k+1=0$의 근이다.

이차방정식의 근과 계수의 관계에 의하여

$a+(a+1)=k-4$에서

$k=2a+5$　　　　$\cdots\cdots$ ㉠

$a(a+1)=k+1$　　　　$\cdots\cdots$ ㉡

㉠을 ㉡에 대입하여 정리하면

$a^2-a-6=0$, $(a+2)(a-3)=0$

$\therefore$ $a=-2$ 또는 $a=3$

$a=-2$일 때 $k=1$이고, $a=3$일 때 $k=11$이므로 모든 실수 k의
값의 합은

$$1+11=12$$

098

함수의 연속

전략　원의 중심과 직선 사이의 거리를 이용하여 함수 $f(t)$를 구한다.

풀이　원 $x^2+y^2=(t^2+1)^2$의 중심인 원점과 직선
$3x-4y+10=0$ 사이의 거리는

$$\frac{|10|}{\sqrt{3^2+(-4)^2}}=\frac{10}{5}=2$$

원과 직선이 접하는 t의 값은 $t^2+1=2$에서

$$t^2=1$$

$$\therefore t=-1 \text{ 또는 } t=1$$

$$\therefore f(t)=\begin{cases} 2 & (t<-1 \text{ 또는 } t>1) \\ 1 & (t=-1 \text{ 또는 } t=1) \\ 0 & (-1<t<1) \end{cases}$$

따라서 함수 $f(t)$가 불연속이 되는 t의 값은 -1, 1이므로 구하는 모든 t의 값의 곱은

$$(-1)\times 1=-1$$

점과 직선 사이의 거리

① 점 (x_1, y_1)과 직선 $ax+by+c=0$ 사이의 거리는

$$\frac{|ax_1+by_1+c|}{\sqrt{a^2+b^2}}$$

② 원점과 직선 $ax+by+c=0$ 사이의 거리는

$$\frac{|c|}{\sqrt{a^2+b^2}}$$

099

함수가 연속일 조건

(전략) 함수 $f(x)$가 $x=0$에서 연속이려면 $\lim\limits_{x\to 0} f(x)$ 값이 존재하고, $\lim\limits_{x\to 0} f(x)=f(0)$이어야 함을 이용한다.

(풀이) 함수 $f(x)$가 실수 전체의 집합에서 연속이려면 $x=0$에서도 연속이어야 한다.

즉, $\lim\limits_{x\to 0} f(x)=f(0)$이어야 하므로

$$\lim_{x\to 0}\frac{x^2+(b+2)x+b}{x^3+ax}=a+1$$

$x\longrightarrow 0$일 때 (분모) $\longrightarrow 0$이고 극한값이 존재하므로 (분자) $\longrightarrow 0$이어야 한다.

즉, $\lim\limits_{x\to 0}\{x^2+(b+2)x+b\}=0$이므로

$$b=0$$

$$\therefore \lim_{x\to 0}\frac{x^2+(b+2)x+b}{x^3+ax}=\lim_{x\to 0}\frac{x^2+2x}{x^3+ax}$$

$$=\lim_{x\to 0}\frac{x(x+2)}{x(x^2+a)}$$

$$=\lim_{x\to 0}\frac{x+2}{x^2+a}$$

$$=\frac{2}{a}$$

즉, $\dfrac{2}{a}=a+1$이므로

$$a^2+a-2=0, \quad (a+2)(a-1)=0$$

$$\therefore a=-2 \text{ 또는 } a=1$$

그런데 $x\neq 0$일 때, $x^3+ax\neq 0$, 즉 $x^2+a\neq 0$에서 $a>0$이어야 하므로

$$a=1$$

$$\therefore a+b=1+0=1$$

100

함수가 연속일 조건

(전략) 함수 $f(x)$가 $x=a$에서 연속이려면 $\lim\limits_{x\to a} f(x)$ 값이 존재하고, $\lim\limits_{x\to a} f(x)=f(a)$이어야 함을 이용한다.

(풀이) 함수 $f(x)$는 다항함수이므로 $\dfrac{f(x+3)\{f(x)+1\}}{f(x)}$은 $f(x)\neq 0$인 모든 실수 x에서 연속이다.

또, $\lim\limits_{x\to 3} g(x)=g(3)-1\neq g(3)$이므로 함수 $g(x)$는 $x=3$에서 불연속이다.

$$\therefore f(3)=0, \quad g(3)=3$$

$$\lim_{x\to 3} g(x)=g(3)-1=3-1=2$$에서

$$\lim_{x\to 3}\frac{f(x+3)\{f(x)+1\}}{f(x)}=2$$

$x\longrightarrow 3$일 때 (분모) $\longrightarrow 0$이고 극한값이 존재하므로 (분자) $\longrightarrow 0$이어야 한다.

즉, $\lim\limits_{x\to 3} f(x+3)\{f(x)+1\}=0$이므로

$$f(6)\{f(3)+1\}=0$$

$$\therefore f(6)=0 \ (\because f(3)=0)$$

$f(x)=(x-3)(x-6)(x+a)$ (a는 상수)로 놓으면

$$\lim_{x\to 3} g(x)$$

$$=\lim_{x\to 3}\frac{f(x+3)\{f(x)+1\}}{f(x)}$$

$$=\lim_{x\to 3}\frac{x(x-3)(x+3+a)\{(x-3)(x-6)(x+a)+1\}}{(x-3)(x-6)(x+a)}$$

$$=\lim_{x\to 3}\frac{x(x+3+a)\{(x-3)(x-6)(x+a)+1\}}{(x-6)(x+a)}$$

$$=\frac{3(6+a)}{-3(3+a)}$$

$$=\frac{6+a}{-3-a}$$

즉, $\dfrac{6+a}{-3-a}=2$이므로

$$6+a=-6-2a, \quad 3a=-12$$

$$\therefore a=-4$$

따라서 $f(x)=(x-3)(x-6)(x-4)$이므로

$$g(5)=\frac{f(8)\times\{f(5)+1\}}{f(5)}$$

$$=\frac{40\times(-1)}{-2}=20$$

101

함수의 그래프와 연속 ⊕ 연속함수의 성질

(전략) 함수 $g(x)$가 $x=a$에서 연속이려면 $\lim\limits_{x\to a} g(x)=g(a)$이어야 함을 이용한다.

(풀이) 함수 $y=x-2$는 실수 전체의 집합에서 연속이고 함수 $f(x)$는 $x=1$, $x=2$, $x=3$에서 불연속이므로 $x=1$, $x=2$, $x=3$에서 함수 $g(x)=(x-2)f(x)$의 연속성을 판단하면 된다.

(i) $x=1$일 때,

$$g(1)=(1-2)f(1)=(-1)\times 1=-1$$

$$\lim_{x\to 1+} g(x)=\lim_{x\to 1+}(x-2)f(x)=(-1)\times 0=0$$

$$\lim_{x \to 1-} g(x) = \lim_{x \to 1-} (x-2)f(x) = (-1) \times 2 = -2$$

$$\therefore \lim_{x \to 1+} g(x) \neq \lim_{x \to 1-} g(x)$$

따라서 $\lim_{x \to 1} g(x)$의 값이 존재하지 않으므로 함수 $g(x)$는
$x=1$에서 불연속이다.

(ii) $x=2$일 때,

$$g(2) = (2-2)f(2) = 0 \times 2 = 0$$

$$\lim_{x \to 2} g(x) = \lim_{x \to 2} (x-2)f(x) = 0 \times 1 = 0$$

$$\therefore \lim_{x \to 2} g(x) = g(2)$$

따라서 함수 $g(x)$는 $x=2$에서 연속이다.

(iii) $x=3$일 때,

$$g(3) = (3-2)f(3) = 1 \times 0 = 0$$

$$\lim_{x \to 3} g(x) = \lim_{x \to 3} (x-2)f(x) = 1 \times 2 = 2$$

$$\therefore \lim_{x \to 3} g(x) \neq g(3)$$

따라서 함수 $g(x)$는 $x=3$에서 불연속이다.

이상에서 함수 $g(x)$는 $x=1$, $x=3$에서 불연속이므로 구하는 x의
값의 합은 $1+3=4$

102

함수가 연속일 조건 ⊕ 연속함수의 성질

전략 함수 $f(x)f(x-2)$가 $x=2$에서 연속이려면
$\lim_{x \to 2} f(x)f(x-2) = f(2)f(0)$이어야 함을 이용한다.

풀이 (i) 함수 $f(x)$가 $x=0$에서 불연속이므로

$$f(0) = 1$$

$$\lim_{x \to 0+} f(x) = \lim_{x \to 0+} (-x+a) = a$$

$$\lim_{x \to 0-} f(x) = \lim_{x \to 0-} (x+1) = 1$$

$$\therefore a \neq 1$$

(ii) 함수 $f(x)f(x-2)$가 $x=2$에서 연속이므로

$$f(2)f(0) = (-2+a) \times 1 = a-2$$

또, $f(x-2) = \begin{cases} x-1 & (x \leq 2) \\ -x+2+a & (x > 2) \end{cases}$ 이므로

$$\lim_{x \to 2+} f(x)f(x-2) = \lim_{x \to 2+} (-x+a)(-x+2+a)$$
$$= a^2 - 2a$$

$$\lim_{x \to 2-} f(x)f(x-2) = \lim_{x \to 2-} (-x+a)(x-1)$$
$$= a-2$$

즉, $a^2 - 2a = a-2$이므로

$$a^2 - 3a + 2 = 0, \quad (a-1)(a-2) = 0$$

$$\therefore a=1 \text{ 또는 } a=2$$

(i), (ii)에서 $a=2$

103

연속함수의 성질

전략 조건 (개)에서 함수 $g(x)$의 최고차항의 계수를 구한 후 조건 (나)를 이용한다.

풀이 조건 (개)에서 다항함수 $g(x)$는 최고차항의 계수가 3인 이차
함수임을 알 수 있다.　　　　　　　　　　　　　　　 $\cdots\cdots$ ㉠

이때 함수 $g(x)$가 모든 실수 x에서 연속이므로 조건 (나)에서 함
수 $f(x)g(x)$는 $x=-1$과 $x=1$에서도 연속이다.

(i) $x=-1$에서 연속일 때,

$$f(-1)g(-1) = 1 \times g(-1) = g(-1)$$

$$\lim_{x \to -1+} f(x)g(x) = (-1) \times g(-1) = -g(-1)$$

$$\lim_{x \to -1-} f(x)g(x) = 1 \times g(-1) = g(-1)$$

즉, $-g(-1) = g(-1)$이므로

$$g(-1) = 0 \qquad\qquad \cdots\cdots ㉡$$

(ii) $x=1$에서 연속일 때,

$$f(1)g(1) = (-1) \times g(1) = -g(1)$$

$$\lim_{x \to 1+} f(x)g(x) = (-1) \times g(1) = -g(1)$$

$$\lim_{x \to 1-} f(x)g(x) = 1 \times g(1) = g(1)$$

즉, $-g(1) = g(1)$이므로

$$g(1) = 0 \qquad\qquad \cdots\cdots ㉢$$

㉠, ㉡, ㉢에서 $g(x) = 3(x+1)(x-1)$이므로
$g(2) = 3 \times 3 \times 1 = 9$

104

사잇값 정리

전략 함숫값 $f(10)$, $f(11)$, $f(12)$를 구하고 사잇값 정리를 이용한다.

풀이 ㄱ. $f(x)$는 다항함수이므로 모든 실수 x에서 연속이다.
　　　　　　　　　　　　　　　　　　　　　　 (참)

ㄴ. $f(10) = 2 > 0$, $f(11) = -1 < 0$, $f(12) = 2 > 0$이므로
　　$f(10)f(11)f(12) < 0$ (거짓)

ㄷ. ㄴ에서 $f(10)f(11) < 0$, $f(11)f(12) < 0$이므로 사잇값 정리
　　에 의하여 방정식 $f(x) = 0$은 열린구간 $(10, 11)$, $(11, 12)$에
　　서 각각 적어도 하나의 실근을 갖는다.
　　즉, 이차방정식 $f(x) = 0$은 $10 < x < 12$에서 2개의 실근을 갖
　　는다. (참)

이상에서 옳은 것은 ㄱ, ㄷ이다.

● 34쪽

105 ③	**106** 5	**107** ①

105

함수가 연속일 조건

[1단계] 함수 $\dfrac{f(x)}{g(x)}$가 실수 전체의 집합에서 연속일 조건을 이해한다.

$f(x) = 3x^2 + ax + b$ (a, b는 상수)로 놓으면

$$\frac{f(x)}{g(x)} = \begin{cases} \dfrac{3x^2 + ax + b}{x^2 + 1} & (x \leq 2) \\[2mm] \dfrac{3x^2 + ax + b}{x-2} & (x > 2) \end{cases}$$

함수 $\dfrac{f(x)}{g(x)}$가 실수 전체의 집합에서 연속이므로 $x=2$에서도 연
속이다.

〔2단계〕함수 $\dfrac{f(x)}{g(x)}$가 $x=2$에서 연속일 조건을 이용하여 상수 a, b의 값을 각각 구한다.

$\displaystyle\lim_{x\to 2+}\dfrac{3x^2+ax+b}{x-2}=\dfrac{f(2)}{g(2)}$에서 $x\longrightarrow 2+$일 때 (분모)$\longrightarrow 0$이고 극한값이 존재하므로 (분자)$\longrightarrow 0$이어야 한다.

즉, $\displaystyle\lim_{x\to 2+}(3x^2+ax+b)=0$이므로

$12+2a+b=0$

$\therefore b=-2a-12$ $\qquad\cdots\cdots$ ㉠

$$\begin{aligned}
\lim_{x\to 2+}\dfrac{3x^2+ax+b}{x-2}&=\lim_{x\to 2+}\dfrac{3x^2+ax-2a-12}{x-2}\\
&=\lim_{x\to 2+}\dfrac{(x-2)(3x+a+6)}{x-2}\\
&=\lim_{x\to 2+}(3x+a+6)\\
&=a+12
\end{aligned}$$

$$\lim_{x\to 2-}\dfrac{3x^2+ax+b}{x^2+1}=\lim_{x\to 2-}\dfrac{(x-2)(3x+a+6)}{x^2+1}=0$$

함수 $\dfrac{f(x)}{g(x)}$가 $x=2$에서 연속이므로

$$\lim_{x\to 2+}\dfrac{3x^2+ax+b}{x-2}=\lim_{x\to 2-}\dfrac{3x^2+ax+b}{x^2+1}$$에서

$a+12=0$ $\qquad\therefore a=-12$

$a=-12$를 ㉠에 대입하면 $b=12$

〔3단계〕함수 $f(x)$를 구하고 $f(1)$의 값을 구한다.

따라서 $f(x)=3x^2-12x+12$이므로

$f(1)=3-12+12=3$

106

함수가 연속일 조건 ⊕ 연속함수의 성질

〔1단계〕함수 $f(x)f(x-k)$가 실수 전체의 집합에서 연속일 조건을 확인한다.

$\displaystyle\lim_{x\to 0+}f(x)=3$, $\displaystyle\lim_{x\to 0-}f(x)=-3$에서 $\displaystyle\lim_{x\to 0+}f(x)\neq\lim_{x\to 0-}f(x)$이므로 함수 $f(x)$는 $x=0$에서 불연속이고, 함수 $f(x-k)$는 $x=k$에서 불연속이다.

따라서 함수 $f(x)f(x-k)$가 실수 전체의 집합에서 연속이려면 $x=0$, $x=k$에서 연속이어야 한다.

〔2단계〕$k=0$일 때와 $k\neq 0$일 때로 경우를 나누어 함수 $f(x)f(x-k)$가 $x=0$, $x=k$에서 연속이 되도록 하는 실수 k의 값을 구한다.

(i) $k=0$일 때,

$f(x)f(x-k)=\{f(x)\}^2$이고

$\displaystyle\lim_{x\to 0+}\{f(x)\}^2=\lim_{x\to 0-}\{f(x)\}^2=\{f(0)\}^2=3^2=9$이므로 함수 $f(x)f(x-k)$는 $x=0$에서 연속이다.

따라서 함수 $f(x)f(x-k)$는 실수 전체의 집합에서 연속이다.

(ii) $k\neq 0$일 때,

$f(0)f(-k)=3f(-k)$

$\displaystyle\lim_{x\to 0+}f(x)f(x-k)=3f(-k)$

$\displaystyle\lim_{x\to 0-}f(x)f(x-k)=-3f(-k)$

이므로 함수 $f(x)f(x-k)$가 $x=0$에서 연속이려면

$3f(-k)=-3f(-k)$ $\qquad\therefore f(-k)=0$

따라서 이를 만족시키는 실수 k의 값은

$k=\pm 1$, ± 3

또, $f(k)f(0)=3f(k)$

$\displaystyle\lim_{x\to k+}f(x)f(x-k)=3f(k)$

$\displaystyle\lim_{x\to k-}f(x)f(x-k)=-3f(k)$

이므로 함수 $f(x)f(x-k)$가 $x=k$에서 연속이려면

$3f(k)=-3f(k)$ $\qquad\therefore f(k)=0$

따라서 이를 만족시키는 실수 k의 값은

$k=\pm 1$, ± 3

〔3단계〕함수 $f(x)f(x-k)$가 실수 전체의 집합에서 연속이 되도록 하는 실수 k의 값의 개수를 구한다.

(i), (ii)에서 함수 $f(x)f(x-k)$가 실수 전체의 집합에서 연속이 되도록 하는 실수 k의 값은 $k=0$, ± 1, ± 3의 5개이다.

107

사잇값 정리

〔1단계〕조건 ㈎를 만족시키는 a의 값의 범위를 구한다.

(i) $a>2$일 때,

함수 $y=f(x)$의 그래프는 오른쪽 그림과 같다.

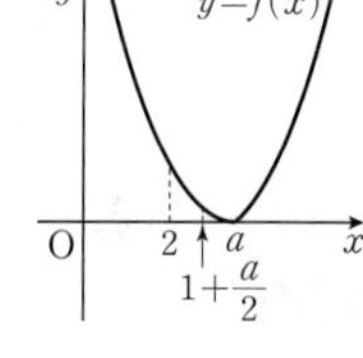

즉, $0<x<1+\dfrac{a}{2}$인 모든 실수 x에 대하여 $f(x)>0$이므로 조건 ㈎를 만족시키지 않는다.

(ii) $0<a<2$일 때,

함수 $y=f(x)$의 그래프는 오른쪽 그림과 같다.

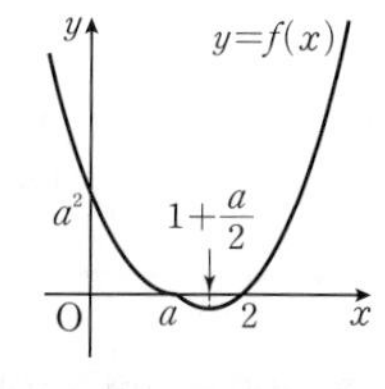

함수 $f(x)$는 닫힌구간 $\left[0,\ 1+\dfrac{a}{2}\right]$에서 연속이고 $f(0)=a^2>0$, $f\left(1+\dfrac{a}{2}\right)<0$이

므로 사잇값 정리에 의하여 $f(c)=0$인 c가 0과 $1+\dfrac{a}{2}$ 사이에 적어도 하나 존재한다.

(i), (ii)에서 $0<a<2$

〔2단계〕조건 ㈏를 만족시키는 a의 값을 구한다.

$f(2)=0$, $f(a)=0$이므로

세 점 $(2,\ 0)$, $(a,\ 0)$, $\left(1+\dfrac{a}{2},\ f\left(1+\dfrac{a}{2}\right)\right)$를 꼭짓점으로 하는 삼각형의 넓이는

$$\dfrac{1}{2}\times(2-a)\times\left\{-f\left(1+\dfrac{a}{2}\right)\right\}=-\dfrac{1}{2}(2-a)\times\dfrac{a-2}{2}\times\dfrac{2-a}{2}$$

$$=\dfrac{1}{8}(2-a)^3$$

즉, $\dfrac{1}{8}(2-a)^3=\dfrac{1}{8}$이므로

$(2-a)^3=1$

$2-a=1$ $\qquad\therefore a=1$

〔3단계〕함수 $f(x)$를 구하고 $f(3a)$의 값을 구한다.

따라서 $f(x)=\begin{cases}(x-1)^2 & (x\le 1)\\(x-2)(x-1) & (x>1)\end{cases}$이므로

$f(3a)=f(3)=1\times 2=2$

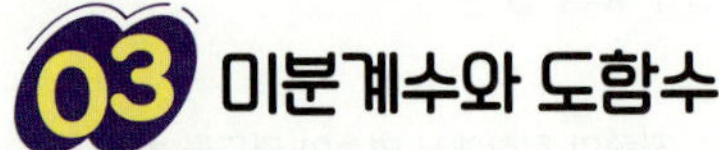

II 미분

03 미분계수와 도함수

● 38쪽 ~ 46쪽

108 ②	**109** ②	**110** 2	**111** -1	**112** ①
113 ④	**114** ⑤	**115** 3	**116** -10	**117** ③
118 ⑤	**119** ②	**120** 3	**121** 5	**122** ④
123 15	**124** ④	**125** ②	**126** ③	**127** 3
128 ㄱ, ㄴ	**129** ④	**130** ④	**131** ①	**132** 2
133 ④	**134** ③	**135** ①	**136** ①	**137** ②
138 ①	**139** ③	**140** ④	**141** ①	**142** 9
143 1	**144** ①	**145** ④	**146** ④	**147** 4
148 ②	**149** ⑤	**150** -18, 18		**151** ②

108

함수 $f(x)=x^3-3x$에서 x의 값이 1에서 a까지 변할 때의 평균변화율은

$$\frac{f(a)-f(1)}{a-1}=\frac{(a^3-3a)-(-2)}{a-1}=\frac{a^3-3a+2}{a-1}$$
$$=\frac{(a-1)(a^2+a-2)}{a-1}$$
$$=a^2+a-2$$

즉, $a^2+a-2=10$이므로 $a^2+a-12=0$
$(a+4)(a-3)=0$ ∴ $a=3$ (∵ $a>1$)

109

직선 OA의 기울기는 함수 $f(x)$에서 x의 값이 0에서 3까지 변할 때의 평균변화율과 같으므로

$$\frac{f(3)-f(0)}{3-0}=2$$

이때 함수 $y=f(x)$의 그래프는 y축에 대하여 대칭이므로
$f(-3)=f(3)$
따라서 함수 $f(x)$에서 x의 값이 -3에서 0까지 변할 때의 평균변화율은

$$\frac{f(0)-f(-3)}{0-(-3)}=\frac{f(0)-f(3)}{3}$$
$$=-\frac{f(3)-f(0)}{3-0}$$
$$=-2$$

다른 풀이 $f(x)=ax^2$ $(a>0)$이라 하면 $y=f(x)$의 그래프가 점 A$(3, 6)$을 지나므로

$6=9a$ ∴ $a=\dfrac{2}{3}$

따라서 함수 $f(x)=\dfrac{2}{3}x^2$에서 x의 값이 -3에서 0까지 변할 때의 평균변화율은

$$\frac{f(0)-f(-3)}{0-(-3)}=\frac{-6}{3}=-2$$

110

함수 $f(x)=x^2+2x$에서 x의 값이 1에서 3까지 변할 때의 평균변화율은

$$\frac{f(3)-f(1)}{3-1}=\frac{15-3}{3-1}=6$$

또, 함수 $f(x)$의 $x=a$에서의 미분계수는

$$f'(a)=\lim_{h\to 0}\frac{f(a+h)-f(a)}{h}$$
$$=\lim_{h\to 0}\frac{\{(a+h)^2+2(a+h)\}-(a^2+2a)}{h}$$
$$=\lim_{h\to 0}\frac{h^2+2ah+2h}{h}$$
$$=\lim_{h\to 0}(h+2a+2)$$
$$=2a+2$$

즉, $2a+2=6$이므로
$2a=4$ ∴ $a=2$

111

함수 $f(x)=ax^2+bx+2$에서 x의 값이 -1에서 0까지 변할 때의 평균변화율이 -2이므로

$$\frac{f(0)-f(-1)}{0-(-1)}=2-(a-b+2)=-a+b$$

즉, $-a+b=-2$ ...... ㉠

또, 함수 $f(x)$의 $x=2$에서의 미분계수가 3이므로

$$f'(2)=\lim_{x\to 2}\frac{f(x)-f(2)}{x-2}$$
$$=\lim_{x\to 2}\frac{(ax^2+bx+2)-(4a+2b+2)}{x-2}$$
$$=\lim_{x\to 2}\frac{(x-2)(ax+2a+b)}{x-2}$$
$$=\lim_{x\to 2}(ax+2a+b)$$
$$=4a+b$$

즉, $4a+b=3$ ...... ㉡

㉠, ㉡을 연립하여 풀면
$a=1$, $b=-1$
∴ $ab=1\times(-1)=-1$

112

$f(0)=3$이고 $\dfrac{f(k)-f(0)}{k-0}=-k$이므로

$f(k)=-k^2+3$
즉, $f(x)=-x^2+3$이므로 $x=1$에서의 순간변화율은

$$f'(1)=\lim_{h\to 0}\frac{f(1+h)-f(1)}{h}$$

$$=\lim_{h\to 0}\frac{\{-(1+h)^2+3\}-2}{h}$$

$$=\lim_{h\to 0}\frac{-h^2-2h}{h}$$

$$=\lim_{h\to 0}(-h-2)=-2$$

113

$$\lim_{h\to 0}\frac{f(1-3h)-f(1)}{h}=\lim_{h\to 0}\left\{\frac{f(1-3h)-f(1)}{-3h}\times(-3)\right\}$$

$$=-3f'(1)$$

$$=-3\times(-2)=6$$

114

$$\lim_{x\to a}\frac{f(x^2)-f(a^2)}{x-a}=\lim_{x\to a}\left\{\frac{f(x^2)-f(a^2)}{x^2-a^2}\times\frac{x^2-a^2}{x-a}\right\}$$

$$=\lim_{x\to a}\left\{\frac{f(x^2)-f(a^2)}{x^2-a^2}\times(x+a)\right\}$$

$$=2af'(a^2)$$

115

$$\lim_{h\to 0}\frac{f(1+h)-f(1-h)}{h}$$

$$=\lim_{h\to 0}\frac{\{f(1+h)-f(1)\}-\{f(1-h)-f(1)\}}{h}$$

$$=\lim_{h\to 0}\frac{f(1+h)-f(1)}{h}+\lim_{h\to 0}\frac{f(1-h)-f(1)}{-h}$$

$$=f'(1)+f'(1)=2f'(1)$$

즉, $2f'(1)=4f'(1)-6$이므로

$$-2f'(1)=-6 \qquad \therefore f'(1)=3$$

116

$$\lim_{h\to 0}\frac{f(a+5h)-f(a+h^2)}{h}$$

$$=\lim_{h\to 0}\frac{\{f(a+5h)-f(a)\}-\{f(a+h^2)-f(a)\}}{h}$$

$$=\lim_{h\to 0}\left\{\frac{f(a+5h)-f(a)}{5h}\times 5\right\}-\lim_{h\to 0}\left\{\frac{f(a+h^2)-f(a)}{h^2}\times h\right\}$$

$$=5f'(a)-f'(a)\times 0$$

$$=5f'(a)$$

$$=5\times(-2)=-10$$

117

$$\lim_{x\to 3}\frac{3f(x)-xf(3)}{x-3}$$

$$=\lim_{x\to 3}\frac{3f(x)-3f(3)+3f(3)-xf(3)}{x-3}$$

$$=\lim_{x\to 3}\frac{3\{f(x)-f(3)\}-f(3)(x-3)}{x-3}$$

$$=\lim_{x\to 3}\left\{3\times\frac{f(x)-f(3)}{x-3}-f(3)\right\}$$

$$=3f'(3)-f(3)$$

$$=3\times 6-5=13$$

118

$\lim_{x\to 2}\dfrac{f(x)-1}{x-2}=2$에서 $x\longrightarrow 2$일 때 (분모)$\longrightarrow 0$이고 극한값이

존재하므로 (분자)$\longrightarrow 0$이어야 한다.

즉, $\lim_{x\to 2}\{f(x)-1\}=0$이므로

$$f(2)=1$$

$$\therefore \lim_{x\to 2}\frac{f(x)-1}{x-2}=\lim_{x\to 2}\frac{f(x)-f(2)}{x-2}$$

$$=f'(2)=2$$

$$\therefore \lim_{h\to 0}\frac{f(2+h)-f(2-h)}{h}$$

$$=\lim_{h\to 0}\frac{\{f(2+h)-f(2)\}-\{f(2-h)-f(2)\}}{h}$$

$$=\lim_{h\to 0}\frac{f(2+h)-f(2)}{h}+\lim_{h\to 0}\frac{f(2-h)-f(2)}{-h}$$

$$=f'(2)+f'(2)=2f'(2)$$

$$=2\times 2=4$$

119

조건 (개)에서 $f(2)=-f(-2)$

조건 (내)에서

$$\lim_{h\to 0}\frac{f(-2+3h)+f(2)}{2h}$$

$$=\lim_{h\to 0}\left\{\frac{f(-2+3h)-f(-2)}{3h}\times\frac{3}{2}\right\}$$

$$=\frac{3}{2}f'(-2)$$

즉, $\dfrac{3}{2}f'(-2)=15$이므로

$$f'(-2)=10$$

$$\therefore \lim_{x\to -2}\frac{f(x)+f(2)}{x^2-4}$$

$$=\lim_{x\to -2}\left\{\frac{f(x)-f(-2)}{x-(-2)}\times\frac{1}{x-2}\right\}$$

$$=-\frac{1}{4}f'(-2)$$

$$=-\frac{1}{4}\times 10=-\frac{5}{2}$$

120

$f(x+y)=f(x)+f(y)$에 $x=0,\ y=0$을 대입하면

$$f(0)=f(0)+f(0)$$

$$\therefore f(0)=0$$

$$f'(0)=\lim_{h\to 0}\frac{f(0+h)-f(0)}{h}$$

$$=\lim_{h\to 0}\frac{f(h)}{h}=3$$

$$\therefore f'(1)=\lim_{h\to 0}\frac{f(1+h)-f(1)}{h}$$

$$=\lim_{h\to 0}\frac{f(1)+f(h)-f(1)}{h}$$

$$=\lim_{h\to 0}\frac{f(h)}{h}=3$$

121

$f(x+y)=f(x)f(y)$에 $x=0,\ y=0$을 대입하면

$f(0)=f(0)\times f(0)$

이때 모든 실수 x에 대하여 $f(x)>0$이므로 $f(0)=1$

한편, $f'(0)=5$에서

$\lim\limits_{h\to0}\dfrac{f(0+h)-f(0)}{h}=\lim\limits_{h\to0}\dfrac{f(h)-1}{h}=5$

$\therefore f'(8)=\lim\limits_{h\to0}\dfrac{f(8+h)-f(8)}{h}$

$\quad=\lim\limits_{h\to0}\dfrac{f(8)f(h)-f(8)}{h}$

$\quad=\lim\limits_{h\to0}\dfrac{f(8)\{f(h)-1\}}{h}$

$\quad=f(8)\times\lim\limits_{h\to0}\dfrac{f(h)-1}{h}$

$\quad=5f(8)$

$\therefore \dfrac{f'(8)}{f(8)}=\dfrac{5f(8)}{f(8)}=5$

122

$f(x+y)=f(x)+f(y)+2xy-1$에 $x=0,\ y=0$을 대입하면

$f(0)=f(0)+f(0)-1\qquad\therefore f(0)=1$

$f'(2)=\lim\limits_{h\to0}\dfrac{f(2+h)-f(2)}{h}$

$\quad=\lim\limits_{h\to0}\dfrac{f(2)+f(h)+4h-1-f(2)}{h}$

$\quad=\lim\limits_{h\to0}\dfrac{f(h)+4h-1}{h}$

$\quad=\lim\limits_{h\to0}\dfrac{f(h)-f(0)}{h}+4\ (\because f(0)=1)$

$\quad=f'(0)+4$

$\therefore f'(2)-f'(0)=4$

123

점 $(1,4)$가 곡선 $y=f(x)$ 위의 점이므로

$f(1)=4$

또, 곡선 $y=f(x)$ 위의 점 $(1,4)$에서의 접선의 기울기가 5이므로

$f'(1)=5$

$\therefore \lim\limits_{x\to1}\dfrac{f(x^3)-4}{x-1}$

$\quad=\lim\limits_{x\to1}\dfrac{f(x^3)-f(1)}{x-1}$

$\quad=\lim\limits_{x\to1}\left\{\dfrac{f(x^3)-f(1)}{x^3-1}\times(x^2+x+1)\right\}$

$\quad=3f'(1)$

$\quad=3\times5=15$

124

$f'(a)$는 곡선 $y=f(x)$ 위의 점 $(a,f(a))$에서의 접선의 기울기와 같으므로 $f'(-2),\ f'(2),\ f'(4),\ f'(5)$ 중에서 $f'(5)$의 값이 가장 크다.

$f(5)-f(4)=\dfrac{f(5)-f(4)}{5-4}$는 x의 값이 4에서 5까지 변할 때의 평균변화율이므로

$f(5)-f(4)<f'(5)$

따라서 그 값이 가장 큰 것은 ④이다.

125

ㄱ. 두 점 $(a,f(a)),\ (b,f(b))$를 지나는 직선의 기울기는 1보다 작으므로

$\quad\dfrac{f(b)-f(a)}{b-a}<1$ (참)

ㄴ. 점 $(a,f(a))$에서의 접선의 기울기는 점 $(b,f(b))$에서의 접선의 기울기보다 작으므로

$\quad f'(a)<f'(b)$ (참)

ㄷ. $a\le x\le b$에서 함수 $y=f(x)$의 그래프는 아래로 볼록하므로

$\quad f\left(\dfrac{a+b}{2}\right)<\dfrac{f(a)+f(b)}{2}$ (거짓)

이상에서 옳은 것은 ㄱ, ㄴ이다.

126

ㄱ. $0<a<b<1$에서 점 $(a,f(a))$에서의 접선의 기울기가 점 $(b,f(b))$에서의 접선의 기울기보다 크므로

$\quad f'(a)>f'(b)$ (참)

ㄴ. 세 점 $O(0,0),\ A(a,f(a)),\ B(b,f(b))$에 대하여 두 직선 OA, OB의 기울기는 각각

$\quad\dfrac{f(a)-f(0)}{a-0}=\dfrac{f(a)}{a},\ \dfrac{f(b)-f(0)}{b-0}=\dfrac{f(b)}{b}$

이때 주어진 그래프에서 직선 OA의 기울기가 직선 OB의 기울기보다 크므로 $\dfrac{f(a)}{a}>\dfrac{f(b)}{b}$ (참)

ㄷ. 두 점 $(a,f(a)),\ (b,f(b))$를 지나는 직선의 기울기는 1보다 작으므로 $\dfrac{f(b)-f(a)}{b-a}<1$

즉, $f(b)-f(a)<b-a$이므로 $a-b<f(a)-f(b)$ (거짓)

이상에서 옳은 것은 ㄱ, ㄴ이다.

다른 풀이 ㄷ. $f(a)-f(b)=-a^2+a+b^2-b$이므로

$a-b-\{f(a)-f(b)\}=a^2-b^2=(a+b)(a-b)<0$

즉, $a-b<f(a)-f(b)$ (거짓)

127

함수 $f(x)$는 $x=e$에서 불연속이므로 $m=1$

또, $x=c$, $x=e$에서 미분가능하지 않으므로 $n=2$

$\therefore m+n=1+2=3$

128

ㄱ. $\lim\limits_{x\to 2} f(x)=f(2)=0$이므로 함수 $f(x)$는 $x=2$에서 연속이다.

$$f'(2)=\lim_{x\to 2}\frac{f(x)-f(2)}{x-2}=\lim_{x\to 2}\frac{x^2-x-2}{x-2}$$

$$=\lim_{x\to 2}\frac{(x+1)(x-2)}{x-2}=\lim_{x\to 2}(x+1)=3$$

이므로 함수 $f(x)$는 $x=2$에서 미분가능하다.

ㄴ. $\lim\limits_{x\to 2} g(x)=g(2)=0$이므로 함수 $g(x)$는 $x=2$에서 연속이다.

$$g'(2)=\lim_{x\to 2}\frac{g(x)-g(2)}{x-2}=\lim_{x\to 2}\frac{(x-2)|x-2|}{x-2}$$

$$=\lim_{x\to 2}|x-2|=0$$

이므로 함수 $g(x)$는 $x=2$에서 미분가능하다.

ㄷ. $\lim\limits_{x\to 2+} h(x)=\lim\limits_{x\to 2+}\dfrac{|x-2|}{x-2}$

$$=\lim_{x\to 2+}\frac{x-2}{x-2}=1$$

$\lim\limits_{x\to 2-} h(x)=\lim\limits_{x\to 2-}\dfrac{|x-2|}{x-2}$

$$=\lim_{x\to 2-}\frac{-(x-2)}{x-2}=-1$$

따라서 $\lim\limits_{x\to 2} h(x)$의 값이 존재하지 않으므로 함수 $h(x)$는

$x=2$에서 불연속이고 미분가능하지 않다.

이상에서 $x=2$에서 미분가능한 함수는 ㄱ, ㄴ이다.

129

① $\lim\limits_{x\to 0} f(x)=f(0)=5$이므로 함수 $f(x)$는 $x=0$에서 연속이다.

$$f'(0)=\lim_{h\to 0}\frac{f(0+h)-f(0)}{h}=\lim_{h\to 0}\frac{5-5}{h}=0$$

이므로 함수 $f(x)$는 $x=0$에서 미분가능하다.

② $f(0)=0$이고 $\lim\limits_{x\to 0} f(x)=\lim\limits_{x\to 0} x|x|=0$이므로 함수 $f(x)$는

$x=0$에서 연속이다.

$$\lim_{h\to 0+}\frac{f(0+h)-f(0)}{h}=\lim_{h\to 0+}\frac{h|h|}{h}$$

$$=\lim_{h\to 0+}h=0$$

$$\lim_{h\to 0-}\frac{f(0+h)-f(0)}{h}=\lim_{h\to 0-}\frac{h|h|}{h}$$

$$=\lim_{h\to 0-}(-h)=0$$

따라서 함수 $f(x)$는 $x=0$에서 미분가능하다.

③ $\lim\limits_{x\to 0+} f(x)=\lim\limits_{x\to 0+}\dfrac{|x|}{x}=\lim\limits_{x\to 0+}\dfrac{x}{x}=1$

$\lim\limits_{x\to 0-} f(x)=\lim\limits_{x\to 0-}\dfrac{|x|}{x}=\lim\limits_{x\to 0-}\dfrac{-x}{x}=-1$

따라서 $\lim\limits_{x\to 0} f(x)$의 값이 존재하지 않으므로 함수 $f(x)$는

$x=0$에서 불연속이고 미분가능하지 않다.

④ $f(0)=0$이고 $\lim\limits_{x\to 0} f(x)=\lim\limits_{x\to 0}\sqrt{x^2}=\lim\limits_{x\to 0}|x|=0$이므로 함수

$f(x)$는 $x=0$에서 연속이다.

$$\lim_{h\to 0+}\frac{f(0+h)-f(0)}{h}=\lim_{h\to 0+}\frac{\sqrt{h^2}}{h}=\lim_{h\to 0+}\frac{|h|}{h}$$

$$=\lim_{h\to 0+}\frac{h}{h}=1$$

$$\lim_{h\to 0-}\frac{f(0+h)-f(0)}{h}=\lim_{h\to 0-}\frac{\sqrt{h^2}}{h}=\lim_{h\to 0-}\frac{|h|}{h}$$

$$=\lim_{h\to 0-}\frac{-h}{h}=-1$$

따라서 함수 $f(x)$는 $x=0$에서 미분가능하지 않다.

⑤ $f(0)=(0-1)^2=1$

$\lim\limits_{x\to 0+} f(x)=\lim\limits_{x\to 0+}(x-1)^2=1$

$\lim\limits_{x\to 0-} f(x)=\lim\limits_{x\to 0-}(-2x+1)=1$

따라서 $\lim\limits_{x\to 0} f(x)=f(0)$이므로 함수 $f(x)$는 $x=0$에서 연속이다.

$$\lim_{h\to 0+}\frac{f(0+h)-f(0)}{h}=\lim_{h\to 0+}\frac{(h-1)^2-1}{h}$$

$$=\lim_{h\to 0+}\frac{h^2-2h}{h}$$

$$=\lim_{h\to 0+}(h-2)=-2$$

$$\lim_{h\to 0-}\frac{f(0+h)-f(0)}{h}=\lim_{h\to 0-}\frac{(-2h+1)-1}{h}$$

$$=\lim_{h\to 0-}\frac{-2h}{h}=-2$$

따라서 함수 $f(x)$는 $x=0$에서 미분가능하다.

이상에서 $x=0$에서 연속이지만 미분가능하지 않은 함수는 ④이다.

130

① $x=\dfrac{5}{2}$인 점에서의 접선의 기울기는 양수이므로

$$f'\left(\frac{5}{2}\right)>0$$

② $\lim\limits_{x\to 3+} f(x)=\lim\limits_{x\to 3-} f(x)$이므로 $\lim\limits_{x\to 3} f(x)$의 값이 존재한다.

③ 함수 $f(x)$는 $x=3$, $x=5$에서 불연속이므로 불연속인 x의 값은 2개이다.

④ $x=1$일 때 미분가능하고 접선의 기울기는 0이므로 $f'(x)=0$인 x의 값은 1개이다.

⑤ 함수 $f(x)$는 $x=2$, $x=3$, $x=5$에서 미분가능하지 않으므로 미분가능하지 않은 x의 값은 3개이다.

따라서 옳지 않은 것은 ④이다.

131

ㄱ. $h(x)=(x-1)f(x)=\begin{cases} -(x-1)^2 & (x<1) \\ (x-1)^2 & (x\geq 1) \end{cases}$

이라 하면 $\lim\limits_{x\to 1} h(x)=h(1)=0$이므로 함수 $h(x)$는 $x=1$에서 연속이다.

$$\lim_{x \to 1+}\frac{h(x)-h(1)}{x-1}=\lim_{x \to 1+}\frac{(x-1)^2}{x-1}=\lim_{x \to 1+}(x-1)=0$$

$$\lim_{x \to 1-}\frac{h(x)-h(1)}{x-1}=\lim_{x \to 1-}\frac{-(x-1)^2}{x-1}=\lim_{x \to 1-}(-x+1)=0$$

따라서 함수 $h(x)$는 $x=1$에서 미분가능하다.

ㄴ. $i(x)=f(x)+g(x)=\begin{cases} 0 & (x<1) \\ -2 & (x \geq 1) \end{cases}$

이라 하면 $\lim\limits_{x \to 1+}i(x)=-2$, $\lim\limits_{x \to 1-}i(x)=0$

따라서 함수 $i(x)$는 $x=1$에서 불연속이므로 미분가능하지 않다.

ㄷ. $k(x)=f(x)g(x)=\begin{cases} (-x+1)(x-1) & (x<1) \\ (x-1)(-x-1) & (x \geq 1) \end{cases}$

이라 하면 $\lim\limits_{x \to 1}k(x)=k(1)=0$이므로 함수 $k(x)$는 $x=1$에서

연속이다.

$$\lim_{x \to 1+}\frac{k(x)-k(1)}{x-1}=\lim_{x \to 1+}\frac{(x-1)(-x-1)}{x-1}$$
$$=\lim_{x \to 1+}(-x-1)=-2$$

$$\lim_{x \to 1-}\frac{k(x)-k(1)}{x-1}=\lim_{x \to 1-}\frac{(-x+1)(x-1)}{x-1}$$
$$=\lim_{x \to 1-}(-x+1)=0$$

따라서 함수 $k(x)$는 $x=1$에서 미분가능하지 않다.

이상에서 $x=1$에서 미분가능한 함수는 ㄱ뿐이다.

132

$f(1)=1+a$

$\lim\limits_{x \to 1+}f(x)=1+a$

$\lim\limits_{x \to 1-}f(x)=a+1$

따라서 $\lim\limits_{x \to 1}f(x)=f(1)$이므로 함수 $f(x)$는 a의 값에 관계없이

$x=1$에서 연속이다.

또, 함수 $f(x)$의 $x=1$에서의 미분계수가 존재하므로

$$\lim_{x \to 1+}\frac{f(x)-f(1)}{x-1}=\lim_{x \to 1+}\frac{(x^4+a)-(1+a)}{x-1}$$
$$=\lim_{x \to 1+}\frac{x^4-1}{x-1}$$
$$=\lim_{x \to 1+}\frac{(x^2+1)(x+1)(x-1)}{x-1}$$
$$=\lim_{x \to 1+}(x^2+1)(x+1)=4$$

$$\lim_{x \to 1-}\frac{f(x)-f(1)}{x-1}=\lim_{x \to 1-}\frac{(ax^2+1)-(1+a)}{x-1}$$
$$=\lim_{x \to 1-}\frac{ax^2-a}{x-1}$$
$$=\lim_{x \to 1-}\frac{a(x^2-1)}{x-1}$$
$$=\lim_{x \to 1-}\frac{a(x+1)(x-1)}{x-1}$$
$$=\lim_{x \to 1-}a(x+1)=2a$$

에서 $4=2a$ ∴ $a=2$

참고 이 문제의 경우

$$\lim_{h \to 0+}\frac{f(1+h)-f(1)}{h}=\lim_{h \to 0-}\frac{f(1+h)-f(1)}{h}$$

을 이용하면 계산이 복잡해진다.

133

$x \neq 2$일 때, $f(x)=\dfrac{x^2-3x+a}{x-2}$ ······ ㉠

함수 $f(x)$가 모든 실수 x에서 미분가능하면 $x=2$에서도 미분가

능하므로 $x=2$에서 연속이다.

즉, $f(2)=\lim\limits_{x \to 2}f(x)=\lim\limits_{x \to 2}\dfrac{x^2-3x+a}{x-2}$ ······ ㉡

$x \longrightarrow 2$일 때 (분모) $\longrightarrow 0$이고 극한값이 존재하므로 (분자) $\longrightarrow 0$

이어야 한다.

즉, $\lim\limits_{x \to 2}(x^2-3x+a)=0$이므로

$4-6+a=0$ ∴ $a=2$

㉠에서 $x \neq 2$일 때

$$f(x)=\frac{x^2-3x+2}{x-2}=\frac{(x-1)(x-2)}{x-2}=x-1$$

한편, ㉡에서

$f(2)=\lim\limits_{x \to 2}f(x)=\lim\limits_{x \to 2}(x-1)=1$

즉, 모든 실수 x에 대하여 $f(x)=x-1$

$$\therefore f'(2)=\lim_{h \to 0}\frac{f(2+h)-f(2)}{h}$$
$$=\lim_{h \to 0}\frac{(1+h)-1}{h}$$
$$=\lim_{h \to 0}\frac{h}{h}=1$$

134

$h(x)=f(x)g(x)=\begin{cases} -(x+3)(2x+a) & (x<-3) \\ (x+3)(2x+a) & (x \geq -3) \end{cases}$

라 하면 함수 $h(x)$가 실수 전체의 집합에서 미분가능하므로

$x=-3$에서도 미분가능하다.

이때 $\lim\limits_{x \to -3}h(x)=h(-3)=0$이므로 함수 $h(x)$는 $x=-3$에서 연

속이다.

또, 함수 $h(x)$의 $x=-3$에서의 미분계수가 존재하므로

$$\lim_{x \to -3+}\frac{h(x)-h(-3)}{x-(-3)}=\lim_{x \to -3+}\frac{(x+3)(2x+a)}{x+3}$$
$$=\lim_{x \to -3+}(2x+a)$$
$$=-6+a$$

$$\lim_{x \to -3-}\frac{h(x)-h(-3)}{x-(-3)}=\lim_{x \to -3-}\frac{-(x+3)(2x+a)}{x+3}$$
$$=\lim_{x \to -3-}(-2x-a)$$
$$=6-a$$

에서 $-6+a=6-a$ ∴ $a=6$

135

$f(x)=\dfrac{2}{3}x^3-\dfrac{a}{4}x^2+5x-4$에서

$f'(x)=2x^2-\dfrac{a}{2}x+5$

따라서 $f'(-1)=2+\dfrac{a}{2}+5=\dfrac{a}{2}+7$이므로

$\dfrac{a}{2}+7=6$ ∴ $a=-2$

136

$f(x)=ax^2+bx$에서

$f'(x)=2ax+b$

$f'(0)=2$이므로 $b=2$

$f'(1)=4$이므로 $2a+b=4$

$b=2$를 $2a+b=4$에 대입하면

$2a+2=4$ $\quad\therefore a=1$

따라서 $f'(x)=2x+2$이므로

$f'(-2)=-4+2=-2$

137

$f(x)=(x+3)(2x-1)(-3x+a)$에서

$f'(x)=(2x-1)(-3x+a)+2(x+3)(-3x+a)$
$$-3(x+3)(2x-1)$$

$\therefore f'(0)=(-1)\times a+2\times3\times a-3\times3\times(-1)$
$$=-a+6a+9=5a+9$$

즉, $5a+9=14$이므로 $a=1$

따라서 $f(x)=(x+3)(2x-1)(-3x+1)$이므로

$f(0)=3\times(-1)\times1=-3$

138

$g(x)=(x^3+1)f(x)$에서

$g'(x)=3x^2f(x)+(x^3+1)f'(x)$

$\therefore g'(1)=3f(1)+2f'(1)$
$$=3\times2+2\times3=12$$

139

함수 $f(x)=2x^2-3x+5$에서 x의 값이 a에서 $a+1$까지 변할 때의 평균변화율은

$\dfrac{f(a+1)-f(a)}{a+1-a}=\{2(a+1)^2-3(a+1)+5\}-(2a^2-3a+5)$
$$=4a-1$$

즉, $4a-1=7$이므로 $a=2$

$\therefore \lim\limits_{h\to0}\dfrac{f(a+2h)-f(a)}{h}=\lim\limits_{h\to0}\dfrac{f(2+2h)-f(2)}{h}$
$$=\lim\limits_{h\to0}\left\{\dfrac{f(2+2h)-f(2)}{2h}\times2\right\}$$
$$=2f'(2) \qquad \cdots\cdots ㉠$$

이때 $f(x)=2x^2-3x+5$에서 $f'(x)=4x-3$이므로

$f'(2)=8-3=5$

따라서 이 값을 ㉠에 대입하면

$2f'(2)=2\times5=10$

140

$\lim\limits_{h\to0}\dfrac{f(1+2h)-f(1)}{5h}=\lim\limits_{h\to0}\left\{\dfrac{f(1+2h)-f(1)}{2h}\times\dfrac{2}{5}\right\}$
$$=\dfrac{2}{5}f'(1)$$

이때 $f(x)=x^2+8x$에서 $f'(x)=2x+8$이므로

$f'(1)=2+8=10$

따라서 구하는 값은

$\dfrac{2}{5}f'(1)=\dfrac{2}{5}\times10=4$

141

$\lim\limits_{x\to3}\dfrac{\{f(x)\}^2-\{f(3)\}^2}{x-3}$

$=\lim\limits_{x\to3}\dfrac{\{f(x)+f(3)\}\{f(x)-f(3)\}}{x-3}$

$=\lim\limits_{x\to3}\dfrac{f(x)-f(3)}{x-3}\times\lim\limits_{x\to3}\{f(x)+f(3)\}$

$=f'(3)\times2f(3) \qquad \cdots\cdots ㉠$

$f(x)=x^3-3x^2+4$에서 $f'(x)=3x^2-6x$이므로

$f(3)=27-27+4=4,\ f'(3)=27-18=9$

따라서 이 값을 ㉠에 대입하면

$f'(3)\times2f(3)=9\times2\times4=72$

142

$\lim\limits_{h\to0}\dfrac{f(2h)-f(-h)}{2h}$

$=\lim\limits_{h\to0}\dfrac{\{f(2h)-f(0)\}-\{f(-h)-f(0)\}}{2h}$

$=\lim\limits_{h\to0}\dfrac{f(2h)-f(0)}{2h}+\lim\limits_{h\to0}\dfrac{f(-h)-f(0)}{-2h}$

$=\lim\limits_{h\to0}\dfrac{f(2h)-f(0)}{2h}+\lim\limits_{h\to0}\left\{\dfrac{f(-h)-f(0)}{-h}\times\dfrac{1}{2}\right\}$

$=f'(0)+\dfrac{1}{2}f'(0)$

$=\dfrac{3}{2}f'(0) \qquad \cdots\cdots ㉠$

$f(x)=(2x-1)^3=(2x-1)(2x-1)(2x-1)$에서

$f'(x)=2(2x-1)^2+2(2x-1)^2+2(2x-1)^2$
$$=6(2x-1)^2$$

이므로 $f'(0)=6\times1=6$

따라서 이 값을 ㉠에 대입하면

$\dfrac{3}{2}f'(0)=\dfrac{3}{2}\times6=9$

다른 풀이 공식을 이용하여 $f(x)$의 도함수를 구할 수도 있다.

$f(x)=(2x-1)^3$에서

$f'(x)=3(2x-1)^2\times(2x-1)'=6(2x-1)^2$

143

$\lim\limits_{x\to1}\dfrac{f(x)-3}{x-1}=3$에서 $x\longrightarrow1$일 때 (분모) $\longrightarrow0$이고 극한값이 존재하므로 (분자) $\longrightarrow0$이어야 한다.

즉, $\lim\limits_{x\to1}\{f(x)-3\}=0$이므로 $f(1)=3 \qquad \cdots\cdots ㉠$

$\lim\limits_{x\to1}\dfrac{f(x)-3}{x-1}=\lim\limits_{x\to1}\dfrac{f(x)-f(1)}{x-1}=f'(1)=3 \qquad \cdots\cdots ㉡$

㉠에서 $f(1)=1+a+b=3$ $\quad\therefore a+b=2 \qquad \cdots\cdots ㉢$

$f(x)=x^2+ax+b$에서 $f'(x)=2x+a$이므로 ㉡에서

$f'(1)=2+a=3$ $\quad\therefore a=1$

$a=1$을 ㉢에 대입하면

$1+b=2$ $\therefore b=1$

따라서 $f(x)=x^2+x+1$이므로

$f(-1)=1+(-1)+1=1$

144

$\lim\limits_{x\to 2}\dfrac{f(x)}{(x-2)\{f'(x)\}^2}=\dfrac{1}{4}$에서 $x\longrightarrow 2$일 때 (분모) $\longrightarrow 0$이고

극한값이 존재하므로 (분자) $\longrightarrow 0$이어야 한다.

즉, $\lim\limits_{x\to 2}f(x)=0$이므로 $f(2)=0$ ...... ㉠

이차함수 $f(x)$는 실수 전체의 집합에서 미분가능하므로

$$\lim_{x\to 2}\frac{f(x)}{(x-2)\{f'(x)\}^2}=\lim_{x\to 2}\left\{\frac{f(x)-f(2)}{x-2}\times\frac{1}{\{f'(x)\}^2}\right\}$$

$$=f'(2)\times\frac{1}{\{f'(2)\}^2}$$

$$=\frac{1}{f'(2)}=\frac{1}{4}$$

$\therefore f'(2)=4$ ...... ㉡

$f(x)=x^2+ax+b\,(a,\,b$는 상수$)$로 놓으면 ㉠에서

$f(2)=4+2a+b=0$ ...... ㉢

$f'(x)=2x+a$이므로 ㉡에서

$f'(2)=4+a=4$ $\therefore a=0$

$a=0$을 ㉢에 대입하면

$4+b=0$ $\therefore b=-4$

따라서 $f(x)=x^2-4$이므로

$f(1)=1-4=-3$

145

$\lim\limits_{x\to 3}\dfrac{f(x)-g(x)}{x-3}=1$에서 $x\longrightarrow 3$일 때 (분모) $\longrightarrow 0$이고 극한값

이 존재하므로 (분자) $\longrightarrow 0$이어야 한다.

즉, $\lim\limits_{x\to 3}\{f(x)-g(x)\}=0$에서 $f(x),\,g(x)$가 모두 다항함수이므로

$$\lim_{x\to 3}\{f(x)-g(x)\}=f(3)-g(3)=0$$

$\therefore g(3)=f(3)=2$

$$\lim_{x\to 3}\frac{f(x)-g(x)}{x-3}$$

$$=\lim_{x\to 3}\frac{\{f(x)-f(3)\}-\{g(x)-g(3)\}}{x-3}\,(\because f(3)=g(3))$$

$$=\lim_{x\to 3}\frac{f(x)-f(3)}{x-3}-\lim_{x\to 3}\frac{g(x)-g(3)}{x-3}$$

$$=f'(3)-g'(3)=1$$

이때 $f'(3)=1$이므로 $g'(3)=0$

$g(x)=x^2+ax+b\,(a,\,b$는 상수$)$로 놓으면

$g'(x)=2x+a$

$g(3)=9+3a+b=2$이므로 $3a+b=-7$ ...... ㉠

$g'(3)=6+a=0$이므로 $a=-6$

$a=-6$을 ㉠에 대입하면

$3\times(-6)+b=-7$ $\therefore b=11$

따라서 $g(x)=x^2-6x+11$이므로

$g(1)=1-6+11=6$

146

$f(x)=3x^2-xf'(5)$에서 $f'(5)$는 상수이므로

$f'(5)=a\,(a$는 상수$)$라 하면

$f(x)=3x^2-ax$

$\therefore f'(x)=6x-a$

$f'(5)=30-a$이므로 $f(x)$와 $f'(5)$를 주어진 식에 대입하면

$3x^2-ax=3x^2-x(30-a)$

위의 등식이 모든 실수 x에 대하여 성립하므로

$a=30-a$ $\therefore a=15$

따라서 $f'(x)=6x-15$이므로

$f'(4)=24-15=9$

다른 풀이 $f(x)=3x^2-xf'(5)$에서

$f'(x)=6x-f'(5)$

위의 식에 $x=5$를 대입하면

$f'(5)=30-f'(5),\,2f'(5)=30$

$\therefore f'(5)=15$

따라서 $f'(x)=6x-15$이므로

$f'(4)=24-15=9$

147

$f(x)=x^2+ax+b\,(a,\,b$는 상수$)$로 놓으면

$f'(x)=2x+a$

$2f(x)-(x-1)f'(x)=0$에 $f(x)$와 $f'(x)$를 각각 대입하면

$2(x^2+ax+b)-(x-1)(2x+a)=0$

$\therefore (a+2)x+2b+a=0$

위의 등식이 모든 실수 x에 대하여 성립하므로

$a+2=0,\,2b+a=0$ $\therefore a=-2,\,b=1$

따라서 $f(x)=x^2-2x+1$이므로

$f(3)=9-6+1=4$

148

$f(x)=ax^2+bx+c\,(a,\,b,\,c$는 상수, $a\neq 0)$로 놓으면

$f'(x)=2ax+b$

$1-xf'(x)+f(x)=x^2+2$에 $f(x)$와 $f'(x)$를 각각 대입하면

$1-x(2ax+b)+(ax^2+bx+c)=x^2+2$

$\therefore -ax^2+1+c=x^2+2$

위의 등식이 모든 실수 x에 대하여 성립하므로

$-a=1,\,1+c=2$ $\therefore a=-1,\,c=1$

또, $f'(1)=-2+b=1$이므로 $b=3$

따라서 $f'(x)=-2x+3$이므로

$f'(2)=-4+3=-1$

다른 풀이 $1-xf'(x)+f(x)=x^2+2$에 $x=0,\,x=1$을 각각 대입하

면 $1+f(0)=2,\,1-f'(1)+f(1)=3$

$\therefore f(0)=1,\,f(1)=3\,(\because f'(1)=1)$

$f(x)=ax^2+bx+c\,(a,\,b,\,c$는 상수, $a\neq 0)$로 놓으면

$f(0)=c=1$

$f(1)=a+b+1=3$ $\therefore a+b=2$ ...... ㉠

$f'(x)=2ax+b$이므로 $f'(1)=2a+b=1$ ...... ㉡

㉠, ㉡을 연립하여 풀면
$a=-1$, $b=3$
따라서 $f'(x)=-2x+3$이므로
$f'(2)=-4+3=-1$

149

다항식 x^5+ax+b를 $(x+1)^2$으로 나누었을 때의 몫을 $Q(x)$라 하
면 나머지가 $-3x+1$이므로
$$x^5+ax+b=(x+1)^2Q(x)-3x+1 \qquad \cdots\cdots ㉠$$
㉠의 양변에 $x=-1$을 대입하면
$$-1-a+b=4 \qquad \therefore a-b=-5 \qquad \cdots\cdots ㉡$$
㉠의 양변을 x에 대하여 미분하면
$$5x^4+a=2(x+1)Q(x)+(x+1)^2Q'(x)-3$$
위의 식의 양변에 $x=-1$을 대입하면
$$5+a=-3 \qquad \therefore a=-8$$
$a=-8$을 ㉡에 대입하면 $b=-3$
$$\therefore ab=(-8)\times(-3)=24$$

150

다항식 $x^3-12x+a$를 $(x-b)^2$으로 나누었을 때의 몫을 $Q(x)$라 하면
$$x^3-12x+a=(x-b)^2Q(x) \qquad \cdots\cdots ㉠$$
㉠의 양변에 $x=b$를 대입하면
$$b^3-12b+a=0 \qquad \cdots\cdots ㉡$$
㉠의 양변을 x에 대하여 미분하면
$$3x^2-12=2(x-b)Q(x)+(x-b)^2Q'(x)$$
위의 식의 양변에 $x=b$를 대입하면
$$3b^2-12=0, \ b^2=4$$
$$\therefore b=-2 \ \text{또는} \ b=2$$
(i) $b=-2$를 ㉡에 대입하면
$$-8+24+a=0 \qquad \therefore a=-16$$
(ii) $b=2$를 ㉡에 대입하면
$$8-24+a=0 \qquad \therefore a=16$$
(i), (ii)에서 $a+b=-18$ 또는 $a+b=18$

151

$\displaystyle\lim_{x\to-1}\dfrac{f(x)-2}{x+1}$에서 $x\longrightarrow-1$일 때 (분모) $\longrightarrow 0$이고 극한값이
존재하므로 (분자) $\longrightarrow 0$이어야 한다.
즉, $\displaystyle\lim_{x\to-1}\{f(x)-2\}=0$이므로 $f(-1)=2$ $\qquad \cdots\cdots ㉠$
$$\therefore \lim_{x\to-1}\frac{f(x)-2}{x+1}=\lim_{x\to-1}\frac{f(x)-f(-1)}{x-(-1)}$$
$$=f'(-1)=3 \qquad \cdots\cdots ㉡$$
한편, $f(x)$를 $(x+1)^2$으로 나누었을 때의 몫을 $Q(x)$라 하면 $R(x)$
는 일차 이하의 식이므로 $R(x)=ax+b$ (a, b는 상수)로 놓을 수
있다. 즉,
$$f(x)=(x+1)^2Q(x)+R(x)$$
$$=(x+1)^2Q(x)+ax+b \qquad \cdots\cdots ㉢$$
㉢의 양변에 $x=-1$을 대입하면
$$f(-1)=-a+b \qquad \therefore -a+b=2 \ (\because ㉠) \qquad \cdots\cdots ㉣$$
㉢의 양변을 x에 대하여 미분하면
$$f'(x)=2(x+1)Q(x)+(x+1)^2Q'(x)+a$$
위의 식의 양변에 $x=-1$을 대입하면
$$f'(-1)=a \qquad \therefore a=3 \ (\because ㉡)$$
$a=3$을 ㉣에 대입하면
$$-3+b=2 \qquad \therefore b=5$$
따라서 $R(x)=3x+5$이므로
$$R(1)=3+5=8$$

내신 적중 서술형 ● 47쪽

152 3	**153** (1) 0 (2) 4	**154** -1	**155** 9

152

함수 $f(x)=x^2+4x$에서 x의 값이 1에서 5까지 변할 때의 평균변
화율은
$$\frac{f(5)-f(1)}{5-1}=\frac{45-5}{4}=10 \qquad \cdots\cdots ㉮$$
또, 함수 $f(x)$의 $x=c$에서의 미분계수는
$$f'(c)=\lim_{h\to0}\frac{f(c+h)-f(c)}{h}$$
$$=\lim_{h\to0}\frac{\{(c+h)^2+4(c+h)\}-(c^2+4c)}{h}$$
$$=\lim_{h\to0}\frac{h^2+2ch+4h}{h}$$
$$=\lim_{h\to0}(h+2c+4)$$
$$=2c+4 \qquad \cdots\cdots ㉯$$
즉, $2c+4=10$이므로
$$2c=6 \qquad \therefore c=3 \qquad \cdots\cdots ㉰$$

채점 기준	배점 비율
㉮ 평균변화율 구하기	40 %
㉯ 미분계수 구하기	40 %
㉰ c의 값 구하기	20 %

153

(1) $f(x+y)=f(x)+f(y)+3x^2y+3xy^2$에 $x=0$, $y=0$을 대입하면

$$f(0)=f(0)+f(0) \quad \therefore f(0)=0 \qquad \cdots\cdots ㉮$$

(2) $f'(x)=\lim\limits_{h\to 0}\dfrac{f(x+h)-f(x)}{h}$

$\qquad =\lim\limits_{h\to 0}\dfrac{f(x)+f(h)+3x^2h+3xh^2-f(x)}{h}$

$\qquad =\lim\limits_{h\to 0}\dfrac{f(h)+3x^2h+3xh^2}{h}$

$\qquad =\lim\limits_{h\to 0}\left\{\dfrac{f(h)}{h}+3x^2+3xh\right\}$

$\qquad =\lim\limits_{h\to 0}\left\{\dfrac{f(0+h)-f(0)}{h}+3x^2+3xh\right\}$

$\qquad =f'(0)+3x^2$

$\qquad =3x^2+1 \qquad \cdots\cdots ㉯$

$$\therefore f'(1)=3+1=4 \qquad \cdots\cdots ㉰$$

	채점 기준	배점 비율
(1)	㉮ $f(0)$의 값 구하기	30 %
(2)	㉯ 도함수의 정의를 이용하여 $f'(x)$ 구하기	60 %
	㉰ $f'(1)$의 값 구하기	10 %

154

$x\neq a$일 때, $f(x)=\dfrac{x^2-3x+a}{x-a}$

함수 $f(x)$가 모든 실수 x에서 미분가능하면 $x=a$에서도 미분가능하므로 $x=a$에서 연속이다.

즉, $f(a)=\lim\limits_{x\to a}f(x)=\lim\limits_{x\to a}\dfrac{x^2-3x+a}{x-a}$

$x\longrightarrow a$일 때 (분모) $\longrightarrow 0$이고 극한값이 존재하므로

(분자) $\longrightarrow 0$이어야 한다.

즉, $\lim\limits_{x\to a}(x^2-3x+a)=0$이므로

$a^2-3a+a=0$, $a^2-2a=0$, $a(a-2)=0$

$$\therefore a=0 \text{ 또는 } a=2 \qquad \cdots\cdots ㉮$$

(ⅰ) $a=0$이면

$\quad x\neq 0$일 때, $f(x)=\dfrac{x^2-3x}{x}=x-3$

$\quad$ 함수 $f(x)$가 $x=0$에서 연속이므로

$\quad f(0)=\lim\limits_{x\to 0}f(x)=\lim\limits_{x\to 0}(x-3)=-3$

(ⅱ) $a=2$이면

$\quad x\neq 2$일 때,

$\quad f(x)=\dfrac{x^2-3x+2}{x-2}=\dfrac{(x-1)(x-2)}{x-2}=x-1$

$$\therefore f(0)=-1 \qquad \cdots\cdots ㉯$$

(ⅰ), (ⅱ)에서 $f(0)$의 최댓값은 -1이다. $\qquad \cdots\cdots ㉰$

채점 기준	배점 비율
㉮ $f(x)$가 $x=a$에서 연속임을 알고 a의 값 구하기	30 %
㉯ $a=0$, $a=2$일 때, $f(0)$의 값 구하기	60 %
㉰ $f(0)$의 최댓값 구하기	10 %

155

$\lim\limits_{x\to 3}\dfrac{f(x)-1}{x-3}=4$에서 $x\longrightarrow 3$일 때 (분모) $\longrightarrow 0$이고 극한값이 존재하므로 (분자) $\longrightarrow 0$이어야 한다.

즉, $\lim\limits_{x\to 3}\{f(x)-1\}=0$이므로 $f(3)=1$

$\therefore \lim\limits_{x\to 3}\dfrac{f(x)-1}{x-3}=\lim\limits_{x\to 3}\dfrac{f(x)-f(3)}{x-3}=f'(3)=4 \quad \cdots\cdots ㉮$

또, $\lim\limits_{x\to 3}\dfrac{g(x)+2}{x-3}=5$에서 $x\longrightarrow 3$일 때 (분모) $\longrightarrow 0$이고 극한값이 존재하므로 (분자) $\longrightarrow 0$이어야 한다.

즉, $\lim\limits_{x\to 3}\{g(x)+2\}=0$이므로 $g(3)=-2$

$\therefore \lim\limits_{x\to 3}\dfrac{g(x)+2}{x-3}=\lim\limits_{x\to 3}\dfrac{g(x)-g(3)}{x-3}=g'(3)=5 \quad \cdots\cdots ㉯$

$h(x)=f(x)\{g(x)+3\}$에서

$h'(x)=f'(x)\{g(x)+3\}+f(x)g'(x)$

$\therefore h'(3)=f'(3)\{g(3)+3\}+f(3)g'(3)$

$\qquad =4\times(-2+3)+1\times 5=9 \qquad \cdots\cdots ㉰$

채점 기준	배점 비율
㉮ $f(3)$, $f'(3)$의 값 구하기	30 %
㉯ $g(3)$, $g'(3)$의 값 구하기	30 %
㉰ $h'(3)$의 값 구하기	40 %

1등급 실력 완성 ● 48쪽 ~ 50쪽

156 ②	**157** ③	**158** ③	**159** ②	**160** ②
161 -81	**162** ①	**163** ④	**164** ④	**165** 10
166 ①	**167** ①			

156

미분계수를 이용한 극한값의 계산 ⑴

(전략) 미분계수의 정의를 이용하여 $f'(0)$과 $f'(1)$ 사이의 관계식을 구한다.

(풀이) 조건 ㈎에서

$\lim\limits_{h\to 0}\dfrac{(1-h)f(h)}{h}=\lim\limits_{h\to 0}\left\{\dfrac{f(h)}{h}-f(h)\right\}$

$\qquad =\lim\limits_{h\to 0}\left\{\dfrac{f(h)-f(0)}{h}-f(h)\right\} \ (\because f(0)=0)$

$\qquad =f'(0)-f(0)$

즉, $f'(0)-f(0)=f'(1)-f(0)+2$이므로
$$f'(0)-f'(1)=2 \qquad \cdots\cdots \text{㉠}$$
조건 (내)에서
$$\lim_{h\to 0}\frac{f(1+h)f(h)-f(1-h)f(h)}{h^2}$$
$$=\lim_{h\to 0}\left\{\frac{f(1+h)-f(1-h)}{h}\times\frac{f(h)}{h}\right\}$$
$$=\lim_{h\to 0}\left\{\frac{f(1+h)-f(1)-f(1-h)+f(1)}{h}\times\frac{f(h)-f(0)}{h}\right\}$$
$$=\lim_{h\to 0}\left[\left\{\frac{f(1+h)-f(1)}{h}+\frac{f(1-h)-f(1)}{-h}\right\}\times\frac{f(h)-f(0)}{h}\right]$$
$$=2f'(1)f'(0)$$
즉, $2f'(1)f'(0)=4$이므로
$$f'(1)f'(0)=2 \qquad \cdots\cdots \text{㉡}$$
㉠, ㉡에서
$$\{f'(0)\}^2+\{f'(1)\}^2=\{f'(0)-f'(1)\}^2+2f'(0)f'(1)$$
$$=2^2+2\times 2=8$$

157

미분계수를 이용한 극한값의 계산 (1)

(전략) 미분계수의 정의를 이용할 수 있도록 식을 변형한다.

(풀이) 조건 (개)에서 $x\longrightarrow 1$일 때 (분모) $\longrightarrow 0$이고 극한값이 존재하므로 (분자) $\longrightarrow 0$이어야 한다.

즉, $\lim_{x\to 1}\{f(x)-g(x)\}=0$이므로
$$f(1)-g(1)=0 \qquad \therefore f(1)=g(1) \qquad \cdots\cdots \text{㉠}$$
$$\lim_{x\to 1}\frac{f(x)-g(x)}{x-1}$$
$$=\lim_{x\to 1}\frac{f(x)-f(1)+g(1)-g(x)}{x-1} \ (\because \text{㉠})$$
$$=\lim_{x\to 1}\frac{f(x)-f(1)}{x-1}-\lim_{x\to 1}\frac{g(x)-g(1)}{x-1}$$
$$=f'(1)-g'(1)$$
$$\therefore f'(1)-g'(1)=5 \qquad \cdots\cdots \text{㉡}$$
조건 (내)에서
$$\lim_{x\to 1}\frac{f(x)+g(x)-2f(1)}{x-1}$$
$$=\lim_{x\to 1}\frac{\{f(x)-f(1)\}+\{g(x)-g(1)\}}{x-1} \ (\because \text{㉠})$$
$$=\lim_{x\to 1}\frac{f(x)-f(1)}{x-1}+\lim_{x\to 1}\frac{g(x)-g(1)}{x-1}$$
$$=f'(1)+g'(1)$$
$$\therefore f'(1)+g'(1)=7 \qquad \cdots\cdots \text{㉢}$$
㉡, ㉢을 연립하여 풀면
$$f'(1)=6,\ g'(1)=1$$
이때 $\lim_{x\to 1}\dfrac{f(x)-a}{x-1}=b\times g(1)$에서 $b\times g(1)$은 실수이므로 $\lim_{x\to 1}\dfrac{f(x)-a}{x-1}$의 값이 존재한다.

즉, $x\longrightarrow 1$일 때 (분모) $\longrightarrow 0$이고 극한값이 존재하므로 (분자) $\longrightarrow 0$이어야 한다.

즉, $\lim_{x\to 1}\{f(x)-a\}=0$이므로

$$f(1)-a=0 \qquad \therefore a=f(1)$$
$$\therefore \lim_{x\to 1}\frac{f(x)-a}{x-1}=\lim_{x\to 1}\frac{f(x)-f(1)}{x-1}=f'(1)$$
㉠에 의하여
$$f'(1)=b\times g(1)=b\times f(1)=ab$$
$$\therefore ab=6$$

158

미분가능성과 연속성

(전략) $x=0$에서의 연속성과 $x=0$에서 미분계수가 존재하는지를 확인한다.

(풀이) ㄱ. $y=\dfrac{f(x)}{x}$는 $x=0$에서 정의되지 않으므로 $x=0$에서 불연속이다.

따라서 함수 $y=\dfrac{f(x)}{x}$는 $x=0$에서 미분가능하지 않다.

ㄴ. [반례] $f(x)=|x|$이면 함수 $f(x)$는 $x=0$에서 연속이지만 미분가능하지 않다.

$g(x)=(x^2-1)f(x)=(x^2-1)|x|$라 하면 함수 $g(x)$는 $x=0$에서 연속이고 $g(0)=0$이므로
$$\lim_{h\to 0+}\frac{g(0+h)-g(0)}{h}=\lim_{h\to 0+}\frac{(h^2-1)|h|}{h}$$
$$=\lim_{h\to 0+}(h^2-1)=-1$$
$$\lim_{h\to 0-}\frac{g(0+h)-g(0)}{h}=\lim_{h\to 0-}\frac{(h^2-1)|h|}{h}$$
$$=\lim_{h\to 0-}(-h^2+1)=1$$
따라서 함수 $y=(x^2-1)f(x)$는 $x=0$에서 미분가능하지 않다.

ㄷ. $g(x)=\dfrac{1}{1+xf(x)}$이라 하면 함수 $g(x)$는 $x=0$에서 연속이고 $g(0)=1$이므로
$$g'(0)=\lim_{h\to 0}\frac{g(0+h)-g(0)}{h}$$
$$=\lim_{h\to 0}\frac{\dfrac{1}{1+hf(h)}-1}{h}$$
$$=\lim_{h\to 0}\frac{\dfrac{-hf(h)}{1+hf(h)}}{h}$$
$$=\lim_{h\to 0}\frac{-f(h)}{1+hf(h)}=-f(0)$$
따라서 함수 $y=\dfrac{1}{1+xf(x)}$은 $x=0$에서 미분가능하다.

이상에서 $x=0$에서 미분가능한 함수인 것은 ㄷ뿐이다.

159

미분가능성과 연속성

(전략) 함수 $g(x)$가 연속임을 이용하여 $g(1)$과 $f'(1)$ 사이의 관계식을 구한다.

(풀이) $(x^2-1)g(x)=f(x)$에 $x=1$을 대입하면
$$f(1)=0$$
$x\neq -1$, $x\neq 1$일 때, $g(x)=\dfrac{f(x)}{x^2-1}$이고 함수 $g(x)$가 실수 전체의 집합에서 연속이므로

$$g(1) = \lim_{x \to 1} g(x)$$

$$= \lim_{x \to 1} \frac{f(x)}{x^2 - 1}$$

$$= \lim_{x \to 1} \frac{f(x) - f(1)}{x^2 - 1} \ (\because f(1) = 0)$$

$$= \lim_{x \to 1} \left\{ \frac{f(x) - f(1)}{x - 1} \times \frac{1}{x + 1} \right\}$$

$$= \frac{1}{2} f'(1)$$

조건 (나)에서 $f'(1) = 4$이므로

$$g(1) = \frac{1}{2} \times 4 = 2$$

160

미분가능성과 연속성

(전략) 함수 $p(x)f(x)$가 실수 전체의 집합에서 연속이면 $x = 0$에서도 연속이고, 실수 전체의 집합에서 미분가능하면 $x = 2$에서도 미분가능함을 이용한다.

(풀이) ㄱ. 함수 $p(x)f(x)$가 실수 전체의 집합에서 연속이면 $x = 0$에서도 연속이므로

$$\lim_{x \to 0+} p(x)f(x) = \lim_{x \to 0-} p(x)f(x) = p(0)f(0)$$

이 성립한다.

$$\lim_{x \to 0+} p(x)f(x) = \lim_{x \to 0+} p(x) \times \lim_{x \to 0+} f(x) = -p(0),$$

$$\lim_{x \to 0-} p(x)f(x) = \lim_{x \to 0-} p(x) \times \lim_{x \to 0-} f(x) = 0,$$

$$p(0)f(0) = p(0) \times 0 = 0$$

이므로 $-p(0) = 0$

$$\therefore p(0) = 0 \ (참)$$

ㄴ. 함수 $p(x)f(x)$가 실수 전체의 집합에서 미분가능하면 $x = 2$에서도 미분가능하다. 즉, $x = 2$에서의 미분계수가 존재하므로

$$\lim_{x \to 2+} \frac{p(x)f(x) - p(2)f(2)}{x - 2}$$

$$= \lim_{x \to 2+} \frac{(2x - 3)p(x) - p(2)}{x - 2}$$

$$= \lim_{x \to 2+} \frac{(2x - 3)p(x) - p(x) + p(x) - p(2)}{x - 2}$$

$$= \lim_{x \to 2+} \frac{2(x - 2)p(x) + p(x) - p(2)}{x - 2}$$

$$= \lim_{x \to 2+} 2p(x) + \lim_{x \to 2+} \frac{p(x) - p(2)}{x - 2}$$

$$= 2p(2) + p'(2) \qquad \cdots\cdots \ \text{㉠}$$

$$\lim_{x \to 2-} \frac{p(x)f(x) - p(2)f(2)}{x - 2}$$

$$= \lim_{x \to 2-} \frac{(x - 1)p(x) - p(2)}{x - 2}$$

$$= \lim_{x \to 2-} \frac{(x - 1)p(x) - p(x) + p(x) - p(2)}{x - 2}$$

$$= \lim_{x \to 2-} \frac{(x - 2)p(x) + p(x) - p(2)}{x - 2}$$

$$= \lim_{x \to 2-} p(x) + \lim_{x \to 2-} \frac{p(x) - p(2)}{x - 2}$$

$$= p(2) + p'(2) \qquad \cdots\cdots \ \text{㉡}$$

㉠, ㉡에서

$$2p(2) + p'(2) = p(2) + p'(2)$$

$$\therefore p(2) = 0 \ (참)$$

ㄷ. [반례] $g(x) = p(x)\{f(x)\}^2$이라 하자.

$p(x) = x^2(x - 2)$이면

$$g(x) = \begin{cases} x^4(x - 2) & (x \leq 0) \\ x^2(x - 2)(x - 1)^2 & (0 < x \leq 2) \\ x^2(x - 2)(2x - 3)^2 & (x > 2) \end{cases}$$

이므로 함수 $g(x)$는 $x \neq 0$, $x \neq 2$인 실수 전체의 집합에서 미분가능하고 $x = 0$, $x = 2$에서 함수 $g(x)$의 미분가능성을 알아보면

$$\lim_{x \to 0+} \frac{g(x) - g(0)}{x - 0} = \lim_{x \to 0-} \frac{g(x) - g(0)}{x - 0} = 0,$$

$$\lim_{x \to 2+} \frac{g(x) - g(2)}{x - 2} = \lim_{x \to 2-} \frac{g(x) - g(2)}{x - 2} = 4$$

이므로 함수 $g(x)$는 $x = 0$, $x = 2$에서 미분가능하다.

따라서 함수 $g(x)$는 실수 전체의 집합에서 미분가능하지만 $p(x)$는 $x^2(x - 2)^2$으로 나누어떨어지지 않는다. (거짓)

이상에서 옳은 것은 ㄱ, ㄴ이다.

161

함수의 미분가능성을 이용한 미정계수의 결정

(전략) 함수 $f(x)$가 $x = 0$에서 연속임을 이용하여 a와 b 사이의 관계식을 구한다.

(풀이) 함수 $f(x)$는 모든 실수 x에서 미분가능하므로 모든 실수 x에서 연속이다.

$f(x)$가 $x = 0$에서 연속이고 조건 (나)에 의하여

$$\lim_{x \to 0+} f(x) = \lim_{x \to 0+} (2x^3 + ax^2 + bx) = 0$$

$$\lim_{x \to 0-} f(x) = \lim_{x \to 3-} f(x) = \lim_{x \to 3-} (2x^3 + ax^2 + bx)$$

$$= 54 + 9a + 3b$$

즉, $0 = 54 + 9a + 3b$이므로

$$b = -3a - 18 \qquad \cdots\cdots \ \text{㉠}$$

$$\therefore f(x) = 2x^3 + ax^2 + (-3a - 18)x \ (단, 0 \leq x < 3)$$

또, $f(x)$는 $x = 0$에서 미분가능하고 $f(0) = f(3) = 0$이므로

$$\lim_{x \to 0+} \frac{f(x) - f(0)}{x - 0} = \lim_{x \to 0+} \frac{2x^3 + ax^2 + (-3a - 18)x}{x}$$

$$= \lim_{x \to 0+} \{2x^2 + ax + (-3a - 18)\}$$

$$= -3a - 18$$

$x + 3 = t$로 놓으면 $x \longrightarrow 0-$일 때 $t \longrightarrow 3-$이므로

$$\lim_{x \to 0-} \frac{f(x) - f(0)}{x - 0} = \lim_{t \to 3-} \frac{f(t - 3) - f(0)}{t - 3}$$

$$= \lim_{t \to 3-} \frac{f(t) - f(0)}{t - 3} \ (\because 조건 \ (나))$$

$$= \lim_{t \to 3-} \frac{2t^3 + at^2 + (-3a - 18)t}{t - 3}$$

$$= \lim_{t \to 3-} \frac{(t - 3)\{2t^2 + (a + 6)t\}}{t - 3}$$

$$= \lim_{t \to 3-} \{2t^2 + (a + 6)t\}$$

$$= 3a + 36$$

즉, $-3a - 18 = 3a + 36$이므로

$$-6a = 54 \qquad \therefore a = -9$$

$a = -9$를 ㉠에 대입하면 $b = 9$

$$\therefore ab = (-9) \times 9 = -81$$

162

미분계수의 기하적 의미 ⊕ 미분법

(전략) 곡선 $y=f(x)$ 위의 점 $(2, 1)$에서의 접선의 기울기가 3이므로 $f(2)=1$, $f'(2)=3$임을 이용한다.

(풀이) 점 $(2, 1)$이 곡선 $y=f(x)$ 위의 점이므로
$$f(2)=1$$
또, 곡선 $y=f(x)$ 위의 점 $(2, 1)$에서의 접선의 기울기가 3이므로
$$f'(2)=3$$
$g(x)=x^3 f(x)$에서 $g'(x)=3x^2 f(x)+x^3 f'(x)$
따라서 곡선 $y=g(x)$ 위의 $x=2$인 점에서의 접선의 기울기는
$$g'(2)=12f(2)+8f'(2)$$
$$=12\times 1+8\times 3=36$$

163

평균변화율과 미분계수 ⊕ 미분법

(전략) $f(x)=p(x-3)^2+q$ (p, q는 상수, $p\neq 0$)로 놓고 $f'(x)$를 구한 후 ㄱ, ㄴ, ㄷ의 참, 거짓을 판별한다.

(풀이) 이차함수 $y=f(x)$의 그래프가 직선 $x=3$에 대하여 대칭이므로 $f(x)=p(x-3)^2+q$ (p, q는 상수, $p\neq 0$)로 놓으면
$$f(x)=p(x-3)^2+q$$
$$=px^2-6px+9p+q$$
에서
$$f'(x)=2px-6p=2p(x-3) \qquad \cdots\cdots ㉠$$

ㄱ. $f(-1)=f(7)=16p+q$이므로 x의 값이 -1에서 7까지 변할 때의 평균변화율은
$$\frac{f(7)-f(-1)}{7-(-1)}=0 \text{ (참)}$$

ㄴ. $\displaystyle\lim_{h\to 0}\frac{f(3+2h)-f(3-h)}{h}$
$$=\lim_{h\to 0}\frac{\{f(3+2h)-f(3)\}-\{f(3-h)-f(3)\}}{h}$$
$$=\lim_{h\to 0}\left\{\frac{f(3+2h)-f(3)}{2h}\times 2\right\}+\lim_{h\to 0}\frac{f(3-h)-f(3)}{-h}$$
$$=2f'(3)+f'(3)=3f'(3)$$
$$=0 \; (\because ㉠) \text{ (거짓)}$$

ㄷ. ㉠에서 $f'(a)=2p(a-3)$, $f'(b)=2p(b-3)$
$$\therefore f'(a)+f'(b)=2p(a-3)+2p(b-3)$$
$$=2p(a+b-6)$$
$$=0 \; (\because a+b=6) \text{ (참)}$$

이상에서 옳은 것은 ㄱ, ㄷ이다.

164

미분계수를 이용한 극한값의 계산 (2)

(전략) 미분계수의 정의와 곱의 미분법을 이용한다.

(풀이) $\displaystyle\lim_{x\to 1}\frac{F(x^2)-F(1)}{1-x}$
$$=-\lim_{x\to 1}\left\{\frac{F(x^2)-F(1)}{x^2-1}\times\frac{x^2-1}{x-1}\right\}$$
$$=-\lim_{x\to 1}\left\{\frac{F(x^2)-F(1)}{x^2-1}\times(x+1)\right\}$$
$$=-2F'(1)$$

이때 $F(x)=-f(x)g(x)$에서
$$F'(x)=-f'(x)g(x)-f(x)g'(x)$$
$$\therefore F'(1)=-f'(1)g(1)-f(1)g'(1)$$
$$=-(-1)\times 1-1\times 2=-1$$
따라서 구하는 극한값은
$$-2F'(1)=-2\times(-1)=2$$

165

미분계수를 이용한 극한값의 계산 (2)

(전략) $f(x)=x^{2n}+3x^n$으로 놓고 미분계수의 정의를 이용한다.

(풀이) $f(x)=x^{2n}+3x^n$으로 놓으면 $f(1)=4$이므로
$$\lim_{x\to 1}\frac{x^{2n}+3x^n-4}{x-1}=\lim_{x\to 1}\frac{f(x)-f(1)}{x-1}$$
$$=f'(1)=50$$
이때 $f'(x)=2nx^{2n-1}+3nx^{n-1}$이므로
$$f'(1)=2n+3n=5n$$
따라서 $5n=50$이므로 $n=10$

1등급 비법

치환을 이용하여 극한값을 계산할 때는 다음과 같은 순서로 구한다.

(ⅰ) 주어진 식의 분자에서 적당한 식을 $f(x)$로 놓고
$$\lim_{■\to ●}\frac{f(■)-f(●)}{■-●} \text{ 꼴로 변형한다.}$$

(ⅱ) 주어진 식을 미분계수로 나타낸다.

(ⅲ) $f'(x)$를 구하여 극한값을 구한다.

166

미분계수를 이용한 미정계수의 결정

(전략) 미분계수의 정의를 이용하여 일차함수 $g(x)$를 구한다.

(풀이) $\displaystyle\lim_{x\to 1}\frac{f(x)g(x)+4}{x-1}=8$에서 $x\longrightarrow 1$일 때 (분모) $\longrightarrow 0$이고 극한값이 존재하므로 (분자) $\longrightarrow 0$이어야 한다.

즉, $\displaystyle\lim_{x\to 1}\{f(x)g(x)+4\}=0$이므로 $f(1)g(1)=-4$

이때 $f(1)=-2$이므로
$$g(1)=2$$
$g(x)=ax+b$ (a, b는 상수, $a\neq 0$)로 놓으면 $g'(x)=a$
$$g'(0)=g'(0)에서 b=a \qquad \cdots\cdots ㉠$$
$$g(1)=2에서 a+b=2 \qquad \cdots\cdots ㉡$$
㉠, ㉡을 연립하여 풀면 $a=1$, $b=1$

$$\therefore \lim_{x\to 1}\frac{f(x)g(x)+4}{x-1}$$
$$=\lim_{x\to 1}\frac{(x+1)f(x)-2f(1)}{x-1}$$
$$=\lim_{x\to 1}\frac{(x-1)f(x)+2f(x)-2f(1)}{x-1}$$
$$=\lim_{x\to 1}\left\{f(x)+2\times\frac{f(x)-f(1)}{x-1}\right\}$$
$$=f(1)+2f'(1)=8$$
따라서 $-2+2f'(1)=8$이므로
$$f'(1)=5$$

167

항등식에서 미분법의 활용

〔전략〕 주어진 식의 양변을 x에 대하여 미분하여 $f'(1)$의 값을 구한다.

〔풀이〕 $2f(x)-(x+1)f'(1)-4x^2=0$ ······ ㉠

㉠의 양변을 x에 대하여 미분하면

$2f'(x)-f'(1)-8x=0$

위의 식에 $x=1$을 대입하면

$2f'(1)-f'(1)-8=0$

$\therefore f'(1)=8$

㉠에서

$2f(x)-(x+1)\times 8-4x^2=0$

$2f(x)=4x^2+8x+8$

따라서 $f(x)=2x^2+4x+4$이므로

$f(1)=2+4+4=10$

● 51쪽

168 ⑤　　**169** ③

168

관계식이 주어진 경우의 미분계수

〔1단계〕 조건 ㈎에서 함수의 극한의 대소 관계를 이용하여 $f'(0)$의 값을 구한다.

함수 $f(x)$는 실수 전체의 집합에서 미분가능하므로

$$f'(0)=\lim_{x\to 0+}\frac{f(x)-f(0)}{x}=\lim_{x\to 0-}\frac{f(x)-f(0)}{x}$$

$f(0)=1$이므로 조건 ㈎의 $f(0)\leq 1$에서

$f(x)\leq f(0)$

$\therefore f(x)-f(0)\leq 0$ ······ ㉠

(i) $x>0$일 때,

　㉠의 양변을 x로 나누면

$$\frac{f(x)-f(0)}{x}\leq 0$$

$$\lim_{x\to 0+}\frac{f(x)-f(0)}{x}\leq 0$$

$$\therefore f'(0)\leq 0$$

(ii) $x<0$일 때,

　㉠의 양변을 x로 나누면

$$\frac{f(x)-f(0)}{x}\geq 0$$

$$\lim_{x\to 0-}\frac{f(x)-f(0)}{x}\geq 0$$

$$\therefore f'(0)\geq 0$$

(i), (ii)에서 $f'(0)=0$ ······ ㉡

〔2단계〕 조건 ㈏에서 함수의 극한의 대소 관계를 이용하여 $f'(0)+g'(0)$의 값을 구한다.

함수 $g(x)$는 실수 전체의 집합에서 미분가능하므로

$$g'(0)=\lim_{x\to 0+}\frac{g(x)-g(0)}{x}=\lim_{x\to 0-}\frac{g(x)-g(0)}{x}$$

$f(0)=1$, $g(0)=-1$이므로 조건 ㈏의

$g(x)+f(x)\leq 2x^3+2x$

에서

$g(x)-g(0)+f(x)-f(0)\leq 2x^3+2x$ ······ ㉢

(iii) $x>0$일 때,

　㉢의 양변을 x로 나누면

$$\frac{g(x)-g(0)}{x}+\frac{f(x)-f(0)}{x}\leq 2x^2+2$$

$$\lim_{x\to 0+}\left\{\frac{g(x)-g(0)}{x}+\frac{f(x)-f(0)}{x}\right\}\leq \lim_{x\to 0+}(2x^2+2)$$

$$\therefore g'(0)+f'(0)\leq 2$$

(iv) $x<0$일 때,

　㉢의 양변을 x로 나누면

$$\frac{g(x)-g(0)}{x}+\frac{f(x)-f(0)}{x}\geq 2x^2+2$$

$$\lim_{x\to 0-}\left\{\frac{g(x)-g(0)}{x}+\frac{f(x)-f(0)}{x}\right\}\geq \lim_{x\to 0-}(2x^2+2)$$

$$\therefore g'(0)+f'(0)\geq 2$$

(iii), (iv)에서 $g'(0)+f'(0)=2$ ······ ㉣

〔3단계〕 $g'(0)$의 값을 구한다.

㉡, ㉣에서 $g'(0)=2$

개념 보충

함수의 극한의 대소 관계

두 함수 $f(x)$, $g(x)$에 대하여 $\lim\limits_{x\to a}f(x)=\alpha$, $\lim\limits_{x\to a}g(x)=\beta$ (α와 β는 실수)일 때, a가 아니면서 a에 가까운 모든 실수 x에서

① $f(x)\leq g(x)$이면 $\alpha\leq\beta$이다.

② 함수 $h(x)$에 대하여 $f(x)\leq h(x)\leq g(x)$이고 $\alpha=\beta$이면 $\lim\limits_{x\to a}h(x)=\alpha$이다.

169

미분계수를 이용한 극한값의 계산 (1) ➕ **미분법**

〔1단계〕 주어진 극한값을 이용하여 가능한 $g(0)$의 값을 구한다.

$$\lim_{x\to 0}\frac{f(x)+g(x)}{x}=2$$에서 $x\longrightarrow 0$일 때 (분모) $\longrightarrow 0$이고 극한값이 존재하므로 (분자) $\longrightarrow 0$이어야 한다.

즉, $\lim\limits_{x\to 0}\{f(x)+g(x)\}=0$이므로

$f(0)+g(0)=0$ ······ ㉠

$$\lim_{x\to 0}\frac{xf(x)}{\{g(x)\}^2-g(x)}=2$$에서 $x\longrightarrow 0$일 때 (분자) $\longrightarrow 0$이고 0이 아닌 극한값이 존재하므로 (분모) $\longrightarrow 0$이어야 한다.

즉, $\lim\limits_{x\to 0}[\{g(x)\}^2-g(x)]=0$이므로

$\{g(0)\}^2-g(0)=0$, $g(0)\{g(0)-1\}=0$

$\therefore g(0)=0$ 또는 $g(0)=1$

(i) $g(0)=0$일 때,

㉠에서 $f(0)=0$

$$\lim_{x \to 0} \frac{xf(x)}{\{g(x)\}^2 - g(x)} = \lim_{x \to 0} \frac{xf(x)}{g(x)\{g(x)-1\}}$$
$$= \lim_{x \to 0} \left\{ \frac{x}{g(x)-g(0)} \times \frac{f(x)}{g(x)-1} \right\}$$
$$= \frac{1}{g'(0)} \times \frac{f(0)}{g(0)-1}$$
$$= 0 \neq 2$$

이므로 주어진 조건을 만족시키지 않는다.

(ii) $g(0)=1$일 때,

㉠에서 $f(0)+1=0$ $\quad \therefore f(0)=-1$

$$\lim_{x \to 0} \frac{xf(x)}{\{g(x)\}^2 - g(x)} = \lim_{x \to 0} \frac{xf(x)}{g(x)\{g(x)-1\}}$$
$$= \lim_{x \to 0} \left\{ \frac{f(x)}{g(x)} \times \frac{x}{g(x)-g(0)} \right\}$$
$$= \frac{f(0)}{g(0)} \times \frac{1}{g'(0)}$$
$$= -\frac{1}{g'(0)}$$

즉, $-\dfrac{1}{g'(0)}=2$이므로

$$g'(0)=-\frac{1}{2}$$

(i), (ii)에서 $f(0)=-1$, $g(0)=1$, $g'(0)=-\dfrac{1}{2}$

$\lim\limits_{x \to 0} \dfrac{f(x)+g(x)}{x}=2$에서

$$\lim_{x \to 0} \frac{f(x)+g(x)}{x}$$
$$= \lim_{x \to 0} \frac{f(x)-f(0)+g(x)-g(0)}{x} \ (\because f(0)=-1,\ g(0)=1)$$
$$= \lim_{x \to 0} \left\{ \frac{f(x)-f(0)}{x} + \frac{g(x)-g(0)}{x} \right\}$$
$$= f'(0)+g'(0)=2$$

$g'(0)=-\dfrac{1}{2}$이므로

$$f'(0)+\left(-\frac{1}{2}\right)=2$$

$$\therefore f'(0)=\frac{5}{2}$$

$h(x)=f(x)g(x)$에서

$h'(x)=f'(x)g(x)+f(x)g'(x)$

$\therefore h'(0)=f'(0)g(0)+f(0)g'(0)$
$$= \frac{5}{2} \times 1 + (-1) \times \left(-\frac{1}{2}\right) = 3$$

04 도함수의 활용 (1)

유형 분석 기출
● 54쪽 ~ 64쪽

170 ②	**171** 15	**172** ②	**173** ①	**174** 5
175 ③	**176** $3\sqrt{10}$	**177** ③	**178** 32	
179 (1, 2)	**180** ②	**181** 4	**182** ①	**183** 4
184 ③	**185** ⑤	**186** 2	**187** ③	**188** ④
189 ④	**190** 5	**191** $-\dfrac{4}{3}$	**192** ⑤	**193** ②
194 4	**195** ④	**196** 10	**197** 4	**198** ①
199 ④	**200** ⑤	**201** ③	**202** ④	**203** ①
204 33	**205** 6	**206** ④	**207** $k \leq -9$	**208** ③
209 ①	**210** 11	**211** ②	**212** 41	**213** -3
214 ④	**215** ⑤	**216** ②	**217** ③	**218** ⑤
219 12	**220** ③	**221** ③	**222** -2	**223** ②

170

$f(x)=3x^3-4x^2+ax+b$로 놓으면

$f'(x)=9x^2-8x+a$

곡선 $y=f(x)$가 점 $(1, -1)$을 지나므로

$f(1)=3-4+a+b=-1$

$\therefore a+b=0$ $\qquad\qquad$ ……㉠

점 $(1, -1)$에서의 접선의 기울기가 -1이므로

$f'(1)=9-8+a=-1$ $\qquad \therefore a=-2$

$a=-2$를 ㉠에 대입하면 $b=2$

$\therefore ab=(-2)\times 2=-4$

171

$f(x)=2x^3+ax^2+bx+c$로 놓으면

$f'(x)=6x^2+2ax+b$

곡선 $y=f(x)$가 두 점 $(-1, 5)$, $(1, -3)$을 지나므로

$f(-1)=-2+a-b+c=5$

$\therefore a-b+c=7$ $\qquad\qquad$ ……㉠

$f(1)=2+a+b+c=-3$

$\therefore a+b+c=-5$ $\qquad\qquad$ ……㉡

또, 두 점 $(-1, 5)$, $(1, -3)$에서의 접선이 서로 평행하므로

$f'(-1)=f'(1)$에서 $6-2a+b=6+2a+b$ $\quad \therefore a=0$

$a=0$을 ㉠, ㉡에 각각 대입하면

$-b+c=7$, $b+c=-5$

위의 두 식을 연립하여 풀면 $b=-6$, $c=1$

$\therefore a-2b+3c=0-2\times(-6)+3\times 1=15$

172

$f(x)=x^3+ax^2+bx+c$로 놓으면

$f'(x)=3x^2+2ax+b$

곡선 $y=f(x)$가 점 $(1, 3)$을 지나므로

$f(1)=1+a+b+c=3$

$\therefore a+b+c=2$ $\qquad$ …… ㉠

점 $(1, 3)$에서의 접선의 기울기가 7이므로

$f'(1)=3+2a+b=7$

$\therefore 2a+b=4$ $\qquad$ …… ㉡

또, x좌표가 -1인 점에서의 접선의 기울기가 -5이므로

$f'(-1)=3-2a+b=-5$

$\therefore -2a+b=-8$ $\qquad$ …… ㉢

㉡, ㉢을 연립하여 풀면

$a=3, b=-2$

이를 ㉠에 대입하면 $c=1$

$\therefore abc=3\times(-2)\times1=-6$

173

$f(x)=-2x^3+x^2$으로 놓으면 $f'(x)=-6x^2+2x$

점 $(1, -1)$에서의 접선의 기울기는

$f'(1)=-6+2=-4$

점 $(1, -1)$에서의 접선의 방정식은

$y-(-1)=-4(x-1)$ $\quad\therefore y=-4x+3$

이 접선이 점 $(a, 11)$을 지나므로

$-4a+3=11$ $\quad\therefore a=-2$

174

$f(x)=x^3-5x$로 놓으면 $f'(x)=3x^2-5$

점 $(-1, 4)$에서의 접선의 기울기는

$f'(-1)=3-5=-2$

즉, 점 $(-1, 4)$를 지나고 이 점에서의 접선과 수직인 직선의 기울기는 $\dfrac{1}{2}$이므로 직선의 방정식은

$y-4=\dfrac{1}{2}\{x-(-1)\}$ $\quad\therefore y=\dfrac{1}{2}x+\dfrac{9}{2}$

따라서 $m=\dfrac{1}{2}, n=\dfrac{9}{2}$이므로

$m+n=\dfrac{1}{2}+\dfrac{9}{2}=5$

175

$\displaystyle\lim_{x\to2}\dfrac{f(x)-1}{x-2}=2$에서 $x\longrightarrow2$일 때 (분모)$\longrightarrow0$이고 극한값이 존재하므로 (분자)$\longrightarrow0$이어야 한다.

즉, $\displaystyle\lim_{x\to2}\{f(x)-1\}=0$에서

$f(2)-1=0$ $\quad\therefore f(2)=1$

$\therefore \displaystyle\lim_{x\to2}\dfrac{f(x)-1}{x-2}=\lim_{x\to2}\dfrac{f(x)-f(2)}{x-2}$

$\qquad\qquad\qquad\qquad =f'(2)=2$

따라서 점 $(2, 1)$에서의 접선의 방정식은

$y-1=2(x-2)$ $\quad\therefore y=2x-3$

1등급 비법

미분가능한 함수 $f(x)$에 대하여

$\displaystyle\lim_{x\to a}\dfrac{f(x)-b}{x-a}=c$ (c는 실수)이면 $f(a)=b, f'(a)=c$

176

$f(x)=x^3-6x$로 놓으면 $f'(x)=3x^2-6$

점 $A(1, -5)$에서의 접선의 기울기는

$f'(1)=3-6=-3$

점 $A(1, -5)$에서의 접선의 방정식은

$y-(-5)=-3(x-1)$ $\quad\therefore y=-3x-2$

곡선 $y=x^3-6x$와 직선 $y=-3x-2$가 만나는 점의 x좌표는

$x^3-6x=-3x-2$에서 $x^3-3x+2=0$

$(x+2)(x-1)^2=0$ $\quad\therefore x=-2$ 또는 $x=1$

따라서 점 B의 좌표는 $(-2, 4)$이므로

$\overline{AB}=\sqrt{(-2-1)^2+\{4-(-5)\}^2}$

$\qquad =\sqrt{90}=3\sqrt{10}$

177

$f(x)=x^3-2x^2+2x+a$에서 $f'(x)=3x^2-4x+2$

$f(1)=1-2+2+a=a+1$

이고, 점 $(1, f(1))$에서의 접선의 기울기는

$f'(1)=3-4+2=1$

이므로 점 $(1, f(1))$에서의 접선의 방정식은

$y-(a+1)=x-1$ $\quad\therefore y=x+a$

따라서 점 P의 좌표는 $(-a, 0)$이고, 점 Q의 좌표는 $(0, a)$이다.

이때 $\overline{PQ}=6$이므로

$\sqrt{a^2+a^2}=6, a^2=18$

그런데 $a>0$이므로 $a=3\sqrt{2}$

178

$f(1)=f(2)=f(k)=1$에서 삼차식 $f(x)-1$은 $x-1, x-2, x-k$를 인수로 갖는다.

이때 $f(x)$의 최고차항의 계수가 1이므로

$f(x)-1=(x-1)(x-2)(x-k)$로 놓으면

$f(x)=(x-1)(x-2)(x-k)+1$

곡선 $y=f(x)$가 점 $(0, 7)$을 지나므로

$f(0)=-2k+1=7$ $\quad\therefore k=-3$

즉, $f(x)=(x-1)(x-2)(x+3)+1$이므로

$f'(x)=(x-2)(x+3)+(x-1)(x+3)+(x-1)(x-2)$

$\therefore f'(0)=-7$

따라서 점 $(0, 7)$에서의 접선의 방정식은

$y-7=-7(x-0)$ $\quad\therefore y=-7x+7$

이 직선이 점 $(-4, m)$을 지나므로

$m=28+7=35$

$\therefore k+m=-3+35=32$

179

$f(x)=3x^2-5x+4$로 놓으면 $f'(x)=6x-5$

접점의 좌표를 $(a, 3a^2-5a+4)$라 하면 접선의 기울기가 $\tan45°=1$이므로

$f'(a)=6a-5=1$ $\quad\therefore a=1$

따라서 $f(1)=3-5+4=2$이므로 접점의 좌표는 $(1, 2)$이다.

180

$f(x)=x^3+3x^2+k$로 놓으면 $f'(x)=3x^2+6x$

접점의 좌표를 $(a,\ -3a-2)$라 하면 이 점에서의 접선의 기울기
가 -3이므로

$f'(a)=3a^2+6a=-3,\ a^2+2a+1=0$

$(a+1)^2=0$ $\quad\therefore\ a=-1$

즉, 접점의 좌표는 $(-1,\ 1)$이고, 이 점이 곡선 $y=f(x)$ 위의 점이
므로 $f(-1)=1$에서

$-1+3+k=1$ $\quad\therefore\ k=-1$

181

곡선 $y=x^2-ax+3$과 직선 $y=-x+b$의 접점의 x좌표가 2이므
로 $x=2$일 때 접선의 기울기는 -1이다.

$f(x)=x^2-ax+3$으로 놓으면 $f'(x)=2x-a$

$f'(2)=4-a=-1$ $\quad\therefore\ a=5$

즉, $f(x)=x^2-5x+3$이므로 접점의 좌표는 $(2,\ -3)$이다.

따라서 점 $(2,\ -3)$에서의 접선의 방정식은

$y-(-3)=-(x-2)$ $\quad\therefore\ y=-x-1$

이 직선이 직선 $y=-x+b$와 일치해야 하므로

$b=-1$ $\quad\therefore\ a+b=5+(-1)=4$

182

$f(x)=x^3-4x+5$로 놓으면 $f'(x)=3x^2-4$

이때 점 $(1,\ 2)$에서의 접선의 기울기는 $f'(1)=-1$이므로 접선의
방정식은

$y-2=-(x-1)$ $\quad\therefore\ y=-x+3$

$g(x)=x^4+3x+a$로 놓으면 $g'(x)=4x^3+3$

접점의 좌표를 $(t,\ t^4+3t+a)$라 하면 접선의 기울기는

$g'(t)=4t^3+3$

이므로 접선의 방정식은

$y-(t^4+3t+a)=(4t^3+3)(x-t)$

$\therefore\ y=(4t^3+3)x-3t^4+a$

이 직선이 직선 $y=-x+3$과 일치해야 하므로

$4t^3+3=-1,\ -3t^4+a=3$

$4t^3+3=-1$에서 $4t^3=-4$

$t^3=-1$ $\quad\therefore\ t=-1$

$t=-1$을 $-3t^4+a=3$에 대입하면

$-3+a=3$ $\quad\therefore\ a=6$

183

$f(x)=x^3+3x+4$로 놓으면 $f'(x)=3x^2+3$

접점의 좌표를 $(a,\ a^3+3a+4)$라 하면 직선 $x+6y+3=0$, 즉

$y=-\dfrac{1}{6}x-\dfrac{1}{2}$ 에 수직인 직선의 기울기는 6이므로

$f'(a)=3a^2+3=6,\ a^2=1$

$\therefore\ a=-1$ 또는 $a=1$

즉, 접점의 좌표는 $(-1,\ 0),\ (1,\ 8)$이다.

점 $(-1,\ 0)$에서의 접선의 방정식은

$y-0=6\{x-(-1)\}$ $\quad\therefore\ 6x-y+6=0$ $\qquad$ ……㉠

점 $(1,\ 8)$에서의 접선의 방정식은

$y-8=6(x-1)$ $\quad\therefore\ 6x-y+2=0$ $\qquad$ ……㉡

따라서 두 직선 ㉠, ㉡ 사이의 거리는 직선 $6x-y+6=0$ 위의 한
점 $(-1,\ 0)$과 직선 $6x-y+2=0$ 사이의 거리와 같으므로

$\dfrac{|-6+2|}{\sqrt{6^2+(-1)^2}}=\dfrac{4}{\sqrt{37}}=\dfrac{4\sqrt{37}}{37}$ $\quad\therefore\ m=4$

184

$f(x)=-4x^3+x$로 놓으면 $f'(x)=-12x^2+1$

접점의 좌표를 $(t,\ -4t^3+t)$라 하면 이 점에서의 접선의 기울기
는 $f'(t)=-12t^2+1$이므로 접선의 방정식은

$y-(-4t^3+t)=(-12t^2+1)(x-t)$

$\therefore\ y=(-12t^2+1)x+8t^3$ $\qquad$ ……㉠

직선 ㉠이 점 $(0,\ 1)$을 지나므로

$1=8t^3,\ t^3=\dfrac{1}{8}$ $\quad\therefore\ t=\dfrac{1}{2}$

$t=\dfrac{1}{2}$을 ㉠에 대입하면 $y=-2x+1$

따라서 $a=-2,\ b=1$이므로

$ab=(-2)\times 1=-2$

185

$f(x)=x^3-2x^2+ax$로 놓으면 $f'(x)=3x^2-4x+a$

점 $(2,\ b)$에서의 접선의 기울기는

$f'(2)=12-8+a=a+4$

곡선 $y=f(x)$가 점 $(2,\ b)$를 지나므로

$f(2)=8-8+2a=b$ $\quad\therefore\ 2a=b$ $\qquad$ ……㉠

따라서 점 $(2,\ 2a)$에서의 접선의 방정식은

$y-2a=(a+4)(x-2)$ $\quad\therefore\ y=(a+4)x-8$

이 접선이 점 $(1,\ -3)$을 지나므로

$-3=a+4-8$ $\quad\therefore\ a=1$

$a=1$을 ㉠에 대입하면 $b=2$

$\therefore\ a-b=1-2=-1$

186

$f(x)=x^2-2x$로 놓으면 $f'(x)=2x-2$

접점의 좌표를 $(t,\ t^2-2t)$라 하면 이 점에서의 접선의 기울기는

$f'(t)=2t-2$이므로 접선의 방정식은

$y-(t^2-2t)=(2t-2)(x-t)$

$\therefore\ y=(2t-2)x-t^2$ $\qquad$ ……㉠

직선 ㉠이 점 $A(1,\ -2)$를 지나므로

$-2=2t-2-t^2,\ t^2-2t=0$

$t(t-2)=0$ $\quad\therefore\ t=0$ 또는 $t=2$

따라서 접점의 좌표가 $(0,\ 0),\ (2,\ 0)$이므로
$P(0,\ 0),\ Q(2,\ 0)$이라 하면 삼각형 APQ는
오른쪽 그림과 같으므로

$\triangle APQ=\dfrac{1}{2}\times 2\times 2=2$

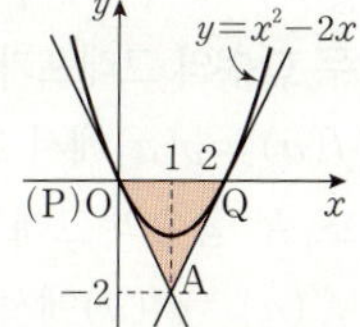

187

$f(x)=x^3-5x^2+6x$로 놓으면 $f'(x)=3x^2-10x+6$

접점의 좌표를 $(t,\ t^3-5t^2+6t)$라 하면 이 점에서의 접선의 기울기는 $f'(t)=3t^2-10t+6$이므로 접선의 방정식은

$y-(t^3-5t^2+6t)=(3t^2-10t+6)(x-t)$

$\therefore y=(3t^2-10t+6)x-2t^3+5t^2$ $\qquad$ ...... ㉠

직선 ㉠이 점 $(-1,4)$를 지나므로

$4=-(3t^2-10t+6)-2t^3+5t^2,\ 2t^3-2t^2-10t+10=0$

$\therefore t^3-t^2-5t+5=0$

위의 삼차방정식이 서로 다른 세 실근을 갖고, 이 세 실근이 세 접점의 x좌표이므로 삼차방정식의 근과 계수의 관계에 의하여

$a+b+c=-\dfrac{-1}{1}=1$

> **개념 보충**
>
> **삼차방정식의 근과 계수의 관계**
>
> 삼차방정식 $ax^3+bx^2+cx+d=0$의 세 근을 $\alpha,\ \beta,\ \gamma$라 하면
>
> $$\alpha+\beta+\gamma=-\frac{b}{a},\ \alpha\beta+\beta\gamma+\gamma\alpha=\frac{c}{a},\ \alpha\beta\gamma=-\frac{d}{a}$$

188

$f(x)=-\dfrac{1}{6}x^2+2$로 놓으면 $f'(x)=-\dfrac{1}{3}x$

접점의 좌표를 $\left(t,\ -\dfrac{1}{6}t^2+2\right)$라 하면 이 점에서의 접선의 기울기는 $f'(t)=-\dfrac{1}{3}t$이므로 접선의 방정식은

$y-\left(-\dfrac{1}{6}t^2+2\right)=-\dfrac{1}{3}t(x-t)$

$\therefore y=-\dfrac{1}{3}tx+\dfrac{1}{6}t^2+2$

이 직선이 점 $(0,k)$를 지나므로 $k=\dfrac{1}{6}t^2+2$

$\therefore t^2-6(k-2)=0$ $\qquad$ ...... ㉠

t에 대한 이차방정식 ㉠의 두 근을 $t_1,\ t_2$라 하면 두 접선의 기울기는 $-\dfrac{1}{3}t_1,\ -\dfrac{1}{3}t_2$이고, 두 접선이 서로 수직이므로

$\left(-\dfrac{1}{3}t_1\right)\times\left(-\dfrac{1}{3}t_2\right)=-1$ $\quad\therefore t_1t_2=-9$

이때 ㉠에서 이차방정식의 근과 계수의 관계에 의하여

$t_1t_2=\dfrac{-6(k-2)}{1}=-9$

$k-2=\dfrac{3}{2}$ $\quad\therefore k=\dfrac{7}{2}$

189

$f(x)=2x^3-8x$에서 $f'(x)=6x^2-8$

$g(x)=x^2+k$에서 $g'(x)=2x$

두 함수의 그래프가 점 (a,b)를 지나므로

$f(a)=g(a)$에서 $2a^3-8a=a^2+k$ $\qquad$ ...... ㉠

또, 두 함수의 그래프가 점 (a,b)에서 공통인 접선을 가지므로

$f'(a)=g'(a)$에서 $6a^2-8=2a$

$3a^2-a-4=0,\ (a+1)(3a-4)=0$

$\therefore a=-1$ 또는 $a=\dfrac{4}{3}$

(ⅰ) $a=-1$일 때, 이를 ㉠에 대입하면

$\quad -2+8=1+k$ $\quad\therefore k=5$

(ⅱ) $a=\dfrac{4}{3}$일 때, 이를 ㉠에 대입하면

$\quad \dfrac{128}{27}-\dfrac{32}{3}=\dfrac{16}{9}+k$ $\quad\therefore k=-\dfrac{208}{27}$

(ⅰ), (ⅱ)에서 정수 k의 값은 5이다.

190

$f(x)=x^3+ax-b,\ g(x)=-2x^2+c$로 놓으면

$f'(x)=3x^2+a,\ g'(x)=-4x$

두 곡선이 점 $(-1,0)$을 지나므로

$f(-1)=0$에서 $-1-a-b=0$

$\therefore a+b=-1$ $\qquad$ ...... ㉠

$g(-1)=0$에서 $-2+c=0$ $\quad\therefore c=2$

또, 두 곡선이 점 $(-1,0)$에서 공통인 접선을 가지므로

$f'(-1)=g'(-1)$에서

$3+a=4$ $\quad\therefore a=1$

$a=1$을 ㉠에 대입하면 $b=-2$

$\therefore a-b+c=1-(-2)+2=5$

191

$f(x)=x^3+2a,\ g(x)=ax^2+bx$로 놓으면

$f'(x)=3x^2,\ g'(x)=2ax+b$

두 곡선이 점 $(1,c)$에서 만나므로

$f(1)=g(1)$에서 $1+2a=a+b$

$\therefore a-b=-1$ $\qquad$ ...... ㉠

또, 점 $(1,c)$에서의 두 곡선의 접선이 서로 수직이므로

$f'(1)g'(1)=-1$에서 $3(2a+b)=-1$

$\therefore 6a+3b=-1$ $\qquad$ ...... ㉡

㉠, ㉡을 연립하여 풀면 $a=-\dfrac{4}{9},\ b=\dfrac{5}{9}$

따라서 $f(x)=x^3-\dfrac{8}{9},\ g(x)=-\dfrac{4}{9}x^2+\dfrac{5}{9}x$이므로

$c=f(1)=1-\dfrac{8}{9}=\dfrac{1}{9}$

$\therefore 2a-b+c=-\dfrac{8}{9}-\dfrac{5}{9}+\dfrac{1}{9}=-\dfrac{4}{3}$

192

$f(x)=\dfrac{1}{4}x^4-x$로 놓으면 $f'(x)=x^3-1$

곡선 $y=f(x)$의 접선 중에서 직선 $2x+y+\dfrac{7}{4}=0$과 평행한 접선의 접점이 점 P일 때, 점 P와 직선 $2x+y+\dfrac{7}{4}=0$ 사이의 거리가 최소가 된다.

즉, 점 P의 좌표를 $\left(t, \dfrac{1}{4}t^4-t\right)$라 하면 이 점에서의 접선의 기울기가 -2이므로
$$f'(t)=t^3-1=-2, \ t^3=-1 \quad \therefore \ t=-1$$
따라서 점 P의 좌표는 $\left(-1, \dfrac{5}{4}\right)$이므로
$$a=-1, \ b=\dfrac{5}{4}$$
$$\therefore \ b-a=\dfrac{5}{4}-(-1)=\dfrac{9}{4}$$

193

$f(x)=\dfrac{1}{3}x^3-2x \ (x>0)$로 놓으면 $f'(x)=x^2-2 \ (x>0)$

구하는 거리의 최솟값은 곡선 $y=f(x)$의 접선 중에서 직선 $y=2x-7$과 평행한 접선의 접점과 직선 $y=2x-7$, 즉 $2x-y-7=0$ 사이의 거리와 같다.

직선 $y=2x-7$과 평행한 접선의 접점의 좌표를 $\left(t, \dfrac{1}{3}t^3-2t\right)$라 하면 이 점에서의 접선의 기울기가 2이므로
$$f'(t)=t^2-2=2, \ t^2=4$$
그런데 $x>0$이므로 $t>0$
$$\therefore \ t=2$$
따라서 접점의 좌표는 $\left(2, -\dfrac{4}{3}\right)$이므로 구하는 거리의 최솟값은
$$\dfrac{\left|4+\dfrac{4}{3}-7\right|}{\sqrt{2^2+(-1)^2}}=\dfrac{\dfrac{5}{3}}{\sqrt{5}}=\dfrac{\sqrt{5}}{3}$$

194

$f(x)=x^2+5x+7$로 놓으면
$$f'(x)=2x+5$$
곡선 $y=f(x)$의 접선 중에서 직선 $y=x-1$과 평행한 접선의 접점의 좌표를 (t, t^2+5t+7)이라 하면 이 점에서의 접선의 기울기는 1이므로
$$f'(t)=2t+5=1$$
$$\therefore \ t=-2$$
따라서 접점의 좌표는 $(-2, 1)$이므로 $P(-2, 1)$일 때 $\triangle ABP$의 넓이가 최소이다.
점 $P(-2, 1)$과 직선 $y=x-1$, 즉 $x-y-1=0$ 사이의 거리는
$$\dfrac{|-2-1-1|}{\sqrt{1^2+(-1)^2}}=2\sqrt{2}$$
$$\overline{AB}=\sqrt{(3-1)^2+(2-0)^2}=\sqrt{8}=2\sqrt{2}$$
이므로 $\triangle ABP$의 넓이의 최솟값은
$$\dfrac{1}{2}\times2\sqrt{2}\times2\sqrt{2}=4$$

195

함수 $f(x)=(x-1)^2(x+2)$는 닫힌구간 $[-1, 2]$에서 연속이고 열린구간 $(-1, 2)$에서 미분가능하다.

또, $f(-1)=f(2)=4$이므로 롤의 정리에 의하여 $f'(c)=0$인 실수 c가 열린구간 $(-1, 2)$에 적어도 하나 존재한다.
$f(x)=(x-1)^2(x+2)$에서
$$\begin{aligned}f'(x)&=2(x-1)(x+2)+(x-1)^2\\&=3(x-1)(x+1)\end{aligned}$$
이므로
$$f'(c)=3(c-1)(c+1)=0$$
$$\therefore \ c=1 \ (\because \ -1<c<2)$$

196

함수 $f(x)=x^3-3x^2-9x+2$는 닫힌구간 $[-a, a]$에서 연속이고 열린구간 $(-a, a)$에서 미분가능하다.
이때 롤의 정리를 만족시키려면 $f(-a)=f(a)$이어야 하므로
$$-a^3-3a^2+9a+2=a^3-3a^2-9a+2$$
$$2a^3-18a=0, \ 2a(a+3)(a-3)=0$$
$$\therefore \ a=3 \ (\because \ a는 \ 자연수)$$
즉, 롤의 정리에 의하여 $f'(c)=0$인 실수 c가 열린구간 $(-3, 3)$에 적어도 하나 존재한다.
$f(x)=x^3-3x^2-9x+2$에서
$$f'(x)=3x^2-6x-9=3(x+1)(x-3)$$
이므로
$$f'(c)=3(c+1)(c-3)=0$$
$$\therefore \ c=-1 \ (\because \ -3<c<3)$$
$$\therefore \ a^2+c^2=3^2+(-1)^2=10$$

197

닫힌구간 $[a, b]$에서 평균값 정리를 만족시키는 실수 c는 오른쪽 그림에서 두 점 $A(a, f(a))$, $B(b, f(b))$를 지나는 직선과 기울기가 같은 곡선 $y=f(x)$의 접선의 접점의 x좌표이다.

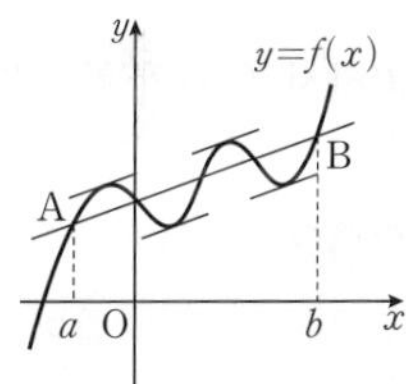

이때 두 점 A, B를 지나는 직선과 평행한 접선을 4개 그을 수 있으므로 구하는 실수 c의 개수는 4이다.

198

함수 $f(x)=x^3-3x+3$은 닫힌구간 $[1, 4]$에서 연속이고 열린구간 $(1, 4)$에서 미분가능하므로 평균값 정리에 의하여
$$\dfrac{f(4)-f(1)}{4-1}=f'(c)$$
인 실수 c가 열린구간 $(1, 4)$에 적어도 하나 존재한다.
$f(x)=x^3-3x+3$에서
$$f'(x)=3x^2-3$$
이므로
$$\dfrac{55-1}{4-1}=3c^2-3$$
$$18=3c^2-3, \ c^2=7$$
$$\therefore \ c=\sqrt{7} \ (\because \ 1<c<4)$$

199

함수 $g(x)=(x+1)f(x)$는 닫힌구간 $[0, 5]$에서 연속이고 열린구간 $(0, 5)$에서 미분가능하므로 평균값 정리에 의하여

$$\frac{g(5)-g(0)}{5-0}=g'(c)$$

인 실수 c가 열린구간 $(0, 5)$에 적어도 하나 존재한다.

$$\therefore g'(c)=\frac{g(5)-g(0)}{5-0}=\frac{6f(5)-f(0)}{5}$$
$$=\frac{-6-4}{5}=-2$$

200

$f(x)=x^2+3x$에서 $f'(x)=2x+3$

$f(x+h)-f(x)=hf'(x+\theta h)$에서

$\{(x+h)^2+3(x+h)\}-(x^2+3x)=h\{2(x+\theta h)+3\}$

$2hx+h^2+3h=2hx+2\theta h^2+3h$

$h^2=2\theta h^2,\ 2\theta=1\ (\because h>0)$

$$\therefore \theta=\frac{1}{2}$$

201

함수 $f(x)$는 닫힌구간 $[1, 5]$에서 연속이고 열린구간 $(1, 5)$에서 미분가능하므로 평균값 정리에 의하여

$$\frac{f(5)-f(1)}{5-1}=f'(c),\ 즉\ f'(c)=\frac{f(5)-3}{4} \qquad \cdots\cdots \ \unicode{x24D8}$$

인 실수 c가 열린구간 $(1, 5)$에 적어도 하나 존재한다.

이때 조건 (나)에서 $1<c<5$인 c에 대하여 $f'(c)\geq5$이므로 ㉠에서

$$\frac{f(5)-3}{4}\geq5 \qquad \therefore f(5)\geq23$$

따라서 $f(5)$의 최솟값은 23이다.

202

오른쪽 그림과 같이 함수 $y=f'(x)$의 그래프가 x축과 만나는 점의 x좌표를 왼쪽부터 차례로 a, b, c라 하자.

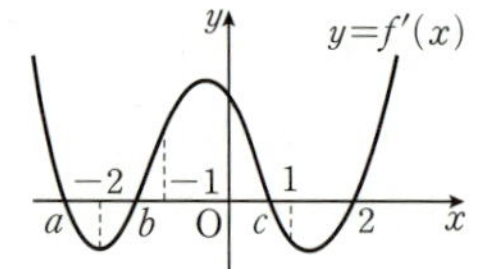

① 열린구간 $(-\infty, a)$에서 $f'(x)>0$
  이므로 함수 $f(x)$는 증가한다.
② 열린구간 $(-2, b)$에서 $f'(x)<0$이므로 함수 $f(x)$는 감소한다.
③ 열린구간 $(c, 1)$에서 $f'(x)<0$이므로 함수 $f(x)$는 감소한다.
④ 열린구간 $(1, 2)$에서 $f'(x)<0$이므로 함수 $f(x)$는 감소한다.
⑤ 열린구간 $(2, \infty)$에서 $f'(x)>0$이므로 함수 $f(x)$는 증가한다.
따라서 옳은 것은 ④이다.

203

$f(x)=x^3+3x^2+ax+1$에서 $f'(x)=3x^2+6x+a$

$f'(x)\leq0$의 해가 $b\leq x\leq1$이므로

$f'(x)=3(x-b)(x-1)=3x^2-3(b+1)x+3b$

따라서 $6=-3(b+1),\ a=3b$이므로

$a=-9,\ b=-3$

$$\therefore a+b=-9+(-3)=-12$$

204

$f(x)=x^3+ax^2+bx+2$에서 $f'(x)=3x^2+2ax+b$

주어진 조건에서 함수 $f(x)$가 $x=2$, $x=4$의 좌우에서 증가와 감소가 바뀌므로

$f'(2)=0,\ f'(4)=0$

따라서 이차방정식 $f'(x)=0$의 두 근이 2, 4이므로 이차방정식의 근과 계수의 관계에 의하여

$$2+4=-\frac{2a}{3} \qquad \therefore a=-9$$

$$2\times4=\frac{b}{3} \qquad \therefore b=24$$

$$\therefore b-a=24-(-9)=33$$

205

$f(x)=x^3+ax^2-(a^2-8a)x+3$에서

$f'(x)=3x^2+2ax-a^2+8a$

함수 $f(x)$가 실수 전체의 집합에서 증가하려면 모든 실수 x에 대하여 $f'(x)\geq0$이어야 한다.

이차방정식 $f'(x)=0$의 판별식을 D라 하면

$$\frac{D}{4}=a^2+3a^2-24a\leq0$$

$4a^2-24a\leq0,\ 4a(a-6)\leq0 \qquad \therefore 0\leq a\leq6$

따라서 실수 a의 최댓값은 6이다.

> **개념 보충**
>
> **이차부등식이 항상 성립할 조건**
> 이차방정식 $ax^2+bx+c=0$의 판별식을 D라 할 때,
> ① 모든 실수 x에 대하여 이차부등식 $ax^2+bx+c\geq0$이 성립하려면 $a>0, D\leq0$
> ② 모든 실수 x에 대하여 이차부등식 $ax^2+bx+c\leq0$이 성립하려면 $a<0, D\leq0$

206

$f(x)=\frac{1}{3}x^3+x^2+kx-4$에서 $f'(x)=x^2+2x+k$

함수 $f(x)$가 임의의 두 실수 x_1, x_2에 대하여 $x_1\neq x_2$일 때, $f(x_1)\neq f(x_2)$를 만족시키려면 일대일대응이어야 하고 실수 전체의 집합에서 증가해야 한다.

즉, 모든 실수 x에 대하여 $f'(x)\geq0$이어야 한다.

이차방정식 $f'(x)=0$의 판별식을 D라 하면

$$\frac{D}{4}=1-k\leq0 \qquad \therefore k\geq1$$

따라서 실수 k의 최솟값은 1이다.

207

$f(x)=-x^3+3x^2-kx+2$에서

$f'(x)=-3x^2+6x-k=-3(x-1)^2+3-k$

함수 $f(x)$가 닫힌구간 $[-1, 2]$에서 증가
하려면 $-1 \le x \le 2$에서 $f'(x) \ge 0$이어야
하므로 오른쪽 그림에서

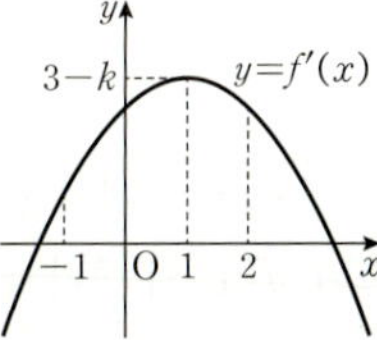

$f'(-1) = -3-6-k \ge 0$

$\therefore k \le -9$

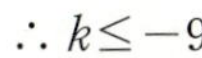

주어진 구간에서 함수 $f(x)$가 증가 또는 감소하기 위한 조건은 다음과 같은
순서로 구한다.
(i) 함수 $f(x)$의 도함수 $f'(x)$를 구한다.
(ii) $y = f'(x)$의 그래프의 개형을 그린다.
(iii) 주어진 구간에서 $f(x)$가 증가하려면 $f'(x) \ge 0$, 감소하려면 $f'(x) \le 0$
이어야 함을 이용한다.

208

$f(x) = x^4 - 4x^3 + 4x^2 + 5$에서

$f'(x) = 4x^3 - 12x^2 + 8x$

$\qquad = 4x(x-1)(x-2)$

$f'(x) = 0$에서 $x=0$ 또는 $x=1$ 또는 $x=2$

함수 $f(x)$의 증가와 감소를 표로 나타내면 다음과 같다.

x	$\cdots$	0	$\cdots$	1	$\cdots$	2	$\cdots$
$f'(x)$	$-$	0	$+$	0	$-$	0	$+$
$f(x)$	$\searrow$	5	$\nearrow$	6	$\searrow$	5	$\nearrow$

따라서 함수 $f(x)$는 $x=1$에서 극댓값 6을 갖는다.

209

$f(x) = -x^4 + 8x^3 - 22x^2 + 24x - 10$에서

$f'(x) = -4x^3 + 24x^2 - 44x + 24$

$\qquad = -4(x-1)(x-2)(x-3)$

$f'(x) = 0$에서 $x=1$ 또는 $x=2$ 또는 $x=3$

함수 $f(x)$의 증가와 감소를 표로 나타내면 다음과 같다.

x	$\cdots$	1	$\cdots$	2	$\cdots$	3	$\cdots$
$f'(x)$	$+$	0	$-$	0	$+$	0	$-$
$f(x)$	$\nearrow$	-1	$\searrow$	-2	$\nearrow$	-1	$\searrow$

따라서 함수 $f(x)$는 $x=1$에서 극댓값 -1, $x=3$에서 극댓값 -1
을 가지므로 구하는 모든 x의 값의 합은

$1+3=4$

210

$f(x) = x^3 - 3x + 12$에서

$f'(x) = 3x^2 - 3$

$\qquad = 3(x+1)(x-1)$

$f'(x) = 0$에서 $x=-1$ 또는 $x=1$

함수 $f(x)$의 증가와 감소를 표로 나타내면 다음과 같다.

x	$\cdots$	-1	$\cdots$	1	$\cdots$
$f'(x)$	$+$	0	$-$	0	$+$
$f(x)$	$\nearrow$	극대	$\searrow$	극소	$\nearrow$

따라서 함수 $f(x)$는 $x=1$에서 극소이므로

$a=1$

$\therefore a + f(a) = 1 + f(1) = 1 + (1-3+12) = 11$

211

$f(x) = 2x^3 + 3x^2 - 12x + k$에서

$f'(x) = 6x^2 + 6x - 12 = 6(x+2)(x-1)$

$f'(x) = 0$에서 $x=-2$ 또는 $x=1$

함수 $f(x)$의 증가와 감소를 표로 나타내면 다음과 같다.

x	$\cdots$	-2	$\cdots$	1	$\cdots$
$f'(x)$	$+$	0	$-$	0	$+$
$f(x)$	$\nearrow$	$k+20$	$\searrow$	$k-7$	$\nearrow$

함수 $f(x)$는 $x=-2$에서 극댓값 $k+20$, $x=1$에서 극솟값 $k-7$
을 갖는다.

이때 극댓값과 극솟값의 절댓값이 같고 부호가 서로 다르므로 극
댓값과 극솟값의 합은 0이다.

즉, $(k+20) + (k-7) = 0$이므로

$2k+13 = 0$ $\qquad \therefore k = -\dfrac{13}{2}$

212

$f(x) = 2x^3 - 3ax^2 - 12a^2 x$에서

$f'(x) = 6x^2 - 6ax - 12a^2 = 6(x+a)(x-2a)$

$f'(x) = 0$에서 $x=-a$ 또는 $x=2a$

함수 $f(x)$의 증가와 감소를 표로 나타내면 다음과 같다.

x	$\cdots$	$-a$	$\cdots$	$2a$	$\cdots$
$f'(x)$	$+$	0	$-$	0	$+$
$f(x)$	$\nearrow$	$7a^3$	$\searrow$	$-20a^3$	$\nearrow$

함수 $f(x)$는 $x=-a$에서 극댓값 $7a^3$을 가지므로

$7a^3 = \dfrac{7}{27}$ $\qquad \therefore a = \dfrac{1}{3}$

따라서 $f(x) = 2x^3 - x^2 - \dfrac{4}{3}x$이므로

$f(3) = 54 - 9 - 4 = 41$

213

함수 $y = f'(x)$의 그래프가 x축과 만나는 점의 x좌표가 0, 2이므
로 $f'(x) = 0$에서 $x=0$ 또는 $x=2$

함수 $f(x)$의 증가와 감소를 표로 나타내면 다음과 같다.

x	$\cdots$	0	$\cdots$	2	$\cdots$
$f'(x)$	$+$	0	$-$	0	$+$
$f(x)$	$\nearrow$	극대	$\searrow$	극소	$\nearrow$

$f(x) = ax^3 + bx^2 + cx + d$ (a, b, c, d는 상수, $a \ne 0$)라 하면

$f'(x) = 3ax^2 + 2bx + c$

함수 $f(x)$의 극댓값이 1이고 극솟값이 -3이므로

$f(0) = 1$, $f(2) = -3$에서

$f(0) = d = 1$

$f(2) = 8a + 4b + 2c + 1 = -3$

$$\therefore\ 4a+2b+c=-2 \qquad\qquad \cdots\cdots\ \text{㉠}$$

또, $f'(0)=0$, $f'(2)=0$이므로

$$f'(0)=c=0$$

$c=0$을 ㉠에 대입하면

$$4a+2b=-2 \qquad \therefore\ 2a+b=-1 \qquad\qquad \cdots\cdots\ \text{㉡}$$
$$f'(2)=12a+4b=0 \qquad \therefore\ 3a+b=0 \qquad\qquad \cdots\cdots\ \text{㉢}$$

㉡, ㉢을 연립하여 풀면

$$a=1,\ b=-3$$

따라서 $f(x)=x^3-3x^2+1$이므로

$$f(-1)=-1-3+1=-3$$

1등급 비법

함수 $y=f(x)$의 도함수 $y=f'(x)$의 그래프가 주어진 경우
(i) $y=f'(x)$의 그래프와 x축이 만나는 점을 찾는다.
(ii)(i)에서 찾은 점의 좌우에서 $f'(x)$의 부호를 살펴 함수 $f(x)$의 극대와 극소를 조사한다.

214

ㄱ. $x=a$의 좌우에서 $f'(x)$의 부호가 바뀌지 않으므로 함수 $f(x)$는 $x=a$에서 극값을 갖지 않는다. (거짓)

ㄴ. $x=c$의 좌우에서 $f'(x)$의 부호가 양에서 음으로 바뀌므로 함수 $f(x)$는 $x=c$에서 극댓값을 갖는다.

　또, $x=e$의 좌우에서 $f'(x)$의 부호가 음에서 양으로 바뀌므로 함수 $f(x)$는 $x=e$에서 극솟값을 갖는다.

　따라서 함수 $f(x)$는 닫힌구간 $[0,\ 10]$에서 2개의 극값을 갖는다. (참)

ㄷ. 열린구간 $(b,\ c)$에서 $f'(x)>0$이므로 이 구간에서 함수 $f(x)$는 증가한다. (참)

이상에서 옳은 것은 ㄴ, ㄷ이다.

215

① 함수 $f(x)$는 $x=d$에서 미분가능하지 않다.

② 열린구간 $(a,\ b)$에서 $f'(x)<0$이므로 이 구간에서 함수 $f(x)$는 감소하고, 열린구간 $(b,\ 0)$에서 $f'(x)>0$이므로 이 구간에서 함수 $f(x)$는 증가한다.

③ $x=b$의 좌우에서 $f'(x)$의 부호가 음에서 양으로 바뀌므로 함수 $f(x)$는 $x=b$에서 극솟값을 갖는다.

④ $y=f'(x)$의 그래프는 $x=e$에서 x축에 접하지만 $y=f(x)$의 그래프가 $x=e$에서 x축에 접하는지는 알 수 없다.

⑤ $x=b$의 좌우에서 $f'(x)$의 부호가 음에서 양으로 바뀌므로 함수 $f(x)$는 $x=b$에서 극솟값을 갖고, $x=c$의 좌우에서 $f'(x)$의 부호가 양에서 음으로 바뀌므로 함수 $f(x)$는 $x=c$에서 극댓값을 갖는다.

　또, $x=d$의 좌우에서 $f'(x)$의 부호가 음에서 양으로 바뀌므로 함수 $f(x)$는 $x=d$에서 극솟값을 갖는다.

　따라서 함수 $f(x)$가 극값을 갖는 x의 값은 3개이다.

따라서 옳은 것은 ⑤이다.

216

함수 $y=f'(x)$의 그래프가 x축과 만나는 점의 x좌표가 -1, 2이므로 $f'(x)=0$에서 $x=-1$ 또는 $x=2$

함수 $f(x)$의 증가와 감소를 표로 나타내면 다음과 같다.

x	$\cdots$	-1	$\cdots$	2	$\cdots$
$f'(x)$	$-$	0	$+$	0	$+$
$f(x)$	$\searrow$	극소	$\nearrow$		$\nearrow$

함수 $f(x)$는 $x=-1$에서 극솟값을 갖고, $x=2$의 좌우에서 $f'(x)$의 부호가 바뀌지 않으므로 함수 $f(x)$는 $x=2$에서 극값을 갖지 않는다.

따라서 함수 $y=f(x)$의 그래프의 개형이 될 수 있는 것은 ②이다.

217

함수 $y=g'(x)=|f'(x)|$의 그래프는 오른쪽 그림과 같다.

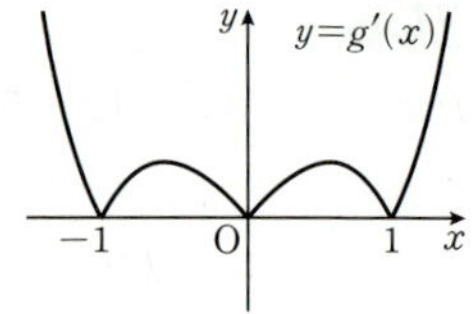

함수 $y=g'(x)$의 그래프가 x축과 만나는 점의 x좌표가 -1, 0, 1이므로 $g'(x)=0$에서 $x=-1$ 또는 $x=0$ 또는 $x=1$

함수 $g(x)$의 증가와 감소를 표로 나타내면 다음과 같다.

x	$\cdots$	-1	$\cdots$	0	$\cdots$	1	$\cdots$
$g'(x)$	$+$	0	$+$	0	$+$	0	$+$
$g(x)$	$\nearrow$	$g(-1)$	$\nearrow$	$g(0)$	$\nearrow$	$g(1)$	$\nearrow$

함수 $g(x)$는 증가함수이고 $x=-1$, $x=0$, $x=1$에서의 미분계수는 0이다.

따라서 함수 $y=g(x)$의 그래프의 개형이 될 수 있는 것은 ③이다.

218

$f(x)=\dfrac{1}{3}x^3+kx^2+4kx+1$에서 $f'(x)=x^2+2kx+4k$

삼차함수 $f(x)$가 극값을 가지려면 이차방정식 $f'(x)=0$이 서로 다른 두 실근을 가져야 한다.

이차방정식 $f'(x)=0$의 판별식을 D라 하면

$$\frac{D}{4}=k^2-4k>0,\ k(k-4)>0$$

$$\therefore\ k<0 \text{ 또는 } k>4$$

따라서 자연수 k의 최솟값은 5이다.

219

$f(x)=2x^3+kx^2+6x+3$에서

$$f'(x)=6x^2+2kx+6$$

삼차함수 $f(x)$가 극값을 갖지 않으려면 이차방정식 $f'(x)=0$이 중근 또는 두 허근을 가져야 한다.

이차방정식 $f'(x)=0$의 판별식을 D라 하면

$$\frac{D}{4}=k^2-36\leq0,\ (k+6)(k-6)\leq0$$

$$\therefore\ -6\leq k\leq6$$

따라서 $\alpha=-6$, $\beta=6$이므로

$$\beta-\alpha=6-(-6)=12$$

220

$f(x)=x^3-kx^2+x-1$에서

$$f'(x)=3x^2-2kx+1=3\left(x-\frac{k}{3}\right)^2-\frac{k^2}{3}+1$$

삼차함수 $f(x)$가 열린구간 $(-1, 1)$에서 극 댓값과 극솟값을 모두 가지므로 이차방정 식 $f'(x)=0$이 $-1<x<1$에서 서로 다른 두 실근을 가져야 한다.

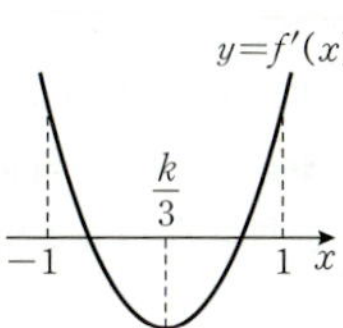

(i) 이차방정식 $f'(x)=0$의 판별식을 D라 하면

$$\frac{D}{4}=k^2-3>0, (k+\sqrt{3})(k-\sqrt{3})>0$$

$$\therefore k<-\sqrt{3} \text{ 또는 } k>\sqrt{3}$$

(ii) $f'(-1)=3+2k+1>0$에서 $k>-2$

$f'(1)=3-2k+1>0$에서 $k<2$

$\therefore -2<k<2$

(iii) 이차함수 $y=f'(x)$의 그래프의 축의 방정식이 $x=\frac{k}{3}$이므로

$$-1<\frac{k}{3}<1 \qquad \therefore -3<k<3$$

이상에서 $-2<k<-\sqrt{3}$ 또는 $\sqrt{3}<k<2$

그런데 $k>0$이므로 $\sqrt{3}<k<2$

221

$f(x)=-x^4+2x^3-kx^2$에서

$f'(x)=-4x^3+6x^2-2kx=-2x(2x^2-3x+k)$

사차함수 $f(x)$가 극솟값을 가지려면 삼차방정식 $f'(x)=0$이 서로 다른 세 실근을 가져야 한다.

그런데 삼차방정식 $f'(x)=0$의 한 실근이 $x=0$이므로 이차방정식 $2x^2-3x+k=0$이 0이 아닌 서로 다른 두 실근을 가져야 한다.

이차방정식 $2x^2-3x+k=0$의 판별식을 D라 하면

$$D=9-8k>0 \qquad \therefore k<\frac{9}{8} \qquad \cdots\cdots ㉠$$

이때 $x=0$은 이차방정식 $2x^2-3x+k=0$의 근이 아니어야 하므로

$$k\neq 0 \qquad\qquad\qquad\qquad\qquad \cdots\cdots ㉡$$

㉠, ㉡에서

$$k<0 \text{ 또는 } 0<k<\frac{9}{8}$$

따라서 $\alpha=0$, $\beta=0$, $\gamma=\frac{9}{8}$이므로

$$\alpha+\beta+\gamma=\frac{9}{8}$$

최고차항의 계수가 양수인 사차함수 $f(x)$가 극댓값을 갖는다. (또는 최고 차항의 계수가 음수인 사차함수 $f(x)$가 극솟값을 갖는다.)
⇨ 삼차방정식 $f'(x)=0$이 서로 다른 세 실근을 갖는다.

222

$f(x)=x^4+2(a-1)x^2+4ax+3$에서

$f'(x)=4x^3+4(a-1)x+4a=4(x+1)(x^2-x+a)$

사차함수 $f(x)$가 극댓값을 갖지 않으려면 삼차방정식 $f'(x)=0$ 이 한 실근과 두 허근을 갖거나 한 실근과 중근(또는 삼중근)을 가져야 한다.

이차방정식 $x^2-x+a=0$의 판별식을 D라 하면

(i) $f'(x)=0$이 한 실근과 두 허근을 갖는 경우

이차방정식 $x^2-x+a=0$이 두 허근을 가져야 하므로

$$D=1-4a<0 \qquad \therefore a>\frac{1}{4}$$

(ii) $f'(x)=0$이 한 실근과 중근(또는 삼중근)을 갖는 경우

이차방정식 $x^2-x+a=0$이 $x=-1$을 근으로 갖거나 -1이 아닌 실수를 중근으로 가져야 한다.

이차방정식 $x^2-x+a=0$이 $x=-1$을 근으로 가질 때,

$$1+1+a=0 \qquad \therefore a=-2$$

이차방정식 $x^2-x+a=0$이 -1이 아닌 실수를 중근으로 가질 때,

$$D=1-4a=0 \qquad \therefore a=\frac{1}{4}$$

(i), (ii)에서 $a=-2$ 또는 $a\geq\frac{1}{4}$

따라서 실수 a의 최솟값은 -2이다.

최고차항의 계수가 양수인 사차함수 $f(x)$가 극댓값을 갖지 않는다. (또는 최고차항의 계수가 음수인 사차함수 $f(x)$가 극솟값을 갖지 않는다.)
⇨ 삼차방정식 $f'(x)=0$이 한 실근과 두 허근 또는 한 실근과 중근(또는 삼중근)을 갖는다.

223

$f(x)=x^4-4kx^3+2x^2+5$에서

$f'(x)=4x^3-12kx^2+4x=4x(x^2-3kx+1)$

사차함수 $f(x)$가 극값을 하나만 가지려면 삼차방정식 $f'(x)=0$ 이 한 실근과 두 허근을 갖거나 한 실근과 중근(또는 삼중근)을 가져야 한다.

이차방정식 $x^2-3kx+1=0$의 판별식을 D라 하면

(i) $f'(x)=0$이 한 실근과 두 허근을 갖는 경우

이차방정식 $x^2-3kx+1=0$이 두 허근을 가져야 하므로

$$D=9k^2-4<0, (3k+2)(3k-2)<0$$

$$\therefore -\frac{2}{3}<k<\frac{2}{3}$$

(ii) $f'(x)=0$이 한 실근과 중근(또는 삼중근)을 갖는 경우

$x=0$은 이차방정식 $x^2-3kx+1=0$의 근이 아니므로 0이 아 닌 실수를 중근으로 가져야 한다. 즉,

$$D=9k^2-4=0, (3k+2)(3k-2)=0$$

$$\therefore k=-\frac{2}{3} \text{ 또는 } k=\frac{2}{3}$$

(i), (ii)에서

$$-\frac{2}{3}\leq k\leq\frac{2}{3}$$

따라서 $M=\frac{2}{3}$, $m=-\frac{2}{3}$이므로

$$M-m=\frac{2}{3}-\left(-\frac{2}{3}\right)=\frac{4}{3}$$

224 -4 **225** 4 **226** -108
227 (1) $a=3, b=9$ (2) -15

224

$f(x)=x^3+2x^2+ax+3$, $g(x)=2x^2-x+5$로 놓으면
$f'(x)=3x^2+4x+a$, $g'(x)=4x-1$ ⋯⋯ ㉮
두 곡선이 $x=t$인 점에서 접한다고 하면
$f(t)=g(t)$에서 $t^3+2t^2+at+3=2t^2-t+5$
$\therefore t^3+(a+1)t-2=0$ ⋯⋯ ㉠
$f'(t)=g'(t)$에서 $3t^2+4t+a=4t-1$
$\therefore a=-3t^2-1$ ⋯⋯ ㉡
㉡을 ㉠에 대입하면
$t^3-3t^3-2=0$, $t^3=-1$ $\therefore t=-1$ ⋯⋯ ㉯
$t=-1$을 ㉡에 대입하면
$a=-3-1=-4$ ⋯⋯ ㉰

채점 기준	배점 비율
㉮ 주어진 함수를 각각 $f(x)$, $g(x)$로 놓고 $f'(x)$, $g'(x)$ 구하기	20 %
㉯ 두 곡선이 접하는 점의 x좌표 구하기	60 %
㉰ a의 값 구하기	20 %

225

함수 $f(x)=x^2-5x+6$은 닫힌구간 $[a, b]$에서 연속이고 열린구간 (a, b)에서 미분가능하다.
이때 평균값 정리를 만족시키는 실수 c의 값이 2이므로
$$\frac{f(b)-f(a)}{b-a}=f'(2)$$ ⋯⋯ ㉮
$f(x)=x^2-5x+6$에서 $f'(x)=2x-5$이므로
$$\frac{(b^2-5b+6)-(a^2-5a+6)}{b-a}=-1$$
$$\frac{(b-a)(b+a-5)}{b-a}=-1, \ a+b-5=-1$$ ⋯⋯ ㉯
$\therefore a+b=4$ ⋯⋯ ㉰

채점 기준	배점 비율
㉮ 평균값 정리를 이용하여 식 세우기	50 %
㉯ $f'(x)$를 구하여 a, b에 대한 식으로 나타내기	40 %
㉰ $a+b$의 값 구하기	10 %

226

$g(x)=(x^3+1)f(x)$에서
$g'(x)=3x^2 f(x)+(x^3+1)f'(x)$
함수 $g(x)$가 $x=2$에서 극솟값 -27을 가지므로
$g(2)=9f(2)=-27$ $\therefore f(2)=-3$ ⋯⋯ ㉮
또, $g'(2)=12f(2)+9f'(2)=0$이므로
$f'(2)=-\dfrac{4}{3}f(2)=-\dfrac{4}{3}\times(-3)=4$ ⋯⋯ ㉯

따라서 함수 $f(x)g(x)$의 $x=2$에서의 미분계수는
$f'(2)g(2)+f(2)g'(2)=4\times(-27)+(-3)\times 0$
$\qquad\qquad =-108$ ⋯⋯ ㉰

채점 기준	배점 비율
㉮ $g(2)$, $f(2)$의 값 구하기	40 %
㉯ $g'(2)$, $f'(2)$의 값 구하기	40 %
㉰ 함수 $f(x)g(x)$의 $x=2$에서의 미분계수 구하기	20 %

227

(1) $f(x)=-x^3+ax^2+bx-10$에서
$f'(x)=-3x^2+2ax+b$ ⋯⋯ ㉮
함수 $f(x)$가 $x=3$에서 극댓값 17을 가지므로
$f(3)=-27+9a+3b-10=17$
$\therefore 3a+b=18$ ⋯⋯ ㉠
또, $f'(3)=-27+6a+b=0$이므로
$\therefore 6a+b=27$ ⋯⋯ ㉡
㉠, ㉡을 연립하여 풀면
$a=3, b=9$ ⋯⋯ ㉯
(2) $f(x)=-x^3+3x^2+9x-10$이므로
$f'(x)=-3x^2+6x+9=-3(x+1)(x-3)$
$f'(x)=0$에서 $x=-1$ 또는 $x=3$
함수 $f(x)$의 증가와 감소를 표로 나타내면 다음과 같다.

x	$\cdots$	-1	$\cdots$	3	$\cdots$
$f'(x)$	$-$	0	$+$	0	$-$
$f(x)$	$\searrow$	-15	$\nearrow$	17	$\searrow$

⋯⋯ ㉰

따라서 함수 $f(x)$는 $x=-1$에서 극솟값 -15를 갖는다.

⋯⋯ ㉱

	채점 기준	배점 비율
(1)	㉮ $f'(x)$ 구하기	10 %
	㉯ a, b의 값 구하기	40 %
(2)	㉰ $f(x)$의 증가와 감소를 표로 나타내기	40 %
	㉱ $f(x)$의 극솟값 구하기	10 %

1등급 실력 완성 ● 66쪽 ~ 68쪽

228 ② **229** ④ **230** 8 **231** $\sqrt{15}\pi$ **232** ⑤
233 5 **234** ② **235** ① **236** ② **237** 11
238 32 **239** ⑤ **240** -15 **241** ① **242** ③

228

접선의 기울기

(전략) 세 점 A, B, C의 x좌표를 각각 a, b, c $(a<b<c)$로 놓은 후 점 $B(b, 0)$에서의 접선의 기울기는 $f'(b)$임을 이용한다.

풀이 $A(a, 0)$, $B(b, 0)$, $C(c, 0)$ $(a<b<c)$으로 놓으면
$$f(x)=-(x-a)(x-b)(x-c)$$
$$f'(x)=-(x-b)(x-c)-(x-a)(x-c)-(x-a)(x-b)$$
따라서 점 B에서의 접선의 기울기는
$$f'(b)=-(b-a)(b-c)$$
$$=(b-a)(c-b)$$
$$=\overline{AB}\times\overline{BC}$$

229

접선의 방정식; 접점의 좌표가 주어진 경우

전략 주어진 극한값을 이용하여 $f(1)$, $f'(1)$의 값을 구한 후 주어진 점에서의 접선의 방정식을 구한다.

풀이 $\lim\limits_{x\to 1}\dfrac{x^3-1}{f(x)-1}=1$에서 $x\longrightarrow 1$일 때, (분자) $\longrightarrow 0$이고 0이 아닌 극한값이 존재하므로 (분모) $\longrightarrow 0$이어야 한다.

즉, $\lim\limits_{x\to 1}\{f(x)-1\}=0$이므로 $\lim\limits_{x\to 1}f(x)=1$

이때 $f(x)$는 연속이므로 $f(1)=1$

$$\therefore \lim\limits_{x\to 1}\dfrac{x^3-1}{f(x)-1}=\lim\limits_{x\to 1}\left\{\dfrac{x-1}{f(x)-f(1)}\times(x^2+x+1)\right\}$$
$$=\dfrac{3}{f'(1)}=1$$

$$\therefore f'(1)=3$$

$g(x)=(x-2)f(x)$에서 $g'(x)=f(x)+(x-2)f'(x)$이므로
$$g'(1)=f(1)-f'(1)=1-3=-2$$

또, $g(1)=-f(1)=-1$이므로 $y=g(x)$의 그래프 위의 점 $(1, g(1))$에서의 접선의 방정식은

$$y-(-1)=-2(x-1) \qquad \therefore y=-2x+1$$

따라서 접선의 x절편은 $\dfrac{1}{2}$, y절편은 1이므로 구하는 도형의 넓이는

$$\dfrac{1}{2}\times\dfrac{1}{2}\times 1=\dfrac{1}{4}$$

230

접선의 방정식; 접점의 좌표가 주어진 경우

전략 점 A에서의 접선의 방정식을 이용하여 점 B의 좌표를 구하고, 같은 방법으로 점 C의 좌표를 구한다.

풀이 $f(x)=x^3-4x+a$에서 $f'(x)=3x^2-4$
$$f(1)=1-4+a=a-3$$

점 $A(1, a-3)$에서의 접선의 기울기는 $f'(1)=3-4=-1$이므로 접선의 방정식은

$$y-(a-3)=-(x-1) \qquad \therefore y=-x+a-2$$
$$x^3-4x+a=-x+a-2$$에서 $x^3-3x+2=0$
$$(x+2)(x-1)^2=0 \qquad \therefore x=-2 \text{ 또는 } x=1$$
$$\therefore b=-2$$
$$f(-2)=-8+8+a=a$$

점 $B(-2, a)$에서의 접선의 기울기는 $f'(-2)=12-4=8$이므로 접선의 방정식은

$$y-a=8(x+2) \qquad \therefore y=8x+a+16$$
$$x^3-4x+a=8x+a+16$$에서 $x^3-12x-16=0$
$$(x+2)^2(x-4)=0 \qquad \therefore x=-2 \text{ 또는 } x=4$$

$$\therefore c=4$$
$f(4)=64-16+a=54$이므로 $a=6$
$$\therefore a+b+c=6+(-2)+4=8$$

231

접선의 방정식

전략 원과 곡선이 접하는 점에서의 접선이 원점과 접점을 지나는 직선과 수직임을 이용하여 접점의 좌표를 구한다.

풀이 $f(x)=x^2-4$로 놓으면
$$f'(x)=2x$$

오른쪽 그림과 같이 접점을 $P(t, t^2-4)$라 하면 점 P에서의 접선의 기울기는 $f'(t)=2t$이고, 직선 OP의 기울기는 $\dfrac{t^2-4}{t}$이다.

이때 접선과 직선 OP는 서로 수직이므로
$$2t\times\dfrac{t^2-4}{t}=-1,\ t^2=\dfrac{7}{2}$$
$$\therefore t=-\dfrac{\sqrt{14}}{2} \text{ 또는 } t=\dfrac{\sqrt{14}}{2}$$

즉, 두 접점의 좌표는
$$\left(-\dfrac{\sqrt{14}}{2},\ -\dfrac{1}{2}\right),\ \left(\dfrac{\sqrt{14}}{2},\ -\dfrac{1}{2}\right)$$

이므로 원 O의 반지름의 길이는
$$\overline{OP}=\sqrt{\left(\dfrac{\sqrt{14}}{2}\right)^2+\left(-\dfrac{1}{2}\right)^2}=\sqrt{\dfrac{15}{4}}=\dfrac{\sqrt{15}}{2}$$

따라서 원 O의 둘레의 길이는
$$2\pi\times\dfrac{\sqrt{15}}{2}=\sqrt{15}\pi$$

232

접선의 방정식; 접점의 좌표가 주어진 경우

전략 $f(x)=x^3+px^2+qx$ $(p, q$는 상수$)$로 놓고 접선의 방정식을 구한다.

풀이 $f(0)=0$이므로 $f(x)=x^3+px^2+qx$ $(p, q$는 상수$)$로 놓으면 $f'(x)=3x^2+2px+q$

$\lim\limits_{x\to a}\dfrac{f(x)-1}{x-a}=3$에서 $x\longrightarrow a$일 때 (분모) $\longrightarrow 0$이고 극한값이 존재하므로 (분자) $\longrightarrow 0$이어야 한다.

즉, $\lim\limits_{x\to a}\{f(x)-1\}=0$이므로
$$f(a)-1=0 \qquad \therefore f(a)=1$$
$$\therefore \lim\limits_{x\to a}\dfrac{f(x)-1}{x-a}=\lim\limits_{x\to a}\dfrac{f(x)-f(a)}{x-a}=f'(a)=3$$

곡선 $y=f(x)$ 위의 점 $(a, 1)$에서의 접선의 방정식은
$$y-1=3(x-a) \qquad \therefore y=3x-3a+1$$

이때 이 접선의 y절편이 4이므로
$$-3a+1=4 \qquad \therefore a=-1$$
$$f(-1)=-1+p-q=1$$에서
$$p-q=2 \qquad\qquad \cdots\cdots \text{㉠}$$
$$f'(-1)=3-2p+q=3$$에서
$$2p-q=0 \qquad\qquad \cdots\cdots \text{㉡}$$

㉠, ㉡을 연립하여 풀면 $p=-2$, $q=-4$
따라서 $f(x)=x^3-2x^2-4x$이므로
$f(1)=1-2-4=-5$

233

접선의 방정식; 곡선 밖의 한 점이 주어진 경우 ➕ 접선의 기울기

(전략) 먼저 접선 l의 방정식을 구한 후 이 직선의 방정식이 곡선 $y=x^2+ax+b$ 위의 점 $(-1, -6)$에서의 접선의 방정식임을 이용한다.

(풀이) $f(x)=-x^2+2x-3$으로 놓으면 $f'(x)=-2x+2$
접점의 좌표를 $(t, -t^2+2t-3)$이라 하면 이 점에서의 접선 l의 기울기는 $f'(t)=-2t+2$이므로 접선 l의 방정식은
$y-(-t^2+2t-3)=(-2t+2)(x-t)$
$\therefore y=(-2t+2)x+t^2-3$ ...... ㉠
직선 ㉠이 점 $(1, 2)$를 지나므로
$2=-2t+2+t^2-3$
$t^2-2t-3=0$, $(t+1)(t-3)=0$
$\therefore t=-1$ 또는 $t=3$
이때 기울기가 양수인 접선은 $t=-1$일 때이므로 ㉠에서 접선 l의 방정식은
$y=4x-2$
또, $g(x)=x^2+ax+b$로 놓으면 $g'(x)=2x+a$
곡선 $y=g(x)$가 점 $(-1, -6)$을 지나므로
$g(-1)=1-a+b=-6$
$\therefore a-b=7$ ...... ㉡
곡선 $y=g(x)$ 위의 점 $(-1, -6)$에서의 접선 m의 방정식이
$y=4x-2$이므로
$g'(-1)=-2+a=4$
$\therefore a=6$
$a=6$을 ㉡에 대입하면 $b=-1$
$\therefore a+b=6+(-1)=5$

234

접선의 방정식

(전략) 이차함수 $f(x)$의 식을 세우고, 함수 $y=|f'(x)|$의 그래프가 함수 $y=4x^2+5$의 그래프에 접하거나 아래쪽에 있는 경우를 생각한다.

(풀이) 이차함수 $f(x)$의 최고차항의 계수가 a이고 그래프의 대칭축이 직선 $x=1$이므로
$f(x)=a(x-1)^2+b$ (b는 상수)
로 놓으면
$f'(x)=2a(x-1)$
따라서 함수 $y=f'(x)$의 그래프는 a의 값에 관계없이 점 $(1, 0)$을 지나는 직선이다.
이때 모든 실수 x에 대하여 $|f'(x)|\le 4x^2+5$가 성립하려면 오른쪽 그림과 같이 함수 $y=|f'(x)|$의 그래프가 함수 $y=4x^2+5$의 그래프와 접하거나 함수 $y=4x^2+5$의 그래프보다 아래쪽에 있어야 한다.

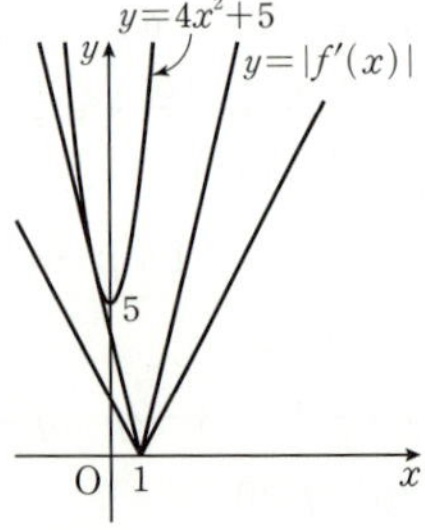

$a>0$일 때, $x<1$에서
$f'(x)=2a(x-1)$이므로 $|f'(x)|=-2a(x-1)$
즉, 직선 $y=-2a(x-1)$이 함수 $y=4x^2+5$의 그래프에 접할 때 a의 값이 최대가 된다.
$g(x)=4x^2+5$라 하면 $g'(x)=8x$
접점의 좌표를 $(t, 4t^2+5)$ $(t<1)$라 하면 접선의 기울기는
$g'(t)=8t$
이므로 접선의 방정식은
$y-(4t^2+5)=8t(x-t)$
즉, $y=8tx-4t^2+5$
이 접선이 점 $(1, 0)$을 지나므로
$0=-4t^2+8t+5$에서
$4t^2-8t-5=0$, $(2t+1)(2t-5)=0$
$\therefore t=-\dfrac{1}{2}$ $(\because t<1)$
따라서 접선 $y=-4x+4$와 직선 $y=-2a(x-1)$이 일치해야 하므로
$-2a=-4$ $\therefore a=2$
즉, 실수 a의 최댓값은 2이다.

235

평균값 정리

(전략) 평균값 정리를 만족시키는 실수 c의 값의 범위를 구한다.

(풀이) x_1, x_2가 닫힌구간 $[0, 3]$에 속하는 임의의 두 실수이므로
$0\le x_1<x_2\le 3$이라 하자.
함수 $f(x)$는 닫힌구간 $[x_1, x_2]$에서 연속이고 열린구간 (x_1, x_2)에서 미분가능하므로 평균값 정리에 의하여
$\dfrac{f(x_2)-f(x_1)}{x_2-x_1}=f'(c)$
인 실수 c가 열린구간 (x_1, x_2)에 적어도 하나 존재한다. ...... ㉠
$f(x)=\dfrac{1}{3}x^3-x^2+1$에서 $f'(x)=x^2-2x$
$\therefore S=\left\{\dfrac{f(x_2)-f(x_1)}{x_2-x_1}\middle| 0\le x_1<x_2\le 3\right\}$
$\subset\{f'(c)|0<c<3\}$ $(\because$ ㉠$)$
$=\{c^2-2c|0<c<3\}$
$=\{(c-1)^2-1|0<c<3\}$
$=\{x|-1\le x<3\}$

(참고) $(c-1)^2-1=x$로 놓으면 $0<c<3$일 때, $-1\le x<3$이다.

236

함수가 증가 또는 감소하기 위한 조건

(전략) $x\ge 5k$, $x\le 5k$일 때로 경우를 나누어 생각한다.

(풀이) (i) $x\ge 5k$일 때,
$f(x)=x^3+6x^2+15(x-5k)+9$
$=x^3+6x^2+15x-75k+9$
이므로
$f'(x)=3x^2+12x+15=3(x+2)^2+3>0$
따라서 함수 $f(x)$는 k의 값에 관계없이 증가한다.

(ii) $x\leq 5k$일 때,
$$f(x)=x^3+6x^2-15(x-5k)+9$$
$$=x^3+6x^2-15x+75k+9$$
이므로
$$f'(x)=3x^2+12x-15=3(x+5)(x-1)$$
$f'(x)\geq 0$에서 $x\leq -5$ 또는 $x\geq 1$

이때 함수 $f(x)$가 $x\leq 5k$에서 증가하려면 $x\leq 5k$가 $x\leq -5$ 또는 $x\geq 1$에 포함되어야 하므로
$$5k\leq -5$$
$$\therefore k\leq -1$$
(i), (ii)에서 실수 k의 최댓값은 -1이다.

237

접선의 방정식; 접점의 좌표가 주어진 경우

➕ 함수가 증가 또는 감소하기 위한 조건

(전략) 곡선 $y=f(x)$ 위의 점 $(t, f(t))$에서의 접선의 방정식을 구한 후 함수 $g(t)$가 주어진 구간에서 증가하기 위한 조건을 파악한다.

(풀이) $f(x)=x^3-(a-2)x^2+ax$에서
$$f'(x)=3x^2-2(a-2)x+a$$
곡선 $y=f(x)$ 위의 점 $(t, t^3-(a-2)t^2+at)$에서의 접선의 방정식은
$$y-\{t^3-(a-2)t^2+at\}=\{3t^2-2(a-2)t+a\}(x-t)$$
$$\therefore y=\{3t^2-2(a-2)t+a\}(x-t)+t^3-(a-2)t^2+at$$
함수 $g(t)$는 이 접선의 y절편이므로 접선의 방정식에 $x=0$을 대입하여 $g(t)$를 구하면
$$g(t)=-2t^3+(a-2)t^2$$
$$\therefore g'(t)=-6t^2+2(a-2)t$$
$$=-2t(3t-a+2)$$
함수 $g(t)$가 닫힌구간 $[0, 3]$에서 증가하려면 $0\leq t\leq 3$에서 $g'(t)\geq 0$이어야 하므로
$$g'(3)=-6(9-a+2)\geq 0$$
$$\therefore a\geq 11$$
따라서 상수 a의 최솟값은 11이다.

238

함수의 극대와 극소

(전략) 주어진 조건을 만족시키는 최고차항의 계수가 1인 삼차함수 $f(x)$를 구한다.

(풀이) $f(x)=x^3+ax^2+bx+c$ (a, b, c는 상수)로 놓으면
$$f'(x)=3x^2+2ax+b$$
조건 (개)에서 $f'(x)=f'(-x)$이므로
$$3x^2+2ax+b=3x^2-2ax+b$$
$$2a=-2a$$
$$\therefore a=0$$
조건 (내)에서 $f(2)=0$, $f'(2)=0$이므로
$$f(2)=8+4a+2b+c=0 \qquad \cdots\cdots ㉠$$
$$f'(2)=12+4a+b=0 \qquad \cdots\cdots ㉡$$

$a=0$을 ㉠, ㉡에 대입한 후 연립하여 풀면
$$b=-12,\ c=16$$
따라서 $f(x)=x^3-12x+16$이므로
$$f'(x)=3x^2-12$$
$$=3(x+2)(x-2)$$
$f'(x)=0$에서 $x=-2$ 또는 $x=2$

함수 $f(x)$의 증가와 감소를 표로 나타내면 다음과 같다.

x	$\cdots$	-2	$\cdots$	2	$\cdots$
$f'(x)$	$+$	0	$-$	0	$+$
$f(x)$	↗	32	↘	0	↗

따라서 함수 $f(x)$는 $x=-2$에서 극댓값 32를 갖는다.

239

함수의 극대와 극소

(전략) 주어진 조건을 이용하여 $f'(x)$를 구한다.

(풀이) 조건 (개)에서 $\displaystyle\lim_{x\to\infty}\frac{f(x)}{x^3}=1$이므로 $f(x)$는 최고차항의 계수가 1인 삼차함수이다.

즉, $f'(x)$는 이차함수이고 이차항의 계수는 3이다.

조건 (내)에서 함수 $f(x)$가 $x=-2$와 $x=1$에서 극값을 가지므로
$$f'(-2)=0,\ f'(1)=0$$
따라서 $f'(x)$는 $x+2$와 $x-1$을 인수로 가지므로
$$f'(x)=3(x+2)(x-1)$$
$$\therefore \lim_{h\to 0}\frac{f(4+h)-f(4-h)}{h}$$
$$=\lim_{h\to 0}\frac{\{f(4+h)-f(4)\}-\{f(4-h)-f(4)\}}{h}$$
$$=\lim_{h\to 0}\frac{f(4+h)-f(4)}{h}+\lim_{h\to 0}\frac{f(4-h)-f(4)}{-h}$$
$$=f'(4)+f'(4)=2f'(4)$$
$$=2\times(3\times 6\times 3)=108$$

개념 보충

함수 $y=f(x)$의 $x=a$에서의 미분계수는
$$f'(a)=\lim_{\blacksquare\to 0}\frac{f(a+\blacksquare)-f(a)}{\blacksquare}=\lim_{\bullet\to a}\frac{f(\bullet)-f(a)}{\bullet-a}$$

240

함수의 극대와 극소를 이용한 미정계수의 결정

(전략) a의 값의 범위를 나누어 함수 $f(x)$의 극댓값을 찾아 조건을 만족시키는 a의 값을 구한다.

(풀이) $f'(x)=\begin{cases}3ax^2-12a & (x<0)\\ 3x^2-3a^2 & (x>0)\end{cases}$

(i) $a>0$일 때,
$x<0$이면 $f'(x)=0$에서
$$3a(x+2)(x-2)=0 \qquad \therefore x=-2$$
$x>0$이면 $f'(x)=0$에서
$$3(x+a)(x-a)=0 \qquad \therefore x=a$$
함수 $f(x)$의 증가와 감소를 표로 나타내면 다음과 같다.

x	$\cdots$	-2	$\cdots$	0	$\cdots$	a	$\cdots$
$f'(x)$	$+$	0	$-$		$-$	0	$+$
$f(x)$	↗	극대	↘		↘	극소	↗

함수 $f(x)$는 $x=-2$에서 극댓값 33을 가지므로

$f(-2)=-8a+24a+1=33$

에서 $16a=32$ $\therefore a=2$

(ii) $a=0$일 때,

$$f(x)=\begin{cases} 1 & (x<0) \\ x^3+1 & (x\geq 0) \end{cases}$$

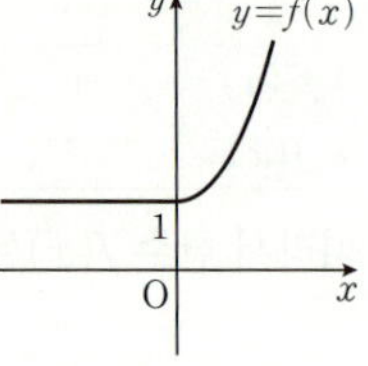

$y=f(x)$의 그래프는 오른쪽 그림과 같으므로 함수 $f(x)$는 극댓값을 갖지 않는다.

(iii) $a<0$일 때,

$x<0$이면 $f'(x)=0$에서

$3a(x+2)(x-2)=0$ $\therefore x=-2$

$x>0$이면 $f'(x)=0$에서

$3(x+a)(x-a)=0$ $\therefore x=-a$

함수 $f(x)$의 증가와 감소를 표로 나타내면 다음과 같다.

x	$\cdots$	-2	$\cdots$	0	$\cdots$	$-a$	$\cdots$
$f'(x)$	$-$	0	$+$		$-$	0	$+$
$f(x)$	↘	극소	↗	극대	↘	극소	↗

함수 $f(x)$는 $x=0$에서 극댓값 1을 가지므로 주어진 조건을 만족시키지 않는다.

이상에서 $a=2$이므로

$$f(x)=\begin{cases} 2x^3-24x+1 & (x<0) \\ x^3-12x+1 & (x\geq 0) \end{cases}$$

$\therefore f(a)=f(2)=8-24+1=-15$

241

도함수의 그래프의 해석

(전략) 주어진 그래프에서 각 범위에 따른 $f'(x)$의 값의 부호를 파악해 본다.

(풀이) $y=xf'(x)$의 그래프가 x축과 만나는 점의 x좌표는 0, 2이다.

(i) $x<0$일 때,

$xf'(x)<0$이므로 $f'(x)>0$

(ii) $0<x<2$일 때,

$xf'(x)<0$이므로 $f'(x)<0$

(iii) $x>2$일 때,

$xf'(x)>0$이므로 $f'(x)>0$

함수 $f(x)$의 증가와 감소를 표로 나타내면 다음과 같다.

x	$\cdots$	0	$\cdots$	2	$\cdots$
$f'(x)$	$+$	0	$-$	0	$+$
$f(x)$	↗	극대	↘	극소	↗

ㄱ. $f(x)$는 $x<0$에서 증가한다. (참)

ㄴ. $f(x)$는 $x=0$에서 극댓값을 갖는다. (거짓)

ㄷ. $f(x)$는 $x=2$에서 극솟값을 갖는다. (거짓)

이상에서 옳은 것은 ㄱ뿐이다.

242

도함수의 그래프의 해석 ➕ 평균값 정리

(전략) $y=f'(x)$의 그래프를 이용하여 함수 $f(x)$의 극대와 극소를 파악하고 평균값 정리를 이용한다.

(풀이) $y=f'(x)$의 그래프가 x축과 만나는 점의 x좌표는 -2, 0, 2이다. 함수 $f(x)$의 증가와 감소를 표로 나타내면 다음과 같다.

x	$\cdots$	-2	$\cdots$	0	$\cdots$	2	$\cdots$
$f'(x)$	$+$	0	$-$	0	$-$	0	$+$
$f(x)$	↗	극대	↘		↘	극소	↗

ㄱ. $f(x)$는 열린구간 $(-2, 2)$에서 감소한다. (참)

ㄴ. 함수 $f(x)$는 $x=-2$에서 극댓값, $x=2$에서 극솟값을 갖고, 열린구간 $(-2, 2)$에서 감소하므로

$f(-2)\neq f(2)$

따라서 함수 $f(x)$의 서로 다른 2개의 극값을 갖는다. (참)

ㄷ. 함수 $f(x)$는 닫힌구간 $[-2, 2]$에서 연속이고 열린구간 $(-2, 2)$에서 미분가능하므로 평균값 정리에 의하여

$$\frac{f(2)-f(-2)}{2-(-2)}=f'(c)$$

인 실수 c가 열린구간 $(-2, 2)$에 적어도 하나 존재한다.

그런데 $f(-2)=0$, $f(2)=-8$이면

$$\frac{-8-0}{4}=-2=f'(c)$$

가 되어 $f'(c)<-1$이므로 주어진 조건을 만족시키지 않는다. 따라서 $f(-2)=0$, $f(2)=-8$인 함수 $f(x)$는 존재하지 않는다. (거짓)

이상에서 옳은 것은 ㄱ, ㄴ이다.

● 69쪽

243 97   **244** 23   **245** ③

243

접선의 방정식; 접점의 좌표가 주어진 경우 ➕ 함수의 극한

(1단계) $g(2)$, $g'(2)$의 값을 각각 구한다.

조건 (나)에서 $x \longrightarrow 2$일 때 (분모) $\longrightarrow 0$이고 극한값이 존재하므로 (분자) $\longrightarrow 0$이어야 한다.

즉, $\displaystyle\lim_{x\to 2}\{f(x)-g(x)\}=0$이므로

$f(2)-g(2)=0$

$\therefore f(2)=g(2)$ $\qquad\qquad\cdots\cdots$ ㉠

$$\lim_{x\to 2}\frac{f(x)-g(x)}{x-2}$$

$$=\lim_{x\to 2}\frac{f(x)-f(2)+g(2)-g(x)}{x-2}\ (\because ㉠)$$

$$=\lim_{x\to 2}\frac{f(x)-f(2)}{x-2}-\lim_{x\to 2}\frac{g(x)-g(2)}{x-2}$$

$$=f'(2)-g'(2)=2$$

$\therefore f'(2)=g'(2)+2$ ...... ⓛ

한편, 조건 (가)에 $x=2$를 대입하면

$g(2)=8f(2)-7$

$g(2)=8g(2)-7$ $(\because$ ㉠$)$

$-7g(2)=-7$

$\therefore g(2)=1$ ...... ㉢

또, 조건 (가)의 양변을 x에 대하여 미분하면

$g'(x)=3x^2f(x)+x^3f'(x)$

위의 식에 $x=2$를 대입하면

$g'(2)=12f(2)+8f'(2)$

$\qquad =12g(2)+8\{g'(2)+2\}$ $(\because$ ㉠, ⓛ$)$

$\qquad =28+8g'(2)$ $(\because$ ㉢$)$

$-7g'(2)=28$

$\therefore g'(2)=-4$

〔2단계〕 곡선 $y=g(x)$ 위의 점 $(2,\,g(2))$에서의 접선의 방정식을 구한다.

곡선 $y=g(x)$ 위의 점 $(2,\,g(2))$, 즉 $(2,\,1)$에서의 접선의 방정식은

$y-1=-4(x-2)$

$\therefore y=-4x+9$

따라서 $a=-4$, $b=9$이므로

$a^2+b^2=(-4)^2+9^2=97$

244

접선의 기울기 ⊕ 접선의 방정식; 기울기가 주어진 경우

〔1단계〕 두 직선 l_1, l_2의 기울기를 구한 후 $f(x)$의 식을 세운다.

두 점 A, C는 모두 y축 위의 점이고, 조건 (나)에서

$\angle A=\angle C=45°$

이므로 두 직선 l_1, l_2의 기울기는 1이다.

점 $A(0,\,3)$에서의 접선 l_1의 방정식은

$y=x+3$

즉, $f(x)-(x+3)=x^2(x-a)$ $(a$는 상수$)$로 놓을 수 있으므로

$f(x)=x^3-ax^2+x+3$

〔2단계〕 직선 AB의 기울기가 -1, 직선 l_2의 기울기가 1임을 이용하여 k의 값을 구한다.

직선 AB는 직선 l_1과 수직이므로 직선 AB의 기울기는 -1이다.

즉, $\dfrac{f(k)-3}{k-0}=-1$이므로

$k^3-ak^2+2k=0$, $k(k^2-ak+2)=0$

이때 $k>0$이므로 $k^2-ak+2=0$ ...... ㉠

$f'(x)=3x^2-2ax+1$이고, 직선 l_2의 기울기는 1이므로

$f'(k)=3k^2-2ak+1=1$

에서 $3k^2-2ak=0$, $k(3k-2a)=0$

이때 $k>0$이므로 $3k-2a=0$

$\therefore a=\dfrac{3}{2}k$ ...... ㉡

㉡을 ㉠에 대입하면

$k^2-\dfrac{3}{2}k^2+2=0$, $k^2=4$

$\therefore k=2$ $(\because k>0)$

〔3단계〕 $f(x)$를 구하고 $f(2k)$의 값을 구한다.

$k=2$를 ㉡에 대입하면 $a=3$

따라서 $f(x)=x^3-3x^2+x+3$이므로

$f(2k)=f(4)=64-48+4+3=23$

245

삼차함수가 극값을 갖거나 갖지 않을 조건

〔1단계〕 주어진 조건을 이용하여 $y=|f(x)|$의 그래프의 개형을 그려 본다.

$f(x)=x^3+ax^2+bx+c$ $(a,\,b,\,c$는 상수$)$로 놓으면

$f'(x)=3x^2+2ax+b$

조건 (가)에서 $f(0)=0$이므로 $c=0$

조건 (나)에서 $f'(0)=f'(4)$이므로

$b=48+8a+b$ $\therefore a=-6$

조건 (다)에서 함수 $|f(x)|$는 두 개의 극솟값을 갖고, 극소가 되는 두 점의 y좌표가 같으므로 $y=|f(x)|$의 그래프의 개형은 [그림 1] 또는 [그림 2]와 같다.

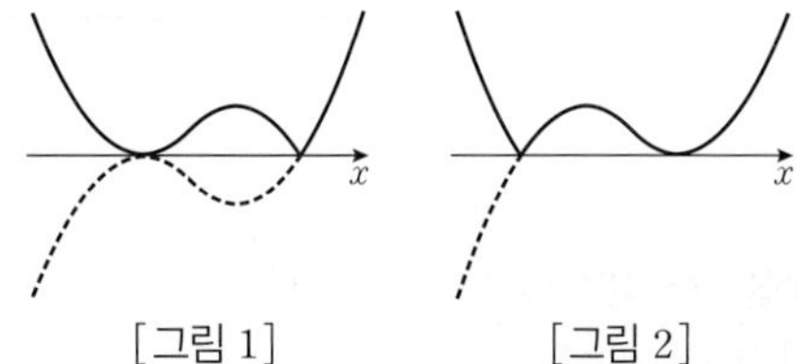

[그림 1]   [그림 2]

〔2단계〕 삼차방정식 $f(x)=0$이 한 실근과 중근을 가져야 함을 이용하여 $f'(0)$의 값을 구한다.

즉, 삼차방정식 $f(x)=0$이 한 실근과 중근을 가져야 하므로

$f(x)=x^3-6x^2+bx=x(x^2-6x+b)=0$에서

(i) 이차방정식 $x^2-6x+b=0$이 $x=0$을 근으로 갖는 경우

$\qquad b=0$이므로 $f(x)=x^3-6x^2$

$\qquad \therefore f'(x)=3x^2-12x$

     그런데 $f'(0)=f'(4)=0$이므로 조건 (나)를 만족시키지 않는다.

(ii) 이차방정식 $x^2-6x+b=0$이 0이 아닌 실수를 중근으로 갖는 경우

     이차방정식 $x^2-6x+b=0$의 판별식을 D라 하면

$\qquad \dfrac{D}{4}=9-b=0$ $\therefore b=9$

     즉, $f(x)=x^3-6x^2+9x$이므로

$\qquad f'(x)=3x^2-12x+9$

     이때 $f'(0)=f'(4)=9>0$이므로 조건 (나)를 만족시킨다.

(i), (ii)에서 $f'(0)=9$

246 ②	**247** ③	**248** -13	**249** ③	**250** 20
251 6	**252** $\dfrac{16}{9}$	**253** 12	**254** ②	**255** ③
256 ②	**257** ①	**258** $\dfrac{5}{3}$ cm	**259** ③	**260** 96π
261 22	**262** ④	**263** ③	**264** 28	
265 $-4<k<4$		**266** ④	**267** 7	
268 $8<k<13$		**269** ②	**270** ①	
271 $a>\dfrac{1}{16}$	**272** 8	**273** ⑤	**274** ⑤	**275** ①
276 ②	**277** 18	**278** 8	**279** 22	**280** ①
281 ①	**282** ⑤	**283** 405 m	**284** ③	**285** ⑤
286 ④	**287** 22	**288** ④	**289** ③	**290** 7

246

$f(x)=2x^3+3x^2-12x+5$에서

$f'(x)=6x^2+6x-12=6(x+2)(x-1)$

$f'(x)=0$에서 $x=-2$ 또는 $x=1$

닫힌구간 $[-1, 2]$에서 함수 $f(x)$의 증가와 감소를 표로 나타내면 다음과 같다.

x	-1	$\cdots$	1	$\cdots$	2
$f'(x)$		$-$	0	$+$	
$f(x)$	18	$\searrow$	-2	$\nearrow$	9

따라서 닫힌구간 $[-1, 2]$에서 함수 $f(x)$는 $x=-1$일 때 최댓값 18, $x=1$일 때 최솟값 -2를 가지므로

$M=18, m=-2$

$\therefore M+m=16$

247

닫힌구간 $[-3, 4]$에서 함수 $f(x)$의 증가와 감소를 표로 나타내면 다음과 같다.

x	-3	$\cdots$	-1	$\cdots$	1	$\cdots$	4
$f'(x)$		$-$	0	$-$	0	$+$	0
$f(x)$		$\searrow$		$\searrow$	극소	$\nearrow$	

따라서 닫힌구간 $[-3, 4]$에서 함수 $f(x)$는 $x=1$에서 극솟값을 갖고, 이 구간에서 극값이 하나뿐이므로 $f(x)$는 $x=1$에서 최솟값을 갖는다.

$\therefore a=1$

248

$f(x)=-x^4+6x^2-8x-13$에서

$f'(x)=-4x^3+12x-8=-4(x+2)(x-1)^2$

$f'(x)=0$에서 $x=-2$ 또는 $x=1$

닫힌구간 $[-3, 1]$에서 함수 $f(x)$의 증가와 감소를 표로 나타내면 다음과 같다.

x	-3	$\cdots$	-2	$\cdots$	1
$f'(x)$		$+$	0	$-$	0
$f(x)$	-16	$\nearrow$	11	$\searrow$	-16

따라서 닫힌구간 $[-3, 1]$에서 함수 $f(x)$는 $x=-2$일 때 최댓값 11을 가지므로

$a=-2, b=11$ $\therefore a-b=-13$

249

$f(x)=2x^3-3x^2-2$에서

$f'(x)=6x^2-6x=6x(x-1)$

$f'(x)=0$에서 $x=0$ 또는 $x=1$

함수 $f(x)$의 증가와 감소를 표로 나타내면 다음과 같다.

x	$\cdots$	0	$\cdots$	1	$\cdots$
$f'(x)$	$+$	0	$-$	0	$+$
$f(x)$	$\nearrow$	-2	$\searrow$	-3	$\nearrow$

즉, 함수 $y=f(x)$의 그래프는 오른쪽 그림과 같다.

(i) $a=0$일 때,

닫힌구간 $[-1, 1]$에서 함수 $f(x)$의 최댓값은 $f(0)$이므로

$g(0)=f(0)=-2$

(ii) $a=1$일 때,

닫힌구간 $[0, 2]$에서 함수 $f(x)$의 최댓값은 $f(2)$이므로

$g(1)=f(2)=2$

$\therefore g(0)+g(1)=-2+2=0$

250

$x^2-4x+3=t$로 놓으면

$t=x^2-4x+3=(x-2)^2-1$

즉, $0\le x\le4$에서 t의 값의 범위는 $-1\le t\le3$

$g(t)=t^3-3t+1$로 놓으면

$g'(t)=3t^2-3=3(t+1)(t-1)$

$g'(t)=0$에서 $t=-1$ 또는 $t=1$

$-1\le t\le3$에서 함수 $g(t)$의 증가와 감소를 표로 나타내면 다음과 같다.

t	-1	$\cdots$	1	$\cdots$	3
$g'(t)$	0	$-$	0	$+$	
$g(t)$	3	$\searrow$	-1	$\nearrow$	19

따라서 $-1\le t\le3$에서 함수 $g(t)$는 $t=3$일 때 최댓값 19, $t=1$일 때 최솟값 -1을 가지므로

$M=19, m=-1$ $\therefore M-m=20$

251

$f(x)=x^3-6x^2+9x+a$에서

$f'(x)=3x^2-12x+9=3(x-1)(x-3)$

$f'(x)=0$에서 $x=1$ 또는 $x=3$

닫힌구간 $[-1, 3]$에서 함수 $f(x)$의 증가와 감소를 표로 나타내면 다음과 같다.

x	-1	$\cdots$	1	$\cdots$	3
$f'(x)$		$+$	0	$-$	0
$f(x)$	$a-16$	$\nearrow$	$a+4$	$\searrow$	a

따라서 닫힌구간 $[-1, 3]$에서 함수 $f(x)$는 $x=1$일 때 최댓값 $a+4$, $x=-1$일 때 최솟값 $a-16$을 갖는다.
이때 최댓값과 최솟값의 합이 0이므로
$(a+4)+(a-16)=0, 2a=12$ $\therefore a=6$

252

$f(x)=ax^4-4ax^3+b$에서
$f'(x)=4ax^3-12ax^2=4ax^2(x-3)$
$f'(x)=0$에서 $x=0$ 또는 $x=3$
닫힌구간 $[1, 4]$에서 함수 $f(x)$의 증가와 감소를 표로 나타내면 다음과 같다.

x	1	$\cdots$	3	$\cdots$	4
$f'(x)$		$-$	0	$+$	
$f(x)$	$-3a+b$	$\searrow$	$-27a+b$	$\nearrow$	b

이때 $a>0$이므로 $-27a+b<-3a+b<b$
따라서 닫힌구간 $[1, 4]$에서 함수 $f(x)$는 $x=4$일 때 최댓값 b, $x=3$일 때 최솟값 $-27a+b$를 가지므로
$b=4, -27a+b=-8$
따라서 $a=\dfrac{4}{9}, b=4$이므로 $ab=\dfrac{16}{9}$

253

$f(x)=x^3+ax^2-a^2x+2$에서
$f'(x)=3x^2+2ax-a^2=(x+a)(3x-a)$
$f'(x)=0$에서 $x=-a$ 또는 $x=\dfrac{a}{3}$
닫힌구간 $[-a, a]$에서 함수 $f(x)$의 증가와 감소를 표로 나타내면 다음과 같다.

x	$-a$	$\cdots$	$\dfrac{a}{3}$	$\cdots$	a
$f'(x)$	0	$-$	0	$+$	
$f(x)$		$\searrow$	극소	$\nearrow$	

따라서 닫힌구간 $[-a, a]$에서 함수 $f(x)$는 $x=\dfrac{a}{3}$에서 극솟값을 갖고, 이 구간에서 극값이 하나뿐이므로 $f(x)$는 $x=\dfrac{a}{3}$에서 최솟값을 갖는다.
즉, $f\left(\dfrac{a}{3}\right)=\dfrac{14}{27}$에서
$\left(\dfrac{a}{3}\right)^3+a\times\left(\dfrac{a}{3}\right)^2-a^2\times\dfrac{a}{3}+2=\dfrac{14}{27}$
$-\dfrac{5}{27}a^3+2=\dfrac{14}{27}, a^3=8$
$\therefore a=2$
따라서 $f(x)=x^3+2x^2-4x+2$이므로

$f(2)=8+8-8+2=10, f(-2)=-8+8+8+2=10$
$\therefore M=10$
$\therefore a+M=2+10=12$

254

$f(x)=x^3+ax^2+bx+c$에서
$f'(x)=3x^2+2ax+b$
$y=f'(x)$의 그래프와 x축의 교점의 x좌표가 0, 2이므로
$f'(0)=0, f'(2)=0$에서
$b=0, 12+4a+b=0$ $\therefore a=-3, b=0$
$\therefore f(x)=x^3-3x^2+c$
닫힌구간 $[-2, 3]$에서 함수 $f(x)$의 증가와 감소를 표로 나타내면 다음과 같다.

x	-2	$\cdots$	0	$\cdots$	2	$\cdots$	3
$f'(x)$		$+$	0	$-$	0	$+$	
$f(x)$	$c-20$	$\nearrow$	c	$\searrow$	$c-4$	$\nearrow$	c

따라서 닫힌구간 $[-2, 3]$에서 함수 $f(x)$는 $x=0$ 또는 $x=3$일 때 최댓값 c, $x=-2$일 때 최솟값 $c-20$을 갖는다.
한편, 함수 $f(x)$는 $x=2$에서 극솟값 5를 가지므로
$f(2)=c-4=5$ $\therefore c=9$
따라서 최댓값과 최솟값의 합은
$c+(c-20)=2c-20=2\times9-20=-2$

255

점 P의 좌표를 (t, t^2)으로 놓으면
$l=\sqrt{(t-3)^2+(t^2-0)^2}=\sqrt{t^4+t^2-6t+9}$
$f(t)=t^4+t^2-6t+9$로 놓으면
$f'(t)=4t^3+2t-6=2(t-1)(2t^2+2t+3)$
$f'(t)=0$에서 $t=1\ (\because 2t^2+2t+3>0)$
함수 $f(t)$의 증가와 감소를 표로 나타내면 다음과 같다.

t	$\cdots$	1	$\cdots$
$f'(t)$	$-$	0	$+$
$f(t)$	$\searrow$	극소	$\nearrow$

따라서 함수 $f(t)$는 $t=1$에서 극소이면서 최소이므로 최솟값은
$f(1)=1+1-6+9=5$
따라서 l의 최솟값은 $\sqrt{5}$이다.

좌표평면 위의 두 점 $A(x_1, y_1)$, $B(x_2, y_2)$ 사이의 거리는
$$\overline{AB}=\sqrt{(x_2-x_1)^2+(y_2-y_1)^2}$$

256

오른쪽 그림과 같이 직사각형 ABCD의 꼭짓점 C의 좌표를 $(a, 0)\ (0<a<2\sqrt{3})$으로 놓으면 점 D의 좌표는 $(a, 12-a^2)$이므로
$\overline{BC}=2a, \overline{CD}=12-a^2$
직사각형 ABCD의 넓이를 $S(a)$라 하면

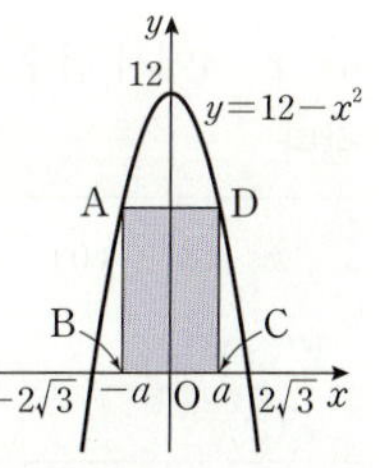

$S(a)=2a(12-a^2)=-2a^3+24a$

$S'(a)=-6a^2+24=-6(a+2)(a-2)$

$S'(a)=0$에서 $a=2$ $(\because 0<a<2\sqrt{3})$

$0<a<2\sqrt{3}$에서 함수 $S(a)$의 증가와 감소를 표로 나타내면 다음과 같다.

a	(0)	$\cdots$	2	$\cdots$	$(2\sqrt{3})$
$S'(a)$		$+$	0	$-$	
$S(a)$		$\nearrow$	극대	$\searrow$	

따라서 함수 $S(a)$는 $a=2$에서 극대이면서 최대이므로 직사각형의 넓이의 최댓값은

$S(2)=-16+48=32$

참고 곡선 $y=12-x^2$은 y축에 대하여 대칭이므로 C$(a,\,0)$으로 놓으면 D$(a,\,12-a^2)$, A$(-a,\,12-a^2)$, B$(-a,\,0)$이 된다. 이때 직사각형은 곡선 $y=12-x^2$과 x축으로 둘러싸인 도형에 내접하므로 a의 값의 범위는 $0<a<2\sqrt{3}$이다.

257

점 P의 좌표를 $(a,\,3a-a^2)$ $(0<a<3)$으로 놓으면 H$(a,\,0)$

이때 삼각형 OPH의 넓이를 $S(a)$라 하면

$S(a)=\dfrac{1}{2}\times a\times(3a-a^2)=-\dfrac{1}{2}a^3+\dfrac{3}{2}a^2$

$S'(a)=-\dfrac{3}{2}a^2+3a=-\dfrac{3}{2}a(a-2)$

$S'(a)=0$에서 $a=2$ $(\because 0<a<3)$

$0<a<3$에서 함수 $S(a)$의 증가와 감소를 표로 나타내면 다음과 같다.

a	(0)	$\cdots$	2	$\cdots$	(3)
$S'(a)$		$+$	0	$-$	
$S(a)$		$\nearrow$	극대	$\searrow$	

따라서 함수 $S(a)$는 $a=2$에서 극대이면서 최대이므로 삼각형 OPH의 넓이의 최댓값은

$S(2)=-4+6=2$

258

잘라 내어야 하는 정사각형의 한 변의 길이를 x cm라 하면 상자의 밑면의 가로, 세로의 길이는 각각

$(15-2x)$ cm, $(8-2x)$ cm

이때 $x>0$, $15-2x>0$, $8-2x>0$이어야 하므로 $0<x<4$

상자의 부피를 $V(x)$ cm^{3}라 하면

$V(x)=x(15-2x)(8-2x)=4x^3-46x^2+120x$

$V'(x)=12x^2-92x+120=4(x-6)(3x-5)$

$V'(x)=0$에서 $x=\dfrac{5}{3}$ $(\because 0<x<4)$

$0<x<4$에서 함수 $V(x)$의 증가와 감소를 표로 나타내면 다음과 같다.

x	(0)	$\cdots$	$\dfrac{5}{3}$	$\cdots$	(4)
$V'(x)$		$+$	0	$-$	
$V(x)$		$\nearrow$	극대	$\searrow$	

따라서 함수 $V(x)$는 $x=\dfrac{5}{3}$에서 극대이면서 최대이므로 잘라 내어야 하는 정사각형의 한 변의 길이는 $\dfrac{5}{3}$ cm이다.

259

제품 A를 하루에 x $(x>0)$개 판매하여 얻은 이익을 $P(x)$(원)이라 하면

$P(x)=1200x-f(x)$

$\qquad=1200x-(x^3-60x^2+1200x+4000)$

$\qquad=-x^3+60x^2-4000$

$P'(x)=-3x^2+120x=-3x(x-40)$

$P'(x)=0$에서 $x=40$ $(\because x>0)$

$x>0$에서 함수 $P(x)$의 증가와 감소를 표로 나타내면 다음과 같다.

x	(0)	$\cdots$	40	$\cdots$
$P'(x)$		$+$	0	$-$
$P(x)$		$\nearrow$	극대	$\searrow$

따라서 함수 $P(x)$는 $x=40$에서 극대이면서 최대이므로 이익을 최대로 하기 위해 하루에 생산해야 할 제품 A의 개수는 40이다.

260

오른쪽 그림과 같이 원기둥의 밑면의 반지름의 길이를 x, 높이를 y라 하면

$6:18=x:(18-y)$, $6(18-y)=18x$

$\therefore y=18-3x$ $(0<x<6)$

원기둥의 부피를 $V(x)$라 하면

$V(x)=\pi x^2 y=\pi x^2(18-3x)=3\pi(6x^2-x^3)$

$V'(x)=3\pi(12x-3x^2)=9\pi x(4-x)$

$V'(x)=0$에서 $x=4$ $(\because 0<x<6)$

$0<x<6$에서 함수 $V(x)$의 증가와 감소를 표로 나타내면 다음과 같다.

x	(0)	$\cdots$	4	$\cdots$	(6)
$V'(x)$		$+$	0	$-$	
$V(x)$		$\nearrow$	극대	$\searrow$	

따라서 함수 $V(x)$는 $x=4$에서 극대이면서 최대이므로 원기둥의 부피의 최댓값은

$V(4)=3\pi(96-64)=96\pi$

개념 보충

서로 닮은 두 평면도형에서 대응변의 길이의 비는 일정하다.

261

$x^3-3x^2-9x+a=0$에서

$x^3-3x^2-9x=-a$

$f(x)=x^3-3x^2-9x$로 놓으면

$f'(x)=3x^2-6x-9=3(x+1)(x-3)$

$f'(x)=0$에서 $x=-1$ 또는 $x=3$

함수 $f(x)$의 증가와 감소를 표로 나타내면 다음과 같다.

x	$\cdots$	-1	$\cdots$	3	$\cdots$
$f'(x)$	$+$	0	$-$	0	$+$
$f(x)$	$\nearrow$	5	$\searrow$	-27	$\nearrow$

따라서 $y=f(x)$의 그래프는 오른쪽 그림과 같고, $y=f(x)$의 그래프와 직선 $y=-a$가 서로 다른 두 점에서 만나려면 $-a=5$ 또는 $-a=-27$ 즉, $a=-5$ 또는 $a=27$ 따라서 모든 실수 a의 값의 합은 $-5+27=22$

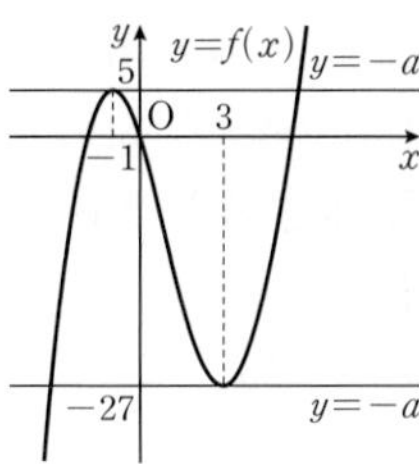

262

$3x^4-4x^3-12x^2+15-a=0$에서
$3x^4-4x^3-12x^2+15=a$
$f(x)=3x^4-4x^3-12x^2+15$로 놓으면
$f'(x)=12x^3-12x^2-24x=12x(x+1)(x-2)$
$f'(x)=0$에서 $x=-1$ 또는 $x=0$ 또는 $x=2$
함수 $f(x)$의 증가와 감소를 표로 나타내면 다음과 같다.

x	$\cdots$	-1	$\cdots$	0	$\cdots$	2	$\cdots$
$f'(x)$	$-$	0	$+$	0	$-$	0	$+$
$f(x)$	$\searrow$	10	$\nearrow$	15	$\searrow$	-17	$\nearrow$

따라서 $y=f(x)$의 그래프는 오른쪽 그림과 같고, $y=f(x)$의 그래프와 직선 $y=a$가 한 점에서 접하고 서로 다른 두 점에서 만나려면 $a=10$ 또는 $a=15$ 따라서 모든 실수 a의 값의 합은 $10+15=25$

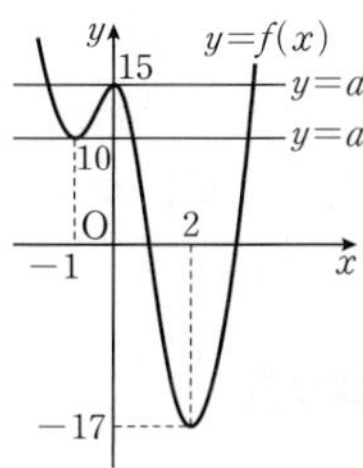

263

두 곡선 $y=2x^2-1$, $y=x^3-x^2+k$가 만나는 점의 개수가 2가 되려면 방정식 $2x^2-1=x^3-x^2+k$, 즉 $-x^3+3x^2-1=k$가 서로 다른 두 실근을 가져야 한다.
$f(x)=-x^3+3x^2-1$로 놓으면
$f'(x)=-3x^2+6x=-3x(x-2)$
$f'(x)=0$에서 $x=0$ 또는 $x=2$
함수 $f(x)$의 증가와 감소를 표로 나타내면 다음과 같다.

x	$\cdots$	0	$\cdots$	2	$\cdots$
$f'(x)$	$-$	0	$+$	0	$-$
$f(x)$	$\searrow$	-1	$\nearrow$	3	$\searrow$

따라서 $y=f(x)$의 그래프는 오른쪽 그림과 같고, 방정식 $-x^3+3x^2-1=k$가 서로 다른 두 실근을 가지려면 $k=-1$ 또는 $k=3$ 그런데 k는 양수이므로 $k=3$

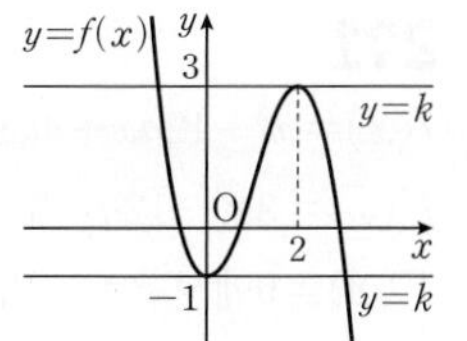

264

$f(x)=g(x)$에서
$x^4+2x^3-x^2-k=2x^3-5x^2+3$
$\therefore x^4+4x^2-3=k$
$h(x)=x^4+4x^2-3$으로 놓으면
$h'(x)=4x^3+8x=4x(x^2+2)$
$h'(x)=0$에서 $x=0$ $(\because x^2+2>0)$
열린구간 $(-1, 2)$에서 함수 $h(x)$의 증가와 감소를 표로 나타내면 다음과 같다.

x	(-1)	$\cdots$	0	$\cdots$	(2)
$h'(x)$		$-$	0	$+$	
$h(x)$	2	$\searrow$	-3	$\nearrow$	29

따라서 열린구간 $(-1, 2)$에서 $y=h(x)$의 그래프는 오른쪽 그림과 같고, $y=h(x)$의 그래프와 직선 $y=k$가 한 점에서 만나려면 $k=-3$ 또는 $2 \leq k<29$ 따라서 정수 k는 $-3, 2, 3, 4, \cdots, 28$의 28개이다.

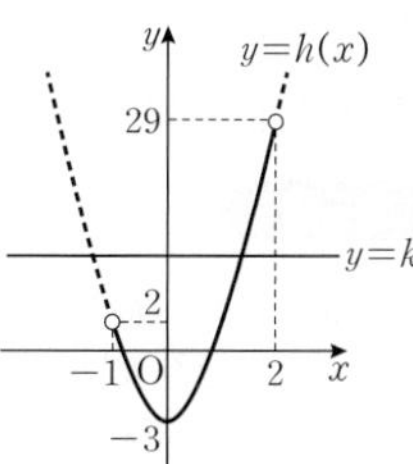

265

$f(x)=ax^3+bx^2+cx+d$ $(a, b, c, d$는 상수, $a \neq 0)$로 놓으면
$f'(x)=3ax^2+2bx+c$ $\qquad \cdots\cdots$ ㉠
$f(0)=0$이므로 $d=0$
$f'(0)=6$이므로 $c=6$
주어진 그래프에서
$f'(x)=3a(x+1)(x-1)=3ax^2-3a$
이 식은 ㉠과 일치해야 하므로
$b=0$
$-3a=c=6$에서 $a=-2$
$\therefore f(x)=-2x^3+6x$
$f'(x)=-6x^2+6=-6(x+1)(x-1)$
$f'(x)=0$에서 $x=-1$ 또는 $x=1$
함수 $f(x)$의 증가와 감소를 표로 나타내면 다음과 같다.

x	$\cdots$	-1	$\cdots$	1	$\cdots$
$f'(x)$	$-$	0	$+$	0	$-$
$f(x)$	$\searrow$	-4	$\nearrow$	4	$\searrow$

따라서 $y=f(x)$의 그래프는 오른쪽 그림과 같고, $y=f(x)$의 그래프와 직선 $y=k$가 서로 다른 세 점에서 만나려면 $-4<k<4$

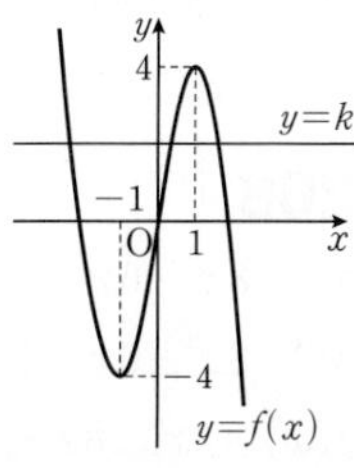

266

$2x^3-3x^2-12x+k=0$에서
$2x^3-3x^2-12x=-k$

$f(x)=2x^3-3x^2-12x$로 놓으면

$f'(x)=6x^2-6x-12=6(x+1)(x-2)$

$f'(x)=0$에서 $x=-1$ 또는 $x=2$

함수 $f(x)$의 증가와 감소를 표로 나타내면 다음과 같다.

x	$\cdots$	-1	$\cdots$	2	$\cdots$
$f'(x)$	$+$	0	$-$	0	$+$
$f(x)$	$\nearrow$	7	$\searrow$	-20	$\nearrow$

따라서 $y=f(x)$의 그래프는 오른쪽 그림과 같고, $y=f(x)$의 그래프와 직선 $y=-k$의 교점의 x좌표가 한 개는 양수이고 서로 다른 두 개는 음수이어야 하므로 k의 값의 범위는

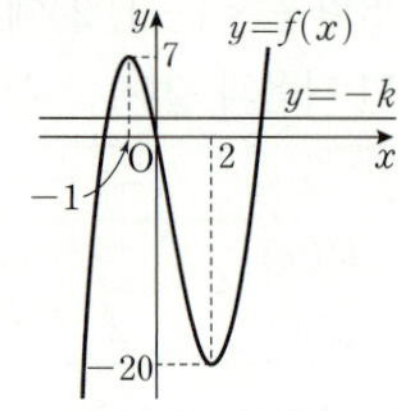

$0<-k<7$, 즉 $-7<k<0$

따라서 정수 k는 $-6,\ -5,\ -4,\ \cdots,\ -1$의 6개이다.

방정식 $f(x)=k$가

① 양수인 근을 갖는다.
　⇨ $y=f(x)$의 그래프와 직선 $y=k$의 교점의 x좌표가 양수이다.

② 음수인 근을 갖는다.
　⇨ $y=f(x)$의 그래프와 직선 $y=k$의 교점의 x좌표가 음수이다.

267

$2x^3-6x^2+k=0$에서

$2x^3-6x^2=-k$

$f(x)=2x^3-6x^2$으로 놓으면

$f'(x)=6x^2-12x=6x(x-2)$

$f'(x)=0$에서 $x=0$ 또는 $x=2$

함수 $f(x)$의 증가와 감소를 표로 나타내면 다음과 같다.

x	$\cdots$	0	$\cdots$	2	$\cdots$
$f'(x)$	$+$	0	$-$	0	$+$
$f(x)$	$\nearrow$	0	$\searrow$	-8	$\nearrow$

따라서 $y=f(x)$의 그래프는 오른쪽 그림과 같고, $y=f(x)$의 그래프와 직선 $y=-k$의 교점의 x좌표가 서로 다른 두 개는 양수이어야 하므로 k의 값의 범위는

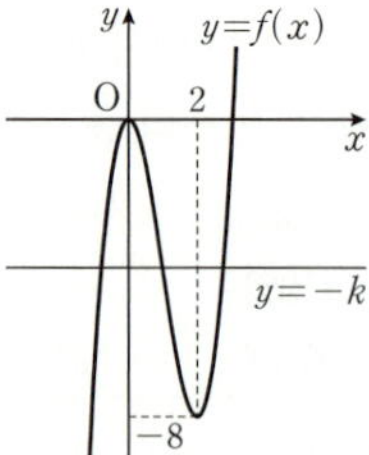

$-8<-k<0$, 즉 $0<k<8$

따라서 정수 k는 $1, 2, 3, 4, 5, 6, 7$의 7개이다.

268

$3x^4-8x^3-6x^2+24x-k=0$에서

$3x^4-8x^3-6x^2+24x=k$

$f(x)=3x^4-8x^3-6x^2+24x$로 놓으면

$f'(x)=12x^3-24x^2-12x+24$

$\qquad=12(x+1)(x-1)(x-2)$

$f'(x)=0$에서 $x=-1$ 또는 $x=1$ 또는 $x=2$

함수 $f(x)$의 증가와 감소를 표로 나타내면 다음과 같다.

x	$\cdots$	-1	$\cdots$	1	$\cdots$	2	$\cdots$
$f'(x)$	$-$	0	$+$	0	$-$	0	$+$
$f(x)$	$\searrow$	-19	$\nearrow$	13	$\searrow$	8	$\nearrow$

따라서 $y=f(x)$의 그래프는 오른쪽 그림과 같고, $y=f(x)$의 그래프와 직선 $y=k$의 교점의 x좌표가 서로 다른 세 개는 양수이고 한 개는 음수이어야 하므로 실수 k의 값의 범위는

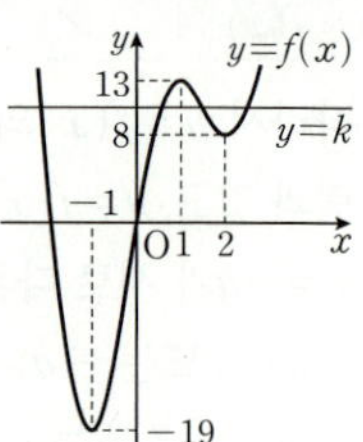

$8<k<13$

269

$f(x)=x^3-3a^2x+16$으로 놓으면

$f'(x)=3x^2-3a^2=3(x+a)(x-a)$

$f'(x)=0$에서 $x=-a$ 또는 $x=a$

$f(-a)=-a^3+3a^3+16=2a^3+16$

$f(a)=a^3-3a^3+16=-2a^3+16$

삼차방정식 $f(x)=0$이 서로 다른 두 실근을 가지려면

(극댓값)$\times$(극솟값)$=0$이어야 하므로

$(2a^3+16)(-2a^3+16)=0$

$-4(a^3+8)(a^3-8)=0$

$-4(a+2)(a^2-2a+4)(a-2)(a^2+2a+4)=0$

이때 $a^2-2a+4=(a-1)^2+3>0$, $a^2+2a+4=(a+1)^2+3>0$
이므로

$a+2=0$ 또는 $a-2=0$

$\therefore a=-2$ 또는 $a=2$

따라서 모든 실수 a의 값의 곱은

$(-2)\times2=-4$

270

$f(x)=2x^3+3kx^2+27$로 놓으면

$f'(x)=6x^2+6kx=6x(x+k)$

$f'(x)=0$에서 $x=0$ 또는 $x=-k$

$f(0)=27$

$f(-k)=-2k^3+3k^3+27=k^3+27$

삼차방정식 $f(x)=0$이 오직 한 개의 실근을 가지려면

(극댓값)$\times$(극솟값)>0이어야 하므로

$27(k^3+27)>0$

$27(k+3)(k^2-3k+9)>0$

이때 $k^2-3k+9=\left(k-\dfrac{3}{2}\right)^2+\dfrac{27}{4}>0$이므로

$k+3>0$ $\qquad\therefore k>-3$

따라서 정수 k의 최솟값은 -2이다.

271

$f(x)=x^3-12ax+4a$로 놓으면

$f'(x)=3x^2-12a=3(x+2\sqrt{a})(x-2\sqrt{a})$

$f'(x)=0$에서 $x=-2\sqrt{a}$ 또는 $x=2\sqrt{a}$

$f(-2\sqrt{a})=-8a\sqrt{a}+24a\sqrt{a}+4a=16a\sqrt{a}+4a$

$f(2\sqrt{a})=8a\sqrt{a}-24a\sqrt{a}+4a=-16a\sqrt{a}+4a$

삼차방정식 $f(x)=0$이 서로 다른 세 실근을 가지려면
(극댓값)×(극솟값)<0이어야 하므로
$(16a\sqrt{a}+4a)(-16a\sqrt{a}+4a)<0$
$16a^2(1-16a)<0$
이때 $a^2>0$이므로 $1-16a<0$
$\therefore a>\dfrac{1}{16}$

272

$f(x)=2x^3-6x^2+p$로 놓으면
$f'(x)=6x^2-12x=6x(x-2)$
$0<x<2$일 때, $f'(x)<0$이므로 함수 $f(x)$는 열린구간 $(0,\ 2)$에서 감소한다.
따라서 열린구간 $(0,\ 2)$에서 $f(x)>0$이려면 $f(2)\geq0$이어야 하므로
$f(2)=16-24+p=p-8\geq0$
$\therefore p\geq8$
따라서 실수 p의 최솟값은 8이다.

1등급 비법

> **열린구간 (a,b)에서 부등식이 항상 성립할 조건**
> ① 열린구간 (a,b)에서 감소하는 함수 $f(x)$가 $f(x)>k \Rightarrow f(b)\geq k$
> ② 열린구간 (a,b)에서 증가하는 함수 $f(x)$가 $f(x)<k \Rightarrow f(b)\leq k$

273

$f(x)=x^4-4x^3+a-2$로 놓으면
$f'(x)=4x^3-12x^2=4x^2(x-3)$
$f'(x)=0$에서 $x=0$ 또는 $x=3$
함수 $f(x)$의 증가와 감소를 표로 나타내면 다음과 같다.

x	$\cdots$	0	$\cdots$	3	$\cdots$
$f'(x)$	$-$	0	$-$	0	$+$
$f(x)$	$\searrow$	$a-2$	$\searrow$	$a-29$	$\nearrow$

함수 $f(x)$는 $x=3$에서 최솟값 $a-29$를 갖는다.
따라서 모든 실수 x에 대하여 $f(x)>0$이려면 $f(3)>0$이어야 하므로
$a-29>0$ $\therefore a>29$

1등급 비법

> 모든 실수 x에 대하여 부등식 $f(x)\geq k$가 성립한다.
> $\Longleftrightarrow$ 부등식 $f(x)\geq k$가 항상 성립한다.
> $\Longleftrightarrow$ ($f(x)$의 최솟값)$\geq k$

274

$h(x)=f(x)-g(x)$로 놓으면
$h(x)=x^3-x+6-(x^2+a)$
$\quad\ =x^3-x^2-x+6-a$
$h'(x)=3x^2-2x-1=(3x+1)(x-1)$

$h'(x)=0$에서 $x=-\dfrac{1}{3}$ 또는 $x=1$
$x\geq0$에서 함수 $h(x)$의 증가와 감소를 표로 나타내면 다음과 같다.

x	0	$\cdots$	1	$\cdots$
$h'(x)$		$-$	0	$+$
$h(x)$	$6-a$	$\searrow$	$5-a$	$\nearrow$

$x\geq0$일 때, 함수 $h(x)$는 $x=1$에서 최솟값 $5-a$를 갖는다.
따라서 $x\geq0$일 때, $h(x)\geq0$이려면 $h(1)\geq0$이어야 하므로
$5-a\geq0$ $\therefore a\leq5$
따라서 실수 a의 최댓값은 5이다.

275

$h(x)=f(x)-g(x)$로 놓으면
$h(x)=x^3+4x^2+12x-(-2x^2+3x+k)$
$\quad\ =x^3+6x^2+9x-k$
$h'(x)=3x^2+12x+9=3(x+3)(x+1)$
$h'(x)=0$에서 $x=-3$ 또는 $x=-1$
$-2\leq x\leq1$에서 함수 $h(x)$의 증가와 감소를 표로 나타내면 다음과 같다.

x	-2	$\cdots$	-1	$\cdots$	1
$h'(x)$		$-$	0	$+$	
$h(x)$	$-2-k$	$\searrow$	$-4-k$	$\nearrow$	$16-k$

$-2\leq x\leq1$일 때, 함수 $h(x)$는 $x=1$에서 최댓값 $16-k$를 갖는다.
따라서 $-2\leq x\leq1$일 때, $h(x)\leq0$이려면 $h(1)\leq0$이어야 하므로
$16-k\leq0$ $\therefore k\geq16$
따라서 실수 k의 최솟값은 16이다.

276

곡선 $y=x^4+3x^2$이 직선 $y=10x+k$보다 항상 위쪽에 있으려면 모든 실수 x에 대하여 $x^4+3x^2>10x+k$이어야 한다.
$x^4+3x^2>10x+k$에서 $x^4+3x^2-10x-k>0$
$f(x)=x^4+3x^2-10x-k$로 놓으면
$f'(x)=4x^3+6x-10=2(x-1)(2x^2+2x+5)$
$f'(x)=0$에서 $x=1$ $(\because 2x^2+2x+5>0)$
함수 $f(x)$의 증가와 감소를 표로 나타내면 다음과 같다.

x	$\cdots$	1	$\cdots$
$f'(x)$	$-$	0	$+$
$f(x)$	$\searrow$	$-6-k$	$\nearrow$

함수 $f(x)$는 $x=1$에서 최솟값 $-6-k$를 갖는다.
따라서 모든 실수 x에 대하여 $f(x)>0$이려면 $f(1)>0$이어야 하므로
$-6-k>0$ $\therefore k<-6$

277

점 P의 시각 t에서의 속도를 v라 하면
$v=\dfrac{dx}{dt}=3t^2-2at+2$

점 P의 시각 $t=2$에서의 속도가 -2이므로
$3\times2^2-2a\times2+2=-2$
$14-4a=-2$ $\quad\therefore a=4$
$\therefore v=3t^2-8t+2$
따라서 점 P의 시각 $t=4$에서의 속도는
$v=3\times4^2-8\times4+2=18$

278

점 P의 시각 t에서의 속도를 v라 하면
$$v=\frac{dx}{dt}=3t^2-8t=t(3t-8)$$
운동 방향이 바뀌는 순간의 속도는 0이므로 $v=0$에서
$$t=\frac{8}{3}\ (\because t>0)$$
점 P의 시각 t에서의 가속도를 a라 하면
$$a=\frac{dv}{dt}=6t-8$$
따라서 점 P의 운동 방향이 바뀌는 순간은 $t=\dfrac{8}{3}$일 때이고, 그때의 점 P의 가속도는
$$a=6\times\frac{8}{3}-8=8$$

279

점 P의 시각 t에서의 속도와 가속도를 각각 v, a라 하면
$$v=\frac{dx}{dt}=-t^2+6t$$
$$a=\frac{dv}{dt}=-2t+6$$
점 P의 가속도가 0일 때의 시각 t를 구하면
$-2t+6=0$
$\therefore t=3$
따라서 $t=3$일 때 점 P의 위치가 40이므로
$-\dfrac{1}{3}\times27+3\times9+k=40$
$18+k=40$
$\therefore k=22$

280

두 점 P, Q의 시각 t에서의 속도를 각각 v_P, v_Q라 하면
$v_P=f'(t)=4t-1$, $v_Q=g'(t)=2t-4$
두 점 P, Q가 서로 반대 방향으로 움직이면 $v_Pv_Q<0$이므로
$(4t-1)(2t-4)<0$, $(4t-1)(t-2)<0$
$\therefore \dfrac{1}{4}<t<2$

1등급 비법

두 점 P, Q가 서로 반대 방향으로 움직이면 속도의 부호가 서로 다르므로
(점 P의 속도)×(점 Q의 속도)<0

281

두 점 P, Q의 위치가 같아질 때는 $x_1=x_2$이므로
$t^2+t-6=-t^3+7t^2$
$t^3-6t^2+t-6=0$, $(t-6)(t^2+1)=0$
이때 $t^2+1>0$이므로 $t=6$
두 점 P, Q의 시각 t에서의 속도를 각각 v_1, v_2라 하면
$$v_1=\frac{dx_1}{dt}=2t+1$$
$$v_2=\frac{dx_2}{dt}=-3t^2+14t$$
두 점 P, Q의 시각 t에서의 가속도를 각각 a_1, a_2라 하면
$$a_1=\frac{dv_1}{dt}=2$$
$$a_2=\frac{dv_2}{dt}=-6t+14$$
따라서 두 점 P, Q의 $t=6$에서의 가속도는 각각
$a_1=2$, $a_2=-6\times6+14=-22$
$\therefore p=2$, $q=-22$
$\therefore p-q=2-(-22)=24$

282

다이빙 선수가 수면에 닿을 때, $x=0$이므로
$10+5t-5t^2=0$에서
$t^2-t-2=0$, $(t+1)(t-2)=0$
$\therefore t=2\ (\because t>0)$
이 선수의 t초 후의 속도를 v라 하면
$$v=\frac{dx}{dt}=5-10t$$
$t=2$일 때 이 선수의 속도는
$v=5-10\times2=-15\ (\text{m/s})$
따라서 이 선수가 수면에 닿는 순간의 속도는 -15 m/s이다.

283

기차가 제동을 건 후 t초 후의 속도를 v라 하면
$$v=\frac{dx}{dt}=27-0.9t$$
기차가 정지할 때의 속도는 0이므로 $v=0$에서
$27-0.9t=0$ $\quad\therefore t=30$
즉, 제동을 건 후 30초 후에 기차가 정지한다.
이때 기차가 30초 동안 움직인 거리는
$27\times30-0.45\times30^2=405\ (\text{m})$
따라서 목적지로부터 전방 405 m 지점에서 제동을 걸어야 한다.

284

① $t=4$의 좌우에서 $v(t)$의 부호가 바뀌므로 점 P의 운동 방향이 바뀐다. 따라서 점 P는 8초 동안 운동 방향을 한 번 바꾼다.
② $3<t<5$에서 $v'(t)<0$이므로 점 P의 속도는 감소한다.
③ 출발 후 2초까지 점 P는 양의 방향으로 이동했으므로 위치는 원점이 아니다.

④ $v'(1)=v'(3)=0$이므로 $t=1$에서와 $t=3$에서의 가속도는 같다.

⑤ $v'(1)=v'(2)=v'(3)=v'(5)=v'(6)=v'(7)=0$이므로 점 P
의 가속도가 0이 되는 순간은 6번이다.

따라서 옳지 않은 것은 ③이다.

속도 그래프의 해석
수직선 위를 움직이는 점 P의 시각 t에서의 속도 $v(t)$의 그래프에서
① 그래프가 t축과 $t=a$에서 만나고, $t=a$의 좌우에서 $v(t)$의 부호가 바
  뀌면 ⇨ 점 P는 $t=a$일 때 운동 방향을 바꾼다.
② 그래프가 증가하는 구간 ⇨ 점 P의 가속도는 양의 값이다.
③ 그래프가 감소하는 구간 ⇨ 점 P의 가속도는 음의 값이다.

285

ㄱ. $t=5$일 때 점 P의 속도는 두 점 $(4, 2)$, $(7, -4)$를 지나는 직선
  의 기울기와 같으므로
$$\frac{-4-2}{7-4}=-2 \ (거짓)$$

ㄴ. $0<t<8$에서 $t=7$일 때 $|x(t)|$의 값이 가장 크므로 이때 점 P
  가 원점에서 가장 멀리 떨어져 있다. (참)

ㄷ. $0<t<2$에서 $x'(t)>0$이므로 점 P는 양의 방향으로 움직이고,
  $4<t<7$에서 $x'(t)<0$이므로 점 P는 음의 방향으로 움직이며,
  $7<t<8$에서 $x'(t)>0$이므로 점 P는 양의 방향으로 움직인다.
  따라서 $0<t<8$에서 점 P는 운동 방향을 두 번 바꾼다. (참)

이상에서 옳은 것은 ㄴ, ㄷ이다.

위치 그래프의 해석
수직선 위를 움직이는 점 P의 시각 t에서의 위치 $x(t)$의 그래프에서
① $x'(t)>0$인 구간 ⇨ 점 P는 양의 방향으로 움직인다.
② $x'(t)=0$일 때 ⇨ 점 P는 정지하거나 운동 방향을 바꾼다.
③ $x'(t)<0$인 구간 ⇨ 점 P는 음의 방향으로 움직인다.

286

t초 후의 가장 바깥쪽 원의 넓이를 $S \text{ cm}^2$라 하면
$$S=\pi(12t)^2=144\pi t^2$$
$$\therefore \frac{dS}{dt}=288\pi t$$

따라서 $t=3$일 때 가장 바깥쪽 원의 넓이의 변화율은
$$288\pi \times 3=864\pi \ (\text{cm}^2/\text{s})$$

287

t초 후의 직사각형의 가로, 세로의 길이는 각각 $4+2t$, $3+t$이므로
직사각형의 넓이를 S라 하면
$$S=(4+2t)(3+t)=2t^2+10t+12$$
$$\therefore \frac{dS}{dt}=4t+10$$

이때 가로의 길이가 10이 되는 순간의 시각은
$$4+2t=10 \qquad \therefore t=3$$

따라서 $t=3$일 때 직사각형의 넓이의 변화율은
$$4\times3+10=22$$

288

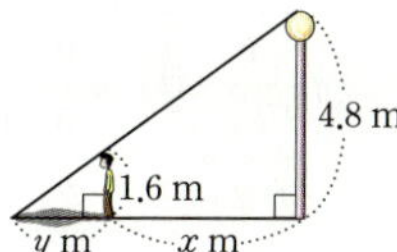

t초 후의 수면의 반지름의 길이를 $r \text{ cm}$,
수면의 높이를 $h \text{ cm}$라 하면
$$h=t$$
오른쪽 그림에서 $r : h=10 : 20$
$$\therefore r=\frac{1}{2}h=\frac{1}{2}t$$

t초 후의 물의 부피를 $V \text{ cm}^3$라 하면
$$V=\frac{1}{3}\pi r^2 h=\frac{1}{3}\pi \times \left(\frac{1}{2}t\right)^2 \times t=\frac{\pi}{12}t^3$$
$$\therefore \frac{dV}{dt}=\frac{\pi}{4}t^2$$

따라서 $t=2$일 때 물의 부피의 변화율은
$$\frac{\pi}{4}\times 2^2=\pi \ (\text{cm}^3/\text{s})$$

289

t초 동안 은상이가 걸어간 거리가 $x \text{ m}$일
때, 은상이의 그림자의 길이를 $y \text{ m}$라 하면
오른쪽 그림에서
$$1.6 : 4.8=y : (x+y)$$
$$1 : 3=y : (x+y), \ 3y=x+y$$
$$\therefore x=2y$$

그런데 $x=t^2+t$이므로
$$2y=t^2+t \qquad \therefore y=\frac{1}{2}t^2+\frac{1}{2}t$$
$$\therefore \frac{dy}{dt}=t+\frac{1}{2}$$

따라서 $t=3$일 때 그림자의 길이의 변화율은
$$3+\frac{1}{2}=3.5 \ (\text{m/s})$$

290

원점을 출발한 지 t초 후의 두 점 P, Q의 좌표는 각각
$(2t, 0)$, $(0, t)$
이므로 직선 PQ의 방정식은
$$\frac{x}{2t}+\frac{y}{t}=1 \qquad\qquad \cdots\cdots \ \text{㉠}$$

㉠과 $y=2x$를 연립하여 풀면
$$x=\frac{2}{5}t, \ y=\frac{4}{5}t \qquad \therefore \text{A}\left(\frac{2}{5}t, \frac{4}{5}t\right)$$

$\overline{\text{OA}}$의 길이를 l이라 하면
$$l=\sqrt{\left(\frac{2}{5}t\right)^2+\left(\frac{4}{5}t\right)^2}=\sqrt{\frac{20}{25}t^2}=\frac{2\sqrt{5}}{5}t$$
$$\therefore \frac{dl}{dt}=\frac{2\sqrt{5}}{5}$$

따라서 선분 OA의 길이의 변화율은 $\dfrac{2\sqrt{5}}{5}$이므로
$$a=5, b=2 \qquad \therefore a+b=7$$

x절편이 a, y절편이 b인 직선의 방정식은
$$\frac{x}{a}+\frac{y}{b}=1 \ (단, ab\neq0)$$

● 81쪽

291 (1) 최댓값: 10, 최솟값: 1 (2) 9   **292** $-2, 30$
293 -5 **294** 6

291

(1) $f(x)=x^4-2x^2+2$에서

$f'(x)=4x^3-4x=4x(x+1)(x-1)$

$f'(x)=0$에서 $x=-1$ 또는 $x=0$ 또는 $x=1$ …… ㉮

닫힌구간 $[0, 2]$에서 함수 $f(x)$의 증가와 감소를 표로 나타내면 다음과 같다.

x	0	$\cdots$	1	$\cdots$	2
$f'(x)$	0	$-$	0	$+$	
$f(x)$	2	$\searrow$	1	$\nearrow$	10

따라서 닫힌구간 $[0, 2]$에서 함수 $f(x)$는 $x=2$일 때 최댓값 10, $x=1$일 때 최솟값 1을 갖는다.   …… ㉯

(2) $0\leq x\leq2$에서 $y=f(x)$의 그래프는 오른쪽 그림과 같고, $y=f(x)$의 그래프와 직선 $y=k$가 한 점에서 만나려면

$k=1$ 또는 $2<k\leq10$ …… ㉰

따라서 정수 k는 1, 3, 4, 5, 6, 7, 8, 9, 10의 9개이다.   …… ㉱

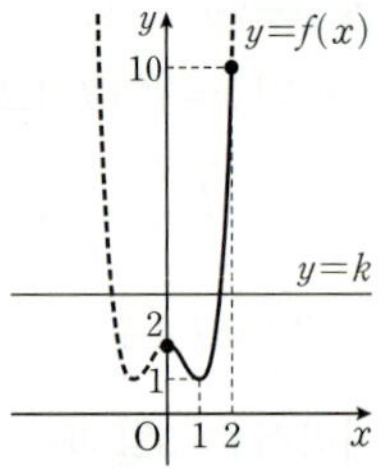

	채점 기준	배점 비율
(1)	㉮ $f'(x)=0$인 x의 값 구하기	20 %
	㉯ $f(x)$의 증가와 감소를 표로 나타내어 $f(x)$의 최댓값, 최솟값 구하기	30 %
(2)	㉰ k의 값의 범위 구하기	30 %
	㉱ 정수 k의 개수 구하기	20 %

292

직선 $y=x$를 x축의 방향으로 $-p$만큼, y축의 방향으로 $-q$만큼 평행이동시키면

$y-(-q)=x-(-p)$ $\therefore y=x+p-q$

함수 $y=f(x)$의 그래프와 직선 $y=x+p-q$가 서로 다른 두 점에서 만나려면 방정식

$x^3+3x^2-8x+3=x+p-q$, 즉 $x^3+3x^2-9x+3=p-q$

가 서로 다른 두 실근을 가져야 한다.   …… ㉮

$g(x)=x^3+3x^2-9x+3$으로 놓으면

$g'(x)=3x^2+6x-9=3(x+3)(x-1)$

$g'(x)=0$에서 $x=-3$ 또는 $x=1$

함수 $g(x)$의 증가와 감소를 표로 나타내면 다음과 같다.

x	$\cdots$	-3	$\cdots$	1	$\cdots$
$g'(x)$	$+$	0	$-$	0	$+$
$g(x)$	$\nearrow$	30	$\searrow$	-2	$\nearrow$

   …… ㉯

따라서 $y=g(x)$의 그래프는 오른쪽 그림과 같고, $y=g(x)$의 그래프와 직선 $y=p-q$가 서로 다른 두 점에서 만나려면

$p-q=-2$ 또는 $p-q=30$ …… ㉰

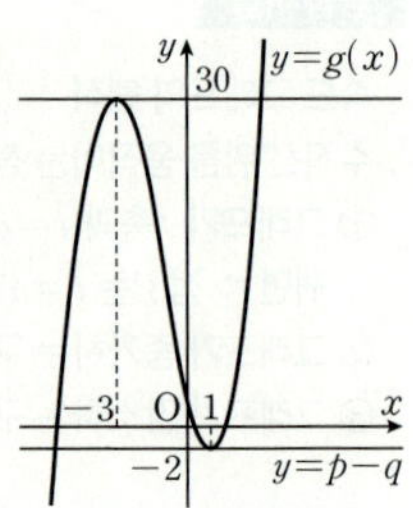

채점 기준	배점 비율
㉮ 방정식이 서로 다른 두 실근을 가져야 함을 알기	20 %
㉯ 방정식의 좌변을 $g(x)$로 놓고 $g(x)$의 증가와 감소를 표로 나타내기	50 %
㉰ $p-q$의 값 구하기	30 %

방정식 $f(x, y)=0$이 나타내는 도형을 x축의 방향으로 a만큼, y축의 방향으로 b만큼 평행이동한 도형의 방정식은
$$f(x-a, y-b)=0$$

293

$4x^3-3x^2-6x\geq a$에서 $4x^3-3x^2-6x-a\geq0$

$f(x)=4x^3-3x^2-6x-a$로 놓으면

$f'(x)=12x^2-6x-6=6(2x+1)(x-1)$

$f'(x)=0$에서 $x=-\frac{1}{2}$ 또는 $x=1$ …… ㉮

$x\geq0$에서 함수 $f(x)$의 증가와 감소를 표로 나타내면 다음과 같다.

x	0	$\cdots$	1	$\cdots$
$f'(x)$		$-$	0	$+$
$f(x)$	$-a$	$\searrow$	$-5-a$	$\nearrow$

   …… ㉯

$x\geq0$일 때, 함수 $f(x)$는 $x=1$에서 최솟값 $-5-a$를 갖는다.

따라서 $x\geq0$에서 $f(x)\geq0$이려면 $f(1)\geq0$이어야 하므로

$-5-a\geq0$ $\therefore a\leq-5$

따라서 실수 a의 최댓값은 -5이다.   …… ㉰

채점 기준	배점 비율
㉮ $f(x)=4x^3-3x^2-6x-a$로 놓고 $f'(x)=0$인 x의 값 구하기	30 %
㉯ $f(x)$의 증가와 감소를 표로 나타내기	30 %
㉰ 실수 a의 최댓값 구하기	40 %

294

점 P의 시각 t에서의 속도를 v라 하면

$v=f'(t)=t^2-2t-4=(t-1)^2-5$ …… ㉮

$0\leq t\leq4$에서 $-5\leq f'(t)\leq4$이므로

$0\leq |f'(t)|\leq5$ …… ㉯

따라서 점 P의 속력의 최댓값은 5이고 그때의 시각은 $t=1$이므로

$M=5,\ a=1$

$\therefore M+a=6$ ...... ㉓

채점 기준	배점 비율
㉠ 점 P의 속도 구하기	30 %
㉡ 점 P의 속력의 범위 구하기	50 %
㉢ $M+a$의 값 구하기	20 %

1등급 실력 완성   ● 82쪽 ~ 83쪽

295 4	**296** ②	**297** ③	**298** ⑤	**299** 21
300 ③	**301** 1	**302** ③	**303** 80	

295

함수의 최대와 최소

(전략) 접점의 좌표를 $(t,\ f(t))$로 놓고 $f'(t)$의 최솟값을 구한다.

(풀이) $f(x)=\dfrac{1}{3}x^3+2ax^2+(a^3+a^2+4)x$에서

$f'(x)=x^2+4ax+a^3+a^2+4$

접점의 좌표를 $(t,\ f(t))$라 하면

$f'(t)=t^2+4at+a^3+a^2+4$

$\qquad =(t+2a)^2+a^3-3a^2+4$

즉, 접선의 기울기 $f'(t)$의 최솟값 $g(a)$는

$g(a)=a^3-3a^2+4$

$g'(a)=3a^2-6a=3a(a-2)$

$g'(a)=0$에서 $a=0$ 또는 $a=2$

$0\le a\le 3$에서 함수 $g(a)$의 증가와 감소를 표로 나타내면 다음과 같다.

a	0	$\cdots$	2	$\cdots$	3
$g'(a)$	0	$-$	0	$+$	
$g(a)$	4	$\searrow$	0	$\nearrow$	4

$0\le a\le 3$에서 함수 $g(a)$는 $a=0$ 또는 $a=3$일 때 최댓값 4, $a=2$일 때 최솟값 0을 갖는다.

따라서 $M=4,\ m=0$이므로

$M+m=4$

296

함수의 최대와 최소의 활용

(전략) 먼저 $\overline{OP}$의 수직이등분선의 방정식과 점 B의 좌표를 구한다.

(풀이) 직선 OP의 기울기가 $\dfrac{2}{t}$이므로

$\overline{OP}$의 수직이등분선의 기울기는 $-\dfrac{t}{2}$

이고 $\overline{OP}$의 중점의 좌표는 $\left(\dfrac{t}{2},\ 1\right)$이다.

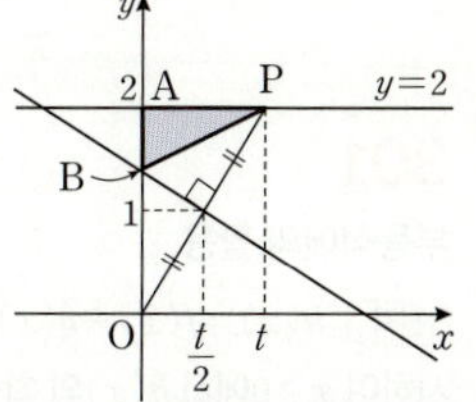

따라서 $\overline{OP}$의 수직이등분선의 방정식은

$y-1=-\dfrac{t}{2}\left(x-\dfrac{t}{2}\right)$

$\therefore y=-\dfrac{t}{2}x+\dfrac{t^2}{4}+1$

이 직선의 y절편이 $\dfrac{t^2}{4}+1$이므로

$B\left(0,\ \dfrac{t^2}{4}+1\right)$

$f(t)=\dfrac{1}{2}\times\overline{AB}\times\overline{AP}$

$\qquad =\dfrac{1}{2}\times\left(1-\dfrac{t^2}{4}\right)\times t$

$\qquad =-\dfrac{t^3}{8}+\dfrac{t}{2}$

$f'(t)=-\dfrac{3}{8}t^2+\dfrac{1}{2}=-\dfrac{3}{8}\left(t^2-\dfrac{4}{3}\right)$

$\qquad =-\dfrac{3}{8}\left(t+\dfrac{2\sqrt{3}}{3}\right)\left(t-\dfrac{2\sqrt{3}}{3}\right)$

$f'(t)=0$에서 $t=-\dfrac{2\sqrt{3}}{3}$ 또는 $t=\dfrac{2\sqrt{3}}{3}$

$0<t<2$에서 함수 $f(t)$의 증가와 감소를 표로 나타내면 다음과 같다.

t	(0)	$\cdots$	$\dfrac{2\sqrt{3}}{3}$	$\cdots$	(2)
$f'(t)$		$+$	0	$-$	
$f(t)$		$\nearrow$	극대	$\searrow$	

따라서 $0<t<2$에서 함수 $f(t)$는 $t=\dfrac{2\sqrt{3}}{3}$에서 극대이면서 최대이므로 최댓값은

$f\left(\dfrac{2\sqrt{3}}{3}\right)=-\dfrac{1}{8}\times\left(\dfrac{2\sqrt{3}}{3}\right)^3+\dfrac{1}{2}\times\dfrac{2\sqrt{3}}{3}=\dfrac{2\sqrt{3}}{9}$

297

방정식의 실근의 개수

(전략) $h(x)=f(x)-g(x)$에서 $h'(x)=f'(x)-g'(x)$임을 이용하여 함수 $h(x)$의 증가와 감소를 표로 나타낸다.

(풀이) $h(x)=f(x)-g(x)$에서

$h'(x)=f'(x)-g'(x)$

$h'(x)=0$에서 $x=b$ 또는 $x=e$

함수 $h(x)$의 증가와 감소를 표로 나타내면 다음과 같다.

x	$\cdots$	a	$\cdots$	b	$\cdots$	e	$\cdots$
$h'(x)$	$+$	$+$	$+$	0	$-$	0	$+$
$h(x)$	$\nearrow$	$\nearrow$	$\nearrow$	극대	$\searrow$	극소	$\nearrow$

ㄱ. 열린구간 $(a,\ b)$에서 $h'(x)>0$이므로 이 구간에서 함수 $h(x)$는 증가한다. (참)

ㄴ. $x=e$의 좌우에서 $h'(x)$의 부호가 음에서 양으로 바뀌므로 $h(x)$는 $x=e$에서 극솟값을 갖는다. (거짓)

ㄷ. $f(e)>g(e)$이므로 극솟값 $h(e)$는 $h(e)=f(e)-g(e)>0$ 따라서 방정식 $h(x)=0$은 한 개의 실근을 갖는다. (참)

이상에서 옳은 것은 ㄱ, ㄷ이다.

방정식의 실근의 개수

(전략) $g(x)=x^3-12x+k$로 놓고 함수 $g(x)$의 증가와 감소를 표로 나타낸다.

(풀이) $g(x)=x^3-12x+k$로 놓으면 $f(x)=|g(x)|$이고

$g'(x)=3x^2-12=3(x+2)(x-2)$

$g'(x)=0$에서 $x=-2$ 또는 $x=2$

함수 $g(x)$의 증가와 감소를 표로 나타내면 다음과 같다.

x	$\cdots$	-2	$\cdots$	2	$\cdots$
$g'(x)$	$+$	0	$-$	0	$+$
$g(x)$	↗	$k+16$	↘	$k-16$	↗

함수 $g(x)$는 $x=-2$에서 극댓값 $k+16$, $x=2$에서 극솟값 $k-16$을 갖는다.

(i) $0<k<16$ 또는 $k>16$일 때,

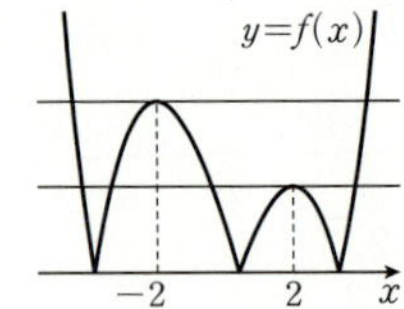
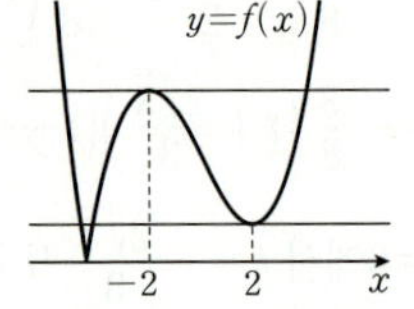

함수 $y=f(x)$의 그래프와 직선 $y=a\,(a\geq0)$이 만나는 서로 다른 점의 개수가 홀수가 되는 실수 a의 값이 각각 3개 존재하므로 조건을 만족시키지 않는다.

(ii) $k=16$일 때,

함수 $y=f(x)$의 그래프와 직선 $y=a\,(a\geq0)$이 만나는 서로 다른 점의 개수가 홀수가 되는 실수 a의 값이 오직 하나이다.

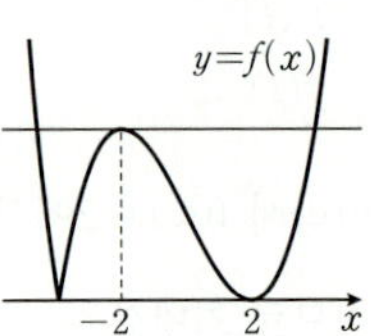

(i), (ii)에서 $k=16$

방정식의 실근의 개수

(전략) 주어진 방정식의 서로 다른 실근의 개수는 두 함수의 그래프의 교점의 개수와 같음을 이용한다.

(풀이) $f(x)+|f(x)+x|=6x+k$

$f(x)+|f(x)+x|-6x=k$

이므로 이 방정식의 서로 다른 실근의 개수는 함수

$y=f(x)+|f(x)+x|-6x$의 그래프와 직선 $y=k$의 교점의 개수와 같다.

$g(x)=f(x)+|f(x)+x|-6x$로 놓으면

$f(x)+x=\dfrac{1}{2}x^3-\dfrac{9}{2}x^2+11x$

$\qquad=\dfrac{1}{2}x(x^2-9x+22)$

에서

$x^2-9x+22=\left(x-\dfrac{9}{2}\right)^2+\dfrac{7}{4}>0$

이므로

(i) $x\geq0$일 때, $f(x)+x\geq0$

(ii) $x<0$일 때, $f(x)+x<0$

(i), (ii)에서

$g(x)=f(x)+|f(x)+x|-6x$

$\qquad=\begin{cases} 2f(x)-5x & (x\geq0) \\ -7x & (x<0) \end{cases}$

$\qquad=\begin{cases} x^3-9x^2+15x & (x\geq0) \\ -7x & (x<0) \end{cases}$

$h(x)=x^3-9x^2+15x\,(x\geq0)$로 놓으면

$h'(x)=3x^2-18x+15=3(x-1)(x-5)$

$h'(x)=0$에서 $x=1$ 또는 $x=5$

$x\geq0$에서 함수 $h(x)$의 증가와 감소를 표로 나타내면 다음과 같다.

x	0	$\cdots$	1	$\cdots$	5	$\cdots$
$h'(x)$		$+$	0	$-$	0	$+$
$h(x)$	0	↗	7	↘	-25	↗

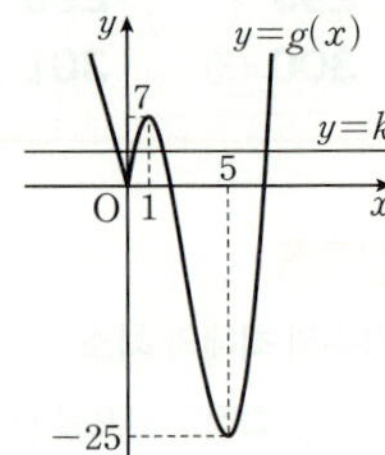

따라서 함수 $y=g(x)$의 그래프는 오른쪽 그림과 같고, $y=g(x)$의 그래프와 직선 $y=k$의 교점이 4개가 되도록 하는 k의 값의 범위는

$0<k<7$

따라서 모든 정수 k의 값의 합은

$1+2+3+4+5+6=21$

방정식의 실근의 부호

(전략) 방정식의 좌변을 $f(x)$로 놓고 함수 $f(x)$의 증가와 감소를 표로 나타낸다.

(풀이) $f(x)=x^3-6x^2-15x+4k$로 놓으면

$f'(x)=3x^2-12x-15=3(x+1)(x-5)$

$f'(x)=0$에서 $x=-1$ 또는 $x=5$

함수 $f(x)$의 증가와 감소를 표로 나타내면 다음과 같다.

x	$\cdots$	-1	$\cdots$	5	$\cdots$
$f'(x)$	$+$	0	$-$	0	$+$
$f(x)$	↗	$4k+8$	↘	$4k-100$	↗

$\alpha<\beta<\gamma$라 하고, 방정식 $f(x)=0$의 서로 다른 세 실근 α, β, γ가 $\alpha\beta\gamma<0$이려면 $\alpha<0$, $\beta<0$, $\gamma<0$ 또는 $\alpha<0$, $\beta>0$, $\gamma>0$이어야 한다.

그런데 함수 $f(x)$는 $x=-1$, $x=5$에서 극값을 가지므로

$\alpha<0$, $\beta>0$, $\gamma>0$

즉, $f(0)>0$, $f(5)<0$이어야 한다.

$f(0)>0$에서 $4k>0$ $\qquad\therefore k>0$ $\qquad\qquad$ ……㉠

$f(5)<0$에서 $4k-100<0$ $\qquad\therefore k<25$ $\qquad$ ……㉡

㉠, ㉡을 동시에 만족시키는 k의 값의 범위는

$0<k<25$

따라서 정수 k는 $1, 2, 3, \cdots, 24$의 24개이다.

부등식에의 활용

(전략) $h(x)=f(x)-g(x)$로 놓고, $x\geq0$에서 함수 $h(x)$의 증가와 감소를 조사하여 $x\geq0$에서 $h(x)$의 최솟값을 구한다.

(풀이) $h(x)=f(x)-g(x)$로 놓으면
$$h(x)=x^{n+1}-(n+1)x-n(n-3)$$
$$h'(x)=(n+1)x^n-(n+1)$$
$$=(n+1)(x^n-1)$$
$$=(n+1)(x-1)(x^{n-1}+x^{n-2}+\cdots+x+1)$$
$h'(x)=0$에서 $x=1\;(\because x\geq0)$

$x\geq0$에서 함수 $h(x)$의 증가와 감소를 표로 나타내면 다음과 같다.

x	0	$\cdots$	1	$\cdots$
$h'(x)$		$-$	0	$+$
$h(x)$	$-n^2+3n$	$\searrow$	$-n^2+2n$	$\nearrow$

$x\geq0$에서 함수 $h(x)$는 $x=1$일 때 최솟값 $-n^2+2n$을 갖는다.
$x\geq0$에서 $h(x)>0$이려면 $h(1)>0$이어야 하므로
$$-n^2+2n>0,\ n(n-2)<0$$
$$\therefore 0<n<2$$
따라서 자연수 n은 1의 1개이다.

302

속도와 가속도

(전략) 움직이던 물체가 방향을 바꿀 때의 속도는 0임을 이용한다.

(풀이) 두 점 P, Q의 t초 후의 위치 x_P, x_Q가 각각
$x_P=4t^3-11t^2$, $x_Q=3t^2+4t$이므로 선분 PQ의 중점 M의 t초 후
의 위치를 x_M이라 하면
$$x_M=\frac{x_P+x_Q}{2}=\frac{(4t^3-11t^2)+(3t^2+4t)}{2}$$
$$=2t^3-4t^2+2t$$
세 점 P, Q, M의 시각 t에서의 속도를 각각 v_P, v_Q, v_M이라 하면
$$v_P=\frac{dx_P}{dt}=12t^2-22t=2t(6t-11)$$
$$v_Q=\frac{dx_Q}{dt}=6t+4$$
$$v_M=\frac{dx_M}{dt}=6t^2-8t+2=2(3t-1)(t-1)$$
움직이는 방향을 바꿀 때의 속도는 0이고 $0<t\leq3$이므로
$v_P=0$에서 $t=\dfrac{11}{6}$
$$\therefore a=1$$
$v_Q=0$을 만족시키는 t의 값은 존재하지 않는다.
$$\therefore b=0$$
$v_M=0$에서 $t=\dfrac{1}{3}$ 또는 $t=1$
$$\therefore c=2$$
$$\therefore a+b+c=1+0+2=3$$

개념 보충

① 수직선 위의 두 점 $A(x_1)$, $B(x_2)$에 대하여 선분 AB의 중점의
좌표는 $\dfrac{x_1+x_2}{2}$

② 좌표평면 위의 두 점 $A(x_1,y_1)$, $B(x_2,y_2)$에 대하여 선분 AB
의 중점의 좌표는 $\left(\dfrac{x_1+x_2}{2},\dfrac{y_1+y_2}{2}\right)$

303

시각에 대한 길이, 넓이, 부피의 변화율

(전략) 원의 넓이와 직사각형의 넓이를 각각 t에 대한 식으로 나타낸 후 주어진
조건을 이용한다.

(풀이) t초 후의 원의 반지름의 길이는 $\sqrt{5}+\sqrt{5}t=\sqrt{5}(1+t)$이므
로 원의 넓이를 S_1이라 하면
$$S_1=\pi\{\sqrt{5}(1+t)\}^2=5\pi(1+t)^2$$
이때 원의 넓이가 125π가 되는 순간의 시각은
$$5\pi(1+t)^2=125\pi,\ (1+t)^2=25$$
$$t^2+2t-24=0,\ (t+6)(t-4)=0$$
$$\therefore t=4\;(\because t>0)$$
직사각형의 가로, 세로의 길이를 각각 $2k$, $k\,(k>0)$로 놓으면 직
사각형의 대각선의 길이는 원의 지름의 길이와 같으므로
$$\sqrt{(2k)^2+k^2}=2\sqrt{5}(1+t)$$
$$k^2=4(1+t)^2\quad\therefore k=2(1+t)\;(\because k>0)$$
즉, t초 후의 직사각형의 가로, 세로의 길이는 각각 $4(1+t)$,
$2(1+t)$이므로 직사각형의 넓이를 S_2라 하면
$$S_2=4(1+t)\times2(1+t)=8(1+t)^2$$
$$\therefore \frac{dS_2}{dt}=16(1+t)$$
따라서 $t=4$일 때 직사각형의 넓이의 변화율은
$$16\times(1+4)=80$$

● 84쪽

304 ⑤　　**305** ②　　**306** ⑤

304

함수의 최대와 최소

(1단계) 함수 $g(x)$가 실수 전체의 집합에서 미분가능하므로 $x=0$에서 연속이
고 이를 이용하여 함수 $f(x)$를 구한다.

$f(x)=x^3+ax^2+bx+c\,(a,b,c$는 상수)로 놓으면
$$f'(x)=3x^2+2ax+b$$
이때 함수 $g(x)=\begin{cases}\dfrac{1}{2} & (x<0)\\[2mm] f(x) & (x\geq0)\end{cases}$ 가 실수 전체의 집합에서 미분

가능하므로 $x=0$에서 연속이다. 즉,
$$\lim_{x\to0-}g(x)=\lim_{x\to0+}g(x)=f(0)=\frac{1}{2}$$
$$\therefore c=\frac{1}{2}$$
또, $g'(x)=\begin{cases}0 & (x<0)\\ f'(x) & (x>0)\end{cases}$ 에서 $g'(0)$이 존재하므로

$$g'(0)=\lim_{x\to0-}g'(x)=\lim_{x\to0+}g'(x)=f'(0)=0$$
$$\therefore b=0$$
$$\therefore f(x)=x^3+ax^2+\frac{1}{2},\ f'(x)=3x^2+2ax$$

〔2단계〕 ㄱ, ㄴ, ㄷ의 참, 거짓을 판별한다.

ㄱ. $g(0)+g'(0)=f(0)+f'(0)$
$$=\frac{1}{2}+0=\frac{1}{2}\ (참)$$

ㄴ. $g(1)=f(1)=\frac{3}{2}+a$

한편, $f'(x)=3x^2+2ax=x(3x+2a)$이므로

$f'(x)=0$에서 $x=0$ 또는 $x=-\frac{2a}{3}$

그런데 $-\frac{2a}{3}<0$이면 함수 $f(x)$는 $x=0$에서 극소이므로 함수 $g(x)$의 최솟값이 $f(0)=\frac{1}{2}$이 된다.

또, $-\frac{2a}{3}=0$이면 함수 $g(x)$의 최솟값이 $f(0)=\frac{1}{2}$이 된다.

즉, $-\frac{2a}{3}\le0$이면 조건을 만족시키지 않는다.

따라서 $-\frac{2a}{3}>0$이므로 $a<0$이다.

$\therefore g(1)=f(1)=\frac{3}{2}+a<\frac{3}{2}\ (참)$

ㄷ. ㄴ에서 함수 $g(x)$는 $x=-\frac{2a}{3}$에서 최솟값을 가지므로 함수 $g(x)$의 최솟값은

$$g\left(-\frac{2a}{3}\right)=f\left(-\frac{2a}{3}\right)$$
$$=-\frac{8}{27}a^3+\frac{4}{9}a^3+\frac{1}{2}$$
$$=\frac{4}{27}a^3+\frac{1}{2}=0$$

$$a^3=-\frac{27}{8}$$

$$\therefore a=-\frac{3}{2}$$

따라서 $f(x)=x^3-\frac{3}{2}x^2+\frac{1}{2}$이므로

$$g(2)=f(2)=8-6+\frac{1}{2}=\frac{5}{2}\ (참)$$

이상에서 ㄱ, ㄴ, ㄷ 모두 옳다.

305

방정식의 실근의 개수

〔1단계〕 주어진 조건을 만족시키는 사차함수 $y=f(x)$의 그래프의 개형을 그려 본다.

최고차항의 계수가 양수인 사차함수 $f(x)$의 도함수 $f'(x)$에 대하여 삼차방정식 $f'(x)=0$이 서로 다른 세 실근 α, β, γ를 가지므로 $f(x)$는 $x=\alpha$, $x=\gamma$에서 극솟값을 갖고, $x=\beta$에서 극댓값을 갖는다.

또, $f(\alpha)f(\beta)f(\gamma)<0$에서
$f(\alpha)<0$, $f(\beta)<0$, $f(\gamma)<0$
또는 $f(\alpha)>0$, $f(\beta)>0$, $f(\gamma)<0$
또는 $f(\alpha)<0$, $f(\beta)>0$, $f(\gamma)>0$

즉, $y=f(x)$의 그래프의 개형은 [그림 1] 또는 [그림 2] 또는 [그림 3] 과 같다.

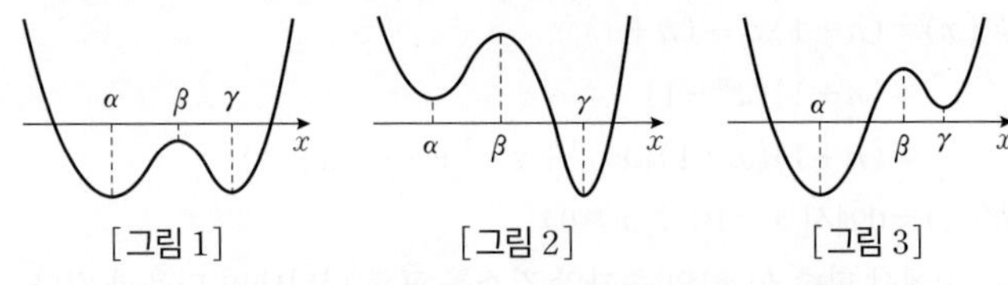

[그림 1]   [그림 2]   [그림 3]

〔2단계〕 $y=f(x)$의 그래프를 이용하여 ㄱ, ㄴ, ㄷ의 참, 거짓을 판별한다.

ㄱ. $f(x)$는 $x=\beta$에서 극댓값을 갖는다. (거짓)

ㄴ. $y=f(x)$의 그래프는 x축과 서로 다른 두 점에서 만나므로 방정식 $f(x)=0$은 서로 다른 두 실근을 갖는다. (참)

ㄷ. $f(a)>0$이면 방정식 $f(x)=0$은 β보다 큰 두 개의 실근을 갖는다. (거짓)

이상에서 옳은 것은 ㄴ뿐이다.

306

부등식에의 활용

〔1단계〕 조건 ㈎, ㈏를 이용하여 함수 $f(x)$의 식을 세운다.

조건 ㈎에서 $f(x)=x^3+ax^2+bx+c$ (a, b, c는 상수)로 놓으면
$f'(x)=3x^2+2ax+b$

$f(0)=c$, $f'(0)=b$이므로 조건 ㈏에서
$c=b$

$\therefore f(x)=x^3+ax^2+bx+b$

〔2단계〕 조건 ㈐에서 $g(x)=f(x)-f'(x)$라 하고 함수 $y=g(x)$의 그래프의 개형을 그려 본다.

$g(x)=f(x)-f'(x)$로 놓으면
$g(x)=(x^3+ax^2+bx+b)-(3x^2+2ax+b)$
$$=x^3+(a-3)x^2+(b-2a)x \qquad \cdots\cdots\ \text{㉠}$$

조건 ㈏에서 $g(0)=0$

따라서 삼차함수 $y=g(x)$의 그래프는 점 $(0, 0)$을 지나고 조건 ㈐에서 $x\ge-1$인 모든 실수 x에 대하여 $g(x)\ge0$이므로 $x=0$의 좌우에서 함수 $g(x)$는 음의 값을 가질 수 없다. 즉, 함수 $g(x)$는 $x=0$에서 극소이다.

따라서 함수 $y=g(x)$의 그래프의 개형은 오른쪽 그림과 같다.

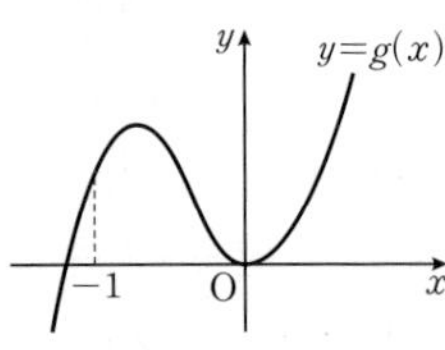

이때 $g'(0)=0$이고 ㉠에서
$g'(x)=3x^2+2(a-3)x+b-2a$
이므로
$b-2a=0$ $\quad\therefore b=2a$

$\therefore f(x)=x^3+ax^2+2ax+2a$, $g(x)=x^3+(a-3)x^2$

조건 ㈐에서 $g(-1)\ge0$이므로
$g(-1)=-1+(a-3)$
$\qquad\ge0$

$\therefore a\ge4$

이때 $f(2)=8+4a+4a+2a=10a+8$이므로 $a\ge4$에서
$10a+8\ge10\times4+8$
$\qquad=48$

따라서 $f(2)$의 최솟값은 48이다.

Ⅲ 적분

부정적분

307 ①	**308** 7	**309** ①	**310** ⑤	**311** -1
312 ⑤	**313** 50	**314** 3	**315** ②	**316** -1
317 ②	**318** ④	**319** ①	**320** ④	**321** ②
322 8	**323** 9	**324** $f(x)=4x^3+6x^2-7$		**325** ②
326 ③	**327** -7	**328** ①	**329** ②	**330** ②
331 1	**332** ②	**333** ①	**334** -9	**335** ⑤

307

$$(x-1)f(x)=(x^3-3x+C)'$$
$$=3x^2-3$$
$$=3(x+1)(x-1)$$

따라서 $f(x)=3(x+1)$이므로
$$f(1)=3\times2=6$$

308

$f(x)=F'(x)$이므로
$$f(x)=\left(\frac{1}{3}x^3+\frac{a}{2}x^2+bx\right)'=x^2+ax+b$$

$f(0)=3$이므로 $b=3$

$f'(x)=2x+a$이고, $f'(0)=4$이므로
$$a=4$$
$$\therefore a+b=4+3=7$$

309

$$F(x)=\{f(x)g(x)\}'$$
$$=f'(x)g(x)+f(x)g'(x)$$
$$=6x(2x+5)+(3x^2-1)\times2$$
$$=18x^2+30x-2$$
$$\therefore F(0)=-2$$

310

$\dfrac{d}{dx}\left\{\displaystyle\int(ax^2+5x+1)dx\right\}=ax^2+5x+1$이므로

$$ax^2+5x+1=9x^2+bx+c$$

위의 등식이 모든 실수 x에 대하여 성립하므로
$$a=9,\ b=5,\ c=1$$
$$\therefore a+b+c=9+5+1=15$$

항등식의 성질

① $ax^2+bx+c=0$이 x에 대한 항등식이다.
  $\Rightarrow a=b=c=0$
② $ax^2+bx+c=a'x^2+b'x+c'$이 x에 대한 항등식이다.
  $\Rightarrow a=a',\ b=b',\ c=c'$

311

$$F(x)=\int\left\{\frac{d}{dx}(2x^3-7x)\right\}dx$$
$$=2x^3-7x+C$$

$F(0)=-3$이므로 $C=-3$

따라서 $F(x)=2x^3-7x-3$이므로
$$F(2)=16-14-3=-1$$

오답 피하기 함수 $f(x)$를 적분한 후 미분하면 원래의 함수 $f(x)$가 된다. 그러나 순서를 바꾸어 함수 $f(x)$를 미분한 후 적분하면 원래의 함수 $f(x)$에 적분상수 C가 더해짐에 주의한다.

312

$$f(x)=\int\left\{\frac{d}{dx}(x^2+2x)\right\}dx$$
$$=x^2+2x+C$$

이므로
$$f'(x)=2x+2$$

$$\therefore \lim_{h\to0}\frac{f(1+h)-f(1-h)}{h}$$
$$=\lim_{h\to0}\frac{\{f(1+h)-f(1)\}-\{f(1-h)-f(1)\}}{h}$$
$$=\lim_{h\to0}\frac{f(1+h)-f(1)}{h}+\lim_{h\to0}\frac{f(1-h)-f(1)}{-h}$$
$$=f'(1)+f'(1)=2f'(1)$$
$$=2\times4=8$$

313

$$F(x)=\frac{d}{dx}\left\{\int xf(x)dx\right\}$$
$$=xf(x)=x(3x-1)=3x^2-x$$

이므로 $F(3)=27-3=24$

$$G(x)=\int\left\{\frac{d}{dx}xf(x)\right\}dx$$
$$=xf(x)+C$$
$$=x(3x-1)+C$$
$$=3x^2-x+C$$

$G(-1)=6$이므로
$$3+1+C=6 \qquad \therefore C=2$$

따라서 $G(x)=3x^2-x+2$이므로
$$G(3)=27-3+2=26$$
$$\therefore F(3)+G(3)=24+26=50$$

314

$\dfrac{d}{dx}\{f(x)+g(x)\}=9x^2-2$에서

$\displaystyle\int\left[\dfrac{d}{dx}\{f(x)+g(x)\}\right]dx=\int(9x^2-2)dx$

$f(x)+g(x)=3x^3-2x+C_1$

$f(0)=1,\ g(0)=-1$이므로

$C_1=f(0)+g(0)$

$\quad=1+(-1)=0$

$\therefore f(x)+g(x)=3x^3-2x$ $\qquad\cdots\cdots$ ㉠

$\dfrac{d}{dx}\{2f(x)-g(x)\}=6x-1$에서

$\displaystyle\int\left[\dfrac{d}{dx}\{2f(x)-g(x)\}\right]dx=\int(6x-1)dx$

$2f(x)-g(x)=3x^2-x+C_2$

$f(0)=1,\ g(0)=-1$이므로

$C_2=2f(0)-g(0)$

$\quad=2\times1-(-1)=3$

$\therefore 2f(x)-g(x)=3x^2-x+3$ $\qquad\cdots\cdots$ ㉡

㉠+㉡을 하면

$3f(x)=3x^3+3x^2-3x+3$

$\therefore f(x)=x^3+x^2-x+1$ $\qquad\cdots\cdots$ ㉢

㉢을 ㉠에 대입하여 정리하면

$g(x)=2x^3-x^2-x-1$

$\therefore f(1)-g(1)=2-(-1)=3$

315

$\displaystyle\int(x^2+1)f'(x)dx=3x^4+2x^3+6x^2+6x$이므로

$\dfrac{d}{dx}\left[\displaystyle\int(x^2+1)f'(x)dx\right]=\dfrac{d}{dx}(3x^4+2x^3+6x^2+6x)$

$(x^2+1)f'(x)=12x^3+6x^2+12x+6$

$\therefore f'(x)=12x+6$

$\therefore f(x)=\displaystyle\int f'(x)dx=\int(12x+6)dx$

$\qquad=6x^2+6x+C$

$f(-1)=1$이므로

$6-6+C=1 \qquad \therefore C=1$

따라서 $f(x)=6x^2+6x+1$이므로 방정식 $f(x)=0$, 즉

$6x^2+6x+1=0$의 모든 근의 곱은 근과 계수의 관계에 의하여

$\dfrac{1}{6}$이다.

316

$f(x)=\displaystyle\int(x^3-x^2)dx-\int(x^3+2x^2+1)dx$

$\qquad=\displaystyle\int\{(x^3-x^2)-(x^3+2x^2+1)\}dx$

$\qquad=\displaystyle\int(-3x^2-1)dx$

$\qquad=-x^3-x+C$

이때 $f(0)=1$이므로 $C=1$

따라서 $f(x)=-x^3-x+1$이므로

$f(1)=-1-1+1=-1$

317

$f(x)=\displaystyle\int(1+2x+3x^2+\cdots+10x^9)dx$

$\qquad=x+x^2+x^3+\cdots+x^{10}+C$

$f(1)=0$이므로

$10+C=0 \qquad \therefore C=-10$

따라서 $f(x)=x+x^2+x^3+\cdots+x^{10}-10$이므로

$f(-1)=(-1)+1+(-1)+1+\cdots+1-10$

$\qquad=-10$

318

$g(x)=\displaystyle\int f(x)dx+\int xf'(x)dx$

$\qquad=\displaystyle\int\{f(x)+xf'(x)\}dx$

$\qquad=\displaystyle\int\left[\dfrac{d}{dx}\{xf(x)\}\right]dx$

$\qquad=xf(x)+C$

$\qquad=x\times\dfrac{x^3-2}{x}+C$

$\qquad=x^3-2+C$

$g(1)=5$이므로

$1-2+C=5 \qquad \therefore C=6$

따라서 $g(x)=x^3+4$이므로

$g(-2)=-8+4=-4$

319

$f'(x)=\dfrac{x^3-8}{x^2+2x+4}$에서

$f(x)=\displaystyle\int\dfrac{x^3-8}{x^2+2x+4}dx$

$\qquad=\displaystyle\int\dfrac{(x-2)(x^2+2x+4)}{x^2+2x+4}dx$

$\qquad=\displaystyle\int(x-2)dx$

$\qquad=\dfrac{1}{2}x^2-2x+C$

$f(1)=\dfrac{1}{2}$이므로

$\dfrac{1}{2}-2+C=\dfrac{1}{2} \qquad \therefore C=2$

따라서 $f(x)=\dfrac{1}{2}x^2-2x+2$이므로

$f(4)=8-8+2=2$

320

$xf'(x)=6x^3+x-f(1)$의 양변에 $x=0$을 대입하면

$f(1)=0$

즉, $xf'(x)=6x^3+x$이므로

$f'(x)=6x^2+1$

$\therefore f(x)=\int f'(x)dx$

$\qquad =\int (6x^2+1)dx$

$\qquad =2x^3+x+C$

$f(1)=0$이므로

$2+1+C=0 \qquad \therefore C=-3$

따라서 $f(x)=2x^3+x-3$이므로

$f(2)=16+2-3=15$

321

$\lim\limits_{x\to 1}\dfrac{f(x)}{x-1}=a+4$에서 $x\longrightarrow 1$일 때 (분모) $\longrightarrow 0$이고 극한값이

존재하므로 (분자) $\longrightarrow 0$이어야 한다.

즉, $f(1)=0$이므로

$\lim\limits_{x\to 1}\dfrac{f(x)}{x-1}=\lim\limits_{x\to 1}\dfrac{f(x)-f(1)}{x-1}=f'(1)=a+4$

또, $f'(x)=2x-a$에서 $f'(1)=2-a$이므로

$a+4=2-a \qquad \therefore a=-1$

즉, $f'(x)=2x+1$이므로

$f(x)=\int f'(x)dx$

$\qquad =\int (2x+1)dx$

$\qquad =x^2+x+C$

$f(1)=0$이므로

$1+1+C=0 \qquad \therefore C=-2$

따라서 $f(x)=x^2+x-2$이므로

$a+f(2)=-1+(4+2-2)=3$

322

$F(x)-\int (x+1)f(x)dx=\dfrac{3}{4}x^4+2x^3-\dfrac{5}{2}x^2-1$의 양변을 x에

대하여 미분하면

$f(x)-(x+1)f(x)=3x^3+6x^2-5x$

$-xf(x)=3x^3+6x^2-5x$

$\therefore f(x)=-3x^2-6x+5$

$\qquad\quad =-3(x+1)^2+8$

따라서 함수 $f(x)$는 $x=-1$에서 최댓값 8을 갖는다.

323

$F(x)=(x+2)f(x)-x^3+12x$의 양변에 $x=0$을 대입하면

$F(0)=2f(0)$

이때 $F(0)=30$이므로

$30=2f(0) \qquad \therefore f(0)=15$

$F(x)=(x+2)f(x)-x^3+12x$의 양변을 x에 대하여 미분하면

$f(x)=f(x)+(x+2)f'(x)-3x^2+12$

$(x+2)f'(x)=3(x+2)(x-2)$

$\therefore f'(x)=3(x-2)=3x-6$

$\therefore f(x)=\int f'(x)dx$

$\qquad =\int (3x-6)dx$

$\qquad =\dfrac{3}{2}x^2-6x+C$

$f(0)=15$이므로 $C=15$

따라서 $f(x)=\dfrac{3}{2}x^2-6x+15$이므로

$f(2)=6-12+15=9$

324

$(x-1)f(x)-\int f(x)dx=3x^4-6x^2$의 양변을 x에 대하여 미분하면

$f(x)+(x-1)f'(x)-f(x)=12x^3-12x$

$(x-1)f'(x)=12x(x+1)(x-1)$

$\therefore f'(x)=12x(x+1)=12x^2+12x$

$\therefore f(x)=\int f'(x)dx$

$\qquad\quad =\int (12x^2+12x)dx$

$\qquad\quad =4x^3+6x^2+C$

$f(1)=3$이므로

$4+6+C=3 \qquad \therefore C=-7$

$\therefore f(x)=4x^3+6x^2-7$

325

$f'(x)=\begin{cases} 2x+3 & (x<2) \\ k & (x\geq 2) \end{cases}$ 이므로

$f(x)=\begin{cases} x^2+3x+C_1 & (x<2) \\ kx+C_2 & (x\geq 2) \end{cases}$

함수 $f(x)$는 실수 전체의 집합에서 미분가능하므로 실수 전체의

집합에서 연속이다.

즉, 함수 $f(x)$는 $x=2$에서 연속이므로

$\lim\limits_{x\to 2-}f(x)=f(2)$

$\lim\limits_{x\to 2-}(x^2+3x+C_1)=12$

$4+6+C_1=12 \qquad \therefore C_1=2$

$\therefore f(1)=1+3+2=6$

326

$f'(x)=\begin{cases} 4x^3 & (|x|>1) \\ 3x^2-4x & (|x|<1) \end{cases}$ 이므로

$$f(x)=\begin{cases} x^4+C_1 & (x<-1) \\ x^3-2x^2+C_2 & (-1\le x<1) \\ x^4+C_3 & (x\ge 1) \end{cases}$$

$f(-2)=13$이므로

$16+C_1=13$

$\therefore C_1=-3$

함수 $f(x)$는 $x=-1$에서 연속이므로

$$\lim_{x\to-1+}(x^3-2x^2+C_2)=\lim_{x\to-1-}(x^4-3)$$

$-1-2+C_2=1-3$

$\therefore C_2=1$

또, 함수 $f(x)$는 $x=1$에서 연속이므로

$$\lim_{x\to1+}(x^4+C_3)=\lim_{x\to1-}(x^3-2x^2+1)$$

$1+C_3=1-2+1 \qquad \therefore C_3=-1$

$\therefore f(3)=3^4-1=80$

327

$$f'(x)=\begin{cases} 1 & (x<0) \\ -x+1 & (x\ge 0) \end{cases}$$ 이므로

$$f(x)=\begin{cases} x+C_1 & (x<0) \\ -\dfrac{1}{2}x^2+x+C_2 & (x\ge 0) \end{cases}$$

$y=f(x)$의 그래프가 원점을 지나므로

$f(0)=C_2=0$

함수 $f(x)$는 $x=0$에서 연속이므로

$$\lim_{x\to0+}\left(-\frac{1}{2}x^2+x\right)=\lim_{x\to0-}(x+C_1)$$

$\therefore C_1=0$

따라서 $f(-3)=-3,\ f(4)=-8+4=-4$이므로

$f(-3)+f(4)=-7$

328

곡선 $y=f(x)$ 위의 점 $(x,\,f(x))$에서의 접선의 기울기는 $f'(x)$이므로

$f'(x)=6x^2-2x$

$$\therefore f(x)=\int f'(x)dx$$
$$=\int(6x^2-2x)dx$$
$$=2x^3-x^2+C$$

곡선 $y=f(x)$가 점 $(-1,\,-4)$를 지나므로 $f(-1)=-4$에서

$-2-1+C=-4$

$\therefore C=-1$

따라서 $f(x)=2x^3-x^2-1$이므로

$f(2)=16-4-1=11$

미분계수와 접선의 기울기

곡선 $y=f(x)$ 위의 점 $(x,f(x))$에서의 접선의 기울기는 $f'(x)$와 같다.

329

$f(x)=\displaystyle\int(3+4ax)dx$의 양변을 x에 대하여 미분하면

$f'(x)=3+4ax \qquad\qquad \cdots\cdots\ \text{㉠}$

곡선 $y=f(x)$ 위의 점 $(2,\,5)$에서의 접선의 기울기가 -1이므로

$f'(2)=-1$

$3+8a=-1 \qquad \therefore a=-\dfrac{1}{2}$

이를 ㉠에 대입하면

$f'(x)=3-2x$

$$\therefore f(x)=\int f'(x)dx$$
$$=\int(3-2x)dx$$
$$=3x-x^2+C$$

곡선 $y=f(x)$가 점 $(2,\,5)$를 지나므로 $f(2)=5$에서

$6-4+C=5$

$\therefore C=3$

따라서 $f(x)=-x^2+3x+3$이므로

$f(5)=-25+15+3=-7$

330

곡선 $y=f(x)$ 위의 점 $(x,\,f(x))$에서의 접선의 기울기는 $f'(x)$이므로

$f'(x)=2x-4$

$$\therefore f(x)=\int f'(x)dx$$
$$=\int(2x-4)dx$$
$$=x^2-4x+C$$
$$=(x-2)^2+C-4$$

곡선 $y=f(x)$를 x축의 방향으로 1만큼, y축의 방향으로 2만큼 평행이동하면

$y-2=(x-1-2)^2+C-4$

$\therefore y=(x-3)^2+C-2 \qquad\qquad \cdots\cdots\ \text{㉠}$

곡선 ㉠이 x축에 접하므로

$C-2=0$

$\therefore C=2$

따라서 $f(x)=(x-2)^2-2=x^2-4x+2$이므로

$f(0)=2$

331

$\displaystyle\int\{3-f(x)\}dx=-\dfrac{1}{4}x^4+\dfrac{3}{2}x^2+C$의 양변을 x에 대하여 미분하면

$3-f(x)=-x^3+3x$

$\therefore f(x)=x^3-3x+3$

$\therefore f'(x)=3x^2-3=3(x+1)(x-1)$

$f'(x)=0$에서 $x=-1$ 또는 $x=1$

함수 $f(x)$의 증가와 감소를 표로 나타내면 다음과 같다.

x	$\cdots$	-1	$\cdots$	1	$\cdots$
$f'(x)$	$+$	0	$-$	0	$+$
$f(x)$	↗	극대	↘	극소	↗

따라서 함수 $f(x)$는 $x=1$에서 극소이므로 구하는 극솟값은
$$f(1)=1-3+3=1$$

함수 $f(x)$의 극대·극소의 판정

함수 $f(x)$의 극대·극소를 판정할 때는 $f'(x)=0$을 만족시키는 x의 값을 구한 후 x의 값의 좌우에서 $f'(x)$의 부호를 조사한다.
즉, $f'(a)=0$일 때, $x=a$의 좌우에서 $f'(x)$의 부호가
① 양에서 음으로 바뀌면 $f(x)$는 $x=a$에서 극대이다.
② 음에서 양으로 바뀌면 $f(x)$는 $x=a$에서 극소이다.

332

$$f(x)=\int f'(x)dx=\int(3x^2-6x)dx$$
$$=x^3-3x^2+C$$

$f(1)=1$이므로
$$1-3+C=1 \qquad \therefore C=3$$
$$\therefore f(x)=x^3-3x^2+3$$

$f'(x)=3x^2-6x=3x(x-2)$이므로
$f'(x)=0$에서 $x=0$ 또는 $x=2$
함수 $f(x)$의 증가와 감소를 표로 나타내면 다음과 같다.

x	$\cdots$	0	$\cdots$	2	$\cdots$
$f'(x)$	$+$	0	$-$	0	$+$
$f(x)$	↗	극대	↘	극소	↗

따라서 함수 $f(x)$는 $x=2$에서 극소이므로 구하는 극솟값은
$$f(2)=8-12+3=-1$$

333

$f(x)$는 $x=3$에서 극솟값을 가지므로
$$f'(3)=9-12+a=0 \qquad \therefore a=3$$
$$\therefore f'(x)=x^2-4x+3=(x-1)(x-3)$$

$f'(x)=0$에서 $x=1$ 또는 $x=3$
함수 $f(x)$의 증가와 감소를 표로 나타내면 다음과 같다.

x	$\cdots$	1	$\cdots$	3	$\cdots$
$f'(x)$	$+$	0	$-$	0	$+$
$f(x)$	↗	극대	↘	극소	↗

따라서 함수 $f(x)$는 $x=1$에서 극댓값을 갖고, $x=3$에서 극솟값을 갖는다.
$f'(x)=x^2-4x+3$에서
$$f(x)=\int f'(x)dx$$
$$=\int(x^2-4x+3)dx$$
$$=\frac{1}{3}x^3-2x^2+3x+C$$

함수 $f(x)$는 $x=3$에서 극솟값 $\dfrac{5}{3}$를 가지므로
$$f(3)=9-18+9+C=\frac{5}{3} \qquad \therefore C=\frac{5}{3}$$

따라서 $f(x)=\dfrac{1}{3}x^3-2x^2+3x+\dfrac{5}{3}$ 이므로 극댓값은
$$f(1)=\frac{1}{3}-2+3+\frac{5}{3}=3$$
$$\therefore b=3$$
$$\therefore a+b=3+3=6$$

334

$y=f'(x)$의 그래프가 두 점 $(-1, 0)$, $(0, 0)$을 지나므로
$$f'(x)=ax(x+1)=ax^2+ax \ (a<0)$$
로 놓으면
$$f(x)=\int f'(x)dx=\int(ax^2+ax)dx$$
$$=\frac{1}{3}ax^3+\frac{1}{2}ax^2+C$$

$y=f'(x)$의 그래프에서 함수 $f(x)$는 $x=-1$에서 극솟값 -1을 가지므로
$$f(-1)=-\frac{1}{3}a+\frac{1}{2}a+C=-1$$
$$\therefore a+6C=-6 \qquad\qquad \cdots\cdots \text{㉠}$$

또, 함수 $f(x)$는 $x=0$에서 극댓값 1을 가지므로
$$f(0)=C=1$$
$C=1$을 ㉠에 대입하면 $a=-12$
따라서 $f(x)=-4x^3-6x^2+1$이므로
$$f(1)=-4-6+1=-9$$

335

$f(x)$가 최고차항의 계수가 1인 삼차함수이므로 $f'(x)$는 최고차항의 계수가 3인 이차함수이다.
조건 ㈎, ㈏에서 $f'(3)=f'(1)=0$이므로
$$f'(x)=3(x-3)(x-1)$$
$$\therefore f(x)=\int f'(x)dx$$
$$=\int 3(x-3)(x-1)dx$$
$$=\int(3x^2-12x+9)dx$$
$$=x^3-6x^2+9x+C$$

$f(3)=-1$이므로
$$27-54+27+C=-1 \qquad \therefore C=-1$$
$$\therefore f(x)=x^3-6x^2+9x-1$$

또, $f'(x)=0$에서 $x=1$ 또는 $x=3$이므로 함수 $f(x)$의 증가와 감소를 표로 나타내면 다음과 같다.

x	$\cdots$	1	$\cdots$	3	$\cdots$
$f'(x)$	$+$	0	$-$	0	$+$
$f(x)$	↗	극대	↘	극소	↗

따라서 함수 $f(x)$는 $x=1$에서 극대이므로 구하는 극댓값은
$f(1)=1-6+9-1=3$

개념 보충

① 함수 $y=f(x)$의 그래프가 $x=p$ (p는 상수)에 대하여 대칭
⇨ 모든 실수 x에 대하여 $f(p+x)=f(p-x)$
② 함수 $y=f(x)$의 그래프가 점 $(p,0)$에 대하여 대칭
⇨ 모든 실수 x에 대하여 $f(p+x)=-f(p-x)$

내신 적중 서술형 ————————— ● 92쪽

336 9   **337** 28
338 (1) $f'(x)=x^2+3$ (2) $f(x)=\dfrac{1}{3}x^3+3x$ **339** 2

336

$$f(x)=\int(x+2)^2\,dx+\int(x-2)^2\,dx$$
$$=\int\{(x+2)^2+(x-2)^2\}\,dx$$
$$=\int(2x^2+8)\,dx$$
$$=\frac{2}{3}x^3+8x+C \qquad\cdots\cdots ㉮$$

$f(0)=\dfrac{1}{3}$이므로 $C=\dfrac{1}{3}$

따라서 $f(x)=\dfrac{2}{3}x^3+8x+\dfrac{1}{3}$이므로 $\qquad\cdots\cdots ㉯$

$f(1)=\dfrac{2}{3}+8+\dfrac{1}{3}=9 \qquad\cdots\cdots ㉰$

채점 기준	배점 비율
㉮ $f(x)$를 적분상수 C를 이용하여 나타내기	50 %
㉯ $f(x)$ 구하기	30 %
㉰ $f(1)$의 값 구하기	20 %

337

$f(1)=k$ (k는 상수)라 하면

$f'(x)=3x^2-kx$

$f(x)=\int(3x^2-kx)\,dx=x^3-\dfrac{k}{2}x^2+C \qquad\cdots\cdots ㉮$

$f(0)=-2$이므로 $C=-2$

즉, $f(x)=x^3-\dfrac{k}{2}x^2-2$이므로

$f(1)=1-\dfrac{k}{2}-2=k \quad\therefore k=-\dfrac{2}{3} \qquad\cdots\cdots ㉯$

따라서 $f(x)=x^3+\dfrac{1}{3}x^2-2$이므로

$f(3)=27+3-2=28 \qquad\cdots\cdots ㉰$

채점 기준	배점 비율
㉮ $f(x)$를 적분상수 C를 이용하여 나타내기	40 %
㉯ $f(1)$의 값 구하기	30 %
㉰ $f(3)$의 값 구하기	30 %

338

(1) 모든 실수 x,y에 대하여
  $f(x+y)-f(x)=f(y)+xy(x+y)$이므로

$$f'(x)=\lim_{h\to0}\frac{f(x+h)-f(x)}{h}$$
$$=\lim_{h\to0}\frac{f(h)+xh(x+h)}{h}$$
$$=x^2+\lim_{h\to0}\left\{\frac{f(h)}{h}+xh\right\}$$
$$=x^2+f'(0)$$
$$=x^2+3 \qquad\cdots\cdots ㉮$$

(2) $f(x+y)=f(x)+f(y)+xy(x+y)$의 양변에 $x=0$, $y=0$을 대입하면

$f(0)=f(0)+f(0)$
$\therefore f(0)=0 \qquad\cdots\cdots ㉯$

즉, $f(x)=\int(x^2+3)\,dx=\dfrac{1}{3}x^3+3x+C$이므로

$f(0)=C=0$

$\therefore f(x)=\dfrac{1}{3}x^3+3x \qquad\cdots\cdots ㉰$

	채점 기준	배점 비율
(1)	㉮ $f'(x)$ 구하기	40 %
(2)	㉯ $f(0)$의 값 구하기	20 %
	㉰ $f(x)$ 구하기	40 %

1등급 비법

도함수의 정의를 이용한 부정적분
$f(x+y)=f(x)+f(y)$를 포함하는 식이 주어지면 함수 $f(x)$는 다음과 같은 순서로 구한다.
(i) $f'(x)=\lim\limits_{h\to0}\dfrac{f(x+h)-f(x)}{h}$를 이용하여 $f'(x)$를 구한다.
(ii) 주어진 식에 $x=0$, $y=0$을 대입하여 $f(0)$의 값을 구한다.
(iii) $f'(x)$를 적분하고 $f(0)$의 값을 대입하여 $f(x)$를 구한다.

339

곡선 $y=f(x)$ 위의 점 $(x, f(x))$에서의 접선의 기울기는 $f'(x)$이므로

$f'(x)=-3x^2+1$

$\therefore f(x)=\int f'(x)\,dx$
$=\int(-3x^2+1)\,dx$
$=-x^3+x+C$

$f(-1)+f(1)=0$이므로

$(1-1+C)+(-1+1+C)=0 \quad\therefore C=0$

$$\therefore f(x)=-x^3+x=-x(x+1)(x-1) \quad\quad \cdots\cdots \text{㉮}$$

$f(x)=0$에서 $x=-1$ 또는 $x=0$ 또는 $x=1$ $\quad\quad \cdots\cdots \text{㉯}$

$$\therefore |\alpha|+|\beta|+|\gamma|=1+0+1=2 \quad\quad \cdots\cdots \text{㉰}$$

채점 기준	배점 비율
㉮ $f(x)$ 구하기	50 %
㉯ 방정식 $f(x)=0$의 서로 다른 세 실근 구하기	30 %
㉰ $|\alpha|+|\beta|+|\gamma|$의 값 구하기	20 %

1등급 실력 완성 ● 93쪽 ~ 94쪽

340 9	**341** ②	**342** ⑤	**343** $-\dfrac{1}{1000}$
344 ①	**345** ①	**346** ③	**347** ② **348** -5

340

부정적분과 미분의 관계

(전략) $\int f(x)dx=F(x)+C$ (C는 적분상수)임을 이용한다.

(풀이) $F(x)$는 함수 $f(x)$의 한 부정적분이므로

$$F(x)=\begin{cases} -x^2+C_1 & (x<0) \\ k\left(x^2-\dfrac{1}{3}x^3\right)+C_2 & (x\geq 0) \end{cases}$$

그런데 $F(x)$가 $x=0$에서 미분가능하므로

$C_1=C_2$

$$\therefore F(x)=\begin{cases} -x^2+C_1 & (x<0) \\ k\left(x^2-\dfrac{1}{3}x^3\right)+C_1 & (x\geq 0) \end{cases}$$

$F(2)-F(-3)=21$에서

$$\left(\dfrac{4}{3}k+C_1\right)-(-9+C_1)=21, \quad \dfrac{4}{3}k=12$$

$\therefore k=9$

341

부정적분과 미분의 관계

(전략) $\int\left\{\dfrac{d}{dx}f(x)\right\}dx=f(x)+C$ (C는 적분상수)임을 이용한다.

(풀이) $F(x)=\int\left[\dfrac{d}{dx}\int\left\{\dfrac{d}{dx}f(x)\right\}dx\right]dx$

$\qquad =\int\left[\dfrac{d}{dx}\{f(x)+C_1\}\right]dx$

$\qquad =f(x)+C_2$

$\qquad =7x^7+6x^6+\cdots+2x^2+x+C_2$

$F(0)=4$이므로 $C_2=4$

따라서 $F(x)=7x^7+6x^6+\cdots+2x^2+x+4$이므로

$F(1)=7+6+\cdots+2+1+4=32$

342

부정적분과 미분의 관계 ➕ 부정적분의 계산

(전략) 주어진 등식의 양변을 적분하여 $f(x)+g(x)$와 $f(x)g(x)$를 구한다.

(풀이) $\dfrac{d}{dx}\{f(x)+g(x)\}=2$에서

$$\int\left[\dfrac{d}{dx}\{f(x)+g(x)\}\right]dx=\int 2\,dx$$

$\therefore f(x)+g(x)=2x+C_1$

$\dfrac{d}{dx}\{f(x)g(x)\}=2x+1$에서

$$\int\left[\dfrac{d}{dx}\{f(x)g(x)\}\right]dx=\int(2x+1)dx$$

$\therefore f(x)g(x)=x^2+x+C_2$

$f(0)=3,\ g(0)=-2$이므로

$f(0)+g(0)=3+(-2)=C_1 \quad \therefore C_1=1$

$f(0)g(0)=3\times(-2)=C_2 \quad \therefore C_2=-6$

$\therefore f(x)+g(x)=2x+1,$

$\qquad f(x)g(x)=x^2+x-6=(x+3)(x-2)$

따라서 $f(x)=x+3,\ g(x)=x-2$이므로

$f(1)+g(3)=4+1=5$

343

도함수가 주어질 때 함수 구하기

(전략) $f'(x)$를 적분하여 $f(x)$를 구한다.

(풀이) $f(x)=\displaystyle\int\left(1+x+\dfrac{x^2}{2}+\cdots+\dfrac{x^{999}}{999}\right)dx$

$\qquad =x+\dfrac{x^2}{1\times 2}+\dfrac{x^3}{2\times 3}+\cdots+\dfrac{x^{1000}}{999\times 1000}+C$

$f(0)=-2$이므로 $C=-2$

$\therefore f(x)=x+\dfrac{x^2}{1\times 2}+\dfrac{x^3}{2\times 3}+\cdots+\dfrac{x^{1000}}{999\times 1000}-2$

위의 식에 $x=1$을 대입하면

$f(1)=1+\dfrac{1}{1\times 2}+\dfrac{1}{2\times 3}+\cdots+\dfrac{1}{999\times 1000}-2$

$\qquad =\left\{\left(1-\dfrac{1}{2}\right)+\left(\dfrac{1}{2}-\dfrac{1}{3}\right)+\cdots+\left(\dfrac{1}{999}-\dfrac{1}{1000}\right)\right\}-1$

$\qquad =\left(1-\dfrac{1}{1000}\right)-1$

$\qquad =-\dfrac{1}{1000}$

개념 보충

부분분수의 변형

두 수 $A,\ B$에 대하여

$$\dfrac{1}{AB}=\dfrac{1}{B-A}\left(\dfrac{1}{A}-\dfrac{1}{B}\right)\ (\text{단},\ A\neq B)$$

344

함수와 그 부정적분 사이의 관계식이 주어질 때 함수 구하기

(전략) 주어진 등식의 양변을 미분하여 이차함수 $f(x)$를 구한다.

(풀이) 주어진 등식의 양변을 x에 대하여 미분하면

$2xf(x)+x^2f'(x)+8=4(x-1)f(x)$

$$x^2 f'(x) + 8 = (2x-4)f(x) \qquad \cdots\cdots \ \text{㉠}$$

$f(x) = ax^2 + bx + c \ (a, b, c\text{는 상수}, \ a \neq 0)$로 놓으면

$f'(x) = 2ax + b$이므로 ㉠에 대입하면

$$x^2(2ax+b) + 8 = (2x-4)(ax^2+bx+c)$$
$$2ax^3 + bx^2 + 8 = 2ax^3 + (2b-4a)x^2 + (2c-4b)x - 4c$$

위의 등식이 모든 실수 x에 대하여 성립하므로

$$b = 2b - 4a, \ 0 = 2c - 4b, \ 8 = -4c$$

$$\therefore a = -\frac{1}{4}, \ b = -1, \ c = -2$$

따라서 $f(x) = -\dfrac{1}{4}x^2 - x - 2 = -\dfrac{1}{4}(x+2)^2 - 1$이므로 이차함수

$f(x)$는 $x = -2$에서 최댓값 -1을 갖는다.

345

함수와 그 부정적분 사이의 관계식이 주어질 때 함수 구하기

(전략) $\displaystyle \int \{f(x)G(x) + F(x)g(x)\}dx = F(x)G(x)$임을 이용한다.

(풀이) 조건 (개)의 식의 양변을 x에 대하여 미분하면

$$f(x) = f(x) + xf'(x) - 2x$$

이므로 $xf'(x) = 2x$ $\qquad \therefore f'(x) = 2$

$$\therefore f(x) = \int f'(x)dx$$
$$= \int 2\,dx = 2x + C_1$$

$f(0) = 0$이므로 $C_1 = 0$

즉, $f(x) = 2x$이므로

$$F(x) = \int f(x)dx = \int 2x\,dx = x^2 + C_2$$

조건 (내)의 식의 양변을 적분하면

$$\int \{f(x)G(x) + F(x)g(x)\}dx = \int (8x^3 + 3x^2 - 1)dx$$
$$F(x)G(x) = 2x^4 + x^3 - x + C_3$$

$F(x) = x^2 + C_2$이므로 $G(x) = 2x^2 + ax + b \ (a, b\text{는 상수})$로 놓

으면

$$(x^2 + C_2)(2x^2 + ax + b) = 2x^4 + x^3 - x + C_3$$
$$2x^4 + ax^3 + (b + 2C_2)x^2 + aC_2x + bC_2 = 2x^4 + x^3 - x + C_3$$

위의 등식이 모든 실수 x에 대하여 성립하므로

$$a = 1, \ b = 2, \ C_2 = -1, \ C_3 = -2$$

$$\therefore F(0)G(0) = C_3 = -2$$

346

부정적분과 함수의 연속성

(전략) 조건 (내)에서 함수 $g(x)$는 $x=1$, $x=2$에서도 미분가능함을 이용한다.

(풀이) 함수 $g(x)$는 $x=1$에서 미분가능하므로

$$\lim_{x \to 1+} \frac{g(x) - g(1)}{x-1} = \lim_{x \to 1-} \frac{g(x) - g(1)}{x-1}$$
$$\lim_{x \to 1+} \frac{f(2-x) - f(1)}{x-1} = \lim_{x \to 1-} \frac{f(x) - f(1)}{x-1}$$
$$-\lim_{x \to 1+} \frac{f(2-x) - f(1)}{(2-x)-1} = f'(1)$$

$$-f'(1) = f'(1)$$
$$\therefore f'(1) = 0$$

또, 함수 $g(x)$는 $x=2$에서 미분가능하므로

$$\lim_{x \to 2+} \frac{g(x) - g(2)}{x-2} = \lim_{x \to 2-} \frac{g(x) - g(2)}{x-2}$$
$$\lim_{x \to 2+} \frac{f(x-2) - f(0)}{x-2} = \lim_{x \to 2-} \frac{f(2-x) - f(0)}{x-2}$$
$$\lim_{x \to 2+} \frac{f(x-2) - f(0)}{(x-2)-0} = -\lim_{x \to 2-} \frac{f(2-x) - f(0)}{(2-x)-0}$$
$$f'(0) = -f'(0)$$
$$\therefore f'(0) = 0$$

$f(x)$가 최고차항의 계수가 1인 삼차함수이므로 $f'(x)$는 최고차

항의 계수가 3인 이차함수이다.

$f'(0) = 0$, $f'(1) = 0$이므로

$$f'(x) = 3x(x-1) = 3x^2 - 3x$$
$$\therefore f(x) = \int f'(x)dx$$
$$= \int (3x^2 - 3x)dx$$
$$= x^3 - \frac{3}{2}x^2 + C$$
$$\therefore g(5) - g(0) = f(3) - f(0)$$
$$= \left(27 - \frac{27}{2} + C\right) - C$$
$$= \frac{27}{2}$$

개념 보충

인수정리

다항식 $f(x)$에 대하여

① $f(\alpha) = 0$이면 $f(x)$는 일차식 $x - \alpha$로 나누어떨어진다.

② $f(x)$가 일차식 $x - \alpha$로 나누어떨어지면 $f(\alpha) = 0$이다.

347

부정적분과 함수의 연속성

(전략) 주어진 그래프를 이용하여 $f'(x)$의 식을 구간별로 구한 후 적분하여

$f(x)$를 구한다.

(풀이) $f'(x) = \begin{cases} x & (x < 0) \\ x^2 - 2x & (0 \leq x < 2) \\ x - 2 & (x \geq 2) \end{cases}$이므로

$$f(x) = \begin{cases} \dfrac{1}{2}x^2 + C_1 & (x < 0) \\[2mm] \dfrac{1}{3}x^3 - x^2 + C_2 & (0 \leq x < 2) \\[2mm] \dfrac{1}{2}x^2 - 2x + C_3 & (x \geq 2) \end{cases}$$

$f(-1) = 1$이므로 $\dfrac{1}{2} + C_1 = 1$

$$\therefore C_1 = \frac{1}{2}$$

함수 $f(x)$는 $x = 0$에서 연속이므로

$$\lim_{x \to 0+} \left(\frac{1}{3}x^3 - x^2 + C_2\right) = \lim_{x \to 0-} \left(\frac{1}{2}x^2 + \frac{1}{2}\right)$$

$$\therefore C_2 = \frac{1}{2}$$

또, 함수 $f(x)$는 $x=2$에서 연속이므로

$$\lim_{x \to 2+} \left(\frac{1}{2}x^2 - 2x + C_3 \right) = \lim_{x \to 2-} \left(\frac{1}{3}x^3 - x^2 + \frac{1}{2} \right)$$

$$2 - 4 + C_3 = \frac{8}{3} - 4 + \frac{1}{2}$$

$$\therefore C_3 = \frac{7}{6}$$

$$\therefore f(4) = 8 - 8 + \frac{7}{6} = \frac{7}{6}$$

348

부정적분과 접선의 기울기

(전략) $f'(x) = -3x + 6$임을 이용하여 $f(x)$를 구한다.

(풀이) 곡선 $y = f(x)$ 위의 점 $(x, f(x))$에서의 접선의 기울기는 $f'(x)$이므로

$$f'(x) = -3x + 6$$

$$\therefore f(x) = \int f'(x)dx$$

$$= \int (-3x + 6)dx$$

$$= -\frac{3}{2}x^2 + 6x + C$$

$$= -\frac{3}{2}(x-2)^2 + 6 + C$$

함수 $f(x)$의 최댓값이 1이므로

$$6 + C = 1 \qquad \therefore C = -5$$

$$\therefore f(x) = -\frac{3}{2}x^2 + 6x - 5$$

따라서 닫힌구간 $[0, 3]$에서 $f(x)$는 $x=0$일 때 최솟값을 가지므로 구하는 최솟값은

$$f(0) = -5$$

● 95쪽

349 ③   **350** -11 **351** 25

349

함수와 그 부정적분 사이의 관계식이 주어질 때 함수 구하기

⊕ **부정적분과 극대·극소**

(1단계) $a=b$일 때, 함수 $y=f(x)$의 그래프의 개형을 그린다.

ㄱ. $a=b$일 때,

$f(x) = \int (x-a)^2 dx$이므로 함수 $y=f(x)$의 그래프의 개형은 오른쪽 그림과 같다.

따라서 함수 $f(x)$의 극값이 존재하지 않는다. (참)

(2단계) $a \neq b$일 때, 함수 $y=f(x)$의 그래프의 개형을 그린다.

ㄴ. $a \neq b$일 때,

$f(x) = \int (x-a)(x-b)dx$의 양변을 x에 대하여 미분하면

$$f'(x) = (x-a)(x-b)$$

$f'(x) = 0$에서 $x=a$ 또는 $x=b$

또, 함수 $y=f(x)$의 그래프의 개형은 다음 그림과 같다.

(i) $a < b$인 경우   (ii) $a > b$인 경우

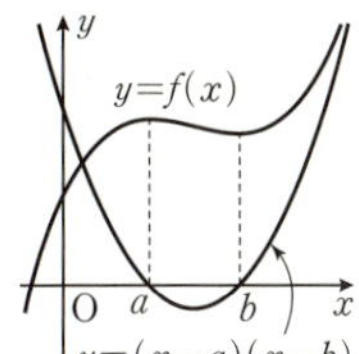 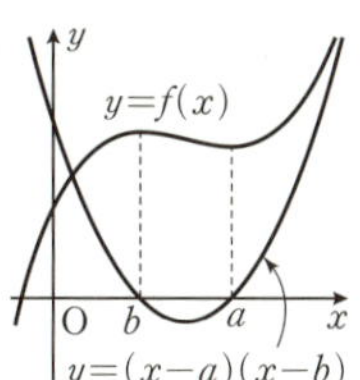

함수 $f(x)$가 $x=1$에서 극값을 가지면

$a=1$ 또는 $b=1$

이때 방정식 $f(x) = f(1)$의 실근의 개수가 2이므로 조건 (나)를 만족시키지 않는다. (거짓)

(3단계) $a=b$일 때와 $a \neq b$일 때로 나누어 $f(a)$, $f(b)$, $f(1)$의 값을 비교한다.

ㄷ. (i) $a=b$일 때, $f(a) = f(b)$이므로

$f(a) < f(1)$이면 $f(b) < f(1)$이다.

(ii) $a \neq b$일 때, 방정식 $f(x) = f(1)$의 실근의 개수는 1이므로

㉠ $a < b$인 경우

$f(1) > f(a) > f(b)$ 또는 $f(a) > f(b) > f(1)$

이므로 $f(a) < f(1)$이면 $f(b) < f(1)$이다.

㉡ $a > b$인 경우

$f(1) > f(b) > f(a)$ 또는 $f(b) > f(a) > f(1)$

이므로 $f(a) < f(1)$이면 $f(b) < f(1)$이다.

(i), (ii)에서 $f(a) < f(1)$이면 $f(b) < f(1)$이다. (참)

이상에서 옳은 것은 ㄱ, ㄷ이다.

350

부정적분과 접선의 기울기 ⊕ **부정적분과 극대·극소**

(1단계) 접선의 기울기를 이용하여 $f(x)$의 식을 세운다.

곡선 $y = f(x)$ 위의 임의의 점 $P(x, y)$에서의 접선의 기울기가 $3x^2 + ax + b$이므로

$$f'(x) = 3x^2 + ax + b$$

$$f(x) = \int f'(x)dx$$

$$= \int (3x^2 + ax + b)dx$$

$$= x^3 + \frac{a}{2}x^2 + bx + C$$

곡선 $y = f(x)$가 원점을 지나므로

$$f(0) = 0 \qquad \therefore C = 0$$

$$\therefore f(x) = x^3 + \frac{a}{2}x^2 + bx$$

(2단계) 주어진 조건을 이용하여 a, b의 값을 구한다.

$x < 0$인 모든 실수 x에 대하여 $f(x) \leq f(-3)$이므로 함수 $f(x)$는 극값이 존재하고 $x = -3$에서 극댓값을 갖는다.

즉, $f'(-3)=0$에서

$27-3a+b=0$ ...... ㉠

또, $f(0)=0$이고 $x<0$인 모든 실수 x에 대하여

$|f(x)|\geq|f(-5)|$이므로 $f(-5)=0$에서

$-125+\dfrac{25}{2}a-5b=0$ ...... ㉡

㉠, ㉡을 연립하여 풀면

$a=4,\ b=-15$

$\therefore a+b=4+(-15)=-11$

351

부정적분과 극대·극소

(1단계) 주어진 그래프를 이용하여 $f(x)$를 구한다.

최고차항의 계수가 1인 삼차함수 $f(x)$에 대하여 방정식

$f(x)=0$의 근이 $x=0$ 또는 $x=\alpha$ (중근)이므로

$f(x)=x(x-\alpha)^2$

(2단계) 주어진 조건을 이용하여 $g(x)$를 구한다.

조건 (가)에서

$g'(x)=f(x)+xf'(x)$
$=\dfrac{d}{dx}\{xf(x)\}$

이므로

$g(x)=\displaystyle\int g'(x)dx$
$=\displaystyle\int\left[\dfrac{d}{dx}\{xf(x)\}\right]dx$
$=xf(x)+C$
$=x^2(x-\alpha)^2+C$

$g'(x)=2x(x-\alpha)^2+2x^2(x-\alpha)$
$=2x(x-\alpha)(2x-\alpha)$

$g'(x)=0$에서 $x=0$ 또는 $x=\dfrac{\alpha}{2}$ 또는 $x=\alpha$

$\alpha>0$이므로 함수 $g(x)$의 증가와 감소를 표로 나타내면 다음과 같다.

x	$\cdots$	0	$\cdots$	$\dfrac{\alpha}{2}$	$\cdots$	α	$\cdots$
$g'(x)$	$-$	0	$+$	0	$-$	0	$+$
$g(x)$	$\searrow$	극소	$\nearrow$	극대	$\searrow$	극소	$\nearrow$

따라서 함수 $g(x)$는 $x=0$ 또는 $x=\alpha$에서 극솟값을 갖고, $x=\dfrac{\alpha}{2}$에서 극댓값을 갖는다.

이때 조건 (나)에서 $g(x)$의 극솟값이 0이므로

$g(0)=g(\alpha)=C=0$

또, $g(x)$의 극댓값이 81이므로

$g\left(\dfrac{\alpha}{2}\right)=\left(\dfrac{\alpha}{2}\right)^2\left(\dfrac{\alpha}{2}-\alpha\right)^2=81$

$\dfrac{\alpha^4}{16}=81$ $\therefore \alpha=6\ (\because \alpha>0)$

따라서 $g(x)=x^2(x-6)^2$이므로

$g\left(\dfrac{\alpha}{6}\right)=g(1)=1\times25=25$

07 정적분

352 ④	**353** ①	**354** ④	**355** -2	**356** 67
357 ④	**358** $f(x)=x^3+3x^2-4x+3$			**359** ⑤
360 0	**361** ④	**362** 38	**363** 23	**364** ②
365 20	**366** ③	**367** ④	**368** ⑤	**369** 15
370 ⑤	**371** ④	**372** 3	**373** ③	**374** ②
375 7	**376** ④	**377** ③	**378** ②	**379** ②
380 ②	**381** ⑤	**382** 7	**383** ③	**384** -2
385 ⑤	**386** ⑤	**387** ①	**388** ③	**389** ②
390 $\dfrac{3}{2}$	**391** 2	**392** ⑤	**393** -6	**394** 40
395 ③	**396** ①	**397** 9	**398** ⑤	**399** ①
400 1	**401** ⑤			

352

$\displaystyle\int_{-3}^{-1}(2x-1)(3x+2)dx+\int_{2}^{2}(t-5)(t^2+4)dt$
$=\displaystyle\int_{-3}^{-1}(6x^2+x-2)dx+0$
$=\left[2x^3+\dfrac{1}{2}x^2-2x\right]_{-3}^{-1}$
$=\left(-2+\dfrac{1}{2}+2\right)-\left(-54+\dfrac{9}{2}+6\right)=44$

353

$\displaystyle\int_{0}^{a}(3x^2-4)dx=\left[x^3-4x\right]_{0}^{a}$
$=a^3-4a$

즉, $a^3-4a=0$이므로 $a(a+2)(a-2)=0$

$\therefore a=2\ (\because a>0)$

354

$\displaystyle\int_{-2}^{5}\{f'(x)+2x\}dx=\left[f(x)+x^2\right]_{-2}^{5}$
$=\{f(5)+25\}-\{f(-2)+4\}$
$=f(5)+7\ (\because f(-2)=14)$

이므로 $f(5)+7=30$

$\therefore f(5)=23$

355

$\displaystyle\int_{-1}^{k}(4x+6)dx=\left[2x^2+6x\right]_{-1}^{k}$
$=(2k^2+6k)-(2-6)$
$=2k^2+6k+4$
$=2\left(k+\dfrac{3}{2}\right)^2-\dfrac{1}{2}$

따라서 $\int_{-1}^{k}(4x+6)dx$는 $k=-\dfrac{3}{2}$일 때, 최솟값 $-\dfrac{1}{2}$을 가지므로

$m=-\dfrac{3}{2},\ n=-\dfrac{1}{2}$

$\therefore m+n=-\dfrac{3}{2}+\left(-\dfrac{1}{2}\right)=-2$

356

$\displaystyle\int_{0}^{1}f(x)dx=\int_{0}^{1}(ax-1)dx$

$\qquad\qquad=\left[\dfrac{a}{2}x^2-x\right]_{0}^{1}$

$\qquad\qquad=\dfrac{a}{2}-1$

이므로 $\dfrac{a}{2}-1=2$

$\therefore a=6$

따라서 $f(x)=6x-1$이므로

$\displaystyle\int_{1}^{2}\{f(x)\}^2dx=\int_{1}^{2}(6x-1)^2dx$

$\qquad\qquad\quad=\int_{1}^{2}(36x^2-12x+1)dx$

$\qquad\qquad\quad=\left[12x^3-6x^2+x\right]_{1}^{2}$

$\qquad\qquad\quad=(96-24+2)-(12-6+1)$

$\qquad\qquad\quad=67$

357

두 함수 $F(x)$, $G(x)$가 모두 함수 $f(x)$의 부정적분이므로

$F(x)=G(x)+C$ (C는 상수)라 하면

조건 ㈎에서 $C=2$

$\therefore F(x)=G(x)+2$

조건 ㈏에서 $G(5)=13$이므로

$F(5)=G(5)+2=15$

$\displaystyle\therefore \int_{1}^{5}f(x)dx=\left[F(x)\right]_{1}^{5}$

$\qquad\qquad\quad=F(5)-F(1)$

$\qquad\qquad\quad=15-3=12$

358

$f'(x)=3x^2+6x-4$이므로

$\displaystyle f(x)=\int(3x^2+6x-4)dx$

$\qquad\quad=x^3+3x^2-4x+C$

$\displaystyle\int_{0}^{2}f(x)dx=\int_{0}^{2}(x^3+3x^2-4x+C)dx$

$\qquad\qquad=\left[\dfrac{1}{4}x^4+x^3-2x^2+Cx\right]_{0}^{2}$

$\qquad\qquad=4+2C$

이므로 $4+2C=10$ $\quad\therefore C=3$

$\therefore f(x)=x^3+3x^2-4x+3$

359

$\displaystyle\int_{0}^{2}\dfrac{x^3}{x+1}dx-\int_{2}^{0}\dfrac{1}{t+1}dt=\int_{0}^{2}\dfrac{x^3}{x+1}dx+\int_{0}^{2}\dfrac{1}{x+1}dx$

$\qquad\qquad\qquad=\int_{0}^{2}\dfrac{x^3+1}{x+1}dx$

$\qquad\qquad\qquad=\int_{0}^{2}\dfrac{(x+1)(x^2-x+1)}{x+1}dx$

$\qquad\qquad\qquad=\int_{0}^{2}(x^2-x+1)dx$

$\qquad\qquad\qquad=\left[\dfrac{1}{3}x^3-\dfrac{1}{2}x^2+x\right]_{0}^{2}$

$\qquad\qquad\qquad=\dfrac{8}{3}-2+2=\dfrac{8}{3}$

360

$\displaystyle\int_{0}^{3}(x-1)^3f(x)dx$

$\displaystyle=\int_{0}^{3}(x^3-3x^2+3x-1)f(x)dx$

$\displaystyle=\int_{0}^{3}x^3f(x)dx-3\int_{0}^{3}x^2f(x)dx+3\int_{0}^{3}xf(x)dx-\int_{0}^{3}f(x)dx$

$=2-3\times3+3\times4-5=0$

361

$\displaystyle\int_{-1}^{3}(x+k)^2dx-\int_{-1}^{3}(x-k)^2dx$

$\displaystyle=\int_{-1}^{3}\{(x+k)^2-(x-k)^2\}dx$

$\displaystyle=\int_{-1}^{3}4kx\,dx=\left[2kx^2\right]_{-1}^{3}$

$=18k-2k=16k$

이므로 $16k=32$ $\quad\therefore k=2$

362

$\displaystyle\int_{4}^{2}f(x)dx=-6$에서 $\int_{2}^{4}f(x)dx=6$

$\displaystyle\therefore \int_{2}^{4}\{2f(x)-1\}^2dx$

$\displaystyle\quad=\int_{2}^{4}[4\{f(x)\}^2-4f(x)+1]dx$

$\displaystyle\quad=4\int_{2}^{4}\{f(x)\}^2dx-4\int_{2}^{4}f(x)dx+\int_{2}^{4}1dx$

$\quad=4\times15-4\times6+\left[x\right]_{2}^{4}$

$\quad=60-24+(4-2)=38$

363

$\displaystyle\int_{0}^{1}\{f(x)-g(x)\}dx=3$에서

$\displaystyle\int_{0}^{1}f(x)dx-\int_{0}^{1}g(x)dx=3 \qquad\qquad \cdots\cdots\ ㉠$

$\displaystyle\int_{0}^{1}\{2f(x)-3g(x)\}dx=4$에서

$$2\int_0^1 f(x)dx - 3\int_0^1 g(x)dx = 4 \qquad \cdots\cdots \ \text{ⓛ}$$

$\text{㉠} \times 2 - \text{ⓛ}$을 하면 $\displaystyle\int_0^1 g(x)dx = 2$

$\displaystyle\int_0^1 g(x)dx = 2$를 ㉠에 대입하면

$$\int_0^1 f(x)dx - 2 = 3 \qquad \therefore \int_0^1 f(x)dx = 5$$

$$\therefore \int_0^1 \{3f(x)+4g(x)\}dx = 3\int_0^1 f(x)dx + 4\int_0^1 g(x)dx$$
$$= 3\times 5 + 4\times 2 = 23$$

364

$$k\int_a^c x\,dx - \int_a^c x^2\,dx = \int_c^b x^2\,dx - k\int_c^b x\,dx \text{에서}$$

$$k\left(\int_a^c x\,dx + \int_c^b x\,dx\right) = \int_a^c x^2\,dx + \int_c^b x^2\,dx$$

$$k\int_a^b x\,dx = \int_a^b x^2\,dx$$

$$k\left[\frac{1}{2}x^2\right]_a^b = \left[\frac{1}{3}x^3\right]_a^b$$

$$\frac{1}{2}k(b^2-a^2) = \frac{1}{3}(b^3-a^3) \qquad \therefore k = \frac{2(b^3-a^3)}{3(b^2-a^2)}$$

이때 $a \neq b$이고 $a+b = (2-\sqrt{2})+(2+\sqrt{2}) = 4$,
$ab = (2-\sqrt{2})(2+\sqrt{2}) = 2$이므로

$$k = \frac{2(b^3-a^3)}{3(b^2-a^2)} = \frac{2}{3}\times\frac{a^2+ab+b^2}{a+b}$$
$$= \frac{2}{3}\times\frac{(a+b)^2-ab}{a+b}$$
$$= \frac{2}{3}\times\frac{4^2-2}{4} = \frac{7}{3}$$

365

$$\int_0^3 (3x^2-6x+1)dx + \int_3^4 (3t^2-6t+1)dt$$
$$= \int_0^3 (3x^2-6x+1)dx + \int_3^4 (3x^2-6x+1)dx$$
$$= \int_0^4 (3x^2-6x+1)dx$$
$$= \left[x^3-3x^2+x\right]_0^4$$
$$= 64-48+4 = 20$$

366

$$\int_0^5 f(x)dx - \int_1^7 f(x)dx + \int_5^7 f(x)dx$$
$$= \int_0^5 f(x)dx + \int_5^7 f(x)dx - \int_1^7 f(x)dx$$
$$= \int_0^7 f(x)dx + \int_7^1 f(x)dx = \int_0^1 f(x)dx$$
$$= \int_0^1 (6x^2+4x+1)dx$$
$$= \left[2x^3+2x^2+x\right]_0^1$$
$$= 2+2+1 = 5$$

367

$$\int_{-2}^a f(x)dx = \int_{-2}^0 f(x)dx \text{에서}$$
$$\int_{-2}^a f(x)dx - \int_{-2}^0 f(x)dx = 0$$
$$\int_{-2}^a f(x)dx + \int_0^{-2} f(x)dx = 0$$
$$\int_0^a f(x)dx = 0$$
$$\int_0^a (3x^2-16x-20)dx = \left[x^3-8x^2-20x\right]_0^a$$
$$= a^3-8a^2-20a$$

즉, $a^3-8a^2-20a = 0$이므로

$a(a^2-8a-20) = 0$, $a(a+2)(a-10) = 0$

$\therefore a = 0$ 또는 $a = -2$ 또는 $a = 10$

이때 a는 양수이므로 $a = 10$

368

$$\int_{-1}^2 xf(x)dx = \int_{-1}^0 xf(x)dx + \int_0^2 xf(x)dx$$
$$= \int_{-1}^0 (x^2+x)dx + \int_0^2 (x^3+x)dx$$
$$= \left[\frac{1}{3}x^3+\frac{1}{2}x^2\right]_{-1}^0 + \left[\frac{1}{4}x^4+\frac{1}{2}x^2\right]_0^2$$
$$= -\left(-\frac{1}{3}+\frac{1}{2}\right) + (4+2)$$
$$= \frac{35}{6}$$

369

$$f(x) = \begin{cases} 4 & (x \leq 1) \\ -2x+6 & (x \geq 1) \end{cases} \text{이므로}$$

$$\int_{-2}^4 f(x)dx = \int_{-2}^1 4\,dx + \int_1^4 (-2x+6)dx$$
$$= \left[4x\right]_{-2}^1 + \left[-x^2+6x\right]_1^4$$
$$= 4-(-8)+(-16+24)-(-1+6)$$
$$= 15$$

370

함수 $f(x)$가 실수 전체의 집합에서 연속이려면 $x=2$에서도 연속
이어야 하므로

$$\lim_{x\to 2+}(4x-6) = \lim_{x\to 2-}(x^2-6x+a)$$
$$8-6 = 4-12+a$$
$$\therefore a = 10$$

$$\therefore \int_0^3 f(x)dx = \int_0^2 (x^2-6x+10)dx + \int_2^3 (4x-6)dx$$
$$= \left[\frac{1}{3}x^3-3x^2+10x\right]_0^2 + \left[2x^2-6x\right]_2^3$$
$$= \left(\frac{8}{3}-12+20\right) + (18-18)-(8-12)$$
$$= \frac{44}{3}$$

따라서 $a=10$, $b=\dfrac{44}{3}$이므로

$$b-a=\dfrac{44}{3}-10=\dfrac{14}{3}$$

371

$|x^2-1|=\begin{cases} x^2-1 & (x\leq -1 \text{ 또는 } x\geq 1) \\ -x^2+1 & (-1\leq x\leq 1) \end{cases}$ 이므로

$\displaystyle\int_{-1}^{3}|x^2-1|dx$

$=\displaystyle\int_{-1}^{1}(-x^2+1)dx+\int_{1}^{3}(x^2-1)dx$

$=\left[-\dfrac{1}{3}x^3+x\right]_{-1}^{1}+\left[\dfrac{1}{3}x^3-x\right]_{1}^{3}$

$=\left(-\dfrac{1}{3}+1\right)-\left(\dfrac{1}{3}-1\right)+(9-3)-\left(\dfrac{1}{3}-1\right)$

$=8$

372

$|x-2|=\begin{cases} -x+2 & (x\leq 2) \\ x-2 & (x\geq 2) \end{cases}$ 이므로

$\displaystyle\int_{0}^{a}3x|x-2|dx$

$=\displaystyle\int_{0}^{2}(-3x^2+6x)dx+\int_{2}^{a}(3x^2-6x)dx$

$=\left[-x^3+3x^2\right]_{0}^{2}+\left[x^3-3x^2\right]_{2}^{a}$

$=(-8+12)+(a^3-3a^2)-(8-12)$

$=a^3-3a^2+8$

따라서 $a^3-3a^2+8=8$이므로

$a^2(a-3)=0$

$\therefore a=3 \ (\because a>2)$

373

$f(x)=\begin{cases} -2x & (x\leq -2) \\ 4 & (-2\leq x\leq 2) \\ 2x & (x\geq 2) \end{cases}$

이므로 함수 $y=f(x)$의 그래프는 오른쪽 그림과 같다.

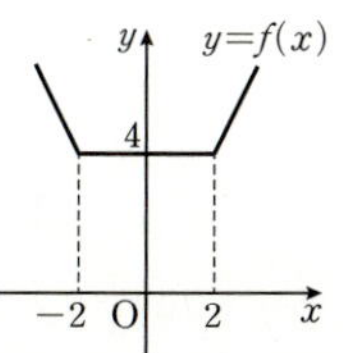

따라서 함수 $f(x)$의 최솟값은 4이므로

$k=4$

$2\leq x\leq 4$일 때, $f(x)=2x$이므로

$\displaystyle\int_{2}^{k}f(x)dx=\int_{2}^{4}2x\,dx$

$\qquad\qquad\quad =\left[x^2\right]_{2}^{4}$

$\qquad\qquad\quad =16-4=12$

374

$\displaystyle\int_{-2}^{2}f(x)dx$

$=\displaystyle\int_{-2}^{2}(1+2x+3x^2+\cdots+30x^{29})dx$

$=\displaystyle\int_{-2}^{2}(1+3x^2+\cdots+29x^{28})dx+\int_{-2}^{2}(2x+4x^3+\cdots+30x^{29})dx$

$=2\displaystyle\int_{0}^{2}(1+3x^2+\cdots+29x^{28})dx$

$=2\left[x+x^3+\cdots+x^{29}\right]_{0}^{2}$

$=2(2+2^3+2^5+\cdots+2^{29})$

$=2\times\dfrac{2(4^{15}-1)}{4-1}=\dfrac{4^{16}-4}{3}$

따라서 $p=16$, $q=-4$이므로

$p-q=16-(-4)=20$

375

$f(x)=ax+b \ (a, b$는 상수, $a\neq 0)$로 놓으면

$\displaystyle\int_{-1}^{1}(x^2+1)f(x)dx=\int_{-1}^{1}(x^2+1)(ax+b)dx$

$\qquad\qquad\qquad\qquad =\displaystyle\int_{-1}^{1}(ax^3+bx^2+ax+b)dx$

$\qquad\qquad\qquad\qquad =2\displaystyle\int_{0}^{1}(bx^2+b)dx$

$\qquad\qquad\qquad\qquad =2\left[\dfrac{b}{3}x^3+bx\right]_{0}^{1}$

$\qquad\qquad\qquad\qquad =2\left(\dfrac{b}{3}+b\right)=\dfrac{8}{3}b$

이므로 $\dfrac{8}{3}b=-8$

$\therefore b=-3$

이때 $f(1)=a+b=-1$이므로

$a-3=-1$

$\therefore a=2$

따라서 $f(x)=2x-3$이므로

$f(5)=10-3=7$

376

$\displaystyle\int_{-a}^{a}(x^3+3x^2+x+a)dx=2\int_{0}^{a}(3x^2+a)dx$

$\qquad\qquad\qquad\qquad\qquad =2\left[x^3+ax\right]_{0}^{a}$

$\qquad\qquad\qquad\qquad\qquad =2a^3+2a^2$

이므로 $2a^3+2a^2=(a+1)^2$

$2a^3+a^2-2a-1=0$

$(a+1)(2a+1)(a-1)=0$

$\therefore a=-1 \text{ 또는 } a=-\dfrac{1}{2} \text{ 또는 } a=1$

따라서 구하는 모든 실수 a의 값의 곱은

$-1\times\left(-\dfrac{1}{2}\right)\times 1=\dfrac{1}{2}$

377

조건 ⑺에서 $f(-x)=-f(x)$이므로

$$\int_{-4}^{4} f(x)dx=0$$

$g(x)=x^4 f(x)$로 놓으면

$$g(-x)=(-x)^4 f(-x)$$
$$=-x^4 f(x)=-g(x)$$

$h(x)=xf(x)$로 놓으면

$$h(-x)=-xf(-x)$$
$$=xf(x)=h(x)$$

즉, 함수 $y=x^4 f(x)$의 그래프는 원점에 대하여 대칭이고, 함수 $y=xf(x)$의 그래프는 y축에 대하여 대칭이므로

$$\int_{-4}^{4} x^4 f(x)dx=0,$$

$$\int_{-4}^{4} xf(x)dx=2\int_{0}^{4} xf(x)dx$$
$$=2\times3=6$$

$$\therefore \int_{-4}^{4}(3x^4+2x-3)f(x)dx$$
$$=3\int_{-4}^{4} x^4 f(x)dx+2\int_{-4}^{4} xf(x)dx-3\int_{-4}^{4} f(x)dx$$
$$=0+2\times6-0=12$$

378

조건 ⑺의 식의 x에 $x+1$을 대입하면

$$f(x+2)=f(x)$$

이므로 함수 $f(x)$의 주기는 2이다.

조건 ⑴의 식의 x에 $x+2$를 대입하면

$$f(x+1)=f(1-x)$$

이므로 $y=f(x)$의 그래프는 직선 $x=1$에 대하여 대칭이다.

즉, $\int_{0}^{1} f(x)dx=\int_{1}^{2} f(x)dx$이므로

$$\int_{0}^{2} f(x)dx=2\int_{0}^{1} f(x)dx$$

이고

$$\int_{0}^{2} f(x)dx=\int_{2}^{4} f(x)dx=\cdots=\int_{8}^{10} f(x)dx$$

$$\therefore \int_{1}^{10} f(x)dx=9\int_{0}^{1} f(x)dx$$
$$=9\int_{0}^{1} x^2 dx$$
$$=9\left[\frac{1}{3}x^3\right]_{0}^{1}$$
$$=9\times\frac{1}{3}=3$$

379

$f(-x)=f(x)$이므로 $g(x)=xf(x)$로 놓으면

$$g(-x)=-xf(-x)$$
$$=-xf(x)=-g(x)$$

즉, 함수 $y=xf(x)$의 그래프는 원점에 대하여 대칭이므로

$$\int_{-1}^{1} xf(x)dx=0$$

$$\therefore \int_{-1}^{1}(2x+5)f(x)dx=2\int_{-1}^{1} xf(x)dx+5\int_{-1}^{1} f(x)dx$$
$$=5\int_{-1}^{1} f(x)dx$$

즉, $5\int_{-1}^{1} f(x)dx=15$이므로

$$\int_{-1}^{1} f(x)dx=3$$

한편, $f(x+2)=f(x)$이므로

$$\int_{-4}^{-2} f(x)dx=\int_{-2}^{0} f(x)dx=\cdots=\int_{8}^{10} f(x)dx=\int_{-1}^{1} f(x)dx$$

$$\therefore \int_{-4}^{10} f(x)dx$$
$$=\int_{-4}^{-2} f(x)dx+\int_{-2}^{0} f(x)dx+\cdots+\int_{8}^{10} f(x)dx$$
$$=7\int_{-1}^{1} f(x)dx$$
$$=7\times3=21$$

380

조건 ⑺에서

$$\int_{0}^{1} g(x)dx=\int_{0}^{1} f(x)dx=\frac{1}{6}$$

$$\int_{-1}^{0} g(x)dx=\int_{-1}^{0}\{-f(x+1)+1\}dx$$
$$=-\int_{-1}^{0} f(x+1)dx+\int_{-1}^{0} dx$$
$$=-\int_{0}^{1} f(x)dx+\left[x\right]_{-1}^{0}$$
$$=-\frac{1}{6}-(-1)=\frac{5}{6}$$

$$\therefore \int_{-1}^{1} g(x)dx=\int_{-1}^{0} g(x)dx+\int_{0}^{1} g(x)dx$$
$$=\frac{5}{6}+\frac{1}{6}=1$$

조건 ⑴에서

$$\int_{-3}^{-1} g(x)dx=\int_{-1}^{1} g(x)dx,$$

$$\int_{1}^{2} g(x)dx=\int_{-1}^{0} g(x)dx$$이므로

$$\int_{-3}^{2} g(x)dx=\int_{-3}^{-1} g(x)dx+\int_{-1}^{1} g(x)dx+\int_{1}^{2} g(x)dx$$
$$=2\int_{-1}^{1} g(x)dx+\int_{-1}^{0} g(x)dx$$
$$=2\times1+\frac{5}{6}=\frac{17}{6}$$

381

$$\int_{0}^{2} f(t)dt=k\ (k는\ 상수) \qquad\qquad \cdots\cdots\ \text{㉠}$$

로 놓으면 $f(x)=4x^3-2x+k$

$f(t)=4t^3-2t+k$를 ㉠의 좌변에 대입하면

$$\int_0^2 (4t^3-2t+k)dt=\left[t^4-t^2+kt\right]_0^2$$
$$=16-4+2k=12+2k$$

이므로 $12+2k=k$ $\qquad \therefore k=-12$

따라서 $f(x)=4x^3-2x-12$이므로

$$f(2)=32-4-12=16$$

$f(x)=g(x)+\displaystyle\int_a^b f(t)dt$와 같이 적분 구간이 상수인 정적분을 포함하는 경우에는 $\displaystyle\int_a^b f(t)dt=k$ (k는 상수)로 놓고 $f(x)=g(x)+k$임을 이용한다.

382

$$\int_0^3 t f'(t)dt=k \ (k\text{는 상수}) \qquad\qquad \cdots\cdots \ \text{㉠}$$

로 놓으면 $f(x)=2x+k$

$f(t)=2t+k$에서 $f'(t)=2$를 ㉠의 좌변에 대입하면

$$\int_0^3 2t\,dt=\left[t^2\right]_0^3=9$$

이므로 $k=9$

따라서 $f(x)=2x+9$이므로

$$f(-1)=-2+9=7$$

383

$\displaystyle\int_0^1 f(t)dt=a,\ \int_0^1 t f'(t)dt=b\ (a,\,b\text{는 상수})$로 놓으면

$$f(x)=4x^3+2ax+b$$

$$\therefore f'(x)=12x^2+2a$$

$f(t)=4t^3+2at+b$를 $\displaystyle\int_0^1 f(t)dt=a$의 좌변에 대입하면

$$\int_0^1 (4t^3+2at+b)dt=\left[t^4+at^2+bt\right]_0^1$$
$$=1+a+b$$

이므로 $1+a+b=a$ $\qquad \therefore b=-1$

$f'(t)=12t^2+2a$를 $\displaystyle\int_0^1 t f'(t)dt=-1$의 좌변에 대입하면

$$\int_0^1 t(12t^2+2a)dt=\int_0^1 (12t^3+2at)dt$$
$$=\left[3t^4+at^2\right]_0^1$$
$$=3+a$$

이므로 $3+a=-1$ $\qquad \therefore a=-4$

따라서 $f(x)=4x^3-8x-1$이므로

$$f(2)=32-16-1=15$$

384

주어진 등식의 양변에 $x=2$를 대입하면

$$0=12-8+a \qquad \therefore a=-4$$

주어진 등식의 양변을 x에 대하여 미분하면

$$f(x)=6x-4 \qquad \therefore f(1)=6-4=2$$

$$\therefore a+f(1)=-4+2=-2$$

$\displaystyle\int_a^x f(t)dt=g(x)$ (a는 상수)와 같이 적분 구간에 변수 x가 있는 경우에는 양변을 x에 대하여 미분한다. 이때 $g(x)$가 미정계수를 포함하고 있으면 주어진 등식에 $x=a$를 대입한 후 $\displaystyle\int_a^a f(t)dt=0$임을 이용한다.

385

$f(x)=\displaystyle\int_x^{x+1} (t^3+2t)dt$의 양변을 x에 대하여 미분하면

$$f'(x)=\{(x+1)^3+2(x+1)\}-(x^3+2x)$$
$$=3x^2+3x+3$$

$$\therefore \int_0^2 f'(x)dx=\int_0^2 (3x^2+3x+3)dx$$
$$=\left[x^3+\frac{3}{2}x^2+3x\right]_0^2$$
$$=8+6+6=20$$

386

$\displaystyle\int_0^1 f(t)dt=k\ (k\text{는 상수})$로 놓으면

$$\int_0^x f(t)dt=x^3-2x^2-2kx \qquad\qquad \cdots\cdots \ \text{㉠}$$

㉠의 양변에 $x=1$을 대입하면

$$\int_0^1 f(t)dt=1-2-2k$$

$$k=-1-2k \qquad \therefore k=-\frac{1}{3}$$

㉠의 양변을 x에 대하여 미분하면

$$f(x)=3x^2-4x-2k=3x^2-4x+\frac{2}{3}$$

$$\therefore f(0)=\frac{2}{3}$$

387

$\displaystyle\int_1^x (x-t)f(t)dt=2x^3-ax^2+2x$에서

$$x\int_1^x f(t)dt-\int_1^x tf(t)dt=2x^3-ax^2+2x \qquad\qquad \cdots\cdots \ \text{㉠}$$

㉠의 양변에 $x=1$을 대입하면

$$0=2-a+2 \qquad \therefore a=4$$

㉠의 양변을 x에 대하여 미분하면

$$\int_1^x f(t)dt+xf(x)-xf(x)=6x^2-2ax+2$$

$$\therefore \int_1^x f(t)dt=6x^2-2ax+2 \qquad\qquad \cdots\cdots \ \text{㉡}$$

㉡의 양변을 다시 x에 대하여 미분하면

$$f(x)=12x-2a$$

따라서 $f(x)=12x-8$이므로

$$f(-1)=-12-8=-20$$

388

$f(x)=\int_{-1}^{x}(6t^2+at+b)dt$의 양변을 x에 대하여 미분하면

$f'(x)=6x^2+ax+b$

함수 $f(x)$가 $x=2$에서 극댓값 9를 가지므로

$f'(2)=0,\ f(2)=9$

$f'(2)=0$에서 $24+2a+b=0$

$\therefore 2a+b=-24$ …… ㉠

$f(2)=9$에서

$$\int_{-1}^{2}(6t^2+at+b)dt=\left[2t^3+\frac{a}{2}t^2+bt\right]_{-1}^{2}$$
$$=(16+2a+2b)-\left(-2+\frac{a}{2}-b\right)$$
$$=18+\frac{3}{2}a+3b$$
$$=9$$

$\therefore a+2b=-6$ …… ㉡

㉠, ㉡을 연립하여 풀면

$a=-14,\ b=4$

$\therefore a+b=-14+4=-10$

389

$y=f(x)$의 그래프가 두 점 $(-2,0)$, $(1,0)$을 지나므로

$f(x)=a(x+2)(x-1)\ (a>0)$

로 놓으면 이 그래프가 점 $(0,-2)$를 지나므로

$f(0)=-2a=-2$ $\therefore a=1$

$\therefore f(x)=(x+2)(x-1)=x^2+x-2$

$F(x)=\int_{-2}^{x}f(t)dt$의 양변을 x에 대하여 미분하면

$F'(x)=f(x)$

$y=f(x)$의 그래프에서 $f(1)=0$이고 $x=1$의 좌우에서 $f(x)$의 값이 음에서 양으로 바뀌므로 함수 $F(x)$는 $x=1$에서 극솟값을 갖는다.

따라서 함수 $F(x)$의 극솟값은

$$F(1)=\int_{-2}^{1}f(t)dt=\int_{-2}^{1}(t^2+t-2)dt$$
$$=\left[\frac{1}{3}t^3+\frac{1}{2}t^2-2t\right]_{-2}^{1}$$
$$=\left(\frac{1}{3}+\frac{1}{2}-2\right)-\left(-\frac{8}{3}+2+4\right)$$
$$=-\frac{9}{2}$$

390

$f(x)=\int_{0}^{x}(t-1)(t-2)dt$의 양변을 x에 대하여 미분하면

$f'(x)=(x-1)(x-2)$

$f'(x)=0$에서 $x=1$ 또는 $x=2$

함수 $f(x)$의 증가와 감소를 표로 나타내면 다음과 같다.

x	$\cdots$	1	$\cdots$	2	$\cdots$
$f'(x)$	$+$	0	$-$	0	$+$
$f(x)$	↗	극대	↘	극소	↗

따라서 함수 $f(x)$는 $x=1$에서 극댓값을 갖고, $x=2$에서 극솟값을 갖는다.

$$f(x)=\int_{0}^{x}(t^2-3t+2)dt$$
$$=\left[\frac{1}{3}t^3-\frac{3}{2}t^2+2t\right]_{0}^{x}$$
$$=\frac{1}{3}x^3-\frac{3}{2}x^2+2x$$

이므로

극댓값은 $f(1)=\dfrac{1}{3}-\dfrac{3}{2}+2=\dfrac{5}{6}$

극솟값은 $f(2)=\dfrac{8}{3}-6+4=\dfrac{2}{3}$

따라서 극댓값과 극솟값의 합은

$$\frac{5}{6}+\frac{2}{3}=\frac{3}{2}$$

391

$F(x)=\int_{0}^{x}f(t)dt$의 양변을 x에 대하여 미분하면

$F'(x)=f(x)=x^3-3x+a$

이때 함수 $F(x)$가 오직 하나의 극값을 가지려면 삼차방정식 $F'(x)=0$, 즉 $f(x)=0$이 오직 하나의 실근을 갖거나 하나의 실근과 중근을 가져야 한다.

즉, (극댓값)$\times$(극솟값)≥0이어야 한다.

$f(x)=x^3-3x+a$에서

$f'(x)=3x^2-3=3(x+1)(x-1)$

$f'(x)=0$에서 $x=-1$ 또는 $x=1$

즉, $f(x)$는 $x=-1$, $x=1$에서 극값을 가지므로

$f(-1)f(1)\geq0,\ (-1+3+a)(1-3+a)\geq0$

$(a+2)(a-2)\geq0$

$\therefore a\leq-2$ 또는 $a\geq2$

따라서 양수 a의 최솟값은 2이다.

392

$g(x)=\int_{-4}^{x}f(t)dt$의 양변을 x에 대하여 미분하면 $g'(x)=f(x)$

이므로

$$g'(x)=\begin{cases}3x^2+3x+a & (x<0)\\ 3x+a & (x\geq0)\end{cases}$$

함수 $g(x)$는 $x=2$에서 극솟값을 가지므로

$g'(2)=6+a=0$ $\therefore a=-6$

$\therefore g'(x)=\begin{cases} 3(x+2)(x-1) & (x<0) \\ 3(x-2) & (x\geq 0) \end{cases}$

함수 $g(x)$의 증가와 감소를 표로 나타내면 다음과 같다.

x	$\cdots$	-2	$\cdots$	2	$\cdots$
$g'(x)$	$+$	0	$-$	0	$+$
$g(x)$	↗	극대	↘	극소	↗

따라서 함수 $g(x)$의 극댓값은

$$g(-2)=\int_{-4}^{-2}(3t^2+3t-6)dt$$
$$=\left[t^3+\frac{3}{2}t^2-6t\right]_{-4}^{-2}$$
$$=(-8+6+12)-(-64+24+24)=26$$

393

$\displaystyle\int_{0}^{x}(x-t)f(t)dt=\frac{1}{4}x^4-3x^2$에서

$$x\int_{0}^{x}f(t)dt-\int_{0}^{x}tf(t)dt=\frac{1}{4}x^4-3x^2$$

위의 등식의 양변을 x에 대하여 미분하면

$$\int_{0}^{x}f(t)dt+xf(x)-xf(x)=x^3-6x$$

$$\therefore \int_{0}^{x}f(t)dt=x^3-6x$$

위의 등식의 양변을 다시 x에 대하여 미분하면

$$f(x)=3x^2-6$$

따라서 함수 $f(x)$는 $x=0$일 때, 최솟값 -6을 갖는다.

394

$f(x)=\displaystyle\int_{x}^{x+2}(t^3-4t)dt$의 양변을 x에 대하여 미분하면

$$f'(x)=\{(x+2)^3-4(x+2)\}-(x^3-4x)$$
$$=6x^2+12x=6x(x+2)$$

$f'(x)=0$에서 $x=-2$ 또는 $x=0$

$-2\leq x\leq 2$에서 함수 $f(x)$의 증가와 감소를 표로 나타내면 다음과 같다.

x	-2	$\cdots$	0	$\cdots$	2
$f'(x)$	0	$-$	0	$+$	
$f(x)$		↘	극소	↗	

$$f(-2)=\int_{-2}^{0}(t^3-4t)dt=\left[\frac{1}{4}t^4-2t^2\right]_{-2}^{0}$$
$$=-(4-8)=4$$
$$f(0)=\int_{0}^{2}(t^3-4t)dt=\left[\frac{1}{4}t^4-2t^2\right]_{0}^{2}$$
$$=4-8=-4$$
$$f(2)=\int_{2}^{4}(t^3-4t)dt=\left[\frac{1}{4}t^4-2t^2\right]_{2}^{4}$$
$$=(64-32)-(4-8)=36$$

따라서 $-2\leq x\leq 2$에서 함수 $f(x)$의 최댓값은 $M=36$, 최솟값은 $m=-4$이므로

$$M-m=36-(-4)=40$$

395

주어진 그래프에서 $f(x)=ax(x-3)$ $(a>0)$으로 놓을 수 있다.

$g(x)=\displaystyle\int_{x}^{x+1}f(t)dt$의 양변을 x에 대하여 미분하면

$$g'(x)=f(x+1)-f(x)$$
$$=a(x+1)(x-2)-ax(x-3)$$
$$=2a(x-1)$$

$g'(x)=0$에서 $x=1$

이때 $a>0$이므로 함수 $g(x)$의 증가와 감소를 표로 나타내면 다음과 같다.

x	$\cdots$	1	$\cdots$
$g'(x)$	$-$	0	$+$
$g(x)$	↘	극소	↗

따라서 함수 $g(x)$는 $x=1$에서 극소이면서 최소이므로 $g(x)$의 최솟값은 $g(1)$이다.

396

$f(x)=\displaystyle\int_{-2}^{x}(2-|t|)dt$의 양변을 x에 대하여 미분하면

$$f'(x)=2-|x|$$

$f'(x)=0$에서 $x=2$ $(\because 0\leq x\leq 4)$

닫힌구간 $[0, 4]$에서 함수 $f(x)$의 증가와 감소를 표로 나타내면 다음과 같다.

x	0	$\cdots$	2	$\cdots$	4
$f'(x)$		$+$	0	$-$	
$f(x)$		↗	극대	↘	

따라서 함수 $f(x)$는 $x=2$에서 극대이면서 최대이므로 최댓값은

$$f(2)=\int_{-2}^{2}(2-|t|)dt$$
$$=\int_{-2}^{0}(2-|t|)dt+\int_{0}^{2}(2-|t|)dt$$
$$=\int_{-2}^{0}(2+t)dt+\int_{0}^{2}(2-t)dt$$
$$=\left[2t+\frac{1}{2}t^2\right]_{-2}^{0}+\left[2t-\frac{1}{2}t^2\right]_{0}^{2}$$
$$=-(-4+2)+(4-2)$$
$$=4$$

다른 풀이 $0\leq x\leq 4$이므로

$$f(x)=\int_{-2}^{x}(2-|t|)dt$$
$$=\int_{-2}^{0}(2-|t|)dt+\int_{0}^{x}(2-|t|)dt$$
$$=\int_{-2}^{0}(2+t)dt+\int_{0}^{x}(2-t)dt$$
$$=\left[2t+\frac{1}{2}t^2\right]_{-2}^{0}+\left[2t-\frac{1}{2}t^2\right]_{0}^{x}$$
$$=-\frac{1}{2}x^2+2x+2$$
$$=-\frac{1}{2}(x-2)^2+4$$

따라서 함수 $f(x)$는 $x=2$에서 최댓값 4를 갖는다.

397

함수 $f(x)$의 한 부정적분을 $F(x)$라 하면

$$\lim_{x\to 2}\frac{1}{x-2}\int_2^x f(t)dt=\lim_{x\to 2}\frac{F(x)-F(2)}{x-2}$$
$$=F'(2)=f(2)$$
$$=8-2+3=9$$

398

함수 $f(x)$의 한 부정적분을 $F(x)$라 하면

$$\lim_{x\to 1}\frac{1}{x-1}\int_1^{x^2} f(t)dt=\lim_{x\to 1}\frac{F(x^2)-F(1)}{x-1}$$
$$=\lim_{x\to 1}\left\{\frac{F(x^2)-F(1)}{x^2-1}\times(x+1)\right\}$$
$$=2F'(1)=2f(1)$$
$$=2\times(4+3-1)=12$$

399

함수 $f(x)$의 한 부정적분을 $F(x)$라 하면

$$\lim_{x\to 2}\frac{1}{x^3-8}\int_2^x f(t)dt=\lim_{x\to 2}\frac{F(x)-F(2)}{x^3-8}$$
$$=\lim_{x\to 2}\left\{\frac{F(x)-F(2)}{x-2}\times\frac{1}{x^2+2x+4}\right\}$$
$$=\frac{1}{12}F'(2)=\frac{1}{12}f(2)$$
$$=\frac{1}{12}\times(8+16-10+2)=\frac{4}{3}$$

400

$f(x)=3x^2+2x-a$로 놓고 함수 $f(x)$의 한 부정적분을 $F(x)$라 하면

$$\lim_{h\to 0}\frac{1}{h}\int_{1-h}^{1+h}(3t^2+2t-a)dt$$
$$=\lim_{h\to 0}\frac{1}{h}\int_{1-h}^{1+h}f(t)dt$$
$$=\lim_{h\to 0}\frac{F(1+h)-F(1-h)}{h}$$
$$=\lim_{h\to 0}\frac{\{F(1+h)-F(1)\}-\{F(1-h)-F(1)\}}{h}$$
$$=\lim_{h\to 0}\frac{F(1+h)-F(1)}{h}+\lim_{h\to 0}\frac{F(1-h)-F(1)}{-h}$$
$$=F'(1)+F'(1)$$
$$=2F'(1)=2f(1)$$
$$=2(3+2-a)=10-2a$$

이므로 $10-2a=8$ $\therefore a=1$

401

$g(x)=\int_1^x (x-t)f(t)dt$라 하면

$$\lim_{x\to 2}\frac{g(x)}{x-2}=3$$

$x\longrightarrow 2$일 때 (분모) $\longrightarrow 0$이고 극한값이 존재하므로
(분자) $\longrightarrow 0$이어야 한다.

즉, $\lim_{x\to 2}g(x)=0$이므로 $g(2)=0$

$$\lim_{x\to 2}\frac{g(x)}{x-2}=\lim_{x\to 2}\frac{g(x)-g(2)}{x-2}=g'(2)$$
$$\therefore g'(2)=3$$

$g(x)=\int_1^x (x-t)f(t)dt$에서

$$g(x)=x\int_1^x f(t)dt-\int_1^x tf(t)dt \qquad\cdots\cdots\ \text{㉠}$$

양변을 x에 대하여 미분하면

$$g'(x)=\int_1^x f(t)dt+xf(x)-xf(x)$$
$$\therefore g'(x)=\int_1^x f(t)dt$$

위의 등식의 양변에 $x=2$를 대입하면

$$g'(2)=\int_1^2 f(t)dt \qquad \therefore \int_1^2 f(t)dt=3$$

㉠의 양변에 $x=2$를 대입하면

$$g(2)=2\int_1^2 f(t)dt-\int_1^2 tf(t)dt$$
$$0=2\times 3-\int_1^2 tf(t)dt$$
$$\therefore \int_1^2 tf(t)dt=6$$
$$\therefore \int_1^2 (4x+1)f(x)dx=4\int_1^2 xf(x)dx+\int_1^2 f(x)dx$$
$$=4\times 6+3=27$$

● 108쪽

402 (1) $f(x)=-6x^2+12x$ (2) -18 **403** 4

404 $f(x)=\dfrac{3}{2}x^2-6x+\dfrac{5}{2}$ **405** 22

402

(1) $f(0)=0$이고 $f(x)$가 이차함수이므로

$$f(x)=ax^2+bx\ (a,\,b\text{는 상수},\,a\neq 0) \qquad\cdots\cdots\ \text{㉠}$$

로 놓을 수 있다.

조건 (개)에서

$$\int_0^2 |f(x)|dx=\int_0^2 f(x)dx=8 \qquad\cdots\cdots\ \text{㉡}$$

이므로 구간 $[0,\,2]$에서 $f(x)\geq 0$이다.

또, 조건 (내)에서 $\int_2^3 |f(x)|dx=-\int_2^3 f(x)dx$이므로 구간 $[2,\,3]$에서 $f(x)\leq 0$이다.

따라서 $f(2)=0$이므로 ㉠에서

$$4a+2b=0$$
$$\therefore b=-2a$$

즉, $f(x)=ax^2-2ax$이므로 ㉡에서

$$\int_0^2 (ax^2 - 2ax)dx = \left[\frac{a}{3}x^3 - ax^2\right]_0^2$$
$$= \frac{8}{3}a - 4a = -\frac{4}{3}a$$

즉, $-\frac{4}{3}a = 8$이므로 $a = -6$

$$\therefore f(x) = -6x^2 + 12x \qquad\qquad \cdots\cdots \text{㉮}$$

(2) $f(3) = -6 \times 9 + 12 \times 3 = -18 \qquad \cdots\cdots \text{㉯}$

	채점 기준	배점 비율
(1)	㉮ $f(x)$ 구하기	80 %
(2)	㉯ $f(3)$의 값 구하기	20 %

403

$f(-x) = -f(x)$에서 $f(0) = 0$

$\therefore h(0) = f(0)g(0) = 0 \qquad\qquad \cdots\cdots \text{㉮}$

한편, $h(x) = f(x)g(x)$에서

$$h(-x) = f(-x)g(-x)$$
$$= -f(x)g(x)$$
$$= -h(x)$$

이므로 함수 $y = h(x)$의 그래프는 원점에 대하여 대칭이다.
이때 함수 $y = h'(x)$의 그래프가 y축에 대하여 대칭이므로 함수
$y = xh'(x)$의 그래프는 원점에 대하여 대칭이다. $\qquad \cdots\cdots \text{㉯}$

$$\therefore \int_{-5}^{5}(x+2)h'(x)dx = \int_{-5}^{5}xh'(x)dx + \int_{-5}^{5}2h'(x)dx$$
$$= 2\int_0^5 2h'(x)dx \left(\because \int_{-5}^{5}xh'(x)dx = 0\right)$$
$$= 4\Big[h(x)\Big]_0^5$$
$$= 4\{h(5) - h(0)\}$$

즉, $4\{h(5) - h(0)\} = 16$이므로

$h(5) = h(0) + 4 = 0 + 4 = 4 \qquad\qquad \cdots\cdots \text{㉰}$

채점 기준	배점 비율
㉮ $h(0)$의 값 구하기	30 %
㉯ 함수 $y = h'(x)$, $y = xh'(x)$의 그래프가 y축 또는 원점에 대하여 대칭임을 알기	30 %
㉰ $h(5)$의 값 구하기	40 %

404

주어진 등식의 양변에 $x = 1$을 대입하면

$f(1) = 1 - 3 + 0 = -2 \qquad\qquad \cdots\cdots \text{㉮}$

주어진 등식의 양변을 x에 대하여 미분하면

$$f(x) + xf'(x) = 3x^2 - 6x + f(x)$$
$$xf'(x) = 3x^2 - 6x$$
$$\therefore f'(x) = 3x - 6 \qquad\qquad \cdots\cdots \text{㉯}$$

$$f(x) = \int f'(x)dx$$
$$= \int (3x - 6)dx$$
$$= \frac{3}{2}x^2 - 6x + C$$

이때 $f(1) = -2$이므로

$\frac{3}{2} - 6 + C = -2 \qquad \therefore C = \frac{5}{2}$

$$\therefore f(x) = \frac{3}{2}x^2 - 6x + \frac{5}{2} \qquad\qquad \cdots\cdots \text{㉰}$$

채점 기준	배점 비율
㉮ $f(1)$의 값 구하기	20 %
㉯ $f'(x)$ 구하기	40 %
㉰ $f(x)$ 구하기	40 %

405

$f(x) = \int_0^x (t^3 - 2t + 1)dt$의 양변을 x에 대하여 미분하면

$$f'(x) = x^3 - 2x + 1 \qquad\qquad \cdots\cdots \text{㉮}$$

$$\therefore \lim_{h \to 0}\frac{1}{h}\int_3^{3+h}f'(t)dt = \lim_{h \to 0}\frac{f(3+h) - f(3)}{h}$$
$$= f'(3) \qquad\qquad \cdots\cdots \text{㉯}$$
$$= 27 - 6 + 1 = 22 \qquad\qquad \cdots\cdots \text{㉰}$$

채점 기준	배점 비율
㉮ $f'(x)$ 구하기	30 %
㉯ 주어진 식을 미분계수로 나타내기	50 %
㉰ 주어진 식의 값 구하기	20 %

● 109쪽 ~ 111쪽

1등급 실력 완성

406 ①	407 ③	408 ②	409 ③	410 ③
411 ③	412 -3	413 ⑤	414 16	415 9
416 ④	417 ②	418 9	419 20	

406

미적분의 기본정리

전략 조건 ㈎의 식에 $x = 0$, $x = 2$를 대입하여 함수 $f(x)$의 식을 구한다.

풀이 $f(1+x) + f(1-x) = 0$에 $x = 0$을 대입하면

$f(1) + f(1) = 0 \qquad \therefore f(1) = 0$

$f(x)$는 최고차항의 계수가 1인 삼차함수이므로

$f(x) = (x-1)(x^2 + ax + b)$ (a, b는 상수)

로 놓으면 조건 ㈏에서

$$\int_{-1}^{3}f'(x)dx = \Big[f(x)\Big]_{-1}^{3}$$
$$= f(3) - f(-1) = 12 \qquad\qquad \cdots\cdots \text{㉠}$$

$f(1+x) + f(1-x) = 0$에 $x = 2$를 대입하면

$f(3) + f(-1) = 0 \qquad\qquad \cdots\cdots \text{㉡}$

㉠, ㉡을 연립하여 풀면

$f(3) = 6$, $f(-1) = -6$

$f(3) = 2(9 + 3a + b) = 6$에서

$3a + b = -6 \qquad\qquad \cdots\cdots \text{㉢}$

$f(-1)=-2(1-a+b)=-6$에서

$a-b=-2$ $\qquad\qquad$ ······ ㉣

㉢, ㉣을 연립하여 풀면

$a=-2,\ b=0$

따라서 $f(x)=(x-1)(x^2-2x)$이므로

$f(4)=3\times(16-8)=24$

407

정적분의 계산; 적분 구간이 같은 경우

(전략) 피적분함수를 변형하여 정적분을 k에 대한 식으로 나타낸다.

(풀이) $\int_0^1 f(x)dx=1,\ \int_0^1 xf(x)dx=3$이므로

$\int_0^1 (x-k)^2 f(x)dx$

$=\int_0^1 (x^2-2kx+k^2)f(x)dx$

$=\int_0^1 x^2 f(x)dx-2k\int_0^1 xf(x)dx+k^2\int_0^1 f(x)dx$

$=\int_0^1 x^2 f(x)dx-6k+k^2$

$=(k-3)^2-9+\int_0^1 x^2 f(x)dx$

이때 $\int_0^1 x^2 f(x)dx$는 상수이므로 정적분 $\int_0^1 (x-k)^2 f(x)dx$의 값은 $k=3$일 때 최소가 된다.

408

구간에 따라 다르게 정의된 함수의 정적분

➕ 절댓값 기호가 포함된 함수의 정적분

(전략) 주어진 그래프를 보고 우선 함수 $f(x)$의 식을 구한다.

(풀이) $f(x)=\begin{cases} x+1 & (x\leq 0) \\ 1 & (0\leq x\leq 1) \\ -x+2 & (x\geq 1) \end{cases}$

이므로

$\int_{-1}^2 |x|f(x)dx$

$=\int_{-1}^0 (-x)f(x)dx+\int_0^2 xf(x)dx$

$=\int_{-1}^0 \{-x(x+1)\}dx+\int_0^1 xdx+\int_1^2 x(-x+2)dx$

$=\int_{-1}^0 (-x^2-x)dx+\int_0^1 xdx+\int_1^2 (-x^2+2x)dx$

$=\left[-\dfrac{1}{3}x^3-\dfrac{1}{2}x^2\right]_{-1}^0+\left[\dfrac{1}{2}x^2\right]_0^1+\left[-\dfrac{1}{3}x^3+x^2\right]_1^2$

$=-\left(\dfrac{1}{3}-\dfrac{1}{2}\right)+\dfrac{1}{2}+\left\{\left(-\dfrac{8}{3}+4\right)-\left(-\dfrac{1}{3}+1\right)\right\}$

$=\dfrac{4}{3}$

409

절댓값 기호가 포함된 함수의 정적분

(전략) $h(x)=f(x)-g(x)$로 놓고 $h(x)$가 증가함수인지 감소함수인지 알아본다.

(풀이) $h(x)=f(x)-g(x)$로 놓으면 조건 (가)에서 모든 실수 x에 대하여 $f'(x)<g'(x)$, 즉 $h'(x)=f'(x)-g'(x)<0$이므로 함수 $h(x)$는 감소함수이다.

또, 조건 (나)에서 $f(2)=g(2)$이므로

$h(2)=f(2)-g(2)=0$

즉, $x\leq 2$일 때 $h(x)\geq 0$이고, $x>2$일 때 $h(x)<0$이므로

$\int_0^2 |h(x)|dx=\int_0^2 h(x)dx$에서

$\int_0^2 |f(x)-g(x)|dx=\int_0^2 \{f(x)-g(x)\}dx=3$

$\int_2^5 |h(x)|dx=-\int_2^5 h(x)dx$에서

$\int_2^5 |f(x)-g(x)|dx=-\int_2^5 \{f(x)-g(x)\}dx=12$

$\therefore \int_2^5 \{f(x)-g(x)\}dx=-12$

$\therefore \int_0^5 \{f(x)-g(x)\}dx$

$\quad=\int_0^2 \{f(x)-g(x)\}dx+\int_2^5 \{f(x)-g(x)\}dx$

$\quad=3+(-12)$

$\quad=-9$

410

절댓값 기호가 포함된 함수의 정적분

(전략) 절댓값 기호 안의 식을 0으로 하는 x의 값을 경계로 적분 구간을 나눈다.

(풀이) $|x-a|=\begin{cases} -x+a & (x\leq a) \\ x-a & (x\geq a) \end{cases}$

$0<a<1$이므로

$\int_0^1 x|x-a|dx$

$=\int_0^a x(-x+a)dx+\int_a^1 x(x-a)dx$

$=\int_0^a (-x^2+ax)dx+\int_a^1 (x^2-ax)dx$

$=\left[-\dfrac{1}{3}x^3+\dfrac{a}{2}x^2\right]_0^a+\left[\dfrac{1}{3}x^3-\dfrac{a}{2}x^2\right]_a^1$

$=\left(-\dfrac{a^3}{3}+\dfrac{a^3}{2}\right)+\left(\dfrac{1}{3}-\dfrac{a}{2}\right)-\left(\dfrac{a^3}{3}-\dfrac{a^3}{2}\right)$

$=\dfrac{a^3}{3}-\dfrac{a}{2}+\dfrac{1}{3}$

$f(a)=\dfrac{a^3}{3}-\dfrac{a}{2}+\dfrac{1}{3}$로 놓으면

$f'(a)=a^2-\dfrac{1}{2}=\left(a+\dfrac{\sqrt{2}}{2}\right)\left(a-\dfrac{\sqrt{2}}{2}\right)$

$f'(a)=0$에서 $a=\dfrac{\sqrt{2}}{2}$ $(\because 0<a<1)$

$0<a<1$에서 함수 $f(a)$의 증가와 감소를 표로 나타내면 다음과 같다.

a	(0)	$\cdots$	$\dfrac{\sqrt{2}}{2}$	$\cdots$	(1)
$f'(a)$		$-$	0	$+$	
$f(a)$		$\searrow$	극소	$\nearrow$	

따라서 $0<a<1$에서 함수 $f(a)$는 $a=\dfrac{\sqrt{2}}{2}$일 때 극소이면서 최소이다.

411

정적분을 포함한 등식; 적분 구간이 상수인 경우

(전략) 정적분의 성질을 이용하여 우선 주어진 등식의 우변을 정리한다.

(풀이)
$$f(x)=4x+\int_0^3 f(t)dt-\int_0^5 f(t)dt$$
$$=4x+\int_5^0 f(t)dt+\int_0^3 f(t)dt$$
$$=4x+\int_5^3 f(t)dt$$
$$=4x-\int_3^5 f(t)dt$$

이므로 $a=4,\ b=-\displaystyle\int_3^5 f(t)dt$

이때 $f(t)=4t+b$이므로

$$b=-\int_3^5 (4t+b)dt$$
$$=-\Big[2t^2+bt\Big]_3^5$$
$$=-(50+5b)+(18+3b)$$
$$=-2b-32$$

즉, $3b=-32$이므로 $b=-\dfrac{32}{3}$

$$\therefore a+b=4+\left(-\dfrac{32}{3}\right)=-\dfrac{20}{3}$$

412

정적분을 포함한 등식; 적분 구간이 상수인 경우

(전략) $\displaystyle\int_0^2 g(t)dt=k$로 놓고, $f(x)=4x^3-3x^2+k$임을 이용한다.

(풀이) $f(x)=4x^3-3x^2+\displaystyle\int_0^2 g(t)dt$에서

$$\int_0^2 g(t)dt=k \ (k는\ 상수) \qquad \cdots\cdots ㉠$$

로 놓으면 $f(x)=4x^3-3x^2+k$

$f(t)=4t^3-3t^2+k$를 $g(x)=3x^2+x+3\displaystyle\int_0^1 f(t)dt$에 대입하면

$$g(x)=3x^2+x+3\int_0^1 (4t^3-3t^2+k)dt$$
$$=3x^2+x+3\Big[t^4-t^3+kt\Big]_0^1$$
$$=3x^2+x+3k$$

즉, $g(t)=3t^2+t+3k$를 ㉠의 좌변에 대입하면

$$\int_0^2 (3t^2+t+3k)dt=\Big[t^3+\dfrac{1}{2}t^2+3kt\Big]_0^2$$
$$=10+6k$$

이므로 $10+6k=k$

$$\therefore k=-2$$

따라서 $f(x)=4x^3-3x^2-2,\ g(x)=3x^2+x-6$이므로

$$f(1)+g(1)=(-1)+(-2)=-3$$

413

정적분을 포함한 등식; 적분 구간에 변수가 있는 경우

(전략) 주어진 등식의 양변을 x에 대하여 미분하고, $f(x)=ax^2+bx+c\ (a,\ b,\ c는\ 상수,\ a\neq0)$로 놓는다.

(풀이) 주어진 등식의 양변을 x에 대하여 미분하면

$$xf(x)+f(x)=2x^3+f(x)+xf'(x)$$
$$xf(x)=2x^3+xf'(x)$$
$$\therefore f(x)=2x^2+f'(x) \qquad \cdots\cdots ㉠$$

$f(x)$가 이차함수이므로

$$f(x)=ax^2+bx+c\ (a,\ b,\ c는\ 상수,\ a\neq0)$$

로 놓으면 $f'(x)=2ax+b$

$f(x)$와 $f'(x)$를 ㉠에 대입하면

$$ax^2+bx+c=2x^2+2ax+b$$

위의 등식은 x에 대한 항등식이므로

$$a=2,\ b=2a=4,\ c=b=4$$

따라서 $f(x)=2x^2+4x+4$이므로

$$f(-1)=2-4+4=2$$

414

정적분을 포함한 등식; 적분 구간에 변수가 있는 경우

(전략) $f(x)=3x^2+ax+b\ (a,\ b는\ 상수)$로 놓고 정적분의 성질을 이용한다.

(풀이) $f(x)=3x^2+ax+b\ (a,\ b는\ 상수)$로 놓으면

$$\int_0^x f(t)dt=2x^3+\int_0^{-x} f(t)dt$$에서

$$2x^3=-\int_0^{-x} f(t)dt+\int_0^x f(t)dt$$
$$=\int_{-x}^0 f(t)dt+\int_0^x f(t)dt$$
$$=\int_{-x}^x f(t)dt$$
$$=\int_{-x}^x (3t^2+at+b)dt$$
$$=\Big[t^3+\dfrac{a}{2}t^2+bt\Big]_{-x}^x$$
$$=2x^3+2bx$$

모든 실수 x에 대하여 $2x^3=2x^3+2bx$이므로

$$2b=0 \qquad \therefore b=0$$

$f(1)=3+a+b=5$에서 $a=2$

따라서 $f(x)=3x^2+2x$이므로

$$f(2)=12+4=16$$

415

정적분을 포함한 등식; 적분 구간에 변수가 있는 경우

(전략) 주어진 식에 $x=a$를 대입하여 조건에 맞는 a의 값을 구한다.

(풀이) $(x-a)\displaystyle\int_a^x f(t)dt=x^3+3x^2-4$에서

$$(x-a)\int_a^x f(t)dt=(x-1)(x+2)^2 \qquad \cdots\cdots ㉠$$

㉠의 양변에 $x=a$를 대입하면

$$0=(a-1)(a+2)^2$$
$$\therefore a=1\ 또는\ a=-2$$

(i) $a=1$일 때,

㉠에서 $(x-1)\displaystyle\int_{1}^{x}f(t)dt=(x-1)(x+2)^2$

이고 함수 $f(x)$는 다항함수이므로

$$\int_{1}^{x}f(t)dt=(x+2)^2 \qquad \cdots\cdots ㉡$$

이때 ㉡의 양변에 $x=1$을 대입하면 $0=9$이므로 모순이다.

(ii) $a=-2$일 때,

㉠에서 $(x+2)\displaystyle\int_{-2}^{x}f(t)dt=(x-1)(x+2)^2$

이고 함수 $f(x)$는 다항함수이므로

$$\int_{-2}^{x}f(t)dt=(x-1)(x+2) \qquad \cdots\cdots ㉢$$

㉢의 양변에 $x=-2$를 대입하면 등식이 성립한다.

(i), (ii)에 의하여 $a=-2$이고 $\displaystyle\int_{-2}^{x}f(t)dt=(x-1)(x+2)$, 즉

$\displaystyle\int_{-2}^{x}f(t)dt=x^2+x-2$이므로 양변을 x에 대하여 미분하면

$f(x)=2x+1$

$\therefore a+f(5)=-2+11=9$

416

정적분으로 정의된 함수의 극대·극소

(전략) 주어진 등식의 양변을 x에 대하여 미분한 후 $y=f(x)$의 그래프를 이용하여 $y=F(x)$의 그래프를 그린다.

(풀이) $F(x)=\displaystyle\int_{b}^{x}f(t)dt$의 양변을 x에 대하여 미분하면

$F'(x)=f(x)$

$F'(x)=0$, 즉 $f(x)=0$에서

$x=a$ 또는 $x=b$ 또는 $x=c$

함수 $F(x)$의 증가와 감소를 표로 나타내면 다음과 같다.

x	$\cdots$	a	$\cdots$	b	$\cdots$	c	$\cdots$
$F'(x)$	$+$	0	$-$	0	$+$	0	$-$
$F(x)$	↗	극대	↘	극소	↗	극대	↘

이때 $F(b)=\displaystyle\int_{b}^{b}f(t)dt=0$이므로

$y=F(x)$의 그래프는 오른쪽 그림과 같다.

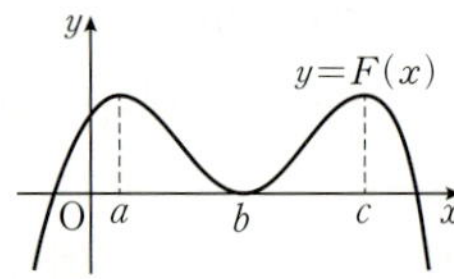

따라서 방정식 $F(x)=0$의 서로 다른 실근의 개수는 3이다.

417

정적분으로 정의된 함수의 극대·극소

(전략) 주어진 등식의 양변을 x에 대하여 미분하고 함수 $f(x)$가 극댓값을 갖는 x의 값을 찾는다.

(풀이) $f(x)=\displaystyle\int_{-1}^{x}(|t|-1)(t-k)dt$의 양변을 x에 대하여 미분하면

$f'(x)=(|x|-1)(x-k)$

$f'(x)=0$에서

$x=-1$ 또는 $x=1$ 또는 $x=k$

$x\geq-1$에서 함수 $f(x)$의 증가와 감소를 표로 나타내면 다음과 같다.

x	-1	$\cdots$	1	$\cdots$	k	$\cdots$
$f'(x)$	0	$+$	0	$-$	0	$+$
$f(x)$		↗	극대	↘	극소	↗

따라서 함수 $f(x)$는 $x=1$에서 극댓값을 갖는다.

$\displaystyle f(1)=\int_{-1}^{1}(|t|-1)(t-k)dt$

$\displaystyle \quad=\int_{-1}^{0}(-t-1)(t-k)dt+\int_{0}^{1}(t-1)(t-k)dt$

$\displaystyle \quad=-\int_{-1}^{0}(t+1)(t-k)dt+\int_{0}^{1}(t-1)(t-k)dt$

$\displaystyle \quad=\int_{-1}^{0}\{t^2-(k-1)t-k\}dt+\int_{0}^{1}\{t^2-(k+1)t+k\}dt$

$\displaystyle \quad=\left[\frac{1}{3}t^3-\frac{k-1}{2}t^2-kt\right]_{0}^{-1}+\left[\frac{1}{3}t^3-\frac{k+1}{2}t^2+kt\right]_{0}^{1}$

$\displaystyle \quad=\left(-\frac{1}{3}-\frac{k-1}{2}+k\right)+\left(\frac{1}{3}-\frac{k+1}{2}+k\right)$

$\displaystyle \quad=k$

함수 $f(x)$의 극댓값이 3이므로 $k=3$

$\therefore f(k)=f(3)$

$\displaystyle \qquad=\int_{-1}^{3}(|t|-1)(t-3)dt$

$\displaystyle \qquad=\int_{-1}^{0}(-t-1)(t-3)dt+\int_{0}^{3}(t-1)(t-3)dt$

$\displaystyle \qquad=\int_{0}^{-1}(t^2-2t-3)dt+\int_{0}^{3}(t^2-4t+3)dt$

$\displaystyle \qquad=\left[\frac{1}{3}t^3-t^2-3t\right]_{0}^{-1}+\left[\frac{1}{3}t^3-2t^2+3t\right]_{0}^{3}$

$\displaystyle \qquad=\left(-\frac{1}{3}-1+3\right)+(9-18+9)$

$\displaystyle \qquad=\frac{5}{3}$

418

정적분으로 정의된 함수의 최대·최소

(전략) 주어진 그래프를 이용하여 $f(x)$를 구한 후 $g'(x)=0$을 만족시키는 x의 값을 구한다.

(풀이) 주어진 그래프에서

$f(x)=a(x-1)(x-5)\ (a<0)$

로 놓을 수 있다.

$g(x)=\displaystyle\int_{x}^{x+2}f(t)dt$의 양변을 x에 대하여 미분하면

$g'(x)=f(x+2)-f(x)$

$\quad=a(x+1)(x-3)-a(x-1)(x-5)$

$\quad=4a(x-2)$

$g'(x)=0$에서 $x=2$

이때 $a<0$이므로 함수 $g(x)$의 증가와 감소를 표로 나타내면 다음과 같다.

x	$\cdots$	2	$\cdots$
$g'(x)$	$+$	0	$-$
$g(x)$	↗	극대	↘

따라서 함수 $g(x)$는 $x=2$에서 극대이면서 최대이므로 $g(x)$의 최댓값은

$$g(2)=\int_2^4 f(t)dt=\int_2^4 a(t-1)(t-5)dt$$
$$=a\int_2^4 (t^2-6t+5)dt$$
$$=a\left[\frac{1}{3}t^3-3t^2+5t\right]_2^4$$
$$=a\left(\frac{64}{3}-48+20\right)-a\left(\frac{8}{3}-12+10\right)$$
$$=-\frac{22}{3}a$$

즉, $-\dfrac{22}{3}a=22$이므로 $a=-3$

따라서 $f(x)=-3(x-1)(x-5)$이므로
$$f(4)=(-3)\times 3\times(-1)=9$$

419

정적분을 포함한 등식; 적분 구간에 변수가 있는 경우

⊕ 정적분으로 정의된 함수의 극한

[전략] 주어진 등식의 우변을 변형한 후 양변을 x에 대하여 미분한다.

[풀이] $g(x)=\displaystyle\int_0^x (x-t)f(t)dt+\int_0^1 f(t)dt$에서

$$g(x)=x\int_0^x f(t)dt-\int_0^x tf(t)dt+\int_0^1 f(t)dt \qquad \cdots\cdots ㉠$$

㉠의 양변을 x에 대하여 미분하면

$$g'(x)=\int_0^x f(t)dt+xf(x)-xf(x)=\int_0^x f(t)dt$$

$$\therefore \lim_{x\to 2}\frac{1}{x-2}\int_2^x g'(t)dt=\lim_{x\to 2}\frac{g(x)-g(2)}{x-2}=g'(2)$$
$$=\int_0^2 f(t)dt=\int_0^2 (6t^2+2t)dt$$
$$=\left[2t^3+t^2\right]_0^2$$
$$=16+4=20$$

● 112쪽

420 ④　　**421** -7

420

정적분을 포함한 등식; 적분 구간에 변수가 있는 경우

[1단계] 첫 번째 등식의 양변에 $x=1$을 대입하여 $g(1)$의 값을 구한다.

$$g(x)+\int_1^x f(t)dt=\frac{5}{2}x^2-11x+\frac{19}{2} \qquad \cdots\cdots ㉠$$

㉠의 양변에 $x=1$을 대입하면

$$g(1)+0=\frac{5}{2}-11+\frac{19}{2}$$
$$\therefore g(1)=1 \qquad\qquad \cdots\cdots ㉡$$

[2단계] 첫 번째 등식의 양변을 x에 대하여 미분한 식과 두 번째 등식을 이용하여 $f(x), g'(x)$를 각각 구한다.

㉠의 양변을 x에 대하여 미분하면

$$g'(x)+f(x)=5x-11 \qquad\qquad \cdots\cdots ㉢$$

이때

$$f(x)g'(x)=4x^2-26x+30=2(2x-3)(x-5) \qquad \cdots\cdots ㉣$$

㉢, ㉣에서

$$f(x)=4x-6,\ g'(x)=x-5$$

또는 $f(x)=x-5,\ g'(x)=4x-6$

이때 $f(x)$의 최고차항의 계수는 1이므로

$$f(x)=x-5,\ g'(x)=4x-6$$

[3단계] $g'(x)$를 적분하여 $g(x)$를 구한 후 $g(0)$의 값을 구한다.

$$g(x)=\int g'(x)dx=\int(4x-6)dx=2x^2-6x+C$$

㉡에서 $g(1)=1$이므로

$$2-6+C=1 \qquad \therefore C=5$$

따라서 $g(x)=2x^2-6x+5$이므로

$$g(0)=5$$

421

주기함수의 정적분 ⊕ 정적분으로 정의된 함수의 극한

[1단계] 조건 (나)를 이용하여 $f(x)$와 $f(x+1)$ 사이의 관계식을 구한다.

함수 $f(x)$의 한 부정적분을 $F(x)$라 하면 조건 (나)에서

$$f(x+1)=\lim_{h\to 0}\frac{1}{h}\int_x^{x+h} f(t)dt$$
$$=\lim_{h\to 0}\frac{1}{h}\left[F(t)\right]_x^{x+h}$$
$$=\lim_{h\to 0}\frac{F(x+h)-F(x)}{h}$$
$$=F'(x)=f(x)$$

이므로 함수 $f(x)$는 모든 실수 x에 대하여 $f(x+1)=f(x)$이다.

[2단계] a의 값을 찾아 $\displaystyle\int_0^1 f(x)dx$의 값을 구한다.

$0\leq x\leq 1$일 때, $f(x)=x^2+ax+a$이고 모든 실수 x에 대하여 $f(x+1)=f(x)$이므로 $f(1)=f(0)$에서

$$2a+1=a \qquad \therefore a=-1$$

즉, $f(x)=x^2-x-1$이므로

$$\int_0^1 f(x)dx=\int_0^1 (x^2-x-1)dx$$
$$=\left[\frac{1}{3}x^3-\frac{1}{2}x^2-x\right]_0^1=-\frac{7}{6}$$

[3단계] $\displaystyle\int_0^1 f(x)dx$의 값을 이용하여 $\displaystyle\int_{-3}^3 f(x)dx$의 값을 구한다.

한편, $f(x+1)=f(x)$이므로

$$\int_{-3}^{-2} f(x)dx=\int_{-2}^{-1} f(x)dx=\cdots=\int_1^2 f(x)dx=\int_2^3 f(x)dx$$

$$\therefore \int_{-3}^3 f(x)dx=\int_{-3}^{-2} f(x)dx+\int_{-2}^{-1} f(x)dx+\cdots+\int_2^3 f(x)dx$$
$$=6\int_0^1 f(x)dx$$
$$=6\times\left(-\frac{7}{6}\right)=-7$$

08 정적분의 활용

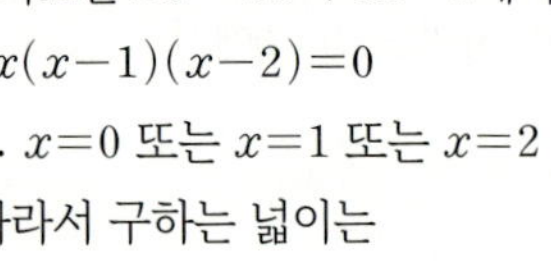

● 114쪽 ~ 123쪽

422 ②	**423** ③	**424** 3	**425** ④	**426** $\frac{8}{27}$
427 6	**428** $\frac{32}{3}$	**429** $\frac{1}{2}$	**430** $\frac{2}{101}$	**431** ①
432 $\frac{7}{2}$	**433** ②	**434** ③	**435** 69	**436** $\frac{32}{3}$
437 $\frac{4}{3}$	**438** ②	**439** $\frac{9}{4}$	**440** 3	**441** ④
442 $2+\sqrt{3}$	**443** ⑤	**444** ①	**445** ⑤	**446** $\frac{3}{2}$
447 $\frac{3}{4}$	**448** ②	**449** ③	**450** ②	**451** ④
452 ③	**453** 12	**454** ④	**455** 80	**456** ③
457 $\frac{4}{3}$	**458** ③	**459** ④	**460** $\frac{1}{6}$	**461** ③
462 ③	**463** 12	**464** ②	**465** 48	**466** ②
467 ③	**468** 57			

422

곡선 $y=2x^3-6x^2+4x$와 x축의 교점의

x좌표는 $2x^3-6x^2+4x=0$에서

$2x(x-1)(x-2)=0$

$\therefore x=0$ 또는 $x=1$ 또는 $x=2$

따라서 구하는 넓이는

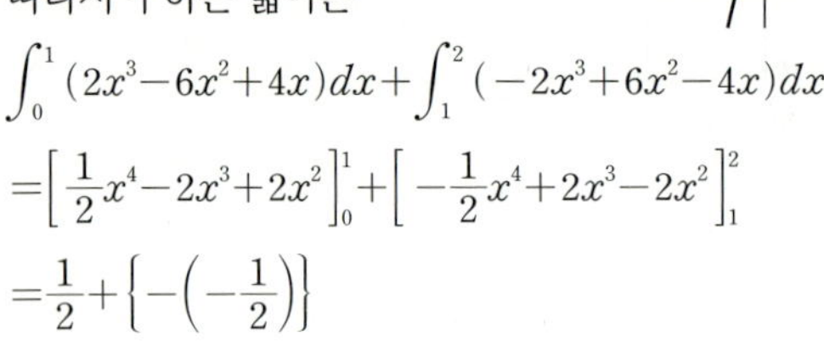

$$\int_0^1 (2x^3-6x^2+4x)dx+\int_1^2 (-2x^3+6x^2-4x)dx$$

$$=\left[\frac{1}{2}x^4-2x^3+2x^2\right]_0^1+\left[-\frac{1}{2}x^4+2x^3-2x^2\right]_1^2$$

$$=\frac{1}{2}+\left\{-\left(-\frac{1}{2}\right)\right\}$$

$$=1$$

423

곡선 $y=-x^2+a^2$과 x축의 교점의 x좌표는

$-x^2+a^2=0$에서

$x^2-a^2=0,\ (x+a)(x-a)=0$

$\therefore x=-a$ 또는 $x=a$

주어진 곡선과 x축으로 둘러싸인 도형의 넓

이는

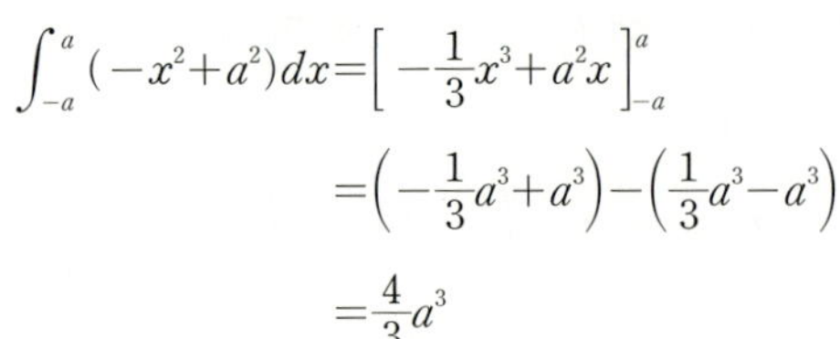

$$\int_{-a}^a (-x^2+a^2)dx=\left[-\frac{1}{3}x^3+a^2x\right]_{-a}^a$$

$$=\left(-\frac{1}{3}a^3+a^3\right)-\left(\frac{1}{3}a^3-a^3\right)$$

$$=\frac{4}{3}a^3$$

이므로 $\frac{4}{3}a^3=36$

$a^3=27$

$\therefore a=3$

424

$$\int_{-2}^3 f(x)dx=\int_{-2}^0 f(x)dx+\int_0^3 f(x)dx$$

$$=-S_1+S_2=-4+12=8$$

$$\int_{-2}^3 1\,dx=\Big[\,x\,\Big]_{-2}^3=3-(-2)=5$$

$$\therefore \int_{-2}^3 \{f(x)-1\}dx=\int_{-2}^3 f(x)dx-\int_{-2}^3 1\,dx$$

$$=8-5=3$$

425

$$y=x^2-2|x|-3=\begin{cases} x^2-2x-3 & (x\geq0) \\ x^2+2x-3 & (x\leq0) \end{cases}$$

곡선 $y=x^2-2|x|-3$과 x축의 교점

의 x좌표는

(ⅰ) $x\geq0$일 때,

$\quad x^2-2x-3=0$에서

$\quad (x+1)(x-3)=0$

$\quad \therefore x=3\ (\because x\geq0)$

(ⅱ) $x\leq0$일 때,

$\quad x^2+2x-3=0$에서

$\quad (x+3)(x-1)=0$

$\quad \therefore x=-3\ (\because x\leq0)$

(ⅰ), (ⅱ)에서 구하는 넓이는

$$\int_{-3}^0 \{-(x^2+2x-3)\}dx+\int_0^3 \{-(x^2-2x-3)\}dx$$

$$=\int_{-3}^0 (-x^2-2x+3)dx+\int_0^3 (-x^2+2x+3)dx$$

$$=\left[-\frac{1}{3}x^3-x^2+3x\right]_{-3}^0+\left[-\frac{1}{3}x^3+x^2+3x\right]_0^3$$

$$=9+9=18$$

426

주어진 등식의 양변에 $x=1$을 대입하면

$0=-\frac{1}{4}+k-\frac{1}{12}$ $\quad \therefore k=\frac{1}{3}$

즉, $\displaystyle \int_1^x (x-t)f(t)dt=-\frac{1}{4}x^4+\frac{1}{3}x^3-\frac{1}{12}$에서

$$x\int_1^x f(t)dt-\int_1^x tf(t)dt=-\frac{1}{4}x^4+\frac{1}{3}x^3-\frac{1}{12}$$

위의 식의 양변을 x에 대하여 미분하면

$$\int_1^x f(t)dt+xf(x)-xf(x)=-x^3+x^2$$

$$\therefore \int_1^x f(t)dt=-x^3+x^2$$

위의 식의 양변을 x에 대하여 미분하면

$$f(x)=-3x^2+2x$$

곡선 $y=-3x^2+2x$와 x축의 교점의

x좌표는 $-3x^2+2x=0$에서

$3x^2-2x=0,\ x(3x-2)=0$

$\therefore x=0$ 또는 $x=\frac{2}{3}$

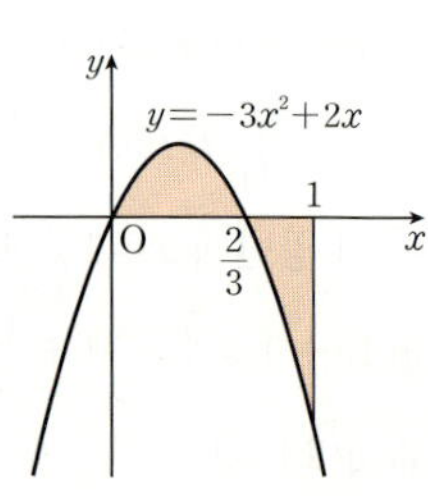

따라서 구하는 넓이는

$$\int_0^{\frac{2}{3}}(-3x^2+2x)dx+\int_{\frac{2}{3}}^1(3x^2-2x)dx$$

$$=\Big[-x^3+x^2\Big]_0^{\frac{2}{3}}+\Big[x^3-x^2\Big]_{\frac{2}{3}}^1$$

$$=\frac{4}{27}+\frac{4}{27}=\frac{8}{27}$$

427

곡선 $y=x\Big(x-\dfrac{1}{n}\Big)^2$ 과 x축의 교점의 x좌

표는 $x\Big(x-\dfrac{1}{n}\Big)^2=0$에서

$x=0$ 또는 $x=\dfrac{1}{n}$

$$\therefore S_n=\int_0^{\frac{2}{n}}x\Big(x-\frac{1}{n}\Big)^2dx$$

$$=\int_0^{\frac{2}{n}}\Big(x^3-\frac{2}{n}x^2+\frac{1}{n^2}x\Big)dx$$

$$=\Big[\frac{1}{4}x^4-\frac{2}{3n}x^3+\frac{1}{2n^2}x^2\Big]_0^{\frac{2}{n}}$$

$$=\frac{4}{n^4}-\frac{16}{3n^4}+\frac{2}{n^4}=\frac{2}{3n^4}$$

$$\therefore \lim_{n\to\infty}(9n^4+5n^3)S_n=\lim_{n\to\infty}\frac{2(9n^4+5n^3)}{3n^4}$$

$$=\lim_{n\to\infty}\frac{18n^4+10n^3}{3n^4}$$

$$=\lim_{n\to\infty}\Big(6+\frac{10}{3n}\Big)=6$$

428

곡선 $y=-x^2+6$과 직선 $y=2x+3$의 교
점의 x좌표는

$-x^2+6=2x+3$에서

$x^2+2x-3=0,\ (x+3)(x-1)=0$

$\therefore x=-3$ 또는 $x=1$

따라서 구하는 넓이는

$$\int_{-3}^1\{(-x^2+6)-(2x+3)\}dx$$

$$=\int_{-3}^1(-x^2-2x+3)dx$$

$$=\Big[-\frac{1}{3}x^3-x^2+3x\Big]_{-3}^1$$

$$=\Big(-\frac{1}{3}-1+3\Big)-(9-9-9)$$

$$=\frac{32}{3}$$

429

곡선 $y=x^3-3x^2+x+1$과 직선
$y=-x+1$의 교점의 x좌표는
$x^3-3x^2+x+1=-x+1$에서
$x^3-3x^2+2x=0$
$x(x-1)(x-2)=0$
$\therefore x=0$ 또는 $x=1$ 또는 $x=2$

따라서 구하는 넓이는

$$\int_0^1\{(x^3-3x^2+x+1)-(-x+1)\}dx$$

$$+\int_1^2\{(-x+1)-(x^3-3x^2+x+1)\}dx$$

$$=\int_0^1(x^3-3x^2+2x)dx+\int_1^2(-x^3+3x^2-2x)dx$$

$$=\Big[\frac{1}{4}x^4-x^3+x^2\Big]_0^1+\Big[-\frac{1}{4}x^4+x^3-x^2\Big]_1^2$$

$$=\Big(\frac{1}{4}-1+1\Big)+(-4+8-4)-\Big(-\frac{1}{4}+1-1\Big)$$

$$=\frac{1}{2}$$

430

곡선 $y=x^n$과 직선 $y=1$의 교점의 x좌표는 $x^n=1$에서
$x^n-1=0,\ (x-1)(x^{n-1}+x^{n-2}+\cdots+1)=0$
$\therefore x=1\ (\because x\geq0)$

$$S_n=\int_0^1(1-x^n)dx$$

$$=\Big[x-\frac{1}{n+1}x^{n+1}\Big]_0^1$$

$$=1-\frac{1}{n+1}$$

$$=\frac{n}{n+1}$$

$$\therefore S_2\times S_3\times\cdots\times S_{100}=\frac{2}{3}\times\frac{3}{4}\times\cdots\times\frac{100}{101}$$

$$=\frac{2}{101}$$

431

$$y=2x|x-1|=\begin{cases}2x^2-2x & (x\geq1)\\ -2x^2+2x & (x\leq1)\end{cases}$$

곡선 $y=2x|x-1|$과 직선 $y=2x$의 교
점의 x좌표는

(i) $x\geq1$일 때,

　$2x^2-2x=2x$에서

　$2x(x-2)=0$

　$\therefore x=2\ (\because x\geq1)$

(ii) $x\leq1$일 때,

　$-2x^2+2x=2x$에서

　$-2x^2=0\qquad\therefore x=0$

(i), (ii)에서 구하는 넓이는

$$\int_0^1\{2x-(-2x^2+2x)\}dx+\int_1^2\{2x-(2x^2-2x)\}dx$$

$$=\int_0^1 2x^2dx+\int_1^2(-2x^2+4x)dx$$

$$=\Big[\frac{2}{3}x^3\Big]_0^1+\Big[-\frac{2}{3}x^3+2x^2\Big]_1^2$$

$$=\frac{2}{3}+\Big(-\frac{16}{3}+8\Big)-\Big(-\frac{2}{3}+2\Big)$$

$$=2$$

432

$f(x)=\dfrac{1}{3}x(4-x)=-\dfrac{1}{3}x^2+\dfrac{4}{3}x$

$g(x)=|x-1|-1=\begin{cases}-x & (x\le 1)\\ x-2 & (x\ge 1)\end{cases}$

두 함수 $y=f(x)$, $y=g(x)$의 그래프의
교점의 x좌표는
(i) $x\le 1$일 때,

$\quad -\dfrac{1}{3}x^2+\dfrac{4}{3}x=-x$에서

$\quad x^2-7x=0,\ x(x-7)=0$

$\quad \therefore x=0\ (\because x\le 1)$

(ii) $x\ge 1$일 때,

$\quad -\dfrac{1}{3}x^2+\dfrac{4}{3}x=x-2$에서

$\quad x^2-x-6=0,\ (x+2)(x-3)=0$

$\quad \therefore x=3\ (\because x\ge 1)$

(i), (ii)에서 구하는 넓이는

$\displaystyle\int_0^3 |f(x)-g(x)|\,dx$

$\displaystyle =\int_0^1\left\{-\dfrac{1}{3}x^2+\dfrac{4}{3}x-(-x)\right\}dx$
$\displaystyle \qquad\qquad +\int_1^3\left\{-\dfrac{1}{3}x^2+\dfrac{4}{3}x-(x-2)\right\}dx$

$\displaystyle =\int_0^1\left(-\dfrac{1}{3}x^2+\dfrac{7}{3}x\right)dx+\int_1^3\left(-\dfrac{1}{3}x^2+\dfrac{1}{3}x+2\right)dx$

$\displaystyle =\left[-\dfrac{1}{9}x^3+\dfrac{7}{6}x^2\right]_0^1+\left[-\dfrac{1}{9}x^3+\dfrac{1}{6}x^2+2x\right]_1^3$

$\displaystyle =\left(-\dfrac{1}{9}+\dfrac{7}{6}\right)+\left(-3+\dfrac{3}{2}+6\right)-\left(-\dfrac{1}{9}+\dfrac{1}{6}+2\right)$

$=\dfrac{7}{2}$

433

두 곡선 $y=-x^3+2x^2$, $y=x^2-2x$의 교점
의 x좌표는
$-x^3+2x^2=x^2-2x$에서
$x^3-x^2-2x=0$
$x(x+1)(x-2)=0$
$\therefore x=-1$ 또는 $x=0$ 또는 $x=2$
따라서 구하는 넓이는

$\displaystyle\int_{-1}^0\left\{(x^2-2x)-(-x^3+2x^2)\right\}dx$
$\displaystyle \qquad\qquad +\int_0^2\left\{(-x^3+2x^2)-(x^2-2x)\right\}dx$

$\displaystyle =\int_{-1}^0(x^3-x^2-2x)dx+\int_0^2(-x^3+x^2+2x)dx$

$\displaystyle =\left[\dfrac{1}{4}x^4-\dfrac{1}{3}x^3-x^2\right]_{-1}^0+\left[-\dfrac{1}{4}x^4+\dfrac{1}{3}x^3+x^2\right]_0^2$

$\displaystyle =-\left(\dfrac{1}{4}+\dfrac{1}{3}-1\right)+\left(-4+\dfrac{8}{3}+4\right)$

$=\dfrac{37}{12}$

434

$-f(x-1)-1=-\{(x-1)^2-2(x-1)\}-1$
$\qquad\qquad\qquad =-x^2+4x-4$

두 곡선 $y=f(x)$, $y=-f(x-1)-1$
의 교점의 x좌표는
$x^2-2x=-x^2+4x-4$에서
$x^2-3x+2=0$
$(x-1)(x-2)=0$
$\therefore x=1$ 또는 $x=2$
따라서 구하는 넓이는

$\displaystyle\int_1^2\left\{(-x^2+4x-4)-(x^2-2x)\right\}dx$

$\displaystyle =\int_1^2(-2x^2+6x-4)dx$

$\displaystyle =\left[-\dfrac{2}{3}x^3+3x^2-4x\right]_1^2$

$\displaystyle =-\dfrac{4}{3}-\left(-\dfrac{5}{3}\right)=\dfrac{1}{3}$

435

$f(x)\ge g(x)\ge 0$이고 두 곡선 $y=f(x)$, $y=g(x)$ 및 두 직선
$x=0$, $x=t\ (t>0)$로 둘러싸인 도형의 넓이가 t^3+3t^2이므로

$\displaystyle\int_0^t\{f(x)-g(x)\}dx=t^3+3t^2$

위의 식의 양변에 $t=3$을 대입하면

$\displaystyle\int_0^3\{f(x)-g(x)\}dx=3^3+3\times 3^2=54$

$\displaystyle\int_0^3 f(x)dx-\int_0^3 g(x)dx=54$

이때 $\displaystyle\int_0^3 g(x)dx=15$이므로

$\displaystyle\int_0^3 f(x)dx-15=54$

$\displaystyle\therefore \int_0^3 f(x)dx=69$

따라서 구하는 넓이는 69이다.

436

$F'(x)=f(x)$이고 $F(x)$가 이차함수이므로 $f(x)$는 일차함수이다.
$F(x)=ax^2+bx+c$ (a, b, c는 상수, $a\ne 0$)로 놓으면
$f(x)=F'(x)=2ax+b$
$F(x)=x^2+1-f(x)$에서
$ax^2+bx+c=x^2+1-(2ax+b)$
$ax^2+bx+c=x^2-2ax+1-b$
위의 등식은 x에 대한 항등식이므로
$a=1,\ b=-2a=-2,\ c=1-b=3$
$\therefore F(x)=x^2-2x+3$
두 곡선 $y=F(x)$, $y=2x^2-4x$의 교점의 x
좌표는 $x^2-2x+3=2x^2-4x$에서
$x^2-2x-3=0,\ (x+1)(x-3)=0$
$\therefore x=-1$ 또는 $x=3$

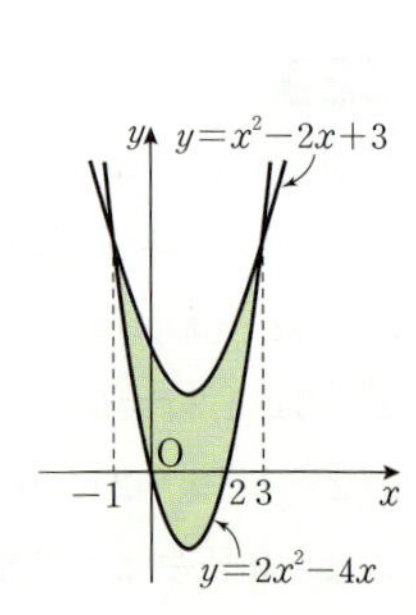

따라서 구하는 넓이는

$$\int_{-1}^{3}\{(x^2-2x+3)-(2x^2-4x)\}dx$$

$$=\int_{-1}^{3}(-x^2+2x+3)dx$$

$$=\left[-\frac{1}{3}x^3+x^2+3x\right]_{-1}^{3}$$

$$=(-9+9+9)-\left(\frac{1}{3}+1-3\right)=\frac{32}{3}$$

437

$f(x)=x^3-x^2-2x$로 놓으면 $f'(x)=3x^2-2x-2$

점 $(1,-2)$에서의 접선의 기울기는 $f'(1)=-1$이므로 접선의 방정식은

$$y-(-2)=-(x-1)$$

$$\therefore y=-x-1$$

곡선 $y=x^3-x^2-2x$와 접선 $y=-x-1$의 교점의 x좌표는

$x^3-x^2-2x=-x-1$에서

$x^3-x^2-x+1=0$

$(x-1)^2(x+1)=0$

$\therefore x=-1$ 또는 $x=1$

따라서 구하는 넓이는

$$\int_{-1}^{1}\{(x^3-x^2-2x)-(-x-1)\}dx=\int_{-1}^{1}(x^3-x^2-x+1)dx$$

$$=2\int_{0}^{1}(-x^2+1)dx$$

$$=2\left[-\frac{1}{3}x^3+x\right]_{0}^{1}$$

$$=2\times\frac{2}{3}=\frac{4}{3}$$

438

$f(x)=x^2-4x+6$으로 놓으면 $f'(x)=2x-4$

점 $A(3,3)$에서의 접선의 기울기는 $f'(3)=2$이므로 접선 l의 방정식은

$$y-3=2(x-3)\qquad\therefore y=2x-3$$

따라서 구하는 넓이는

$$\int_{0}^{3}\{(x^2-4x+6)-(2x-3)\}dx=\int_{0}^{3}(x^2-6x+9)dx$$

$$=\left[\frac{1}{3}x^3-3x^2+9x\right]_{0}^{3}$$

$$=9$$

439

$f(x)=-x^2$으로 놓으면 $f'(x)=-2x$

접점의 좌표를 $(t,-t^2)$이라 하면 이 점에서의 접선의 기울기는 $f'(t)=-2t$이므로 접선의 방정식은

$$y-(-t^2)=-2t(x-t)$$

$$\therefore y=-2tx+t^2 \qquad\qquad \cdots\cdots\ \textcircled{\small ㄱ}$$

이 직선이 점 $\left(\frac{1}{2},2\right)$를 지나므로

$2=-t+t^2,\ t^2-t-2=0$

$(t+1)(t-2)=0$

$\therefore t=-1$ 또는 $t=2$

(i) $t=-1$일 때, ㉠에서

$\quad y=2x+1$

(ii) $t=2$일 때, ㉠에서

$\quad y=-4x+4$

따라서 구하는 넓이는

$$\int_{-1}^{\frac{1}{2}}\{(2x+1)-(-x^2)\}dx+\int_{\frac{1}{2}}^{2}\{(-4x+4)-(-x^2)\}dx$$

$$=\int_{-1}^{\frac{1}{2}}(x^2+2x+1)dx+\int_{\frac{1}{2}}^{2}(x^2-4x+4)dx$$

$$=\left[\frac{1}{3}x^3+x^2+x\right]_{-1}^{\frac{1}{2}}+\left[\frac{1}{3}x^3-2x^2+4x\right]_{\frac{1}{2}}^{2}$$

$$=\left(\frac{19}{24}+\frac{1}{3}\right)+\left(\frac{8}{3}-\frac{37}{24}\right)$$

$$=\frac{9}{4}$$

1등급 비법

곡선 밖의 한 점이 주어질 때, 접선의 방정식 구하기

곡선 $y=f(x)$ 밖의 한 점 (x_1,y_1)에서 곡선에 그은 접선의 방정식을 구하는 방법은 다음과 같다.

(i) 접점의 좌표를 $(t,f(t))$로 놓는다.

(ii) $y-f(t)=f'(t)(x-t)$에 점 (x_1,y_1)의 좌표를 대입하여 t의 값을 구한다.

(iii) t의 값을 $y-f(t)=f'(t)(x-t)$에 대입하여 접선의 방정식을 구한다.

440

$S_1=S_2$이므로 $\int_{0}^{t}(x^2-2x)dx=0$

$$\left[\frac{1}{3}x^3-x^2\right]_{0}^{t}=0,\ \frac{1}{3}t^3-t^2=0$$

$$\frac{1}{3}t^2(t-3)=0\qquad\therefore t=3\ (\because t>2)$$

441

두 곡선 $y=x^2(x-a)$, $y=2x(x-a)$의 교점의 x좌표는

$x^2(x-a)=2x(x-a)$에서

$x(x-2)(x-a)=0$

$\therefore x=0$ 또는 $x=2$ 또는 $x=a$

이때 $a>2$이고 두 곡선으로 둘러싸인 두 도형의 넓이가 서로 같으므로

$$\int_{0}^{a}\{x^2(x-a)-2x(x-a)\}dx=0$$

$$\int_{0}^{a}\{x^3-(a+2)x^2+2ax\}dx=0$$

$$\left[\frac{1}{4}x^4-\frac{a+2}{3}x^3+ax^2\right]_{0}^{a}=0$$

$$\frac{1}{4}a^4-\frac{a+2}{3}a^3+a^3=0$$

$$a^3(a-4)=0\qquad\therefore a=4\ (\because a>2)$$

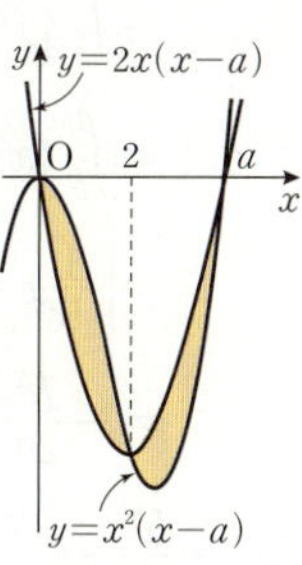

442

$y=(x-1)(x-a)$
$\quad=x^2-(a+1)x+a$

곡선 $y=x^2-(a+1)x+a$는 직선

$x=\dfrac{a+1}{2}$에 대하여 대칭이므로 오른쪽

그림에서 빗금 친 도형의 넓이는

$\dfrac{S_2}{2}=S_1$

즉, 곡선 $y=(x-1)(x-a)$와 x축, y축 및 직선 $x=\dfrac{a+1}{2}$로 둘러

싸인 두 도형의 넓이가 서로 같으므로

$\displaystyle\int_0^{\frac{a+1}{2}}(x-1)(x-a)dx=0$

$\displaystyle\int_0^{\frac{a+1}{2}}\{x^2-(a+1)x+a\}dx=0$

$\left[\dfrac{1}{3}x^3-\dfrac{a+1}{2}x^2+ax\right]_0^{\frac{a+1}{2}}=0$

$\dfrac{(a+1)^3}{24}-\dfrac{(a+1)^3}{8}+\dfrac{a(a+1)}{2}=0$

$(a+1)(a^2-4a+1)=0$

$\therefore a=2+\sqrt{3}\ (\because a>1)$

443

두 점 A, B의 좌표를 각각 $\left(a,\dfrac{a}{2}\right),\left(b,\dfrac{b}{2}\right)(0<a<b)$라 하자.

곡선 $y=f(x)$와 직선 $y=\dfrac{1}{2}x$가 원점 O에서 접하고 두 점 A, B

에서 만나므로

$f(x)-\dfrac{1}{2}x=x^2(x-a)(x-b)$

$\qquad\qquad=x^4-(a+b)x^3+abx^2$

$S_1-S_2=\displaystyle\int_0^a\left\{f(x)-\dfrac{1}{2}x\right\}dx-\int_a^b\left\{\dfrac{1}{2}x-f(x)\right\}dx$

$\qquad=\displaystyle\int_0^a\left\{f(x)-\dfrac{1}{2}x\right\}dx+\int_a^b\left\{f(x)-\dfrac{1}{2}x\right\}dx$

$\qquad=\displaystyle\int_0^b\left\{f(x)-\dfrac{1}{2}x\right\}dx$

$\qquad=\displaystyle\int_0^b\{x^4-(a+b)x^3+abx^2\}dx$

$\qquad=\left[\dfrac{1}{5}x^5-\dfrac{a+b}{4}x^4+\dfrac{ab}{3}x^3\right]_0^b$

$\qquad=-\dfrac{b^5}{20}+\dfrac{ab^4}{12}$

즉, $-\dfrac{b^5}{20}+\dfrac{ab^4}{12}=0$이므로

$-3b^5+5ab^4=0,\ b^4(5a-3b)=0$

$\therefore 5a-3b=0$ $\qquad\qquad\cdots\cdots$ ㉠

$\overline{\text{AB}}=\sqrt{(b-a)^2+\left(\dfrac{b}{2}-\dfrac{a}{2}\right)^2}$

$\qquad=\dfrac{\sqrt{5}}{2}(b-a)$

즉, $\dfrac{\sqrt{5}}{2}(b-a)=\sqrt{5}$이므로

$b-a=2$ $\qquad\qquad\cdots\cdots$ ㉡

㉠, ㉡을 연립하여 풀면

$a=3,\ b=5$

따라서 $f(x)=x^4-8x^3+15x^2+\dfrac{1}{2}x$이므로

$f(1)=1-8+15+\dfrac{1}{2}=\dfrac{17}{2}$

444

곡선 $y=x^2-5x$와 직선 $y=x$의 교점의 x좌표는

$x^2-5x=x$에서 $x^2-6x=0$

$x(x-6)=0$ $\quad\therefore x=0$ 또는 $x=6$

곡선 $y=x^2-5x$와 직선 $y=x$로 둘러싸인

부분의 넓이를 직선 $x=k$가 이등분하므로

$\displaystyle\int_0^6\{x-(x^2-5x)\}dx$

$=2\displaystyle\int_0^k\{x-(x^2-5x)\}dx$

$\displaystyle\int_0^6(-x^2+6x)dx=2\int_0^k(-x^2+6x)dx$

$\left[-\dfrac{1}{3}x^3+3x^2\right]_0^6=2\left[-\dfrac{1}{3}x^3+3x^2\right]_0^k$

$36=2\left(-\dfrac{1}{3}k^3+3k^2\right)$

$k^3-9k^2+54=0,\ (k-3)(k^2-6k-18)=0$

$\therefore k=3\ (\because 0<k<6)$

445

곡선 $y=x(x-1)(x-2)$와 곡선 $y=ax(x-1)$은 모두 원점과
점 $(1,0)$을 지난다.

이때 $0\le x\le1$에서 곡선 $y=x(x-1)(x-2)$와 x축으로 둘러싸인

도형의 넓이를 S_1이라 하면

$S_1=\displaystyle\int_0^1 x(x-1)(x-2)dx$

$\quad=\displaystyle\int_0^1(x^3-3x^2+2x)dx$

$\quad=\left[\dfrac{1}{4}x^4-x^3+x^2\right]_0^1=\dfrac{1}{4}$

또, $0\le x\le1$에서 곡선 $y=ax(x-1)\ (a<0)$과 x축으로 둘러싸

인 도형의 넓이를 S_2라 하면

$S_2=\displaystyle\int_0^1 ax(x-1)dx$

$\quad=a\displaystyle\int_0^1(x^2-x)dx$

$\quad=a\left[\dfrac{1}{3}x^3-\dfrac{1}{2}x^2\right]_0^1=-\dfrac{a}{6}$

이때 $S_1=2S_2$이므로

$\dfrac{1}{4}=2\times\left(-\dfrac{a}{6}\right)$

$\therefore a=-\dfrac{3}{4}$

446

곡선 $y=x^2$과 직선 $y=3x+4$의 교점의

x좌표는 $x^2=3x+4$에서

$x^2-3x-4=0$, $(x+1)(x-4)=0$

$\therefore x=-1$ 또는 $x=4$

곡선 $y=x^2$과 직선 $y=3x+4$로 둘러싸인

도형의 넓이를 S_1이라 하면

$$S_1=\int_{-1}^{4}\{(3x+4)-x^2\}dx$$

$$=\int_{-1}^{4}(3x+4-x^2)dx$$

$$=\left[\frac{3}{2}x^2+4x-\frac{1}{3}x^3\right]_{-1}^{4}=\frac{125}{6}$$

곡선 $y=x^2$과 두 직선 $y=3x+4$, $x=a$로 둘러싸인 도형의 넓이를

S_2라 하면

$$S_2=\int_{-1}^{a}\{(3x+4)-x^2\}dx$$

$$=\int_{-1}^{a}(3x+4-x^2)dx$$

$$=\left[\frac{3}{2}x^2+4x-\frac{1}{3}x^3\right]_{-1}^{a}$$

$$=\frac{3}{2}a^2+4a-\frac{1}{3}a^3+\frac{13}{6}$$

이때 $S_1=2S_2$이므로

$$\frac{125}{6}=2\left(\frac{3}{2}a^2+4a-\frac{1}{3}a^3+\frac{13}{6}\right)$$

$$4a^3-18a^2-48a+99=0$$

$$(2a-3)(2a^2-6a-33)=0$$

$$\therefore a=\frac{3}{2}\ (\because\ -1<a<4)$$

447

두 곡선 $y=\frac{1}{4k}x^3$, $y=-9kx^3$과 직선

$x=1$로 둘러싸인 도형의 넓이는

$$\int_{0}^{1}\left\{\frac{1}{4k}x^3-(-9kx^3)\right\}dx$$

$$=\left(9k+\frac{1}{4k}\right)\int_{0}^{1}x^3\,dx$$

$$=\left(9k+\frac{1}{4k}\right)\left[\frac{1}{4}x^4\right]_{0}^{1}$$

$$=\frac{1}{4}\left(9k+\frac{1}{4k}\right)$$

$$\geq\frac{1}{4}\times2\sqrt{9k\times\frac{1}{4k}}$$

$$=\frac{3}{4}\ (\because\ k>0)\ \left(\text{단, 등호는 }9k=\frac{1}{4k}\text{일 때 성립한다.}\right)$$

따라서 구하는 최솟값은 $\frac{3}{4}$이다.

개념 보충

산술평균과 기하평균의 관계

$a>0$, $b>0$일 때, $\dfrac{a+b}{2}\geq\sqrt{ab}$ (단, 등호는 $a=b$일 때 성립한다.)

448

곡선 $y=x^2-2nx$와 직선 $y=nx$의 교점

의 x좌표는

$x^2-2nx=nx$에서

$x^2-3nx=0$

$x(x-3n)=0$

$\therefore x=0$ 또는 $x=3n$

$$\therefore S_n=\int_{0}^{3n}\{nx-(x^2-2nx)\}dx$$

$$=\int_{0}^{3n}(-x^2+3nx)dx$$

$$=\left[-\frac{1}{3}x^3+\frac{3}{2}nx^2\right]_{0}^{3n}$$

$$=-9n^3+\frac{27}{2}n^3$$

$$=\frac{9}{2}n^3$$

즉, $\frac{9}{2}n^3>45$에서 $n^3>10$

따라서 자연수 n의 최솟값은 3이다.

449

곡선 $y=x^3-a^2x$와 x축의 교점의 x좌표

는 $x^3-a^2x=0$에서

$x(x+a)(x-a)=0$

$\therefore x=0$ 또는 $x=a\ (\because\ x\geq0)$

$x\geq0$일 때, 곡선 $y=x^3-a^2x$와 직선

$x=2$로 둘러싸인 도형의 넓이를 $S(a)$라

하면

$$S(a)=\int_{0}^{a}(-x^3+a^2x)dx+\int_{a}^{2}(x^3-a^2x)dx$$

$$=\left[-\frac{1}{4}x^4+\frac{1}{2}a^2x^2\right]_{0}^{a}+\left[\frac{1}{4}x^4-\frac{1}{2}a^2x^2\right]_{a}^{2}$$

$$=\left(-\frac{1}{4}a^4+\frac{1}{2}a^4\right)+\left(4-2a^2-\frac{1}{4}a^4+\frac{1}{2}a^4\right)$$

$$=\frac{1}{2}a^4-2a^2+4$$

$$\therefore S'(a)=2a^3-4a$$

$$=2a(a+\sqrt{2})(a-\sqrt{2})$$

$S'(a)=0$에서 $a=\sqrt{2}\ (\because\ 0<a<2)$

$0<a<2$에서 함수 $S(a)$의 증가와 감소를 표로 나타내면 다음과

같다.

a	(0)	$\cdots$	$\sqrt{2}$	$\cdots$	(2)
$S'(a)$		$-$	0	$+$	
$S(a)$		$\searrow$	극소	$\nearrow$	

따라서 $S(a)$는 $a=\sqrt{2}$에서 극소이면서 최소이다.

450

점 $(1, 2)$를 지나고 기울기가 m인 직선의 방정식은

$y-2=m(x-1)$

$\therefore y=mx-m+2$

곡선 $y=x^2$과 직선 $y=mx-m+2$의 두 교점의 x좌표를 각각 α, β $(\alpha<\beta)$라 하면 α, β는 이차방정식 $x^2=mx-m+2$, 즉 $x^2-mx+m-2=0$의 실근이므로 근과 계수의 관계에 의하여

$$\alpha+\beta=m,\ \alpha\beta=m-2 \quad \cdots\cdots\ \text{㉠}$$

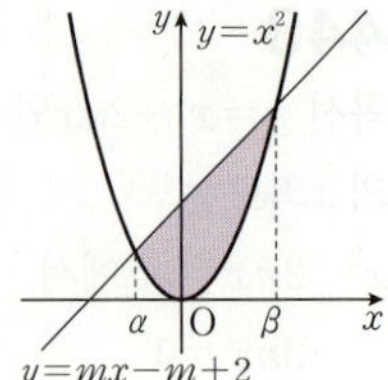

곡선 $y=x^2$과 직선 $y=mx-m+2$로 둘러싼 도형의 넓이를 S라 하면

$$S=\int_{\alpha}^{\beta}\{(mx-m+2)-x^2\}dx$$
$$=\int_{\alpha}^{\beta}(-x^2+mx-m+2)dx$$
$$=\left[-\frac{1}{3}x^3+\frac{m}{2}x^2-(m-2)x\right]_{\alpha}^{\beta}$$
$$=-\frac{1}{3}(\beta^3-\alpha^3)+\frac{m}{2}(\beta^2-\alpha^2)-(m-2)(\beta-\alpha)$$
$$=-\frac{1}{3}(\beta^3-\alpha^3)+\frac{\alpha+\beta}{2}(\beta^2-\alpha^2)-\alpha\beta(\beta-\alpha)\ (\because\ \text{㉠})$$
$$=\frac{1}{6}(\beta-\alpha)^3$$

㉠에서 $\beta-\alpha=\sqrt{(\alpha+\beta)^2-4\alpha\beta}=\sqrt{m^2-4m+8}$

$$\therefore S=\frac{1}{6}(\sqrt{m^2-4m+8})^3$$
$$=\frac{1}{6}\{\sqrt{(m-2)^2+4}\}^3$$

따라서 S의 최솟값은 $m=2$일 때 $\dfrac{4}{3}$이다.

포물선과 직선 사이의 넓이 구하기
곡선 $y=ax^2+bx+c\ (a\neq0)$와 직선 $y=mx+n$이 서로 다른 두 점에서 만날 때, 두 교점의 x좌표를 α, β $(\alpha<\beta)$라 하면 곡선과 직선으로 둘러싸인 도형의 넓이 S는

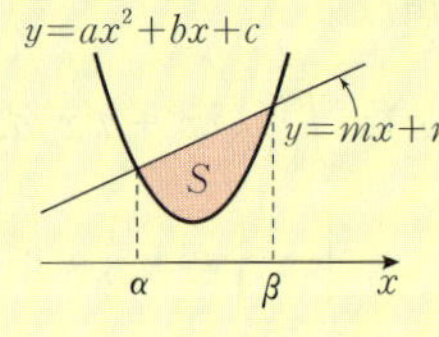

$$S=\int_{\alpha}^{\beta}|(ax^2+bx+c)-(mx+n)|dx$$
$$=\int_{\alpha}^{\beta}|a(x-\alpha)(x-\beta)|dx$$
$$=\frac{|a|}{6}(\beta-\alpha)^3$$

451

함수 $y=f(x)$의 그래프와 그 역함수 $y=g(x)$의 그래프는 직선 $y=x$에 대하여 대칭이므로 오른쪽 그림에서 색칠한 부분의 넓이는 직선 $y=x$에 의하여 이등분된다.

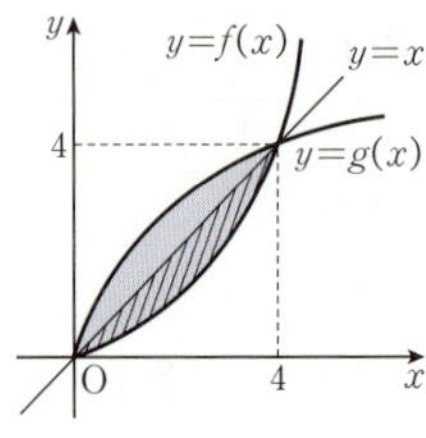

이때 빗금 친 부분의 넓이를 S라 하면

$$S=\frac{1}{2}\times4\times4-\int_{0}^{4}f(x)dx$$
$$=8-5=3$$

따라서 구하는 넓이는 빗금 친 부분의 넓이의 2배이므로 $2S=2\times3=6$

452

곡선 $y=f(x)$와 곡선 $y=g(x)$는 직선 $y=x$에 대하여 대칭이므로 두 곡선으로 둘러싸인 도형의 넓이는 곡선 $y=f(x)$와 직선 $y=x$로 둘러싸인 도형의 넓이의 2배이다.

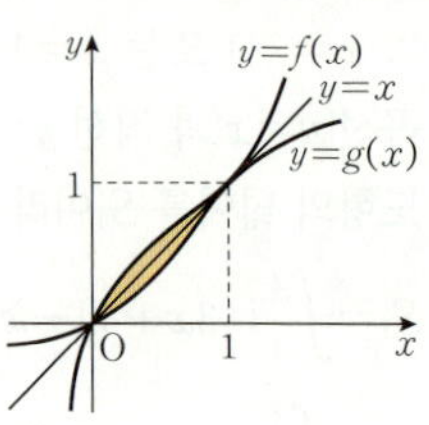

곡선 $y=x^3-2x^2+2x$와 직선 $y=x$의 교점의 x좌표는 $x^3-2x^2+2x=x$에서 $x^3-2x^2+x=0$, $x(x-1)^2=0$

$$\therefore x=0 \text{ 또는 } x=1$$

따라서 구하는 넓이는

$$2\int_{0}^{1}\{(x^3-2x^2+2x)-x\}dx=2\int_{0}^{1}(x^3-2x^2+x)dx$$
$$=2\left[\frac{1}{4}x^4-\frac{2}{3}x^3+\frac{1}{2}x^2\right]_{0}^{1}$$
$$=2\left(\frac{1}{4}-\frac{2}{3}+\frac{1}{2}\right)$$
$$=\frac{1}{6}$$

453

함수 $f(x)=x^2+2\ (x\geq0)$의 역함수가 $g(x)$이므로 $y=f(x)$의 그래프와 $y=g(x)$의 그래프는 직선 $y=x$에 대하여 대칭이다.

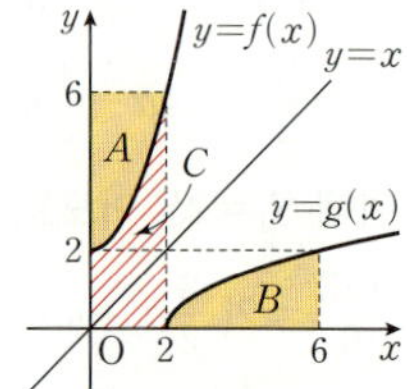

따라서 오른쪽 그림에서 $A=B$이므로

$$\int_{0}^{2}f(x)dx+\int_{2}^{6}g(x)dx=C+B$$
$$=C+A$$
$$=2\times6=12$$

함수 $g(x)$는 $f(x)$의 역함수이므로 두 함수 $y=f(x)$, $y=g(x)$의 그래프는 직선 $y=x$에 대하여 대칭이다. 따라서 $y=f(x)$의 그래프를 이용하여 $y=g(x)$의 그래프를 그리고 그래프의 대칭성을 이용하여 넓이가 같은 도형을 찾는다.

454

함수 $f(x)=x^3+x$의 역함수가 $g(x)$이므로 $y=f(x)$의 그래프와 $y=g(x)$의 그래프는 직선 $y=x$에 대하여 대칭이다.

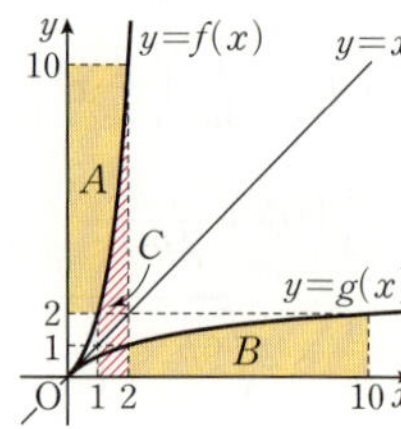

따라서 오른쪽 그림에서 $A=B$이므로 $B+C=A+C=2\times10-1\times2=18$

$$\therefore \int_{2}^{10}g(x)dx=B=18-C$$
$$=18-\int_{1}^{2}(x^3+x)dx$$
$$=18-\left[\frac{1}{4}x^4+\frac{1}{2}x^2\right]_{1}^{2}$$
$$=18-\left\{(4+2)-\left(\frac{1}{4}+\frac{1}{2}\right)\right\}$$
$$=\frac{51}{4}$$

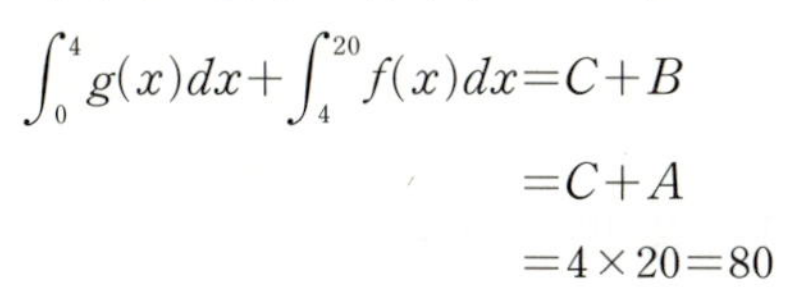

455

함수 $f(x)=\sqrt{x-4}$의 역함수가 $g(x)$이므로 $y=f(x)$의 그래프와 $y=g(x)$의 그래프는 직선 $y=x$에 대하여 대칭이다.

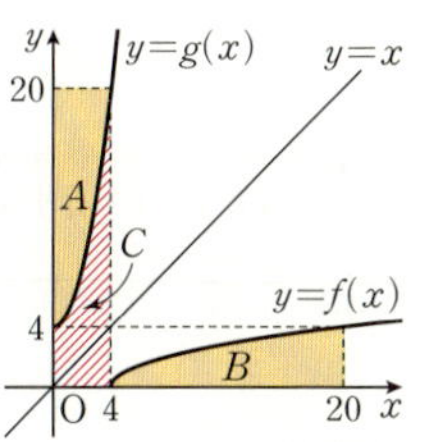

따라서 오른쪽 그림에서 $A=B$이므로

$$\int_0^4 g(x)dx+\int_4^{20} f(x)dx=C+B$$
$$=C+A$$
$$=4\times 20=80$$

456

정지할 때의 속도는 0이므로

$v(t)=0$에서 $24-3t=0$ $\therefore t=8$

따라서 열차에 제동을 건 지 8초 후에 정지하므로 정지할 때까지 달린 거리는

$$\int_0^8 |24-3t|\,dt=\int_0^8 (24-3t)dt=\left[24t-\frac{3}{2}t^2\right]_0^8$$
$$=192-96=96\ (\text{m})$$

참고 물체의 속도가 0인 경우

① 물체가 정지할 때

② 물체가 운동 방향을 바꿀 때

③ 똑바로 위로 쏘아 올린 물체가 최고 높이에 도달할 때

457

운동 방향이 바뀔 때의 속도는 0이므로

$v(t)=0$에서 $-t^2+2t=0$

$t(t-2)=0$ $\therefore t=2\ (\because t>0)$

따라서 $t=2$에서의 점 P의 위치는

$$0+\int_0^2 (-t^2+2t)dt=\left[-\frac{1}{3}t^3+t^2\right]_0^2$$
$$=-\frac{8}{3}+4=\frac{4}{3}$$

458

$t=6$일 때 점 P의 위치가 원점이므로

$$0+\int_0^6 v(t)dt=0$$

$$\int_0^2 (-3t^2)dt+\int_2^6 \{a(t-2)-12\}dt=0$$

$$\left[-t^3\right]_0^2+\left[\frac{1}{2}at^2-(2a+12)t\right]_2^6=0$$

$$-8+\{18a-6(2a+12)\}-\{2a-2(2a+12)\}=0$$

$$8a-56=0 \qquad \therefore a=7$$

459

시각 $t=2$일 때 점 P의 위치는

$$0+\int_0^2 v(t)dt=\int_0^2 (3t^2+at)dt$$
$$=\left[t^3+\frac{a}{2}t^2\right]_0^2$$
$$=8+2a$$

점 $P(8+2a)$와 점 $A(6)$ 사이의 거리가 10이므로

$$|(8+2a)-6|=10, \ |2a+2|=10$$

$$2a+2=\pm 10$$

$$\therefore a=4\ (\because a>0)$$

460

점 P가 처음에 출발한 방향의 반대 방향으로 움직인 시간은 $v(t)\le 0$인 동안이므로

$t^2-5t+6\le 0$에서

$(t-2)(t-3)\le 0$ $\therefore 2\le t\le 3$

따라서 구하는 거리는

$$\int_2^3 |t^2-5t+6|\,dt=\int_2^3 (-t^2+5t-6)dt$$
$$=\left[-\frac{1}{3}t^3+\frac{5}{2}t^2-6t\right]_2^3$$
$$=\left(-9+\frac{45}{2}-18\right)-\left(-\frac{8}{3}+10-12\right)$$
$$=\frac{1}{6}$$

461

ㄱ. $t=4$일 때 점 P의 위치는

$$0+\int_0^4 \left(-\frac{1}{2}t^2+2t\right)dt=\left[-\frac{1}{6}t^3+t^2\right]_0^4$$
$$=-\frac{32}{3}+16=\frac{16}{3}$$

따라서 $t=4$일 때 점 P의 위치는 $\frac{16}{3}$이다. (거짓)

ㄴ. 점 P가 운동 방향을 바꿀 때의 속도는 0이다.

$$v(2)=-\frac{1}{2}\times 2^2+2\times 2=2\ne 0$$

따라서 점 P는 $t=2$일 때 운동 방향을 바꾸지 않는다. (거짓)

ㄷ. $0\le t\le 4$일 때 $v(t)\ge 0$이고, $4\le t\le 5$일 때 $v(t)\le 0$이므로 $t=0$에서 $t=5$까지 점 P가 움직인 거리는

$$\int_0^5 \left|-\frac{1}{2}t^2+2t\right|dt$$
$$=\int_0^4 \left(-\frac{1}{2}t^2+2t\right)dt+\int_4^5 \left(\frac{1}{2}t^2-2t\right)dt$$
$$=\left[-\frac{1}{6}t^3+t^2\right]_0^4+\left[\frac{1}{6}t^3-t^2\right]_4^5$$
$$=\left(-\frac{32}{3}+16\right)+\left(\frac{125}{6}-25\right)-\left(\frac{32}{3}-16\right)$$
$$=\frac{13}{2}\ (\text{참})$$

이상에서 옳은 것은 ㄷ뿐이다.

462

시각 t에서의 두 점 P, Q의 위치를 각각 $x_P(t)$, $x_Q(t)$라 하면

$$x_P(t)=0+\int_0^t (3s^2+6s-6)ds=\left[s^3+3s^2-6s\right]_0^t$$
$$=t^3+3t^2-6t$$

$$x_Q(t)=0+\int_0^t (10s-6)ds=\Big[5s^2-6s\Big]_0^t$$
$$=5t^2-6t$$

출발한 후 두 점 P, Q가 $t=a\ (a>0)$에서 다시 만나므로

$x_P(a)=x_Q(a)$에서

$a^3+3a^2-6a=5a^2-6a$

$a^3-2a^2=0,\ a^2(a-2)=0$

$\therefore a=2\ (\because a>0)$

463

출발한 후 두 점 P, Q의 속도가 같아지는 순간은 $v_P(t)=v_Q(t)$에서

$3t^2+t=2t^2+3t$

$t^2-2t=0,\ t(t-2)=0$

$\therefore t=2\ (\because t>0)$

$t=2$일 때 점 P의 위치는

$$0+\int_0^2 v_P(t)dt=\int_0^2 (3t^2+t)dt$$
$$=\Big[t^3+\frac{1}{2}t^2\Big]_0^2$$
$$=10$$

또, $t=2$일 때 점 Q의 위치는

$$0+\int_0^2 v_Q(t)dt=\int_0^2 (2t^2+3t)dt$$
$$=\Big[\frac{2}{3}t^3+\frac{3}{2}t^2\Big]_0^2$$
$$=\frac{34}{3}$$

따라서 $a=\Big|\dfrac{34}{3}-10\Big|=\dfrac{4}{3}$이므로

$9a=9\times\dfrac{4}{3}=12$

464

$t=7$에서의 점 P의 위치는

$$0+\int_0^7 v(t)dt=\int_0^2 v(t)dt+\int_2^7 v(t)dt$$
$$=\frac{1}{2}\times2\times2-\frac{1}{2}\times(7-2)\times1$$
$$=-\frac{1}{2}$$

465

$t=8$에서의 점 P의 위치가 18이므로

$$0+\int_0^8 v(t)dt=18$$
$$\frac{1}{2}\times(2+5)\times3a-\frac{1}{2}\times3\times a=18$$
$$9a=18\qquad\therefore a=2$$

따라서 $t=0$에서 $t=15$까지 점 P가 움직인 거리는

$$\int_0^{15}|v(t)|dt$$
$$=\frac{1}{2}\times(2+5)\times6+\frac{1}{2}\times3\times2+\frac{1}{2}\times(1+7)\times6$$
$$=48$$

466

ㄱ. $t=a$에서 $t=c$까지 점 P가 움직인 거리는

$$\int_a^c |v(t)|dt=\int_a^b v(t)dt+\int_b^c \{-v(t)\}dt$$
$$=\int_a^b v(t)dt-\int_b^c v(t)dt\ (거짓)$$

ㄴ. $\int_0^c v(t)dt=0$이면 $t=c$일 때 점 P의 위치에 변화가 없으므로 점 P는 원점에 있다. (참)

ㄷ. $t=a$일 때 $v(t)>0$이므로 점 P는 움직이고 있다. (거짓)

이상에서 옳은 것은 ㄴ뿐이다.

467

ㄱ. 점 P의 운동 방향은 $v(t)=0$일 때, 즉 $t=2,\ t=5,\ t=\dfrac{13}{2}$일 때 바뀌므로 점 P는 출발한 후 $t=7$일 때까지 운동 방향을 3번 바꾼다. (참)

ㄴ. $t=3$일 때 $|v(t)|$의 값이 가장 크므로 점 P의 속력이 가장 크다. (참)

ㄷ. $t=2$일 때 점 P의 위치는

$$0+\int_0^2 v(t)dt=\frac{1}{2}\times2\times1$$
$$=1$$

$t=5$일 때 점 P의 위치는

$$0+\int_0^5 v(t)dt=\frac{1}{2}\times2\times1-\frac{1}{2}\times3\times3$$
$$=-\frac{7}{2}$$

$t=\dfrac{13}{2}$일 때 점 P의 위치는

$$0+\int_0^{\frac{13}{2}} v(t)dt=\frac{1}{2}\times2\times1-\frac{1}{2}\times3\times3+\frac{1}{2}\times\frac{3}{2}\times1$$
$$=-\frac{11}{4}$$

$t=7$일 때 점 P의 위치는

$$0+\int_0^7 v(t)dt=\frac{1}{2}\times2\times1-\frac{1}{2}\times3\times3+\frac{1}{2}\times\frac{3}{2}\times1-\frac{1}{2}\times\frac{1}{2}\times1$$
$$=-3$$

따라서 점 P는 $t=5$일 때 원점으로부터 가장 멀리 떨어져 있다. (거짓)

이상에서 옳은 것은 ㄱ, ㄴ이다.

468

점 P가 $t=4$에서 다시 원점을 지나므로

$$\int_0^4 v(t)dt=0$$

$$\int_a^4 v(t)dt=\int_0^4 v(t)dt-\int_0^a v(t)dt$$
$$=0-16$$
$$=-16$$

$$\int_4^5 v(t)dt=\int_a^5 v(t)dt-\int_a^4 v(t)dt$$
$$=9-(-16)$$
$$=25$$

따라서 $t=0$에서 $t=5$까지 점 P가 움직인 거리는

$$\int_0^5 |v(t)|\,dt=\int_0^a v(t)dt-\int_a^4 v(t)dt+\int_4^5 v(t)dt$$
$$=16-(-16)+25$$
$$=57$$

●124쪽

469 $\sqrt{3}$　　**470** $\dfrac{64}{3}$　　**471** 32

472 (1) 25 m　(2) 25 m　(3) 30 m

469

곡선 $y=2x^3$과 x축 및 두 직선 $x=-2$, $x=k$
로 둘러싸인 도형의 넓이는

$$\int_{-2}^0(-2x^3)dx+\int_0^k 2x^3 dx \quad\cdots\cdots \text{㉮}$$
$$=\left[-\frac{1}{2}x^4\right]_{-2}^0+\left[\frac{1}{2}x^4\right]_0^k$$
$$=8+\frac{1}{2}k^4 \quad\cdots\cdots \text{㉯}$$

$8+\dfrac{1}{2}k^4=\dfrac{25}{2}$에서 $k^4-9=0$

$(k+\sqrt{3})(k-\sqrt{3})(k^2+3)=0$

$\therefore k=\sqrt{3}\ (\because k>0) \quad\cdots\cdots \text{㉰}$

채점 기준	배점 비율
㉮ 넓이를 정적분으로 나타내기	30 %
㉯ 넓이를 k로 나타내기	40 %
㉰ 양수 k의 값 구하기	30 %

470

곡선 $y=x^2$을 x축에 대하여 대칭이동하면

$-y=x^2$　　$\therefore y=-x^2$

곡선 $y=-x^2$을 x축의 방향으로 -2만큼, y축의 방향으로 10만큼
평행이동하면

$$y-10=-\{x-(-2)\}^2$$

$\therefore f(x)=-(x+2)^2+10$
$$=-x^2-4x+6 \quad\cdots\cdots \text{㉮}$$

두 곡선 $y=x^2$, $y=f(x)$의 교점의 x좌표는
$x^2=-x^2-4x+6$에서
$2x^2+4x-6=0,\ 2(x+3)(x-1)=0$

$\therefore x=-3$ 또는 $x=1 \quad\cdots\cdots \text{㉯}$

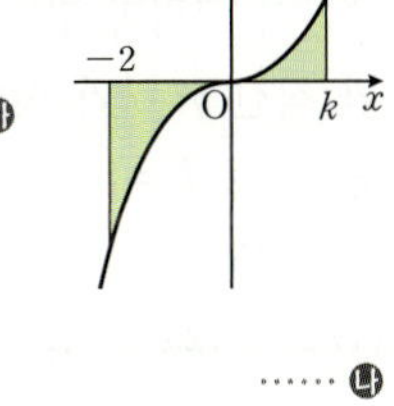

따라서 구하는 넓이는

$$\int_{-3}^1\{(-x^2-4x+6)-x^2\}dx$$
$$=\int_{-3}^1(-2x^2-4x+6)dx$$
$$=\left[-\frac{2}{3}x^3-2x^2+6x\right]_{-3}^1$$
$$=\left(-\frac{2}{3}-2+6\right)-(18-18-18)$$
$$=\frac{64}{3} \quad\cdots\cdots \text{㉰}$$

채점 기준	배점 비율
㉮ $f(x)$ 구하기	30 %
㉯ 두 곡선 $y=x^2$, $y=f(x)$의 교점의 x좌표 구하기	30 %
㉰ 두 곡선으로 둘러싸인 도형의 넓이 구하기	40 %

471

곡선 $y=x^2-4x$와 x축으로 둘러싸인 도형의 넓이는

$$\int_0^4(-x^2+4x)dx=\left[-\frac{1}{3}x^3+2x^2\right]_0^4$$
$$=-\frac{64}{3}+32$$
$$=\frac{32}{3} \quad\cdots\cdots \text{㉮}$$

곡선 $y=x^2-4x$와 직선 $y=ax$의 교점의
x좌표는 $x^2-4x=ax$에서
$x^2-(a+4)x=0$
$x\{x-(a+4)\}=0$

$\therefore x=0$ 또는 $x=a+4 \quad\cdots\cdots \text{㉯}$

따라서 색칠한 부분의 넓이는

$$\int_0^{a+4}\{ax-(x^2-4x)\}dx=\int_0^{a+4}\{-x^2+(a+4)x\}dx$$
$$=\left[-\frac{1}{3}x^3+\frac{a+4}{2}x^2\right]_0^{a+4}$$
$$=-\frac{(a+4)^3}{3}+\frac{(a+4)^3}{2}$$
$$=\frac{(a+4)^3}{6} \quad\cdots\cdots \text{㉰}$$

즉, $\dfrac{(a+4)^3}{6}=\dfrac{32}{3}\times\dfrac{1}{2}=\dfrac{16}{3}$이므로

$(a+4)^3=32 \quad\cdots\cdots \text{㉱}$

채점 기준	배점 비율
㉮ 곡선 $y=x^2-4x$와 x축으로 둘러싸인 도형의 넓이 구하기	30 %
㉯ 곡선과 직선의 교점의 x좌표 구하기	20 %
㉰ 곡선과 직선으로 둘러싸인 도형의 넓이 구하기	30 %
㉱ $(a+4)^3$의 값 구하기	20 %

472

물체를 쏘아 올린 지 t초 후의 지면으로부터 물체의 높이를 $x(t)$라 하자.

(1) $t=3$에서의 물체의 높이는

$$x(3)=10+\int_0^3 (20-10t)dt$$
$$=10+\left[20t-5t^2\right]_0^3$$
$$=10+(60-45)$$
$$=25 \text{ (m)} \qquad \cdots\cdots \text{㉮}$$

(2) $t=0$에서 $t=3$까지 물체가 움직인 거리는

$$\int_0^3 |v(t)|dt=\int_0^3 |20-10t|dt$$
$$=\int_0^2 (20-10t)dt+\int_2^3 (-20+10t)dt$$
$$=\left[20t-5t^2\right]_0^2+\left[-20t+5t^2\right]_2^3$$
$$=(40-20)+(-60+45)-(-40+20)$$
$$=25 \text{ (m)} \qquad \cdots\cdots \text{㉯}$$

(3) 물체가 최고 지점에 도달했을 때의 속도는 0이므로

$$v(t)=0 \text{에서 } 20-10t=0 \qquad \therefore t=2 \qquad \cdots\cdots \text{㉰}$$

즉, $t=2$에서 물체가 최고 지점에 도달하므로 구하는 높이는

$$x(2)=10+\int_0^2 (20-10t)dt$$
$$=10+\left[20t-5t^2\right]_0^2$$
$$=10+(40-20)$$
$$=30 \text{ (m)} \qquad \cdots\cdots \text{㉱}$$

	채점 기준	배점 비율
(1)	㉮ 3초 후의 높이 구하기	30 %
(2)	㉯ 3초 동안 움직인 거리 구하기	30 %
(3)	㉰ 최고 지점에 도달했을 때의 시각 구하기	10 %
	㉱ 최고 지점에 도달했을 때의 높이 구하기	30 %

1등급 실력 완성

● 125쪽 ~ 127쪽

473 ④	**474** 48	**475** 54	**476** $\dfrac{4}{3}$	**477** ①
478 ②	**479** $\dfrac{1}{2}$	**480** ③	**481** ⑤	**482** 1
483 ⑤	**484** ⑤			

473

곡선과 x축 사이의 넓이

(전략) A,B,C를 한 문자에 대한 식으로 나타낸다.

(풀이) $A:B:C=2:3:4$이므로

$A=2a$, $B=3a$, $C=4a$ (a는 상수)

로 놓을 수 있다.

$$\int_a^b f(x)dx=-6 \text{에서}$$

$A-B=-6$, $2a-3a=-6$

$\therefore a=6$

ㄱ. $B=3a=3\times6=18$ (참)

ㄴ. $\displaystyle\int_0^c f(x)dx=-B+C=-3a+4a$
$$=a=6 \text{ (참)}$$

ㄷ. $\displaystyle\int_a^c f(x)dx=A-B+C=2a-3a+4a$
$$=3a=3\times6=18 \text{ (거짓)}$$

이상에서 옳은 것은 ㄱ, ㄴ이다.

474

곡선과 직선 사이의 넓이

(전략) 함수 $y=|f(x)|$의 그래프를 그려서 k의 값을 구한다.

(풀이) 곡선 $y=f(x)$와 x축의 교점의 x좌표는

$x^3-12x=0$에서 $x(x+2\sqrt{3})(x-2\sqrt{3})=0$

$\therefore x=-2\sqrt{3}$ 또는 $x=0$ 또는 $x=2\sqrt{3}$

$f(x)=x^3-12x$의 양변을 미분하면

$f'(x)=3x^2-12=3(x+2)(x-2)$

$f'(x)=0$에서 $x=-2$ 또는 $x=2$

함수 $f(x)$의 증가와 감소를 표로 나타내면 다음과 같다.

x	$\cdots$	-2	$\cdots$	2	$\cdots$
$f'(x)$	$+$	0	$-$	0	$+$
$f(x)$	↗	16	↘	-16	↗

따라서 $y=|f(x)|$의 그래프의 개형은 오른쪽 그림과 같고, 곡선 $y=|f(x)|$와 직선 $y=k$가 서로 다른 네 점에서 만나므로 $k=16$

$|x^3-12x|=16$에서

(i) $x^3-12x\geq0$일 때,

$x^3-12x=16$, $x^3-12x-16=0$

$(x+2)^2(x-4)=0$ $\therefore x=-2$ 또는 $x=4$

(ii) $x^3-12x<0$일 때,

$-x^3+12x=16$, $x^3-12x+16=0$

$(x+4)(x-2)^2=0$ $\therefore x=-4$ 또는 $x=2$

(i), (ii)에서 구하는 넓이는

$$8\times16-\int_{-4}^4 |f(x)|dx$$
$$=128-2\int_0^4 |f(x)|dx$$
$$=128-2\left[\int_0^{2\sqrt{3}}\{-f(x)\}dx+\int_{2\sqrt{3}}^4 f(x)dx\right]$$
$$=128+2\int_0^{2\sqrt{3}}(x^3-12x)dx+2\int_{2\sqrt{3}}^4(-x^3+12x)dx$$
$$=128+2\left[\frac{1}{4}x^4-6x^2\right]_0^{2\sqrt{3}}+2\left[-\frac{1}{4}x^4+6x^2\right]_{2\sqrt{3}}^4$$
$$=128+72-144+2\{-64+96-(-36+72)\}$$
$$=48$$

475

곡선과 직선 사이의 넓이

(전략) 주어진 조건을 이용하여 x_1, x_2, x_3, x_4의 값을 구한다.

(풀이) $f(x)=|x^2-3|-2x$

$$=\begin{cases} x^2-2x-3 & (x\le-\sqrt{3} \ \text{또는} \ x\ge\sqrt{3}) \\ -x^2-2x+3 & (-\sqrt{3}<x<\sqrt{3}) \end{cases}$$

x_1, x_4는 이차방정식 $x^2-2x-3=-x+t$, 즉 $x^2-x-t-3=0$의
두 근이므로 근과 계수의 관계에 의하여

$x_1+x_4=1, \ x_1x_4=-t-3$

$x_4-x_1=5$이므로

$x_1=-2, \ x_4=3$

$\therefore \ x_1x_4=-t-3$

$\qquad =(-2)\times3=-6$

$\therefore \ t=3$

또, x_2, x_3은 이차방정식 $-x^2-2x+3=-x+3$의 두 근이므로

$x^2+x=0, \ x(x+1)=0$

$\therefore \ x=-1$ 또는 $x=0$

$\therefore \ x_2=-1, \ x_3=0$

닫힌구간 $[0, 3]$에서 두 함수 $y=f(x)$,
$y=g(x)$의 그래프로 둘러싸인 부분의
넓이는

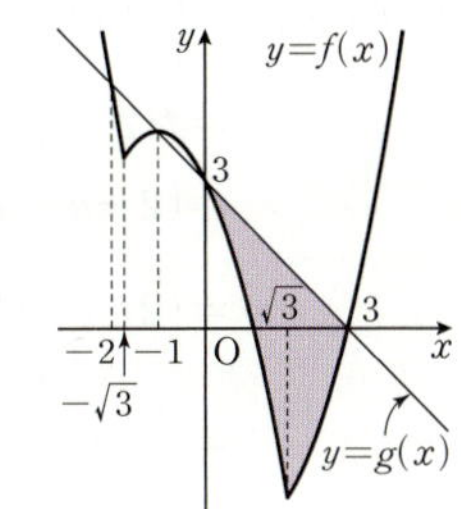

$$\int_0^3|f(x)-g(x)|dx$$

$$=\int_0^{\sqrt{3}}\{(-x+3)-(-x^2-2x+3)\}dx$$

$$\qquad +\int_{\sqrt{3}}^3\{(-x+3)-(x^2-2x-3)\}dx$$

$$=\int_0^{\sqrt{3}}(x^2+x)dx+\int_{\sqrt{3}}^3(-x^2+x+6)dx$$

$$=\left[\frac{1}{3}x^3+\frac{1}{2}x^2\right]_0^{\sqrt{3}}+\left[-\frac{1}{3}x^3+\frac{1}{2}x^2+6x\right]_{\sqrt{3}}^3$$

$$=\sqrt{3}+\frac{3}{2}+\left(-9+\frac{9}{2}+18\right)-\left(-\sqrt{3}+\frac{3}{2}+6\sqrt{3}\right)$$

$$=\frac{27}{2}-4\sqrt{3}$$

따라서 $p=\dfrac{27}{2}, \ q=4$이므로

$$p\times q=\frac{27}{2}\times4=54$$

476

곡선과 직선 사이의 넓이

(전략) 접선 l의 방정식을 구하고, 주어진 곡선과 직선 l의 교점의 x좌표를 구한다.

(풀이) $f(x)=x^2$으로 놓으면

$f'(x)=2x$

점 (a, a^2)에서의 접선의 기울기는 $f'(a)=2a$이므로 접선 l의 방
정식은

$y-a^2=2a(x-a)$

$\therefore \ y=2ax-a^2$

곡선 $y=x^2-n^2$과 직선 l의 교점의
x좌표는

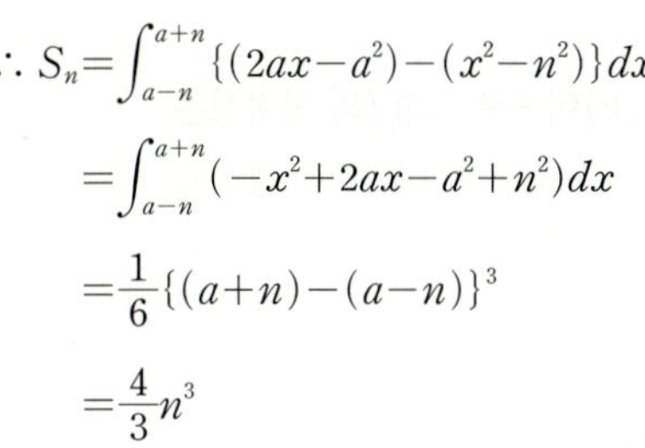

$x^2-n^2=2ax-a^2$에서

$x^2-2ax+a^2-n^2=0$

$\{x-(a-n)\}\{x-(a+n)\}=0$

$\therefore \ x=a-n$ 또는 $x=a+n$

$$\therefore \ S_n=\int_{a-n}^{a+n}\{(2ax-a^2)-(x^2-n^2)\}dx$$

$$=\int_{a-n}^{a+n}(-x^2+2ax-a^2+n^2)dx$$

$$=\frac{1}{6}\{(a+n)-(a-n)\}^3$$

$$=\frac{4}{3}n^3$$

$$\therefore \ \lim_{n\to\infty}\frac{S_n}{n^3-1}=\frac{\frac{4}{3}n^3}{n^3-1}=\frac{4}{3}$$

477

두 곡선 사이의 넓이

(전략) 두 곡선이 모두 y축에 대하여 대칭임을 이용한다.

(풀이) 두 곡선 $y=f(x), \ y=g(x)$가 $x=t$에서 같은 직선에 접하
므로

$f(t)=g(t)$에서 $t^2=2t^4+a$ $\qquad\qquad$ ······ ㉠

또, $f'(x)=2x, \ g'(x)=8x^3$이므로

$f'(t)=g'(t)$에서 $2t=8t^3$

$4t^3-t=0, \ t(4t^2-1)=0$

$t(2t+1)(2t-1)=0$

$\therefore \ t=-\dfrac{1}{2}$ 또는 $t=\dfrac{1}{2}$ $(\because \ a>0$이므로 $t\ne0)$ $\quad$ ······ ㉡

㉡을 ㉠에 대입하면 $a=\dfrac{1}{8}$

두 곡선 $y=x^2, \ y=2x^4+\dfrac{1}{8}$은 각각 y축에
대하여 대칭이므로 구하는 넓이는

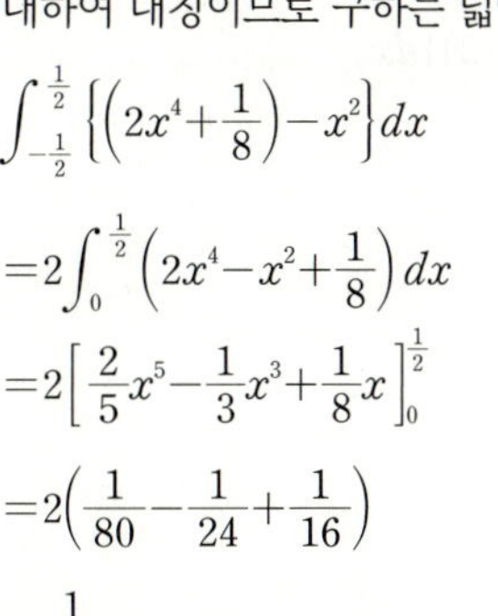

$$\int_{-\frac{1}{2}}^{\frac{1}{2}}\left\{\left(2x^4+\frac{1}{8}\right)-x^2\right\}dx$$

$$=2\int_0^{\frac{1}{2}}\left(2x^4-x^2+\frac{1}{8}\right)dx$$

$$=2\left[\frac{2}{5}x^5-\frac{1}{3}x^3+\frac{1}{8}x\right]_0^{\frac{1}{2}}$$

$$=2\left(\frac{1}{80}-\frac{1}{24}+\frac{1}{16}\right)$$

$$=\frac{1}{15}$$

개념 보충

두 곡선 $y=f(x), \ y=g(x)$가 x좌표가 t인 점에서 공통인 접선을
가지면

$$f(t)=g(t), \ f'(t)=g'(t)$$

478

두 도형의 넓이가 같을 조건

(전략) 점 A의 좌표를 구한 후 두 도형의 넓이가 같음을 이용하여 식을 세운다.

(풀이) 함수 $f(x)=-(x+1)^3+8$의 그래프가 x축과 만나는 점의
x좌표는 $-(x+1)^3+8=0$에서
$(x+1)^3=8=2^3,\ x+1=2$
$\therefore x=1$
따라서 점 A의 좌표는 $(1,\,0)$이므로 직선 l의 방정식은
$x=1$
이때 $S_1=S_2$이므로
$$\int_0^1 \{f(x)-k\}dx=0$$
$$\int_0^1 \{-(x+1)^3+8-k\}dx=0$$
$$\int_0^1 (-x^3-3x^2-3x+7-k)dx=0$$
$$\left[-\frac{1}{4}x^4-x^3-\frac{3}{2}x^2+(7-k)x\right]_0^1=0$$
$$-\frac{1}{4}-1-\frac{3}{2}+(7-k)=0$$
$$\therefore k=\frac{17}{4}$$

479

두 곡선 사이의 넓이의 활용; 넓이의 최솟값

(전략) 이차방정식의 판별식을 이용하여 두 곡선의 위치 관계를 파악한 후 도형의 넓이에 대한 식을 세운다.

(풀이) $2x^2-2x+1=-x^2+4x-3$에서
$3x^2-6x+4=0$
이 이차방정식의 판별식을 D라 하면
$$\frac{D}{4}=(-3)^2-3\times 4=-3<0$$
이므로 두 곡선은 교점을 갖지 않는다.
즉, 두 곡선은 만나지 않는다.
두 곡선 $y=2x^2-2x+1,\ y=-x^2+4x-3$과 두 직선 $x=m$,
$x=m+1$로 둘러싸인 도형의 넓이는
$$\int_m^{m+1}\{(2x^2-2x+1)-(-x^2+4x-3)\}dx$$
$$=\int_m^{m+1}(3x^2-6x+4)dx$$
$$=\left[x^3-3x^2+4x\right]_m^{m+1}$$
$$=(m^3+m+2)-(m^3-3m^2+4m)$$
$$=3m^2-3m+2$$
$$=3\left(m-\frac{1}{2}\right)^2+\frac{5}{4}$$
따라서 넓이가 최소가 되도록 하는 m의 값은 $\frac{1}{2}$이다.

480

두 곡선 사이의 넓이의 활용; 넓이의 최솟값

(전략) 주어진 조건을 이용하여 $f(x)-f(a)$의 식을 구한 후 $f'(x)$를 구한다.

(풀이) 함수 $y=f(x)$의 그래프의 개형은
오른쪽 그림과 같다.

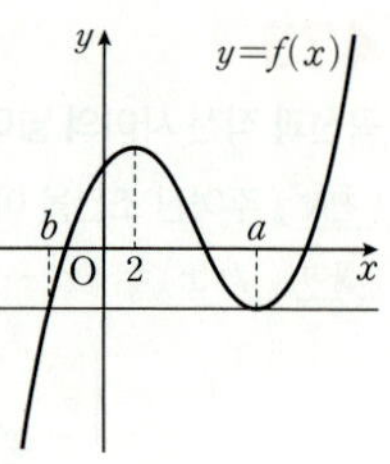

이때 점 $(a,\,f(a))$에서의 접선의 방정식
은 $y=f(a)$이므로
$f(a)=f(b)$
$f(x)-f(a)=(x-a)^2(x-b)$ ...... ㉠
로 놓으면
$f'(x)=2(x-a)(x-b)+(x-a)^2$
$\qquad =(x-a)(3x-a-2b)$
$f'(2)=0$이므로
$(2-a)(6-a-2b)=0$
그런데 $a\neq 2$이므로
$6-a-2b=0$ $\therefore b=\dfrac{6-a}{2}$

$b\leq -1$에서 $\dfrac{6-a}{2}\leq -1$ $\therefore a\geq 8$

따라서 함수 $y=f'(x)$의 그래프와 직선
$x=b$ 및 x축으로 둘러싸인 도형의 넓이는
$$\int_b^2 f'(x)dx=\left[f(x)\right]_b^2$$
$$=f(2)-f(b)=f(2)-f(a)$$
$$=(2-a)^2(2-b)\ (\because ㉠)$$
$$=(2-a)^2\left(2-\frac{6-a}{2}\right)$$
$$=\frac{1}{2}(a-2)^3$$

$a\geq 8$이므로 구하는 최솟값은 $a=8$일 때
$$\frac{1}{2}\times(8-2)^3=108$$

481

두 곡선 사이의 넓이의 활용; 넓이의 최솟값

(전략) $\dfrac{S(a)}{a}$를 a에 대한 식으로 나타낸 후 산술평균과 기하평균의 관계를 이용하여 최솟값을 구한다.

(풀이) 곡선 $y=ax^2-a^2x$와 직선 $y=2x$의 교점의 x좌표는
$ax^2-a^2x=2x$에서
$x\{ax-(a^2+2)\}=0$ $\therefore x=0$ 또는 $x=\dfrac{a^2+2}{a}$

$$\therefore S(a)=\int_0^{\frac{a^2+2}{a}}\{2x-(ax^2-a^2x)\}dx$$
$$=\int_0^{\frac{a^2+2}{a}}\{-ax^2+(a^2+2)x\}dx$$
$$=\left[-\frac{a}{3}x^3+\frac{a^2+2}{2}x^2\right]_0^{\frac{a^2+2}{a}}$$
$$=-\frac{(a^2+2)^3}{3a^2}+\frac{(a^2+2)^3}{2a^2}$$
$$=\frac{(a^2+2)^3}{6a^2}$$

$$\therefore \frac{S(a)}{a}=\frac{(a^2+2)^3}{6a^3}=\frac{1}{6}\left(\frac{a^2+2}{a}\right)^3$$
$$=\frac{1}{6}\left(a+\frac{2}{a}\right)^3$$

$a>0$, $\dfrac{2}{a}>0$이므로 산술평균과 기하평균의 관계에 의하여
$$a+\frac{2}{a}\geq 2\sqrt{a\times\frac{2}{a}}=2\sqrt{2}\ \left(\text{단, 등호는 } a=\frac{2}{a}\text{일 때 성립한다.}\right)$$
$$\therefore \frac{S(a)}{a}=\frac{1}{6}\left(a+\frac{2}{a}\right)^3$$
$$\geq\frac{1}{6}\times(2\sqrt{2})^3$$
$$=\frac{8\sqrt{2}}{3}$$

따라서 $\dfrac{S(a)}{a}$의 최솟값은 $\dfrac{8\sqrt{2}}{3}$이다.

[다른 풀이] 곡선 $y=ax^2-a^2x$와 직선 $y=2x$의 교점의 x좌표를 $\alpha,\ \beta\ (\alpha<\beta)$라 하면
$$\alpha=0,\ \beta=\frac{a^2+2}{a}$$
$$\therefore S(a)=\int_0^{\frac{a^2+2}{a}}\{2x-(ax^2-a^2x)\}dx$$
$$=\int_0^{\frac{a^2+2}{a}}\{-ax^2+(a^2+2)x\}dx$$
$$=\frac{|-a|}{6}\left(\frac{a^2+2}{a}-0\right)^3$$
$$=\frac{(a^2+2)^3}{6a^2}$$
으로 구할 수도 있다.

482

역함수의 그래프와 넓이

[전략] 함수 $y=f(x)$의 그래프의 개형을 파악한 후 두 곡선 $y=f(x),\ y=g(x)$와 직선 $y=-x+1$로 둘러싸인 도형을 좌표평면 위에 나타낸다.

[풀이] $f(x)=x^3+3x^2+4x+1$에서
$$f'(x)=3x^2+6x+4$$
$$=3(x+1)^2+1>0$$
이므로 $f(x)$는 증가하는 함수이다.

또, 곡선 $y=g(x)$는 곡선 $y=f(x)$와 직선 $y=x$에 대하여 대칭이므로 두 곡선 $y=f(x)$와 $y=g(x)$의 교점의 x좌표는 곡선 $y=f(x)$와 직선 $y=x$의 교점의 x좌표와 같다.

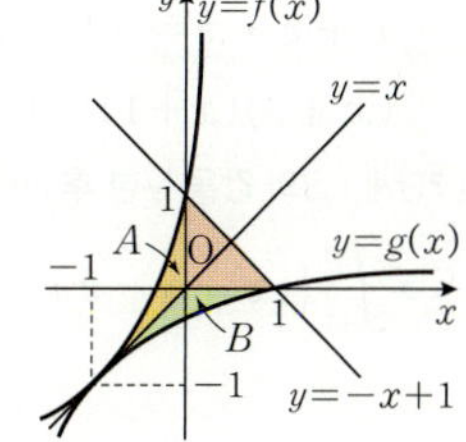

$$x^3+3x^2+4x+1=x\text{에서}$$
$$x^3+3x^2+3x+1=0,\ (x+1)^3=0$$
$$\therefore x=-1$$
따라서 위의 그림에서 A의 넓이와 B의 넓이는 서로 같으므로 구하는 넓이는
$$2\int_{-1}^{0}\{(x^3+3x^2+4x+1)-x\}dx+\frac{1}{2}\times1\times1$$
$$=2\int_{-1}^{0}(x^3+3x^2+3x+1)dx+\frac{1}{2}$$
$$=2\left[\frac{1}{4}x^4+x^3+\frac{3}{2}x^2+x\right]_{-1}^{0}+\frac{1}{2}$$
$$=2\left\{-\left(\frac{1}{4}-1+\frac{3}{2}-1\right)\right\}+\frac{1}{2}$$
$$=1$$

483

위치와 움직인 거리

[전략] 출발한 지 t초 후의 두 점 P, Q의 위치를 각각 $x_{\mathrm{P}}(t)$, $x_{\mathrm{Q}}(t)$라 하고 $x_{\mathrm{P}}(t)=x_{\mathrm{Q}}(t)$를 만족시키는 t의 값을 구한다.

[풀이] 출발한 지 t초 후의 두 점 P, Q의 위치를 각각 $x_{\mathrm{P}}(t)$, $x_{\mathrm{Q}}(t)$라 하면
$$x_{\mathrm{P}}(t)=0+\int_0^t(-2s+4)ds$$
$$=\Big[-s^2+4s\Big]_0^t=-t^2+4t$$
$$x_{\mathrm{Q}}(t)=0+\int_0^t(2s-4)ds$$
$$=\Big[s^2-4s\Big]_0^t=t^2-4t$$
이므로 출발한 후 다시 만나는 시각은
$$-t^2+4t=t^2-4t,\ 2t^2-8t=0$$
$$2t(t-4)=0\qquad \therefore t=4\ (\because t>0)$$
두 점 P, Q 사이의 거리는
$$|(t^2-4t)-(-t^2+4t)|=|2t^2-8t|$$
$$=|2(t-2)^2-8|$$
따라서 $0\leq t\leq 4$에서 두 점 P, Q 사이의 거리의 최댓값은 $t=2$일 때 8이다.

484

위치와 움직인 거리

[전략] $v_2(t)$가 양수일 때와 음수일 때로 나누어서 점 Q가 움직인 거리를 구한다.

[풀이] 시각 $t=0$에서 $t=2$까지 점 P가 움직인 거리는
$$\int_0^2|v_1(t)|dt=\int_0^2|3t^2+1|dt$$
$$=\Big[t^3+t\Big]_0^2=10$$
또, 시각 $t=0$에서 $t=2$까지 점 Q가 움직인 거리는
$$\int_0^2|v_2(t)|dt=\int_0^2|mt-4|dt$$
(i) $m\leq 2$일 때,
$$\int_0^2|mt-4|dt=\int_0^2(-mt+4)dt$$
$$=\left[-\frac{1}{2}mt^2+4t\right]_0^2$$
$$=-2m+8$$
이므로 $-2m+8=10$
$$\therefore m=-1$$
(ii) $m>2$일 때,
$$\int_0^2|mt-4|dt=\int_0^{\frac{4}{m}}|mt-4|dt+\int_{\frac{4}{m}}^2|mt-4|dt$$
$$=\int_0^{\frac{4}{m}}(-mt+4)dt+\int_{\frac{4}{m}}^2(mt-4)dt$$
$$=\left[-\frac{1}{2}mt^2+4t\right]_0^{\frac{4}{m}}+\left[\frac{1}{2}mt^2-4t\right]_{\frac{4}{m}}^2$$
$$=2m-8+\frac{16}{m}$$

이므로 $2m-8+\dfrac{16}{m}=10$

$\quad m^2-9m+8=0,\ (m-1)(m-8)=0$

$\quad \therefore m=8\ (\because m>2)$

(i), (ii)에서 구하는 모든 m의 값의 합은

$(-1)+8=7$

● 128쪽

485 ⑤　　**486** 80　　**487** 3

485

곡선과 x축 사이의 넓이

(1단계) 각 곡선과 x축으로 둘러싸인 두 도형의 넓이가 서로 같음을 이용하여 식을 세운다.

각 곡선과 x축으로 둘러싸인 두 도형의 넓이가 서로 같으므로

$$\int_0^1 \{-x^2(x-1)\}dx=\int_1^b a(x-1)(x-b)dx$$

$$\int_0^1 (-x^3+x^2)dx=\int_1^b \{ax^2-a(1+b)x+ab\}dx$$

$$\left[-\frac{1}{4}x^4+\frac{1}{3}x^3\right]_0^1=\left[\frac{a}{3}x^3-\frac{a+ab}{2}x^2+abx\right]_1^b$$

$$\frac{1}{12}=-\frac{ab^3}{6}+\frac{ab^2}{2}-\frac{ab}{2}+\frac{a}{6}$$

$$\frac{1}{2}=-ab^3+3ab^2-3ab+a$$

$$\therefore a(b-1)^3=-\frac{1}{2}\qquad\cdots\cdots\ \text{㉠}$$

(2단계) 점 $(1, 0)$에서의 두 곡선의 접선의 기울기가 같음을 이용하여 식을 세운다.

한편, 두 곡선이 점 $(1, 0)$에서 같은 직선에 접하므로 점 $(1, 0)$에서의 접선의 기울기가 서로 같다.

$y=x^2(x-1)=x^3-x^2$에서 $y'=3x^2-2x$이므로 점 $(1, 0)$에서의 접선의 기울기는

$$3-2=1\qquad\cdots\cdots\ \text{㉡}$$

$y=a(x-1)(x-b)=ax^2-a(1+b)x+ab$에서

$y'=2ax-a(1+b)$이므로 점 $(1, 0)$에서의 접선의 기울기는

$$2a-a(1+b)=a-ab\qquad\cdots\cdots\ \text{㉢}$$

㉡, ㉢에서

$a-ab=1$

$$\therefore a(b-1)=-1\qquad\cdots\cdots\ \text{㉣}$$

㉣을 ㉠에 대입하면 $(b-1)^2=\dfrac{1}{2}$이므로

$$b-1=\frac{\sqrt{2}}{2}\ (\because b>1)\qquad\cdots\cdots\ \text{㉤}$$

㉤을 ㉣에 대입하면

$$\frac{\sqrt{2}}{2}a=-1\qquad \therefore a=-\sqrt{2}$$

$$\therefore a^2+(b-1)^2=(-\sqrt{2})^2+\left(\frac{\sqrt{2}}{2}\right)^2=\frac{5}{2}$$

486

두 곡선 사이의 넓이

(1단계) 두 함수의 그래프의 교점의 개수가 2임을 이용하여 두 함수의 그래프의 위치 관계를 파악한다.

$f(x)=x^3+x^2-x$에서

$f'(x)=3x^2+2x-1=(x+1)(3x-1)$

$f'(x)=0$에서 $x=-1$ 또는 $x=\dfrac{1}{3}$

함수 $f(x)$의 증가와 감소를 표로 나타내면 다음과 같다.

x	$\cdots$	-1	$\cdots$	$\dfrac{1}{3}$	$\cdots$
$f'(x)$	$+$	0	$-$	0	$+$
$f(x)$	↗	1	↘	$-\dfrac{5}{27}$	↗

두 함수 $y=f(x)$, $y=g(x)$의 그래프가 만나는 점의 개수가 2이므로 오른쪽 그림과 같이 $x>0$인 부분에서 두 함수 $y=f(x)$, $y=g(x)$의 그래프가 접해야 한다.

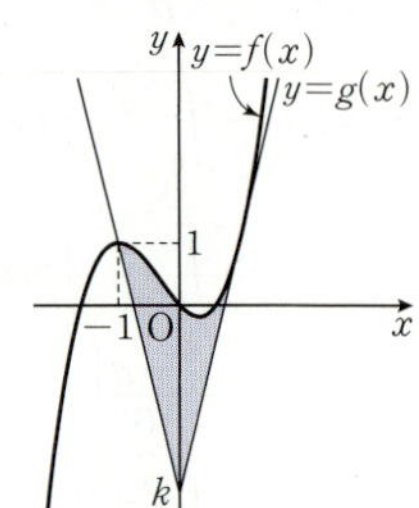

(2단계) $x>0$일 때와 $x<0$일 때로 나누어 k의 값과 두 함수의 그래프의 교점의 x좌표를 구한다.

(i) $x>0$일 때,

$\quad g(x)=4x+k$이므로

$\quad f'(x)=g'(x)$에서 $3x^2+2x-1=4$

$\quad 3x^2+2x-5=0,\ (3x+5)(x-1)=0$

$\quad \therefore x=1\ (\because x>0)$

따라서 접점의 좌표는 $(1, 1)$이므로

$\quad g(1)=4+k=1\qquad \therefore k=-3$

$\quad \therefore g(x)=4x-3$

(ii) $x<0$일 때,

$\quad g(x)=-4x-3$이므로 두 함수 $y=f(x)$, $y=g(x)$의 그래프의 교점의 x좌표는

$\quad x^3+x^2-x=-4x-3,\ x^3+x^2+3x+3=0$

$\quad (x^2+3)(x+1)=0\qquad \therefore x=-1$

(3단계) S의 값을 구한 후 $30\times S$의 값을 계산한다.

$$S=\int_{-1}^0 \{(x^3+x^2-x)-(-4x-3)\}dx$$

$$\qquad\qquad +\int_0^1 \{(x^3+x^2-x)-(4x-3)\}dx$$

$$=\int_{-1}^0 (x^3+x^2+3x+3)dx+\int_0^1 (x^3+x^2-5x+3)dx$$

$$=\left[\frac{1}{4}x^4+\frac{1}{3}x^3+\frac{3}{2}x^2+3x\right]_{-1}^0+\left[\frac{1}{4}x^4+\frac{1}{3}x^3-\frac{5}{2}x^2+3x\right]_0^1$$

$$=\frac{19}{12}+\frac{13}{12}=\frac{8}{3}$$

$$\therefore 30\times S=30\times\frac{8}{3}=80$$

487

위치와 움직인 거리

(1단계) 두 점 P, Q의 시각 t에서의 위치를 t에 대한 식으로 나타낸다.

점 P의 출발점을 원점으로 하고, 두 점 P, Q의 시각 t에서의 위치를 각각 $x_P(t)$, $x_Q(t)$라 하면

$$x_P(t) = 0 + \int_0^t (6s^2 - 8s + 14)\,ds$$
$$= \left[2s^3 - 4s^2 + 14s \right]_0^t$$
$$= 2t^3 - 4t^2 + 14t$$

$$x_Q(t) = 3 + \int_0^t (3s^2 + 4s + 5)\,ds$$
$$= 3 + \left[s^3 + 2s^2 + 5s \right]_0^t$$
$$= t^3 + 2t^2 + 5t + 3$$

〔2단계〕 $f(t) = x_P(t) - x_Q(t)$로 놓은 후 $y = f(t)$의 그래프를 그려 두 점 P, Q가 만나는 횟수를 구한다.

이때 두 점 P, Q가 만나려면 $x_P(t) = x_Q(t)$, 즉 $x_P(t) - x_Q(t) = 0$이어야 한다.

$f(t) = x_P(t) - x_Q(t)$로 놓으면

$$f(t) = (2t^3 - 4t^2 + 14t) - (t^3 + 2t^2 + 5t + 3)$$
$$= t^3 - 6t^2 + 9t - 3$$

$$f'(t) = 3t^2 - 12t + 9 = 3(t-1)(t-3)$$

$f'(t) = 0$에서 $t = 1$ 또는 $t = 3$

$0 \leq t \leq 4$에서 함수 $f(t)$의 증가와 감소를 표로 나타내면 다음과 같다.

t	0	$\cdots$	1	$\cdots$	3	$\cdots$	4
$f'(t)$		$+$	0	$-$	0	$+$	
$f(t)$	-3	$\nearrow$	1	$\searrow$	-3	$\nearrow$	1

$0 \leq t \leq 4$에서 $y = f(t)$의 그래프는 오른쪽 그림과 같으므로 방정식 $f(t) = 0$, 즉 $x_P(t) - x_Q(t) = 0$의 실근은 3개이다. 따라서 출발하여 4초 동안 두 점 P, Q는 3번 만난다.

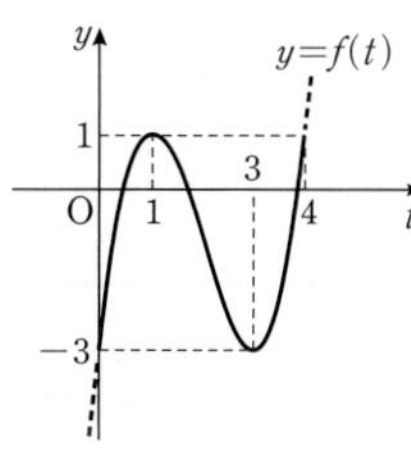